建筑百家谈古论今——地域编

杨永生　王莉慧　编

中国建筑工业出版社

图书在版编目(CIP)数据

建筑百家谈古论今——地域编/杨永生，王莉慧编.—北京：中国建筑工业出版社，2006
ISBN 978-7-112-08494-4

Ⅰ.建… Ⅱ.①杨…②王… Ⅲ.建筑史—史料—中国 Ⅳ.TU-092

中国版本图书馆CIP数据核字(2006)第095427号

责任编辑：王莉慧 何 楠
责任设计：董建平
责任校对：邵鸣军 王金珠

建筑百家谈古论今——地域编
杨永生 王莉慧 编
*
中国建筑工业出版社出版、发行（北京西郊百万庄）
新 华 书 店 经 销
北京天成排版公司制版
北京建筑工业印刷厂印刷
*
开本：787×1092毫米 1/16 印张：19 字数：453千字
2007年1月第一版 2007年1月第一次印刷
印数：1—3,000册 定价：**39.00**元
ISBN 978-7-112-08494-4

(15158)

本社网址: http://www.cabp.com.cn
网上书店: http://www.china-building.com.cn

编者的话

我国幅员辽阔，各地区在地理、地形、气候等自然条件上存在很大的差异；同时，我国又是一个具有56个民族的多民族大国，各民族的文化和生活习俗也不尽相同。这种自然条件和文化习俗的差异，造成不同地域的建筑具有不同的风格和特征，形成了建筑的地方特色，如我国各地风格迥异的民居就充分显示了建筑的地域性。同时，各地文化的相互交融以及外来文化都对各地的建筑产生了一定的影响，也赋予各地建筑以新的地域特征。地域风格的多样性构成了中国建筑的多种特征，研究各地建筑的地域特征对于丰富我国的建筑创作、营造具有地域特色的建筑环境具有重要的意义，并使我们对中国建筑民族性的认识不只囿于大屋顶和琉璃瓦等壮丽的官式建筑，而是把目光投向尚未深入研究的普通的、具有地方特点的建筑。在建筑学界，对建筑的地域性呼声日益增高，特别是在进入21世纪的今天，人们不仅企求建筑既要现代化，也要体现地域文化，即现代建筑地域化和乡土建筑现代化。

书中各篇文章的作者对各该地区的建筑都有着丰硕的研究成果。本书旨在为广大建筑设计人员和高校师生提供一份概括性地论述各地域建筑特征的资料，以有助于设计人员在建筑创作中了解、继承、吸收各地域建筑文化传统和精华，从而为创造具有地域文化特色的优秀建筑起到推动作用；同时，也可为建筑学专业学生提供一部学习参考书。因每位作者的研究深度和视角不尽相同，每篇文章在论述的深度和广度上也有所不同。同时，由于各种因素的制约，有些文章对当代建筑的论述尚嫌不足。这也反映了我国建筑评论还远远不够开放，缺乏自由评论的氛围。此外，有些省份由于未及组织到本书要求的稿件，无奈只好暂缺。

关于我国建筑的地域性，我们希望专家学者能够进一步深入研究，取得更加丰硕的成果。我们还殷切地企盼，在不久的将来，有可能再版时予以充实和完善。

杨永生　王莉慧

2006年7月18日

目　录

1　巍巍帝都——北京的魅力（萧默）
16　天津建筑的风格特征（周祖奭）
25　中国唐宋建筑的艺术宝库——山西建筑（汪永平）
36　草原·城市·建筑——内蒙古地域建筑古今漫谈（张鹏举　白丽燕）
43　以"地域观"面对沈阳建筑（陈伯超）
55　豆城——长春（李之吉）
61　黑龙江省的地域建筑文化（张伶伶　徐洪澎）
70　近百年上海城市和建筑的意义（郑时龄）
77　从大运河到江南水乡的江苏建筑（汪永平）
90　自然、自觉与自我——浙江传统建筑文化的延续和发展（程泰宁　陈　易）
98　徽州建筑纵横谈（朱永春）
108　福建建筑的地域特色（黄汉民）
119　山环水绕中的江西地方建筑传统（姚　赯）
127　历史的足迹——齐鲁古今建筑漫谈（张润武　刘颖曦　张　菁）
138　地域与河南（王鲁民）
145　湘楚风情——湖南传统建筑撷英（柳　肃）
152　尊重传统又追求创新的广东建筑（吴庆洲）
165　热带地区的海南岛建筑（白佐民）
174　重庆地域建筑及文化研究（赵万民　王纪武）
190　朴素　淡雅　飘逸——浅析川派建筑地域特色（庄裕光　唐明娟）
200　富有民族和地域特色的贵州建筑（罗德启）
211　神奇的自然环境与多元的民族文化交融共生
——云南建筑的地区、民族特色（陈谋德）
220　传承之间——西藏建筑的地域特色（王世东）
226　长安建筑五千年（张锦秋）
235　甘青地区多元共生的建筑文化特色（杨昌鸣）
253　宁夏回族现代建筑风格（李志辉）
263　新疆地域建筑的过去与现在（王小东）
271　香港建筑源流（薛求理）
280　澳门建筑今昔（刘先觉）
292　台湾建筑古今谈（汉宝德）

巍巍帝都——北京的魅力

萧默

建城3000余年，建都850余年的北京，拥有全国最多最集中的古代建筑艺术精品，尤其是元明清三朝，更代表了中国建筑三大发展阶段——萌芽与成长（先秦至汉）、成熟与高峰（唐宋）、充实与总结（明清）——最后一个阶段的最高水平。中国古代三大帝都——唐长安、元大都和明清北京，北京就占了两座，无论城市、宫殿、坛庙、园林、陵墓、寺塔或民居，还是长城，都取得了当时中国建筑的最高成就。在当代中国，北京更是全国建设规模最大、建筑思潮更为活跃的城市。

早在商朝中期，约公元前13世纪，北京已出现燕国，一般认为其都城即北京西南董家林城址。约公元前11世纪即西周初期又出现北燕（简称燕，商之燕则称古燕），建都于"蓟"，在今外城宣武门、广安门一带。以后历秦汉直到辽金，约2300年来，北京的方国都城或州郡城址都沿用此址，只是名称和大小不同。

北京位于华北平原北端"北京湾"地区，西邻太行山，北横燕山，二三百万年前曾是大海，以后渐成陆地。自此往南直达河洛一望平川，交通畅通无阻。燕山则是阻隔北方游牧民族侵扰的天然屏障。沿燕山建造长城，通过各关隘可连通西北、朔北和东北，古来就是交通要道和多元文化汇集之地，古人常用"幽州之地，左环沧海，右拥太行，北枕居庸，南襟河济，诚天府之国"来称赞她。1153年起称金中都，是北京作为具有中国性意义的国都之始。1234年蒙古灭金，从1267年开始，忽必烈在金中都东北以太液池（现北海、中海）为中心另建新都，称元大都。1420年明永乐帝改造大都，从南京迁都于此，是为明北京。1644年清军攻入北京，仍以北京为都。1911年辛亥革命后北洋政府时代北京仍是首都，1927年迁都南京。1949年北京成为中华人民共和国的首都。

城市与宫殿

元大都在金中都东北，规划时以海子（今什刹海）东岸最突出的一点（今地安门北）定下中轴线的位置，在此点稍北确定全城几何中心，为避开当时仍存的金中都，大都南墙确定在中都北墙以北，再以中心点与南墙之距为半径确定北墙；西墙则定在当时积水潭之西端，再以中心点与西墙之距为半径确定东墙。只因东墙正在洼处，故略向内移。

宫城在中轴南段太液池东，湖西南北分建隆福、兴圣二宫，三宫品字相望。

中轴北段建鼓楼和钟楼，包括城楼在内，高大的建筑有规律地分设在各主要街道的关键部位，成为主要大街的对景和统率各地段的构图中心，使整座城市成为一个有机的艺术整体。

城市中有丰富的水景是大都面貌的一个特色。每年要从南方运进粮食百万石入京，引水加大积水潭和海子水量，沿皇城东墙开凿运河与大城南墙外通惠河相接，东去通州，使来自江浙的大船经通州可直达大都，停泊在海子内。

规划者刘秉忠为汉族儒士，力图遵照《考工记》追记的周王城"方九里，旁三门，国中九经九纬，经涂九轨，左祖右社，面朝后市"等原则，皇城将三座宫殿包在其中，皇城北是最主要的市场。在皇城外左右、都城东西城门内分建太庙和社稷坛。《考工记》的说法不仅具有形式上的意义，更是封建社会最高统治者的美学理想在城市艺术上的反映——方正的城市外廓、对称的格局、皇宫位于最显赫的位置、严格正交的街道，以及以"祖"、"社"作为宫殿的陪衬，都浸透了皇权至上等级严格的理性秩序。

宫前广场遵循北宋汴梁和金中都的方式，呈丁字形，但位置从宋金时的宫城正门外前移到皇城正门外。因大都南墙须避开中都北墙，而宫殿又须以太液池为中心，不能再向北移，故大都南墙与宫城正门的距离较短，由皇城正门到宫城正门的距离更短，设计者索性将广场前移，而在皇城正门与宫城正门之间设置了第二个广场，在本来比较紧张的地段内反而增加了一个纵深空间层次，艺术上更见成功(图1)。

宫城正门崇天门也沿袭隋唐以来各代做法，设计为倒凹字形平面的宫阙，威严壮丽(图2)。

宫城东、西宫墙与今紫禁城东、西墙相重，南墙和北墙都在后者之北，全宫面积与紫禁城相近。宫城内以周庑围成两个大院，前院名大明宫，是朝会大院，后院名延春宫，用于居寝。

明清北京因大都北部长期无人居住，故将大都北墙南移五里，此时金中都已不存在，所以南墙和整个宫城也向南稍移，全城呈略横的方形，东西6650米，南北5350米，有九座城门，门外各有瓮城。城门和瓮城上都有高大的城楼，在东南、西南二角有高大的曲尺形角楼。现保存的只有南墙正中的正阳门和它的瓮城前门、北墙西端的德胜门瓮城等城楼和东南角楼了。

明代曾计议加建一圈外郭城，先从居民较多的南面开始，但另外三面没有建成，使北京最后呈凸字形。南面新加的城称外城，原城改称内城。外城

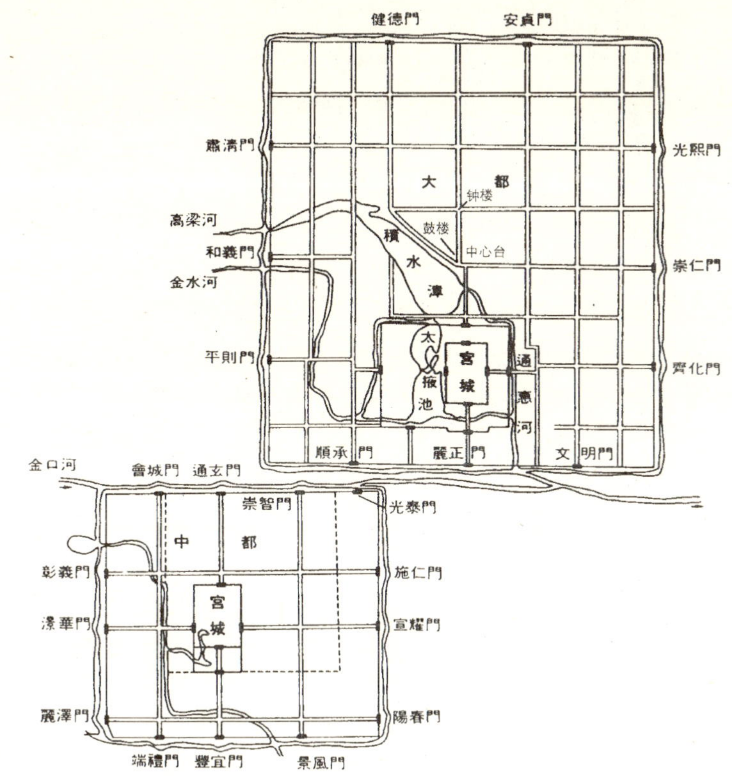

图1　金中都与元大都（虚线范围为辽南京）（《中国古建筑大系》）

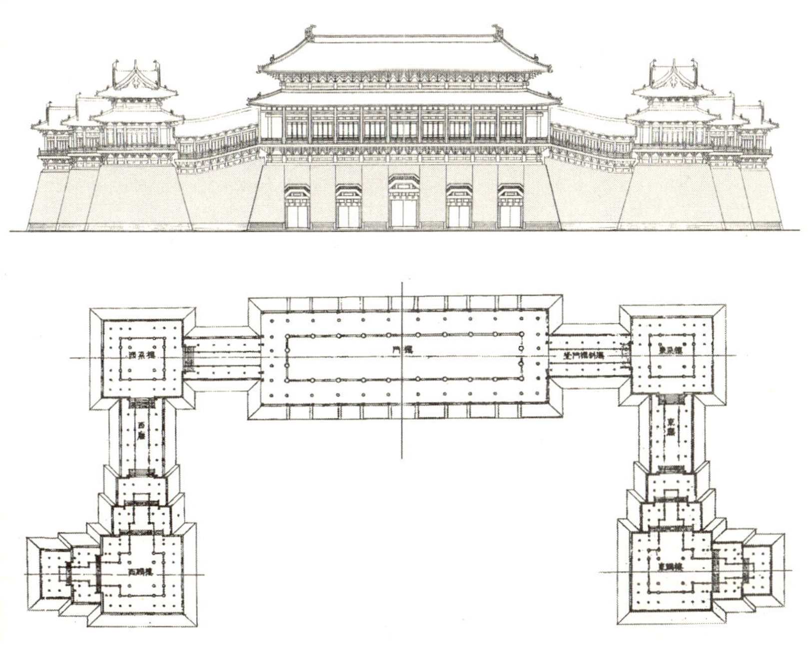

图2　元大都崇天门（傅熹年复原并绘）

南部有天坛，内城以北有地坛，东、西各有日坛、月坛，形成外围的四个重点，簇拥着居中的皇城和宫城。太庙和社稷坛移至午门前左右，紧靠皇宫。皇帝在每年冬至、夏至、春分和秋分要分别到天、地、日、月四坛举行祭祀。天地日月、冬夏春秋、南北东西，这种种对应，显示了中国古人天人合一的宇宙观念(图3)。

紫禁城在全城中轴线中段，东西760米，南北960米。紫禁城北以拆除元宫的废土和开挖紫禁城护城河的土堆成镇山，又称景山，高约50米，有镇压元朝王气的寓意。山顶建一大亭，是全城的制高点和几何中心，强调了城市严格的几何图案般的有机构图。景山以北沿中轴线有鼓楼和钟楼，与景山遥相对望(图4、图5)。

因扩出外城，全城中轴线大为加长。依轴线全长，自南而北全城构图可分为三大段：第一段自外城南墙正中永定门到正阳门，最长，节奏和缓，是为铺垫；第二段自正阳门至景山，贯串宫前广场和整个宫城，较短，处理浓

图4　正阳门(萧默　摄)

图5　鼓楼和钟楼(高宏　摄)

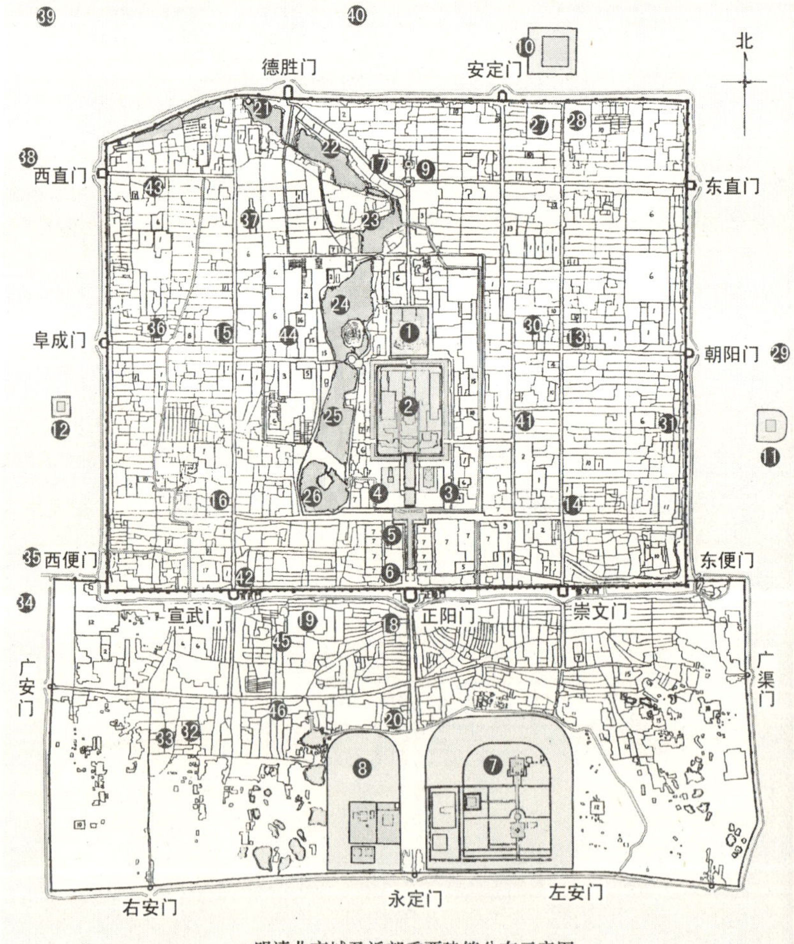

图3　明清北京城及附近重要建筑分布示意图

郁，是高潮所在；第三段从景山至钟、鼓二楼，最短，是高潮后的收束。中轴三段就好像是交响乐的三个乐章：序曲、高潮和尾声相继出现，钟、鼓二楼仿佛曲终的两个有力的和弦，最后再通过北面德胜、安定二门的城楼，将气势发散到遥远的天际，就像是悠远的回声了。高大的城墙、巍峨的城楼、严整的街道和天、地、日、月四坛，都是这首“乐曲”的和声。紫禁城使用华贵的金黄琉璃瓦，在沉实的暗红墙面和纯净的白色石台石栏的衬托下闪闪发亮；散在四外的坛庙色彩与它基本一致，遥相呼应；城楼和大片民居则都是灰瓦灰墙，是宫殿区的陪衬；它们又全都统一在绿树之中，呈现着图案般的美丽。北京有着音乐般的和谐与史诗般的壮阔，是可以和世界上任何名篇巨制媲美的艺术珍品。

图6　琉璃厂文化街（萧默 摄）

北京内城鼓楼一带和东四、西四，元代就已是商业繁茂之地，明时，加上正阳门和大明门之间作为东西向交通要道的“棋盘街”商业区，成四个商业中心。清时，棋盘街商业转往正阳门外大栅栏。以后，在外城又发展出琉璃厂、天桥等具有特色的商业和游乐市场（图6）。

紫禁城及其前后，即从宫殿区起点大明门（今毛主席纪念堂）向北至景山之颠，全长约2500米，可分为三个小节，同样有如交响乐，组成前奏、高潮和尾声三个辉煌的乐章。第一节由大明门至宫城正门午门，占全长一半，有三个串连的宫前广场，是为前导；第二节是紫禁城，由前朝、后寝和御花园三部分组成，为高潮；第三节最短，自紫禁城北门神武门至景山顶万春亭，是系列的收束。相互连贯，前后呼应，一气呵成，共同服务于渲染皇权这一主题（图7）。

当时的天安门广场呈丁字形，丁字一竖狭窄而长，两旁夹建千步廊，以天安门为对景，为壮丽的门楼预作了充分的铺垫。天安门前广场向横向伸展，使城楼显得十分辉煌，气氛开阔而雄伟。端门广场方形，气氛收敛，性格中庸平和，为另一个更大的高潮午门的到来预作酝酿。午门广场呈纵长矩形，屹立于广场尽端的是巍峨的午门，作向南敞开的凹字形，正中建巨大城楼，在左右转角和前伸尽端各建重檐方亭，用廊庑联结，轮廓错落，体量雄壮。凹字平面使人走近午门时，三面围合的巨大建筑、单调的红色城墙造成威猛、压抑而紧张的气氛，充分显示了皇权的神圣（图8、图9）。

第二节从午门开始，太和门广场气氛大为缓和，是三个宫廷广场气氛层层加紧以后转向全系列最大高潮太和殿广场的过渡。太和殿广场呈正方形，四面廊庑围合，约40000平方米，是整个宫殿区乃至整个北京城的核心。大殿在广场北部，高踞于3层白石台上，是中国现存最大的殿堂建筑。太和殿广场的性格内涵非常深沉丰富：大殿的巨大体量，它和层台形成的金字塔式的立体构图以及环境和色彩的衬托，使它显得异常庄重和稳定，是“礼”的体现。“礼辨异”，强调区别君臣尊卑的等级秩序。同时，又在庄重严肃之中蕴含着平和、宁静和壮阔，寓含着“乐”的精神。“乐统同”，强调社会的统

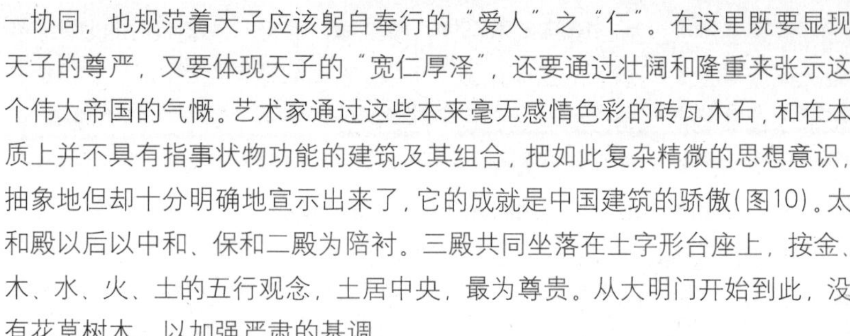

一协同，也规范着天子应该躬自奉行的“爱人”之“仁”。在这里既要显现天子的尊严，又要体现天子的“宽仁厚泽”，还要通过壮阔和隆重来张示这个伟大帝国的气概。艺术家通过这些本来毫无感情色彩的砖瓦木石，和在本质上并不具有指事状物功能的建筑及其组合，把如此复杂精微的思想意识，抽象地但却十分明确地宣示出来了，它的成就是中国建筑的骄傲(图10)。太和殿以后以中和、保和二殿为陪衬。三殿共同坐落在土字形台座上，按金、木、水、火、土的五行观念，土居中央，最为尊贵。从大明门开始到此，没有花草树木，以加强严肃的基调。

前朝以后，经过乾清门广场为过渡进入后寝。后寝是一座纵长庭院，分前中后三院，建有乾清宫、交泰殿和坤宁宫三座殿堂，也共同坐落在一个台座上。整个后寝的规模仅相当于前朝的四分之一，但规划和形象与前朝相似，仿佛交响乐主题部的再现。在礼制上，后寝是皇帝和皇后居住的地方。

最后的御花园按规整对称的方式布局，与中国园林特别强调的自由格局很不相同。这是因为它是皇宫内的花园，又位在中轴线上，局部须服从全体，以保持全局格调的完整。但其中古木参天，浓荫匝地，花香袭人，波底藏鱼，毕竟还是较富于生活情趣的地方。

过紫禁城北门神武门经护城河即达景山。景山中高边低，略作向前环抱之势，清代沿山脊建造了五座亭子，是紫禁城气势的有力结束(图11)。

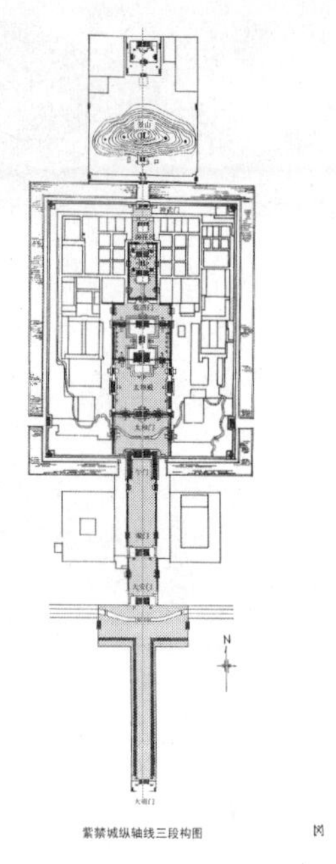

图7　紫禁城总平面(萧默据《中国古代建筑史》图补绘)

图8　天安门(马炳坚等 摄)

图10　太和殿

图9　紫禁城午门(孙大章、傅熹年 摄)

图11　角楼和景山

紫禁城是中国古代建筑艺术群体构图的最高典范，享有世界级的崇高声誉。著名英国学者李约瑟在《中国的科学与文明》中说："我们发觉了一系列区分起来的空间，其间又是互相贯通的……与文艺复兴时代的宫殿正好相反，例如凡尔赛宫，在那里，开放的视点是完全集中在一座单独的建筑物上，宫殿作为另外一种物品与城市分隔开来。而中国的观念是十分深远和极为复杂的，因为在一个构图中有数以百计的建筑物，而宫殿本身只不过是整个城市连同它的城墙街道等更大的有机体的一个部分而已……中国的观念同时也显出极为微妙和千变万化，它注入了一种融汇了的趣味。"他认为中国的伟大建筑的整体形式，已形成为"任何文化未能超越的有机的图案"。

坛庙

天坛是皇帝祭天的礼制建筑，也是世界级艺术珍品，全部艺术手法都是为了渲染天的肃穆崇高。天坛始建于明永乐十八年（1429年），经清代的改建和部分重建遗存至今。天坛范围很大，有两圈围墙，南面方角，北面圆角，象征天圆地方。从正门（西门）东行，经内墙西门，南有斋宫，再东行为南北纵轴线。南门内的圜丘为3层石台。圜丘之北圆院内有圆殿皇穹宇，存放神牌。再北通过一条称作丹陛桥的长长的大道，可达祈年殿，最北为皇乾殿和北门（图12）。

天坛建筑密度很小，覆盖大片青松翠柏，涛声盈耳，青翠满眼，造成肃穆崇高的氛围。内墙不在外墙所围面积正中而向东偏移，纵轴线又从内墙中线继续东移，共东移约200米，加长了从西门进来的距离。人们在长长的行进过程中，感到离尘世越来越远，距神祇越来越近了。远人近天，感情得以

图12　天坛鸟瞰图

图13　天坛祈年殿

图14　明十三陵石牌坊(萧默　摄)

图15　长陵祾恩殿(楼庆西　摄)

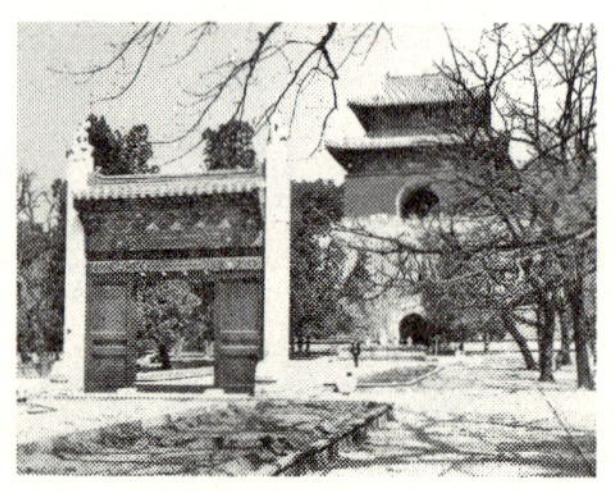

图16　长陵二柱门与方城明楼(萧默　摄)

充分深化。圜丘晶莹洁白，衬托出"天"的圣洁空灵。它的两重围墙很低，使人立坛上境界辽阔。长400米、宽30米的丹陛桥和祈年殿院也高出周围地面以上，同样也有与天接近的效果。祈年殿圆形，三重檐攒尖顶覆青色琉璃瓦，与天空色调相近，屋顶圆顶攒尖，似已融入蓝天。殿下有3层白石圆台，总高38米(图13)。

北京还有地坛、日坛、月坛、社稷坛以及孔庙和附属于它的国子监等坛庙建筑。诸坛也都是层台，平面都作方形。孔庙则是院落围合的殿堂。

陵墓

北京的皇家陵墓称明十三陵，在城北昌平县天寿山下。山岭逶迤相连，呈向南敞开的马蹄形，在马蹄最北中央山麓下即成祖长陵。其他12座陵环成弧形并共用神道，与前代各陵孤立而设比较，这种成组团的陵区气势更加宏大。长陵之南6公里是马蹄敞口处，有两座东西对峙的孤立小山岗，二者之间建大红门。大红门南有很大的石牌楼，整个陵区即以此为起点(图14)。大红门内的碑亭体量十分巨大，高达22米，中置巨碑，亭外四角置白石华表各一，丰富了造型，更衬出碑亭的巨大，加大了对辽阔空间的控制范围。亭北石砌神道长1200米，两旁相向列石柱、石兽、石人，北端以并列三座石棂星门结束。自此以北至长陵尚有4公里多再无设置，有如画中空白，以虚代实，更加含蓄。

全部引导部分以长陵正后方天寿山主峰为对景而略偏东，是因为东侧山岭较低，偏向东侧有利于通过透视效果取得东、西大致均衡的感觉。

长陵前后三院，围以高墙。陵门单层，门内第一进院甚浅。第二进院较深，院门称祾恩门，坐落在白石栏杆围绕的石台上，很像紫禁城太和门。院内祾恩殿形制同于太和殿，但较浅，是中国现存规模第二的大殿。殿下有3层绕以石栏的石台。殿内32根大柱全用最上等的金丝楠木整木制成，显露木质本色，色调深沉雅肃。殿前配殿已久毁。殿北第三进门称内红门，门内建单间牌坊一座，坊北石桌后的建筑如同城楼，称方城明楼，由城台下的石券洞可登至台顶，上建明楼。明楼方形，内砌十字券洞，立大碑。楼后为直径约250米的宝顶。这一区建筑，数量虽然不多，处理却甚丰富，有前后两个高潮，即祾恩殿和方城明楼。前者木结构殿堂，体量横长；后者是砖石结构的城楼，体量竖高，对比鲜明。全部建筑都是白台红墙朱柱黄瓦，一派皇家气象，在院庭内外和宝顶上满植松柏，气势萧森，纪念性格很强(图15、图16)。

皇家园林

北京是明清皇家建筑集中之地，除紫禁城西的西苑(三海)外，都在西北郊水泉丰富的地方，称"三山五园"。与私家园林相比，皇园规模很大，以真山真水为造园要素，景点更多，景观丰富；功能内容和规模也都丰富和盛大得多，几乎都附有宫殿，还有居住用的殿堂；风格则侧重于富丽华采，渲染出一片皇家气象。

颐和园建成于清乾隆十五年（1750年），1860年与1900年两次被侵略军破坏又两次重修，仍比较完好，全园由万寿山和昆明湖组成。山居北，东西向；湖居南，呈北宽南窄的三角形。全园可分为宫殿区、前山前湖区、西湖区和后山后湖区四大景区。

主要园门东宫门在昆明湖东北角，入门即宫殿区，臣属可就近觐见，建筑气氛较之紫禁城的严肃轻松很多。

绕过仁寿殿，通过一条曲折小道，进入前山前湖区，视野十分辽阔，气氛忽然一变。远处玉泉山的塔影被借入园内。在万寿山南坡耸起体量高大的佛香阁，大大丰富了体形较少变化的山的轮廓，以人工补足了自然。佛香阁体量巨大，是范围广大的全园构图中心。在山脚与湖岸间建造了东西长达700米的长廊，把山麓的众多小建筑统束起来。由佛香阁大台座南眺，对面龙王庙岛是东扩湖面时特意留出的，与阁遥相对望，互为对景。岛东连十七孔桥，石砌。前山前湖区性格开朗宏阔，大笔触，大场面，大境界，建筑都施以华丽彩画（图17）。

西湖区在昆明湖西部，以西堤隔出水面二处，各有岛一，与龙王庙岛一起，构成一池三神山的传统皇苑布局，性格疏淡粗放，富有野趣（图18）。

万寿山北麓是后山后湖区，以弯曲河道相连一串小湖，夹岸幽谷浓荫，性格幽曲窈窕，两岸仿苏州水街建成店铺（图19）。

圆明园是清代北京最大的皇园，由三座毗邻的园林组成，先后建成于康熙四十八年（1709年）至嘉庆十四年（1809年）间，以后合为一园，总称仍名

图17　昆明湖（楼庆西 摄）

图18　颐和园西堤桥（《中国古建筑大系》）

图19　颐和园后湖苏州街（萧默 摄）

"圆明园"，共占地约350余公顷，是清代北京规模最大的皇园。全园是就平地沼泽人工开挖成湖，积土为岛为堤为阜，以水景为主，有大小湖面30余处，大者如福海，600米见方，中者边长200余米，小者40～100米。岗阜最高10米上下，但回环围合逶迤连绵，构成了一个个半封闭的小空间。结合湖面河溪，山重水复，迷离无尽，境界丰富多变，更富天然趣味。处处远借西山秀色，隔水望山，层次深远。除宫殿区外，全园依山就水，作自由式布局，各处散布着许多自成格局的小园和楼台亭榭等游观建筑，还有寺庙、家祠、宅第、市肆、戏台、书院、山村等共150多组景点，构成120多组景区，可称为集锦式。据皇帝题咏，有"圆明园四十景"、"长春园三十景"、"万春园三十景"之称(图20)。

圆明园在1860年被英法联军焚毁，1900年又遭八国联军彻底毁灭，现仅存"西洋楼"断壁残垣遗迹(图21)。

宗教建筑

潭柘寺在京西群峰环列的山腹，初建于晋，是北京最古老的佛寺，文献称"寺址本在青龙潭上，有古柘千章，故名潭柘寺"。寺坐北面南，前低后高，背倚巨岭，左右山岭环抱。从寺后龙潭出水汇成流泉由寺东下流，寺前

图20　圆明园"方壶胜境"(《圆明园图咏》)

图21　圆明园西洋楼远瀛观遗迹

则开敞宽豁，可极目远望，并有塔院，环境清幽，林中现出金、元、明、清墓塔75座（图22）。

图22　潭柘寺大雄宝殿（《中国古建筑大系》）

戒台寺也在京西，以拥有中国最大的戒坛和奇松闻名，始建于唐武德五年（622年），坐西朝东，面向京城。这种朝东的布局，可能是辽代重建时的辽俗遗存。由南而北可分三部：南部是寺院主体；中部两进，为长老所居；北部为戒坛院，院前（东）台下并立两座砖塔（图23）。

图23　戒台寺辽塔（萧默 摄）

卧佛寺藏于京西北寿安山南麓，初建于唐贞观年间（627—649年）。寺坐北向南，寺前有一条很长的石砌甬道，夹道矮墙，浓荫蔽日。从琉璃牌坊入寺，从山门开始，向北纵深布列三殿，四周围以廊庑组成一座纵深廊院。此种周廊围绕的布局多见于唐宋，元代建造的北京东岳庙也是，明清已不多见。卧佛殿内有铜铸卧佛，廊院后的藏经楼是全寺结束（图24）。

法源寺在南城，初为唐武则天万岁通天元年（696年）所建悯忠寺，明初全毁，至明正统二年（1437年）重建，面积比唐、辽已大大缩小。清改建为法源寺。

建成于明清的佛寺著名者尚有法海寺、智化寺、碧云寺、大钟寺、万寿寺等。法海寺的明代壁画为国内精品，碧云寺的五百罗汉堂和寺后金刚宝座塔都十分富有特色（图25～图27）。

但不论初建于什么时代，北京佛寺现存面貌都成于明清，多分左中右三路，以中路为主。中路沿轴线布置山门、金刚殿、天王殿及以后多座殿堂，以大雄宝殿最大，成为高潮，最后以长长的藏经楼结束。轴线左右以钟楼、鼓楼、配殿有时再加上廊庑围合，布局规整对称，格律精严，与南方山林胜境中由民间建造的佛寺之自由布局有很大不同。有的寺庙有两个高潮，典型而处理得当者如碧云寺，除大雄宝殿外，寺后又突出一座金刚宝座塔，塔前有引导部分，两个高潮间并未以藏经楼阻断，气势连贯，比较成功。处理稍差者如大钟寺，前部以藏经楼收尾，后部大钟楼体量过小，其前也没有引导，未能组成有机整体。山地佛寺皆前低后高，形成几个台地。高差更多集中于前部，以保证大雄宝殿前有较

图24　卧佛寺元代铜卧佛

图25　法海寺明代壁画水月观音

图26　碧云寺五百罗汉堂（萧默 摄）

图27　碧云寺石牌坊（萧默 摄）

图28　天宁寺塔(《中国古建筑大系》)

图29　银山塔林(萧默 摄)

图30　房山云居寺北塔(罗哲文 摄)

图31　房山镇岗塔(罗哲文《中国古塔》)

大平台。有时山门前更有牌楼、甬道或其他建筑加强引导，如卧佛寺。建筑单体都是北方官式做法，主要建筑覆盖琉璃瓦顶，施用斗栱和彩画。北京佛寺尚多，不及备载。

北京佛塔也有不少，以辽金密檐式塔和明清藏传佛教塔最有价值。

辽金密檐塔通常为八角，砖砌实心，基座特别繁复，塔身只有一层，上接密密层檐，多数是13层，檐端连线都比较劲直，最上是砖砌塔刹，是雄健和细密两种风格的奇妙混合。高峻而劲挺的塔身、比较劲直的檐端连线和敦厚的塔刹以及整体凝重的体态，都显示了北方民族勇健豪放的气质；另一方面，由于时代风尚的薰染，细部比较繁复细密，枋木构件雕刻得十分精细。但前一种风格仍属主流，予人的总印象仍然是明朗的、健康的。城西近处的辽天宁寺塔、潭柘寺塔林和银山塔林的多座金塔，都是优秀作品。银山塔林元代密檐塔多作六角形，檐线内凹，有的塔身也内凹，光影效果丰富，此种做法称为“弧身”(图28、图29)。

北京还有一种在楼阁式塔上加建巨大的窣堵坡式塔的复合形式，如北京房山云居寺辽代北塔。华塔也较为少见，辽金时主要流行于华北，北京镇岗塔和坨里花塔都是金代所建，以饱满若沾满水分之毛笔状锥顶为特征，是《华严经》所述”莲华藏世界“的表征(图30、图31)。

明清佛塔也多密檐式，还有楼阁式，常用琉璃贴面，如颐和园多宝塔、香山藏传佛教宗镜大昭之庙塔。

北京最大的藏传佛教寺庙雍和宫原为雍正即位前居住的雍亲王府，在改宅为寺的过程中融进了一些西藏作风。宫坐北朝南，前部为一横长矩形广场，南为照壁，余三面各有一座牌坊，过北牌坊经长甬道进入寺门，以后为多座院落和殿堂。后殿法轮殿为大经堂，是群集诵经之所，平面若十字，殿顶循喇嘛教“曼荼罗”观念耸起五座亭子。殿后有高大的万福阁，内为木雕弥勒大佛。阁左右各有较小方阁。三阁间以跨空阁道相连，非常繁丽辉煌(图32)。

在颐和园万寿山北麓的须弥灵境也是汉藏混合式，建于清初，布局与单体也体现了“曼荼罗”的观念。

元代以后北京出现喇嘛塔，除前举琉璃塔外都不同于汉式塔，分瓶式塔、过街塔和金刚宝座塔三类。瓶式塔以妙应寺元建白塔和北海琼华岛清建永安寺白塔最为著名，前者雄浑而敦实，是尼泊尔匠师阿尼哥所建，后者颀长而清秀(图33)。

过街塔是在中辟通道的台座上建造一座或并列数座单塔，居庸关云台是著名例证，建于元代，似一城台，下通盝顶城门，台上沿边有石栏杆和并列三座瓶式塔，但三塔已不存。门道口券面和门道内两壁的浮雕是元代精品。

金刚宝座塔是在一个台座上按九宫格方式建造大小五塔，最早者为真觉寺(五塔寺)塔，建于明代，五塔共同坐落在一座高台座上。西黄寺清净化城塔建于清初，是六世班禅的衣冠冢，中央立很大的瓶式塔，四角各立一座较小的经幢式塔，比例和谐，造形端丽，浮雕精美。碧云寺塔建于清初，中塔比例较五塔寺的更高，总体造型更好(图 34、图 35)。

北京的道观以白云观和东岳庙最为著名。白云观创建于唐，金重建，改名长春宫，但遭火焚，元世祖邀山东全真派道士邱处机在西域征战途中相会，邱被封为国师，乃重修并扩建此宫供养邱处机，改名白云观，从此成为北方全真派道教中心。全观规模巨大，称为全真派"天下第一丛林"。道教建筑在许多方面都模仿佛教，白云观的整体布局，也与清代北方佛寺通常的布局相似，也分三路数进，各进皆有殿堂。玉皇殿(相当于大雄宝殿)、邱祖殿内有明塑邱处机像，四御殿为楼，与佛寺的藏经楼相似。最后部的花园包在整个三路之后，内有戒台和园林。建筑装饰彩画多有道教特有的图案仙鹤、八卦等。

东岳庙祭祀东岳泰山，由道士主持，也可算是道教建筑，初建于元，规模宏大，现存殿宇虽是清代重建，仍较多保有元代格局。基地南北狭长，整体布局也如一般佛寺，分前后两院，前院与卧佛寺相似，也以廊庑、配殿四面围合。院内主殿岱岳殿及其后殿以中廊组合成工字殿。

北京清真寺可以回民聚居区的牛街清真寺为代表，建筑单体都是汉式，只是建筑的组成与佛寺道观不同，且礼拜殿必须坐西面东，保证信徒祈祷时面对西方麦加。更要容纳众多信徒入内礼拜，故面积较大。建筑的装饰图案大多是阿拉伯经文、植物纹和几何纹，绝不使用动物、人物纹样。牛街清真寺始建年代不明，明清重修较多。寺在街东，隔街有照壁，门前有木牌楼，以六角形望月楼为寺门。入寺后面对礼拜殿后背加置的院墙，引导行人折转到殿的左右东行，直到殿东庭院后再折西入殿。礼拜殿由东至西由前殿、主殿和窑殿组成，主殿上覆歇山勾连搭屋顶。窑殿如半亭，上立攒尖顶。殿内柱间安装由阿拉伯式的尖拱转变成的"欢门"，全饰红地金花图案，与梁枋和天花以青绿为主的汉式彩画对比强烈，华丽辉煌(图 36)。

北京城内主要的天主教堂有四座，称南堂、东堂、北堂和西堂。南堂最早，是著名的意大利耶稣会教士利玛窦所建，其他三座均建于清代。经 1860 年英法联军之役和 1900 年八国联军之役，四座教堂遭到严重破坏，20 世纪初各堂重建，东、南、西、北四堂仍按原式分别为罗马风式、巴洛克式、单塔哥特式和双塔哥特式。但内部全都是哥特式，其挺拔的尖拱尖券和彩色玻璃花窗烘托的神圣气氛和悠长的混响声，传达出一种神秘的气息(图 37)。

北京四合院

"北京四合院"是中国传统院落民居中最具代表性、水平也最高的一种，

图 32　雍和宫鸟瞰(张肇基 摄)

图 33　妙应寺白塔(模型)

图 34　五塔寺塔

图 35　碧云寺塔(罗哲文 摄)

图36　牛街清真寺殿内欢门（马炳坚等　摄）

图37　北堂（萧默　摄）

全部都是平房，规模小者只有一院，多数是前后二院。一般坐北朝南，大门开在前左角即东南角，进入大门迎面有砖影壁，与大门组成一个小小的过渡空间，由此西转进入横长外院。外院正对民居中轴的南房称“倒座”，作客房。由外院通过一座垂花门式的中门进入方阔的主院。垂花门用悬山“勾连搭”屋顶，造型玲珑，相当华丽。主院北面堂屋三间，左右有时各接出一间或两间耳房，居长辈或用作书房。这种一正两耳的布局称作“纱帽翅”。正房前两侧各有厢房，居住晚辈。院落宽度适中，空间感觉甚好。各房朝向院子大都有前廊，用“抄手游廊”把垂花门与这三座房屋的前廊连接起来，可以沿廊走通。廊边常设坐凳栏杆，可坐赏院中花树。所有房屋都采用青瓦硬山屋顶。正房之后有时有一长排“后照房”，或作居室，或为杂屋。较大的民居可以在堂后再接出一座院子，以居内眷，或更在全宅一侧接出另外一组四合院，也有的在一侧接出宅园。北京四合院亲切宁静，尺度合宜，有浓厚的生活气息。院中莳花置石，以大缸养金鱼，是十分理想的室外生活空间（图38）。

会馆

明清以来，为接待赴京会试的举子和同乡来京居住或同业集会之需，在北京建造了数以百计的会馆。作为具有一定共性人群的公益性建筑，为维系感情，增强凝聚力，常有专用为祭祀的建筑出现，或独建乡贤祠，或在正厅当心间设龛，奉祭本乡历史名人或本业祖师，作为共同的精神核心。为聚会宴饮，也为举行娱神活动，戏台更成为会馆的骄傲。

明代会馆有30余座，多在内城东部由通州至北京必经的朝阳门内一带。清代会馆多达340余座，因清代前期实行内城居满官满人，外城居汉人之制，会馆多分布在外城从南路经芦沟桥和丰台进京必经的宣武门外一带，由此又带动了附近琉璃厂文化市场的发展。

会馆的总体布局仍遵循中国建筑的一般原则，坐北面南，中轴对称，但由于与街道的关系，大门也有开向其他方向者。现存最完整也最好的会馆是虎坊桥湖广会馆，正在重修的是其附近的安徽会馆，都以戏场为中心。戏台伸入场内。戏场三面环以楼座，中间高通两层，设池坐，摆设方桌。戏场上覆勾连搭屋顶，通过高侧窗通风采光。

长城

北京是北方重镇和重要的军事中心，燕山山脉峰峦叠嶂，由西向东宛如一条长龙，直达渤海之滨山海关。宋代苏辙有诗描绘燕山云：“首衔西山麓，尾挂东海岸。”通过山海关，可以进入广阔的东北平原，通过其他关口则可控制蒙古草原。北京境内现存629公里长城，多在燕山上，“因地形，用险制塞”，沿着蜿蜒起伏的山脊线步步延伸，共有827座墩台，保存仍较完好，雄风不减当年。明代以前，长城主要用土和石筑造，明代北京长城都以条石作基，用城砖包砌墙身，内填土和碎石，最为高大坚固。自西而东，延庆八达岭、怀柔慕田峪、密云与河北滦平之间的金山岭和司马台都是以险峻著称的长城段落。居庸关在八达岭长城内侧，古北口在司马台长城东8公里(图39)。

图38　北京四合院(模型)(萧岚 摄)

图39　长城烟雨

新中国建筑

1949年10月1日，中华人民共和国成立，定都北京，北京进入了一个全新的发展阶段，到20世纪末，北京城市建成区面积已是50年前的20余倍，取得了巨大成就。1959年国庆十大工程和天安门广场的改造、七八十年代以后地铁工程陆续建成、二环至五环环城大道的完成和城区大量现代建筑的出现，以及正在进行的与2008年奥运配套的工程如体育场馆建设和飞机场的改造等，都是其突出表现。但北京新建筑也与全国一样，走过了一条曲折的道路。如20世纪50年代以大屋顶为代表的"民族形式"的浪费、其后的过于强调节约忽视建筑艺术的简约化、"文革"中的停顿并最终拆掉了包括城墙城楼在内的许多建筑，破坏了古都风貌，以及20世纪90年代中期开始流行的一些影响古都风貌的某些建筑等，都是走过的弯路。最后一类建筑常由外国人设计，不太重视具有中国特色的艺术创造，忽视节约，浪费能源，常常引起争论。但中国广大建筑师正在从弯路中取得教训，创作日益成熟，更加重视可持续发展、保护环境，保护文化的多元性，继承祖国优秀传统建筑文化，正在沿着如古风主义、新古典主义、新乡土主义、新民族主义和本土现代主义等多元创作方式，进行不懈的努力。北京的建筑事业，将会取得更大的成就(图40、图41)。

图40　民族文化宫

图41　奥林匹克体育中心

萧默，中国艺术研究院

天津建筑的风格特征

周祖奭

一、天津市近代建筑风格特征

明建文二年(1400年)朱棣以"靖难"为名，发动了向朱允炆夺权的战争。朱棣率兵沿北运河南下"渡直沽"，1402年打下了南京，夺取了政权，改元"永乐"。"天津"这个名称为朱棣所赐，以示天子经过的渡口。1404年在天津设卫筑城，形成东西1520米、南北900米的城区，迄今已有600多年的历史。1860年英法联军入侵，天津被迫开放为通商口岸，英、法、美相继在天津划定租界。甲午战争后，德、日在天津又开辟租界。1900年八国联军入侵后，俄、奥、意、比又在天津开辟租界，后美租界并入英租界，天津形成了八国租界。各国都在天津设立洋行、仓库、兴办银行、造码头；又建领事馆、工部局、警察署、高级住宅、饭店、俱乐部、电影院等建筑；在海河上架设桥梁，开辟公园。另外，我国的地主、资本家、北洋军阀、清朝的遗老遗少都在天津投资从商，建高级别墅、里弄住宅、商场、饭店、舞厅等建筑。由于当时租界内建筑都由外国建筑师设计，设计体现出他们本国所流行的建筑风格。20世纪20年代以后从欧美留学归来的中国建筑师，受西洋建筑教育的熏陶，也设计出不少外国建筑的形式，也有中国传统建筑形式以及中西合璧的建筑形式，还有西洋建筑形式及雕饰却用中国的青砖墙及砖雕。所以天津建筑素有万国博览会之称，现分述如下：

(一) 中国传统建筑

这类建筑主要建于天津设卫后、开埠前。如1436年(明正统元年)建的文庙府庙(图1)，1734年(清雍正十二年)建的文庙县庙，1326年(元泰定三年)建的天后宫，1577年(明万历五年)建的玉皇阁，1406年(明永乐四年)建的城隍府庙，1756年增建城隍县庙。1658年(清顺治十五年)建的大悲院，1703年(清康熙四十三年)建的小伙巷清真寺以及大量的民宅都运用了中国传统建筑风格。民宅中有杨家大院、卞家大院、徐家大院以及石家大院等，都各有特色。但有些建筑因年久失修而破旧不堪，有的在改革开放后，为了城区重新规划而被拆除，但现在城区的徐家大院还保存良好。杨柳青镇的石家大院，在1875年由著名木工匠师阎筱亭设计与建造，当时他只有28岁，既能设计

图1　文庙府庙大成殿

绘图，又能亲自建造。其子阎子亨从香港大学毕业后，成为20世纪初期天津市杰出的建筑师。石家大院是有天津特色的四合院民居，曾被称为华北第一宅院，其砖雕、木雕、石雕均甚精美。东院为住宅院，中间有南大门通向厅堂院，有花厅、戏楼、鸳鸯厅、精美的垂花门(图2)、佛堂。西院为书房院，为石家子弟读书的院落。有趣的是在住宅院与厅堂院间有一个箭道，箭道里有两个门楼，南面一个是中式木雕垂花门，北面一个是西洋门(图3)。该门上面是三个弧线形的山墙，下面是弧线形的青砖拱券，用两根花钵形的柱头和柱础的柱子支撑着。据说西洋门是民国初期建的，虽然这个巴洛克式的西洋门设计得很不精彩，但充分说明当时受租界上的西洋建筑形式的影响，而成为当时的时尚。

图2　石家大院垂花门

（二）西洋古典复兴式

这类建筑主要以开埠后建的银行、办公楼为主，有庄严肃穆的气氛。如开滦矿务局、法公议局、横滨正金银行、汇丰银行等建筑。这些建筑的基座、柱子、檐部的比例基本上按典型的西洋古典建筑的比例建造的，但也有个别建筑，如盐业银行的柱子是依据古罗马的混合式柱子设计的。它由留学意大利的中国建筑师沈理源设计，结合中国实际把混合式柱头上的圆卷涡改成方回纹(图4)，而且改得恰到好处，说明沈理源吸取了西洋古典建筑的精华，结合中国传统特色加以创新。开滦矿务局大楼(图5)是由英商同和工程司的苏格兰建筑师伯乃特设计的，正立面把底层作为台基，二、三层用14根10米高的爱奥尼柱子形成空柱廊，四层窗台以下作为檐部，四层作为阁楼层。首层用大台阶直达二层大门入口，外形的庄严气氛，充分显示其财力与权力。从入口进入二层高的中央大厅，有16根红色青岛花岗石柱子，柱头为精致的紫铜爱奥尼柱头，使中央大厅显得格外高贵。

图3　石家大院西洋门

（三）西洋古典折中主义式

这类建筑以商业建筑较多，常把西洋古典的各种形式掺合在一起，使建筑显得活泼、轻松、多变。如劝业场、国民饭店、交通饭店以及早期的中原公司(1927年由朱彬设计，1940年大火将塔楼烧坏后，由张镈改建成现代建筑形式，即现在的百货大数)都是折中主义形式。劝业场(图6)是由法国建筑师慕勒(Mullev)设计的，是钢筋混凝土框架结构。底层橱窗部分作为基座，用挑出的雨罩分隔，为了加强入口，入口处雨罩提高成麦穗状的圆弧形。二、三、四、五层用方壁柱统一起来，柱头用双牛腿代替，把出檐挑得很大。檐口局部断裂，这是受巴洛克风格的影响。五层檐口上有古典瓶饰栏杆及古典花盆装饰。再上面转角处又有圆穹顶和采光亭的塔楼，又具意大利文艺复兴的风格，故称之为西洋古典的折中主义建筑风格。

图4　盐业银行

（四）哥特式

主要用于教堂建筑，因为窄长尖券与钟楼都有向上冲的感觉，使教徒们联想到天堂和上帝。望海楼教堂(图7)在1869年由法国教会筹建，正面入口中央为高4层的方塔楼，用扶壁支撑着，两侧又有高3层的八角形钟楼，礼

图5　开滦矿物局大楼

图6　天津劝业场

图7　望海楼教堂

图8　安立甘教堂

图9　西开教堂

拜堂的四角有八角形的小塔楼。教堂门窗均为窄长的尖券形，窗上原来嵌有具有宗教故事图案的彩色玻璃，可惜在文革中被砸毁，现改为白玻璃。教堂墙体使用中国传统青砖建造，这说明是由外国人设计的哥特式，却由中国工匠用青砖建造的。另外安立甘教堂（图8）是由英国圣公会筹建的，由莫乐（A.C.Moule）设计，教堂呈拉丁十字形，只容300人，中厅及两个侧廊之间用尖券连拱廊分隔，屋顶十字交叉处有小尖塔，屋顶用英国锤式屋架支撑，侧廊上有厢座。外墙开窄长尖券窗。文革中被用作无线电厂，目前正在恢复中。

（五）罗马风式

最著名的是西开教堂（图9），由法国主教杜保禄筹建的，是天津最大的天主教堂。建于1913年8月，教堂高42米，平面呈拉丁十字形，有耳堂及三通廊式。正面有三个圆拱券的大门，中央一个较大，二层有三连拱券；两旁二层有双连拱券。再上面装饰着小的连拱券空廊。两旁钟楼用三连拱券窗，钟楼顶是拜占廷式的拉长穹顶，顶上有大十字架。拉丁十字形屋顶交叉处有中央拜占廷式大穹顶。整个墙使用红白相间的砖砌筑，有强烈的罗马风特色。另外，还有德国新罗马风式的建筑，就是建于1905年5月的德国俱乐部（图10），由德国建筑师罗克格（Curt Rothkegel）设计。入口有石砌半圆连拱券廊，用成束的短柱子支撑。二层窗户都是双连拱券及三连拱券，三层局部有突出的山墙装饰，顶层用方塔楼，铁皮屋顶。北边有两个圆形塔楼，南边又有一个圆形塔楼，都有罗马风的特色，这些都是德王威廉二世所酷爱的新罗马风建筑风格。可惜，1976年大地震时被震损，修复时没有注意到保护优秀建筑，把窄高的连拱券窗改成宽的方形窗，有特色的圆塔楼也被拆毁了。德国高校教师及建筑师前来参观时都感到很可惜，希望能恢复原貌。

（六）英国都铎式

戈登堂（图11）建于1889年，作为英工部局办公楼用，2层砖木结构，铁皮坡屋顶，青砖墙面，平面呈长方形。正面中间凸出一个多边形的门楼，两端有八角形的3层塔楼。屋檐均用雉堞式的檐墙，入口处形成山形雉堞式檐墙，显示主入口。底层窗用平弧券，二层窗用尖拱券。都铎式建筑墙体一般都用红砖砌，但这里用了青砖砌，铁皮屋顶，锤式屋架。都铎式建筑形式在我国也是少见的，可惜在1976年大地震时震损后，未经修复即被拆除。现在原址建起了天津市人民政府办公大楼。幸亏在大楼后面，解放北路上还保留了一幢戈登堂的附属建筑，包括消防车库，有都铎式的风格，入口还有一

图10　德国俱乐部原貌

图11　戈登堂原貌

个具有英国中古时期四心圆拱券，作为我国惟一一座都铎式建筑的遗留物。

（七）意大利文艺复兴式

建于1930年的汤玉麟住宅（图12）有意大文艺复兴时期府邸风格。底层为深宽缝的仿花岗岩砌块，入口大门为圆拱券门。二层中央有三个连拱券门，用类似混合式的柱子支撑着。前面是带有瓶饰栏杆的阳台，檐口出檐较大，用檐托支撑，就是檐壁上局部用了洛可可的雕饰。在文革中该宅曾作为无线电厂，局部曾遭到破坏，现为天津市工商行政管理局办公用，该局维修时恢复原样，现保存良好。

（八）浪漫主义式

惟一的浪漫主义建筑是建于1886年的天津市最早的旅馆——利顺德大饭店（图13），是当时最高的建筑。沿街的建筑立面为通长的木制游廊，具北欧田园建筑风貌。所谓"浪漫主义"是在于不像一个大都市的大旅馆的风貌，这种浪漫主义建筑在全国也是少有的。该建筑由于其历史价值，曾接待过众多的著名人物，如溥仪、孙中山、宋庆龄、美国前总统胡佛及夫人、蔡锷、北洋政府总统黎元洪、冯国璋、徐世昌、曹锟、袁世凯、少帅张学良等都曾在此住过。但在1976年大地震时，该饭店遭到严重破坏，修复时没有考虑到其历史价值及其风貌价值，修复后外貌完全改变了原来的"浪漫主义"风貌。

（九）简化古典主义建筑及"维也纳分离派"式建筑形式

20世纪初期，由于建筑技术的飞速发展，西洋古典建筑形式很难适应钢筋混凝土结构的建造，欧洲各国纷纷简化古典建筑形式。1922年建的中南银行（图14）就是采用钢筋混凝土的框架结构，又受欧洲探新运动的影响，把古典建筑的部件加以简化。该建筑以半地下室作为台基，一、二层作为柱身，二层顶部作为檐部。柱子呈半圆形，取消了柱头，柱础也只是一块八角形的小平板，柱墩也成小八角形，檐口出檐很小，檐壁也没有什么装饰。有意思的是二层顶部有一个半球形的钢筋混凝土的穹顶，外面罩着一个黄铜的镂花穹顶（图15），这是受了维也纳分离派的"整体朴素，集中装饰"的影响。后来，在1938年由中国建筑师沈理源设计，加建了三层的阁楼层，当时用千斤顶把铜花穹顶顶到三层顶上。可惜，由于不懂得对这种风格的保护，却用深绿色油漆涂上，完全改变了金黄色花穹顶的集中装饰作用。加上解放北路马路较窄，从马路上也看不到提高后的花穹顶。

图14　中南银行

图12　汤玉麟住宅

图13　利顺德饭店原貌

图15　中南银行穹顶

图16　袁乃宽住宅

图17　孙震芳住宅

图18　乡谊俱乐部售票厅

（十）尼德兰式

建于1924年的北洋政府农商总长袁乃宽住宅（图16）就具有尼德兰式风格。由于建在海河北岸，住宅风貌明显可见。该宅入口处有4层八角形的塔楼，红瓦坡顶上有采光亭。首层大客厅外有柱廊，柱廊上也有一个八角形塔楼。高坡顶、层层都带有曲线的尖山墙，却是尼德兰建筑的特色。

（十一）西班牙式

这类建筑以住宅为主，如孙震方住宅、静园等，但都不是纯正的西班牙式。孙震方住宅（图17）是红筒瓦屋顶，拉毛白粉墙，圆拱券窗，都有西班牙建筑特色，但部分窗户已现代化，烟囱也没有西班牙特色。

（十二）英国半木料式

这类建筑都以住宅为主，都不太典型。但建于1925年的乡谊俱乐部的售票厅（图18）是比较典型的英国半木料式建筑。底层用砖砌筑，二层深色的横竖木梁柱与白色的粉墙形成明显对比，窗子用金属的菱形窗棂，很有特色。可惜，该建筑在邻近的自然博物馆扩建时被拆除了。向后退的重建小楼，完全没有原来的风貌。

（十三）象征主义建筑

天津象征主义建筑有好几处，其中保存得比较好的一处是解放桥南岸的百福大楼（图19），是由法国建筑师门德尔松设计的。整个5层建筑象征着一艘帆船靠在海河南岸。西立面五层坡顶处矗立着四个梯形山墙，北面还矗立着一个山墙，象征着船帆。北端屋顶还竖起一根10米高的金属杆，象征着桅杆，该建筑现保护良好。另一处在马场道123号是原北洋政府的海军部长刘冠雄的住宅（图20），由于他要求设计者设计成一艘旗舰样，在三层屋顶上有两个塔楼，象征着旗舰的塔楼。可惜，地震时塔楼被震塌，后被拆除。

（十四）第二帝国风格的意大利式

天津意租界不少带塔楼的住宅就属于1837—1901年流行于意大利这种风格。这是从意大利文艺复兴时期的府邸演变过来的，其特点就是平房顶，屋檐出挑很大，用装饰性很强的檐托与牛腿支撑着。门窗都成窄长形，一般都有柱间高长的塔楼，屋顶四周都有装饰性的栏杆。如河北区民族路与自由道交口马可波罗广场周边的住宅（图21）。

图19　百福大楼

图20　刘冠雄住宅

图21　马可波罗广场周边住宅

图22　工商学院教学楼

图23　俄罗斯的圣母东正教堂

（十五）带有孟莎屋顶（Mansard　roof）的法式建筑

不少建筑采用曲线型、也有折线型的孟莎屋顶，如马场道上原工商学院教学楼（图22）以及花园路上原庄乐峰住宅和章瑞庭住宅都采用曲线型屋顶或采用折线型屋顶，局部也采用折线型屋顶。

（十六）俄罗斯式建筑

1922年俄国祭司在俄国花园内建了一座"圣母忏幪堂"，成为天津东正教总堂，可容数百人，1939年被日军折毁改为仓库。1941年由日军赔偿在小刘庄按原样建了一座"圣母忏幪堂"（图23），但由于质量太差，日久损坏严重，解放后在1950年被拆毁。

图24　渤海大楼

（十七）现代建筑式

到20世纪30年代，由于现代建筑思潮的影响，很多原来热衷于古典主义、折中主义建筑的建筑师，也开始设计现代建筑。如法国建筑师慕勒在1934年9月设计的渤海大楼（图24）是一幢底层为商店，高7层，转角11层的商业办公楼。建筑秀丽挺拔，一度成为天津市标志性的建筑。1936年又在解放北路设计一幢作为办公及公寓用的利华大楼，更是用了大量圆弧形的玻璃窗，形成方圆结合、高低错落的现代建筑的范例。

图25　庆王府

（十八）中西合璧式

这类建筑在天津很多，由于受西方建筑思潮的影响，常常在一幢建筑里，既有西洋的形式，又有中国的形式。也有中国建筑形式中，西洋建筑的细部装饰。也有在西洋建筑形式中，采用中国建筑材料及雕饰手法。现举两个实例来说明：（1）在重庆道上的庆王府（图25），现在的天津市外事办。该建筑原为清代最后一个大太监张祥斋在1922年设计与建造的，1925年庆亲王载振从张祥斋手中购得该宅。该宅为3层砖木结构，底层作为地窖子。二、三层四周有类似爱奥尼柱式的空柱廊，但柱间距却采用了中国古建筑的宽间距，转角处柱间距较窄，犹如中国古建筑的梢间。三层影堂内部还有雕刻精美的中国木雕罩子，外墙是清水青砖墙。楼东有大花园，布置有假山与小石桥，假山上筑有中国传统的六角亭，亭子的北面却有一个西洋古典雕饰的喷水池（图26）。（2）在平安街上鲍贵卿住宅。鲍贵卿曾任北洋政府的陆军总长、审计院院长。该宅建于1920年，据说

图26　庆王府内的西洋古典喷水池

图27　鲍贵卿住宅会客楼

图28　天津大学主楼

图29　天津人民体育馆

是根据鲍贵卿的设想建造的。该宅有主楼、后楼、东楼、南楼，后楼是鲍贵卿住宅楼，后楼在1976年地震后被拆除，改建为单元式住宅。主楼是一幢会客楼（图27），3层楼房带地下室，房间之间都有折叠门。贵客在各个房间打麻将时，折叠门关闭，以免互相干扰。用作舞厅及宴会时，把折叠门打开，形成一个大空间。该楼有前后廊，青砖墙面，入口有仿花岗石的类似混合式的四根柱子。三层房间后退，形成一个大平台，平台上有三个亭子，中间一个是西洋古典式的亭子，东面一个是中国传统的圆亭子，西面一个是比较现代的西洋亭子，据说这是体现了鲍贵卿的古今中外的设想。室内用作舞厅的房间内装饰着两根精美的木制爱奥尼柱子。该宅设计充分说明了中西建筑文化的交融成为当时的一种时尚。

二、解放后天津建筑形式的新发展

（一）1949—1958年

中华人民共和国成立后，大批苏联专家来我国帮助建设，1953年苏联专家阿谢布可夫前来天津大学，为建筑学专业师生作了“民族形式与社会主义内容”的报告，报告强调要创造出我国自己民族的新风格。全国各地都掀起了学习中国传统建筑，结合当时采用的材料、结构与施工技术创造出我国民族形式的新高潮。由于天津大学的徐中先生在1951年已经在北京为贸易部大楼设计出具有民族形式的新建筑，1952年来到天津大学后，参与了天津大学新校舍的增建工作。1953年设计了五、六、七教学楼，1954年又设计了天津大学主楼——第九教学楼（图28），把主要入口放在二层，由大台阶拾级而上。底层做成中国传统建筑的须弥座形，犹如中国建筑的台基，墙身选用硫钢砖，屋顶采用木屋架、歇山顶、洋板瓦，屋脊采用和平鸽的造型代替兽吻。入口处屋顶又加一个方形歇山顶，使整个建筑显得庄严肃穆，甚得师生们及外宾的喜爱，都要在楼前摄影留念。

1954年天津建筑师虞福京设计了天津人民体育馆（图29），当时已采用较先进的弧形角钢联仿网架作屋盖，入口门廊采用了方柱、额枋、雀替，是具有民族风格的现代建筑。1973年天津人民体育馆失火，修复时，恢复了弧形角钢联仿网架结构，并对内部进行较大的改进。在建筑声学设计上降低了混响时间，增加一些现代化的设施，成为一座多功能的大型公共建筑。

图30　天津大学健身房

图31　塘沽火车站

（二）1958—1979年间

乘着大跃进的东风，人们都采用新材料、新结构来创造新建筑。在大搞技术革命、技术革新的浪潮中，天津大学校园中建起了中国第一个悬索结构的健身房（图30）。这是一个24m×36m的双曲抛物面马鞍形的悬索结构，1962年建成。从而创造了两头高、中间低，形似和尚帽的新形式，以后在全国各地的体育馆设计开了花。

1976年设计的天津市塘沽火车站（图31），是工农兵学员教学结合生产设计来完成的，由胡德君教师指导。由于整体环境多路汇集的特点，在做总平面设计时很难布置。有一位工农兵学员做了一个圆形候车厅的方案，打破了过去惯用的长方形候车厅。以圆形候车厅作为主体，与售票厅、贵宾室及行李房、出站口等并组成庭园。主入口直对城市干道，圆形候车厅造型，从任何角度观看都是完整的。结构采用空心球节点焊接平板网架，网架是由蜂窝形三角形的六角锥组成。由于造型是从一个球面散射的，网架本身就很美观，可以作为室内装饰用。

这个阶段，由于1976年唐山大地震的破坏，天津大量建筑受损及倒坍，所以主要做了大量的修复工程。

（三）1980年到现在

随着改革开放的浪潮，我国经济飞速发展，为建筑业的繁荣、创新创造了有利条件，加以外国现代建筑设计思潮的影响，新材料、新结构的采用，以及高科技的引进，新的建筑形式五花八门，杂然并存。由于城市土地的短缺，大量的高层建筑拔地而起，把过去的优秀风貌建筑几乎湮没了。好在天津市人民政府已经认识到要保护过去的风貌建筑与有特色的风情区。如五大道风情区的维修和意大利风情区的维修，从而成为外来游客的旅游点。已经拆除的马可波罗广场上的雕像也已恢复，一些新建的建筑也形成了城市的新风貌。现举例如下：

1．食品街（图32）：建于1984年，因处于天津老城南面，故采用中国城堡建筑风格，城堡上采用庑殿式屋顶，绿琉璃瓦屋面，与城区古老建筑相呼应，外观古朴雅致。

2．水晶宫饭店（图33）：建于1987年，是由美籍华人吴湘设计，饭店与水池相结合，环境优美。中央采用玻璃幕墙，通体光亮，体现了宁静光亮的"水晶"特色。两侧横线条窗户，使人感到建筑向两侧无限扩展的感觉。

3．天津体育中心（图34）：建于1994年，固定坐位6713个，活动坐位2378个。"飞蝶"造型，由于采用了先进的双层球面钢管网壳结构，使中心跨度达到108米，周围又出挑13.5米，"飞蝶"直径达135米，且用钢量较节省。"飞蝶"造型给人们一种飘逸运动感，新结构创造出新形式。

4．天津科技馆（图35）：建于1994年，总面积17380m²。展厅有2层，首层展厅72m × 54m，用9m × 9m柱网。二层展厅用跨度为72米的横向加劲组合悬索结构，形成72m × 54m大空间处理手法，中间无遮挡，以烘托展厅的壮观气氛，也便于大型高科技产品的布展要求。二层展厅中央开一个椭圆形洞，使上下空间得以贯通，直径30米的球形天象厅，具有天象演示与球幕电影放映功能。天象厅用双层球面钢网架结构，用八根圆柱支撑，托出展厅屋面。使悬索屋面与天象厅的双层球面钢网架脱开，天象厅的演出噪声也不干扰展览活动。

5．民生公寓大厦（图36）：建于1996年，由建筑师周恺设计，16层高层住宅楼，却有天津里弄住宅的红砖墙、白线条相间的特色。大厦转角出凸出成八角形，又体现了天津里弄住宅客厅用八角形的做法。这个用新材料、新结构的住宅大厦，具有天津里弄住宅的风貌，很有独创性。

图32　南市食品街

图33　水晶宫饭店

图34　体育中心

图35　天津科技馆

图36　民生公寓大厦

6. 周恩来、邓颖超纪念馆(图37)：建于1997年，这是一幢集纪念性、人民性、民族性、时代性相统一的纪念性建筑。建筑外形吸取了中国庑殿式屋顶，加以简化成斗状的四坡顶，外砌白色花岗石板的屋面。白色花岗石实墙，只开一排小窗。门廊用厚重的梁柱，节点处用霸王拳装饰。这是吸取中国传统建筑的精华，创造既庄重典雅，又朴实亲切的范例。

7. 自然博物馆(图38)：建于1998年，该馆创意构思体现"天圆地方"之说，故其平面与立面的构图均以"方"与"圆"为母体，进行组合。中心展厅为圆形，外形采用乳白色金属壳体与蓝灰色的玻璃半球体的吻合，形成"海贝含珠"的韵味。寓意人类面向大自然，回归大自然以及返璞归真的创作理念。

8. 泰达足球场(图39)：建于2004年，可容35000名观众。看台上的遮阳板用弧形钢桁架悬挂金属板，金属板贴有隔热层，下部固定在弧形钢桁架上，是建筑高技派的特色。

图37　周恩来邓颖超纪念馆

图38　天津自津博物馆

图39　泰达足球场

周祖奭，天津大学建筑学院教授

中国唐宋建筑的艺术宝库——山西建筑

汪永平

一、中国古代建筑的宝库

山西省地处黄河中游，面积15.6万平方公里，人口3300万人，辖11个市、119个县(市、区)。山西是中华民族的最早发祥地之一，历史悠久，人文荟萃。山西境内有旧石器遗址200多处，新石器遗址500多处；旧石器文化遗址数量之多，居全国首位；新石器文化遗址，则到处可见。考古资料表明，约在10万年以前，在汾河两岸和现在的大同、朔州一带，已经出现了比较集中的原始人群和村落。这里的传说中的"尧都平阳、舜都蒲阪、禹都安邑"均在今山西境内；晋国与三晋文化，遍及全省。山西又是沟通匈奴、鲜卑、突厥、羯胡、契丹等北方古老民族文化的枢纽，迄今山西已有五千余年的文明史(图1)。

在这块古老的土地上，山西人繁衍生息，耕耘劳作，用自己勤劳的双手和聪明才智，创造了灿烂的古代建筑文化，留下了极为丰富的历史文化遗产。这些古代建筑，至今保存比较完好，有城市、村落、寺庙、楼塔、陵墓等等，地上与地下的文物极为丰富，门类齐全，数量繁多，被誉为"中国古代建筑的宝库"。到目前为止，山西已发现宋代以前的木结构建筑106座，其中唐代建筑4座，五代建筑3座，这些千年以上的古建筑在全国已是凤毛麟角，属稀世珍宝；宋、辽、金三个朝代保存下来的木构建筑物近百座，占全国这一时期木结构建筑的70%以上。至于元代之后各类结构的建筑物数量更多，列入各级文物保护单位者达千座以上，其中不少是不同时期具有代表性的作品。全省目前保存下来的不可移动文物中，国家级文物保护单位119处，位居全国之首；省级文物保护单位579处；还有国家历史文化名城5座，国家历史文化名镇(村)6处，省级历史文化名镇(村)30处；世界文化遗产2处；旅游资源十分丰富。佛教圣地五台山、云冈石窟、应县木塔、永乐宫壁画、运城关帝庙、永济普救寺、洪洞广胜寺等享誉中外，组成了三晋大地上灿烂的历史画卷，是研究中国古代建筑史和中国美术史的重要实物资料。

图1　大同北古长城遗址

图2　大同云冈石窟石刻

图3　大同华严寺薄伽教藏殿辽代木门

图4　应县木塔

自古以来，山西地区作为中原和塞外交通的枢纽，是汉民族和各少数民族往来的要冲，也是民族融合的舞台，形成了今天中华民族多元一体的格局，创造了极具魅力的兼有各民族风情的山西地域文化。秦汉之际，汉王朝与匈奴之间的长期征战，使大规模的民族融合由此而发。魏晋南北朝时期，北方少数民族政权割据与冲突，加剧了分裂局面和社会动荡，同时，也进一步加速了民族间的交往和融合。明朝朱元璋分封儿子为藩王，迁山西之民往安徽、江淮、河北、河南和山东一带。永乐年间，又把山西中部、西南、东南之民迁往北平。据说移民搬迁前，曾经在洪洞县大槐树下集中登记，所以至今在各省人民中仍流传着："若问祖先来何处？山西洪洞大槐树"的史话。

明清时代，山西的商业与金融业十分活跃，最著名的是山西票号，晋商大贾，艰苦创业，执金融界牛耳近百年，称富海外。至今三晋大地上的众多城镇、街道、铺面和大家宅院，仍能见到那一段辉煌历史的丰厚遗存。

二、丰富的建筑类型

山西的古建筑不仅数量庞大，而且种类繁多，中国古代建筑中所涉及的建筑类型，除皇家宫廷建筑，其他类型建筑山西应有尽有。在数百年的历史风雨中，由于交通不便，周边环境变化小，总体布局保存完整，建筑单体的结构及外观亦保持了原有的形制和风貌，是我们研究中国古代建筑的布局、类型、结构、装饰演变的宝贵原型。山西目前尚存元代木构建筑350余座，明清古建筑数以万计。这些建筑中有列入世界文化遗产名录，有中国最早的木构建筑，有全国仅存的建筑孤例，更多的精品美不胜收。

世界文化遗产大同云冈石窟位于大同市西郊武周山南崖，石窟依山开凿，现存洞窟53座，石雕造像51000余尊，是中国著名的三大窟石群之一，洞窟内石刻的建筑形像，填补了我国早期从魏晋到唐代这一时期的空白（图2）。

华严寺位于大同市内，坐西向东，寺宇恢宏，分上下两院，主体建筑大雄宝殿面阔9间，进深5间，单檐庑殿顶，大殿面积约1500平方米，是中国现存辽金时期最大的佛殿。下寺主殿为薄伽教藏殿（图3），面阔5间，进深4间，单檐歇山顶，殿内四壁有贮藏佛经的木构壁藏38间，小木制作精美，栏板图案有30余种，后檐的天宫楼阁表现了传说中的古老的建筑形式，它是国内惟一保存完好的辽代壁藏。

佛宫寺释迦塔，又称应县木塔，该塔建于辽代（1056年），是我国现存惟一的全木结构楼阁式塔，外观5层，内有暗层，计9层，高67.31米，每一层由平座、柱网、腰檐三部分组合，层层叠加，形成了稳定的木构架体系，历史上虽然经过地震和战争的破坏，仍巍然屹立，成为重要的景观和地标建筑（图4）。

恒山是我国著名的北岳道教建筑胜地，入口的悬空寺是佛教建筑，整组建筑镶嵌在万仞崖壁之中，下临深谷，以木柱支撑，悬空而建，构思奇巧，为我国古代建筑的佳作(图5)。

图5　恒山悬空寺

芮城永乐宫，元初我国道教全真派著名的三大宫观之一，四座元代大殿排列在中轴线上，红墙绿瓦，气势宏大，似皇宫格局，永乐宫的元代壁画在中国绘画史上具有代表性，可与敦煌壁画媲美。

新绛绛守居园池，在新绛县城内，创建于隋开皇十六年(596年)，是我国较早的园林建筑遗址，是研究我国早期园林艺术宝贵的实物资料。

我国的衙署建筑原物保存极少，而山西保留下来的几座衙署大堂，以绛州(今新绛)大堂为最大，面阔七开间，进深八架椽，采用了元代常见的大额枋和大斜梁，典型的山西元代建筑风格。霍州州署大堂也是目前国内保存较好的衙署建筑，有大门、仪门、牌坊、大堂、二堂等，布局完整，大堂为元代建筑。

山西的戏台建筑也是闻名全国的，元代戏曲的发展和普及，戏台遍及山西各地，仅晋南保存至今有确切年代可考的元代戏台就有多座，为研究中国戏剧发展史提供了重要的佐证。

解州是关羽的故乡，解州的关帝庙是全国规模最大的一座，仅中轴线部分的建筑面积就有六万平方米，现存建筑以气肃千秋坊与春秋楼为中心，刀、印二楼左右对称，构成"前朝后寝"的布局。

我国唐宋时期盛行的楼阁式建筑在山西各地仍可见到，较为著名的有万荣飞云楼，明正德年间(1506—1521年)建，平面方形，三层四檐，十字歇山顶，整座建筑比例适当，造型优美，结构细致，堪称中国楼阁式建筑的杰作。秋风楼，在万荣的黄河东岸，因汉武帝《秋风辞》而得名，3层，十字歇山顶，二、三层有平座供眺望。至于边关的城楼、市楼、鼓楼、过街楼在山西比比皆是，成为城镇的制高点和标志。

山西的石构建筑也有相当的水准，原平朱氏牌楼，清咸丰五年(1855年)建造，有石坊两座，宅前石坊高10米，宽9.6米，接近方形，比例合适，制作精致，是山西石雕艺术中的珍品。原平普济桥，金代始建，清乾隆二十年(1755年)重修。桥长30米，宽8米，与河北赵州桥、晋城景德桥(金代，1189年建)属同一类型，为中国大券拱桥梁的典型实例。

三、佛教圣地五台山

五台山在山西省五台县境内，与四川峨嵋山、浙江普陀山、安徽九华山并称中国佛教四大名山。五台由北、南、东、西、中五峰组成，海拔在三千米以上，有华北屋脊之称。这里峰峦起伏，伽蓝众多，星罗棋布，历史悠久，从北魏时期开始建造寺庙，隋唐进入盛期，当时有寺庙360余座，其后虽然衰落，但现今保存完整的佛寺仍有近50处，成为中国保存古建筑数量最多，最为集中，历史价值和文物价值、艺术价值最高的一处佛教圣地(图6)。

图6　五台山台怀全景

图7　五台山显通寺无量殿

图8　五台山显通寺铜殿栏板

五台山的佛教建筑如同一轴历史的长卷，从唐代到宋、辽、金，从元代到明清，跨越千余年，充分展示了不同时期的变化及其特点，除了木构建筑的珍宝，五台山还有很多砖石结构建筑，如砖塔、无量殿、琉璃塔，还有石牌坊、铜殿、铜塔等材料与形式的建筑，如此丰富的实物成为我们今天学习与了解中国古代建筑的最好课堂。

五台山寺庙中列为首位的是佛光寺，隋唐之时已是闻名中外的五台山名刹，在数千里外的敦煌壁画中就有“大佛光之寺” 图。东大殿是佛光寺主殿，建于唐大中十一年(857年)，位于寺后部的山腰，面阔七间，进深四间，八架椽，单檐庑殿顶。平面采用“金厢斗底槽”，梁架有叉手，檐下粗壮的斗栱承托出跳深远的屋檐，表现了汉唐雄伟之风。殿内的彩色塑像、屋脊的琉璃吻兽无一不透露出唐代的艺术风范。佛光寺是我国建筑学家梁思成先生在抗日战争爆发前夕，在山西五台山调查时发现的，成为载入中国古代建筑历史上的划时代发现。

南禅寺是中国现存已知最早的木构建筑，重建于唐建中三年(782年)，面阔进深各三间，方形平面，单檐歇山顶，梁架结构简单，平梁上用叉手，屋面坡度平缓，细部构造与古制相合，是我国现存最早的木构建筑实例。

五台山最大的寺庙要算显通寺，位于台怀镇的中心，唐代规模更大，今塔院寺和菩萨顶皆在其范围内。明初重建后，仅保留中心部分，另在东面辟出山门，匾额书“大显通寺”。寺内环境优美，建筑布局完整，无量殿、铜殿、铜塔为明万历年间建造，无量殿七开间，2层，砖拱结构，砖雕斗栱花饰，是我国明代为数不多的砖构“无梁殿”建筑中的佳品(图7)，铜殿的铸造工艺甚为精致，仿木构件组合严密，四周隔扇上的图案雕饰制作细腻(图8)。

图9　五台山塔院寺白塔

显通寺的南面是塔院寺，寺内中央有明代重修的舍利塔一座，俗称大白塔，塔高56米，是中国国内最大的喇嘛塔之一，矗立在镇中，成为台怀的标志(图9)。菩萨顶在台怀镇灵鹫峰上，黄色琉璃屋面极为醒目，建筑规范符合清宫廷制度，关于它的由来历史上有诸多传说，留下了未解之谜，为作家提供了创作题材和想像的空间。

图10　五台山龙泉寺石牌坊

金阁寺在南台西北山腰，距台怀镇15公里，唐代始建，明代重修，建筑为明代风格，大殿内保留了几个莲瓣柱础，另有唐代宗李豫塑像，有唐代遗风。龙泉寺在台怀镇南5公里九龙岗山腰，始建于宋，现存的建筑为清末至民国初年重建，以入口处的石牌坊做工最为精致，白色仿木结构的石刻牌坊采用了透雕、圆雕、高浮雕手法，是我国石牌坊中的精品之作(图10)。

五台山的寺院建筑充分利用地形，尊重周边环境，与环境融为一体。建筑的体量、比例、高度及色彩服从于群体布局的需要，镇内的十七处寺院各有特色，不相雷同，如罗睺寺入口由于地形的局限，采用了弧形的道路和围墙，通过一段弯曲迂回再进入寺庙，起到了欲扬先抑、藏而不露的效果。寺庙选址结合地形、地势，远疏近密，高低错落，各不相同，起到了很好的游览与观赏效果。

四、平遥古城

平遥古城位于中国北部山西省的中部，始建于西周宣王时期（公元前827—前782年），明代洪武三年（1370年）扩建，迄今为止，较为完好地保留着明清（1368—1911年）时期县城的风貌，堪称中国现存最为完整的古城。1997年平遥古城被列入《世界遗产名录》。世界遗产委员会评价：平遥古城是中国境内保存最为完整的一座古代县城，是中国汉民族城市在明清时期的杰出范例，在中国历史的发展中，为人们展示了一幅非同寻常的文化、社会、经济及宗教发展的完整画卷。

平遥县城为方形，古城池总面积2.25平方公里，周长6.4公里，墙高12米左右，外表全部砖砌，墙上筑有垛口，墙外有护城河，深广各4米。城周辟门六道，东西各二，南北各一。东西门外又筑以瓮城，以利防守。全城城墙上有3000个垛口、72座敌楼，历经了600余年的风雨沧桑，至今仍雄风犹存（图11）。

平遥古城内的街道、商店和民居都保持着传统的布局与风貌。以市楼为中心，有4条大街、8条小街及72条小巷经纬交织在一起，街道呈十字形，商店铺面沿街而建，基本上是17—19世纪的建筑（图12）。铺面结实高大，檐下绘有彩画，房梁上刻有彩雕，古色古香。铺面后的居民宅全是青砖灰瓦的四合院，轴线明确，左右对称。全城现存四合院民居3797处，其中400余处保存相当完好，体现着中国北方民居建筑的风格和特点。整座古城呈现出一派古朴的风貌。

平遥古城素有"中国古建筑的荟萃和宝库"之称。有始建于北汉天会七年（963年），列入我国现存最珍贵的木结构建筑镇国寺万佛殿，殿内的五代彩塑堪称珍品；有始建于北齐武平二年（571年）、被誉为"中国古代彩塑艺术宝库"，现存宋元明清彩塑2052尊的双林寺。

平遥是中国古代商业中著名的"晋商"的发源地之一。清代道光四年（公元1824年），中国第一家现代银行的雏形"日升昌"票号在平遥诞生。三年之后，"日升昌"在中国很多省份先后设立分支机构。19世纪40年代，它的业务更进一步扩展到日本、新加坡、俄罗斯等国家。在"日升昌"票号的带动下，平遥的票号业发展迅猛，鼎盛时期这里的票号竟多达22家，一度成为中国金融业的中心。晋中的祁县、太谷商人群起仿效，当时全国51家大的票号中，山西商人开设有43家，晋中人开设了41家，而祁县就开设了12家。

日升昌票号旧址在古城内西大街路南，号址坐南朝北，南北长65米，东西宽20米，建筑面积1300余平方米。整修于清咸丰年间。三进院落，分前院、中院与后院。临街面阔五间，中间为通道，两边是铺面。院落布局严谨，

图11　平遥城墙

图12　平遥街道

建筑考究，墙高宅深，安全极为严密，所有认为不安全的地方都架设有铁丝天网，网上系有响铃，可谓万无一失。

平遥古城历史悠久，文物古迹众多，它完整地体现了17—19世纪的山西古镇的历史面貌，为明清建筑艺术的博物馆。平遥的古建筑及其他文物古迹，在数量和品位上均属国内一流，对研究中国古代城市变迁、城市建筑、人类居住形式和传统文化的发展具有极为重要的历史、艺术、科学价值。

五、晋商故里

山西商业资本源远流长。早在先秦时代，晋南就有“日中为市”的商业交易活动。晋文公称霸之时，山西的榆次、安邑是有名的商业集镇，进入明代，晋商得到了长足发展，明清两代盛极一时，雄霸一方，祁县、太谷、平遥三县是当时山西乃至全国的金融中心，对中国封建社会商品经济的发展，作出了不可磨灭的贡献，为中国经济史书写了辉煌的一页。世界经济史学界把晋商与意大利商人相提并论，给予了很高的评价。

在明清社会相对安定、经济发展的有利条件下，山西商人队伍发展壮大，商业资本的积累达到了较高的程度。远足经商，原出无奈，出走致富后，便成了乡里众望所归，回到家乡大兴土木，建造宅院，光宗耀祖，富甲一方，形成了众多的家族大院。这些院落集居住、接待、休闲功能与安全防范相结合，形成了富有特色的晋商大院。为中外建筑学家、民俗学家、社会学家等所关注，成为今天的旅游热点和影视题材和拍摄基地。

乔家大院位于祁县乔家堡村正中。这是一座雄伟壮观的建筑群体，整个大院占地8724平方米，建筑面积3870平方米。分6个大院，内套20个小院，313间房屋。大院形如城堡，三面临街，四周全是封闭式砖墙，高三丈有余，上边有女儿墙和了望探口，既安全牢固，又显得威严气派。其设计之精巧，工艺之精细，充分体现了我国清代民居建筑的特点，具有相当高的观赏、科研和历史价值，被专家学者赞美为“北方民居建筑的一颗明珠。”(图13)

图13　祁县乔家大院入口

大院始建于清乾隆二十年(公元1755年)，以后有两次扩建，从始建到最后建成现在的格局，中间经过近两个世纪。虽然时间跨度很大，但后来的扩建和增修都能按原先的构思进行，使整个大院风格一致，浑然一体。

图14　祁县乔家大院木雕

乔家大院闻名于世，不仅因为它的建筑群体的宏伟壮观，更主要的是在一砖一瓦、一木一石的细部上都体现了精湛的建筑技艺。南北6个大院院内，砖雕、木刻、彩绘，处处散发着文化的气息，成为众多艺术家和摄影爱好者的焦点所在(图14)。

王家大院位于山西省灵石县城东12公里处的静升镇。距世界文化遗产平遥古城35公里，王家大院是清代民居建筑的集大成者，由历史上灵石县四大家族之一的太原王氏后裔——静升王家于清康熙、雍正、乾隆、嘉庆年间所建，总面积达 25 万平方米以上。现以“中国民居艺术馆”、“中华王氏博物馆”开放的高家崖、红门堡两大建筑群和王氏宗祠等，共大小院落 123 座，房屋 1118 间，面积 4.5 万平方米(图 15)。

图 15　灵石县静升镇王氏故居院落

高家崖、红门堡东西对峙，黄土高坡上的全封闭城堡式建筑。高家崖建筑群两主院均为三进式四合院，前堂后寝的院落，每院都有高高在上的祭祖堂和两厢的绣楼外，还有各自的厨院、塾院，并有共同的书院、花院、长工院、围院(家丁院)。红门堡建筑群的总体布局，隐指一个“王”字，附会着龙的造型(图 16)。

常家庄园位于榆次西南东阳镇车辋村，距榆次 17.5 公里。车辋常氏从清康熙、乾隆年间开始经商，逐渐成为晋中望族，开始大规模地营造住宅大院。从清康熙年间到光绪末年，经过二百余年的修筑，常氏在车辋整整建起了南北、东西两条大街。街两侧深宅大院鳞次栉比，楼台亭阁相映成辉，雕梁画栋蔚为壮观。共占地一百余亩，楼房 40 余幢，房屋 1500 余间，使原先四个自然村连成了一片。晋中有“乔家一个院，常家二条街”的说法，常氏宅院的建设规模当时称为三晋民居建筑之首。常氏以儒商文化独树一帜，在宅第建筑上亦有自己独创之处，在晋中曹家、乔家、渠家等众多晋商宅院中算是有特色与个性的一座。

山西省晋商文化博物馆坐落在国家级历史文化名城——祁县古城内的渠家大院，是一所以晋商文化为主要陈列内容的县级博物馆，是山西省重点文物保护单位，全国首家研究晋商文化的博物馆。祁县渠家在晋商中颇具代表性，渠家大院始建于清乾隆年间，距今已有 300 年的历史，当年的主人在县城内先后建有 40 个院落，人称“渠半城”，整个建筑总面积为 23628 平方米，大院外观为城堡式，墙头为垛口式女儿墙，内分 8 个大院，19 个四合小院，共有 240 间房屋，而各院落之间有牌楼、过厅相隔，形成院套院、门连门的格局。其中石雕栏杆院、五进式穿堂院、牌楼院、戏台院错落有致，主次分明，堪称渠家大院的四大建筑特色。

六、古村落与民居

山西遗存大量的古村落主要集中在沁河、汾河和黄河流域，这三个流域的古村落各具特色，分别以古堡式建筑、深宅大院和窑洞为主要建筑特色。

山西各地多堡垒式村落的原因，在于山西作为北方战略要地，历史上的战争连绵不断，稍富一点的村落便会自己设防，建造防御工程，村落的堡垒化，不仅可以抵御外敌，还能够抵御各种土寇、流贼，于是寨、堡、壁就遍布各地农村了。1995 年 1 月 5 日《人民日报》报道介休张壁村地底下“最近发现了保存完好的上、中、下 3 层立体古代军事地道网，目前已挖掘开通 3100 余米，断续可通的达 3000 余米，在全国实属罕见”。专家们认为，张壁村的堡墙最晚建于明嘉靖三十八年，地道和堡墙一起构筑的叫“明修堡墙，暗挖

图 16　灵石县静升镇红门堡街巷

地道”，堡墙的内心用地道挖出的黄土夯筑而成，局部用土坯补砌。张壁的另一个重要特点是宗教崇祀建筑多，22座庙宇，现存16座，集中在北门和南门内外。一个小小山村有这么多庙宇，全国并不多见。北门空王殿，落成于明万历四十一年(1613年)，屋顶是山西琉璃艺术的代表作。空王殿前廊两端各有一块琉璃碑，东端的叫“创建空王行祠碑”，碑身是珍贵的孔雀蓝色，高225厘米，宽68厘米。直到目前全国还没有再发现这样的琉璃碑。张壁村的住宅都是由通常的四合院或三合院组成的，正房是砖窑，一明两暗，窑前有木结构的披檐和檐廊，两厢和倒座用砖木混合结构，抬梁式屋架。张壁村从清代初年起逐渐有人外出经商，到清代中叶，张壁已经成了一个商人村。村里现有的庙宇、戏台、住宅、巷门、道路大多是商人们捐钱建造的(图11)。

襄汾丁村民居，是中国北方民居的代表作，至今保存有24处明清民居，从明万历二十一年(1593年)到民国元年，村子的布局分北、中、南三个建筑组群，院落多为坐北朝南的四合院，院门位置明代多在东南角，清代则活泼多变。建筑有厢房、正堂、过厅、门楼之分，位置不同，造型亦异。建筑构件上有人物、花卉、飞禽走兽、古典戏曲、历史故事等木雕和砖石雕图案，造型优美刻工流畅精致，是我国明、清民居中雕刻艺术的佳作。较完整和典型有以下两处：分别建于明万历二十一年和明万历四十年，有门楼、正厅、东西厢房、倒座等。

黄土窑洞，是适应我国西北部、黄河中下游黄土高原的地理与气候等自然条件而产生的一种重要的生态节能型建筑。据20世纪80年代的调查，山西全省约有150万孔黄土窑洞，占全省农房总数量的1/4左右，山西的黄土窑洞及窑洞民居分布很广，遍及全省农村。晋北、晋中、晋南与晋东南地区以黄土窑洞为主；晋北和晋中地区以砖拱窑洞居多；昔阳县、阳泉一带以石拱窑洞为主；晋南平川地区有大量的土坯拱窑洞；晋东南地区出现了不少窑洞楼房。就同一个地区来讲，也是因地而异，各有不同的。无论是土打窑、土坯窑，还是砖拱窑、石拱窑，山西各地形成的富有特色的窑洞类型和窑洞村落，为中国的重要窑洞分布地区，广大群众至今还乐于居住在黄土窑洞和土拱窑洞里，称窑洞为“长生洞”(图17、图18)。

图17　大同北窑洞住宅

图18　灵石县静升镇窑洞住宅

地处太原以南的临汾、运城地区称晋中晋南，晋中南窑洞民居是山西窑洞集中的地区，反映出山西窑洞民居结构类型的普遍规律。分为黄土窑洞(土挖窑洞)和土坯拱窑两大类型，土挖窑洞分下沉式(当地称地阴院)与靠崖式。土坯拱窑指用土坯砌的拱形窑洞，拱腿支撑上部拱券和屋面。窑洞跨度一般在2.5～3.5米之间，以3米左右最为普遍，窑洞进深一般为7～8米，窑洞净高一般为3.2～3.6米。关于黄土窑洞的尺寸，各地尽管有不同的选择，但民间一个比较一致的传统做法，就是窑宽一丈(3.3米)、进深二丈(6.6米)、净高丈二(3.6～3.9米)。

山西窑洞的平面组合有三种形式:(1)单孔窑,一孔窑内可容纳全家居住,包括做饭与贮藏东西。(2)两窑并联,一孔窑为起居室和厨房或兼卧室,另一孔称为里间为卧室。(3)三孔窑并联,称之为一明两暗或一堂两卧,即中间一孔为起居室兼厨房,称为堂屋,两旁的窑洞为卧室,中间窑开门,两边窑设窗。一明两暗的窑洞组合形式在山西到处可见,是山西黄土窑洞的一大特点。

图19 晋祠圣母殿

窑洞院落有下沉式窑洞院落和靠崖式窑洞院落,另外还有地面的和半地下式的土坯拱窑洞院落。晋南下沉院落的组合主要有三种形式,一是单院,二是双院(比邻式),三是串院。串院又有两进院和三进院等形式。晋中南的靠崖窑院跟其他地区相同,有靠山式和沿沟式。土坯拱窑洞院落,有地面院落和半地下院落,晋中地区较为典型的土坯拱窑洞是每户一明两暗三孔南窑(窑脸方向朝南)。窑洞的室内布置一般按一炕一灶的方式,如火炕临窗,火灶靠炕,做饭烧火产生的烟气经过炕面下的烟道加热床的表面后,经墙中竖直的烟道排到屋顶。这是我国北方农村窑洞的传统布置习惯,既可以烧水做饭,又可以取暖,真可谓一举两得。

山西修建窑洞的历史是悠久的,不少地方早就采用了"土坯砌窑脸"、"砖砌窑脸"和"石砌窑脸"的做法。山西大部分地区的土坯拱窑都用砖石嵌面,还有的黄土窑洞洞壁运用了砖衬砌,使用了砖瓦灰沙石等其他建筑材料对窑洞进行改良和装饰,起到了适用、坚固、美观、节能的效果。

七、文化积淀深厚的太原

太原的城市在春秋时已初具规模,春秋晋权臣赵鞅命家臣董安于建造晋阳城,为以后赵国的割据打下了坚实的基础。赵、韩、魏三家分晋后,晋阳先于邯郸一度为赵都。太原先后有晋阳、太原、并州、阳曲等多种不同称谓,因其独特的地理位置而被视作中国的北方重镇,是李唐王朝的发祥地,中国历史上惟一的女皇帝武则天的故里在并州的文水,唐、五代时期太原城市达到鼎盛,形成横跨汾河、多城相连、人烟稠密、市井繁华、商贾云集的局面,与西京长安、东京洛阳并称唐代三都,建筑成就极其辉煌。

太原古城毁于宋初的战火,历经宋、元、明时期数百年的发展又恢复了往日的繁华,在晋阳大地留下了丰富多彩的文物古迹。太原市西南35公里的悬瓮山下,有一处融自然山水与古建文物为一体的园林胜迹,这便是驰名中外的晋祠,晋祠是祭祀晋国的开国君姬虞的祠庙,此后经北齐、唐、五代、宋多次修建,形成规模宏大、布局完整的建筑组群,北宋天圣年间增修了奉祀姬虞母亲邑姜的圣母殿,成为祠内主体建筑。圣母殿是我国北宋殿宇建筑中的代表作,重檐歇山顶,面宽七间,进深六间,平面布局几乎成方形。殿身四周围廊,前廊宽敞,为唐、宋建筑中所独有。圣母殿前廊柱上,雕饰木质蟠龙八条,系北宋元右二年(1087年)原物。(图19)圣母殿前鱼沼飞梁有一形制奇特、造型优美的十字形桥梁，虽在古籍中早有记载，但现存实物海内仅此一例。它对于研究中国古代桥梁建筑极有价值(图20)。

图20　晋祠鱼沼飞梁

明清两代的建筑，太原地区保存数量更多，太原崇善寺，建于明洪武十四年(1381年)，朱元璋第三子、晋王朱棡为纪念其母高皇后，利用原延寿寺扩建而成，主体大悲殿面阔七间，重檐歇山顶，典型的明官式建筑做法，斗栱、梁架、天花及瓦顶装饰体现了南北方建筑技术的交流与融合，是研究我国明代早期官式建筑不可多得的重要实例。

图21　太原永祚寺双塔

永祚寺亦名双塔寺，在太原市南郊郝庄村南。明万历年间(1573—1619年)佛灯和尚奉敕建造，寺内现存主要建筑均为砖构，大雄宝殿及东西配殿以砖雕仿木结构建造，是我国明代无梁殿建筑的重要实例。寺前的两座砖塔，俗称双塔，系万历皇帝母亲宣文太后李氏出资所建，又名宣文塔。平面八角，13级，高54.7米，巍巍壮观，成为太原城市的标识(图21)。

天龙山石窟在太原市西南40公里天龙山腰，为山西省重点文物保护单位。石窟分布于东西两峰，共25窟，为北齐迄唐所凿，石窟造像生动、姿势优美，艺术价值极高，在我国的佛教石窟造像史上有重要的地位。

八、中国琉璃艺术之乡

琉璃作为一种优良的建筑材料和装饰材料，广泛用于我国古代建筑中，为大屋顶增加了雄伟气势和富丽的色彩，封建社会对建筑琉璃在等级上有严格的限制，它的使用仅局限于皇家建筑、官式建筑和少数的寺庙。釉料配方和烧造技术作为秘方工匠世代相传，亦限制了它的发展。我国传统的琉璃产地主要集中北方的山西及临近的河北、河南、陕西。

山西自唐宋以来，古建筑上多使用琉璃，素有琉璃之乡称呼，它的建筑琉璃制作与使用历史悠久，上溯北魏，下逮明清。留下了很多建筑琉璃的佳作。晋中的琉璃产地和窑址在太原马庄、平遥杜村里，介休义常里，晋东南则集中于阳城后则腰。

图22　洪洞广胜寺飞虹塔

山西的琉璃最早见于大同上下华严寺的大雄宝殿和簿伽教藏殿，两殿正脊上鸱吻形制古朴，釉色斑剥可能是金代重修时烧制的，芮城永乐宫三清殿上孔雀蓝鸱吻是元代原物，高平伯方村仙翁庙大殿正脊琉璃是元代至正二年(1342年)烧造的，正面五条龙凸雕，造型生动，釉色丰富。

明代是山西琉璃的盛期，明初大同的代王府和太原晋王府使用了琉璃，民间以正德十一年(1516年)重建的洪洞广胜寺飞虹塔为代表，它的外表面用琉璃装饰，色彩绚丽，形象生动，是我国琉璃塔的佳作(图22)，明代晚期的琉璃塔以山西五台山狮子窝琉璃塔和阳城寿圣寺塔为代表。

明代以龙为主体的照壁首推洪武二十五年(1392年)建造的大同九龙壁，全长45.5米，高8米，厚2米，巍巍壮观，中部九条巨龙翻腾于波涛汹涌的云海之中，表达了龙的活力，再现了明初精湛的琉璃艺术。大同还有明代的三龙壁、五龙壁两座，三座照壁都是以孔雀蓝为底色，以龙为主体，加上凤凰、狮子、麒麟等祥瑞动物和牡丹等富贵花卉，形成内容丰富、造型奇特的琉璃照壁(图23)。

图23 大同明代王府九龙壁

琉璃塔或琉璃照壁不仅制作复杂，安装亦相当不易，一般是按层数和所在位置依尺寸大小预制好，标识号码，烧制后对号安装，这些琉璃器都是空腹构件，安装时在塔身或砖内预先埋上木桩，再将琉璃构件挂上，相互之间串起来，形成整体。

除了北京以外，北方的琉璃匠人主要集中于山西的晋中和晋东南地区，以阳城乔姓和介休乔姓为代表，乔氏匠人活动盛期在明代中期至清初，河北、河南、陕西琉璃产地和匠人都在靠近山西的交界地区。

山西的琉璃技术与艺术的成熟对我国明清建筑琉璃的普及与提高起了决定性的作用，明初南京宫殿烧制的琉璃上有北匠上色标记，明清北京琉璃匠人是由山西迁来，世居琉璃厂，为明清皇家烧制琉璃，后迁至门头沟，琉璃厂逐渐成为古玩市场。山东曲阜大庄朱姓琉璃匠人来自山西，为孔府烧制琉璃已有数百年之久，山东一带古建筑上的琉璃都是由他们烧制的。

汪永平，南京工业大学建筑城市规划学院教授

草原·城市·建筑——内蒙古地域建筑古今漫谈

张鹏举　白丽燕

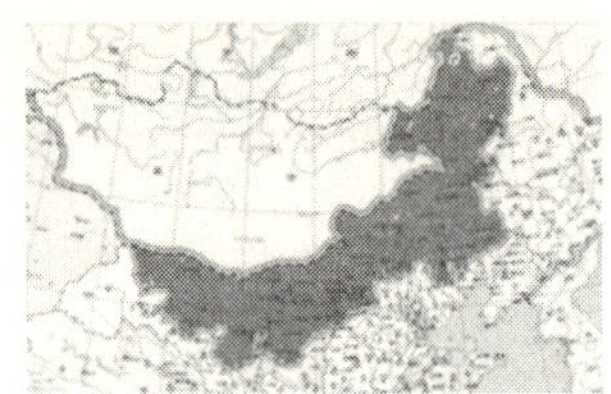

图1　内蒙古地图

内蒙古自治区幅员辽阔，广袤的草原是北方少数民族世代生息之处(图1)。

考古证明：早在四五万年前内蒙古地区就有了原住居民。据历史记载，早在公元前五千年到一千年前，匈奴、鲜卑等族群(ethnic group)就在此地区的西部和东北部过着畜牧和狩猎生活。但自秦筑长城到公元916年契丹部建辽以前，北方少数民族一直被中原政权拒于长城以外，南北极少文化交流。从辽建国至金至元，北方少数民族逐渐以强大的军事力量占据了中原地区。期间因政治统治和佛教传播的需要，在包括内蒙古的中国北方地区广泛建起陪都、行政军事城堡和佛教寺庙。遗留至今的有辽、元两代的佛塔(图2)和古城堡遗址。[1]

图2　呼和浩特市辽代万部华严塔

13世纪中叶，喇嘛教传入内蒙古，到清代康熙、乾隆时期，为"驭藩"之见，在今承德、呼和浩特及北部大草原上建立了许多雄伟壮丽的喇嘛庙，它们的建筑形式大致可分为三类：藏式(图3)、汉式(图4)及汉藏混合式(图5)。[1]

在居住建筑方面：现存主要有早期的岩洞石室、后期的游牧建筑蒙古包以及明清时期从中原传入的汉式院落住宅。[1]

一

由历史概见，内蒙古地区在漫长的历史发展过程中所留存下来的建筑遗迹较为丰富，但和本文主题有关的——从草原游牧民族生活中生发出的"建筑"，据源分析，明确的只有草原上天地之间的敖包、游牧建筑蒙古包和具有"城市文化中心作用"的喇嘛教建筑。下文从蒙古传统文化角度切入，在现代建筑理论语境内对此三类建筑进行讨论。

1．"草原—敖包"——具有永恒感的时空之场。

图3　包头武当召

除草原上的蒙古人以外，人们对敖包的普遍认识来源于蒙古民歌"敖包相会"。敖包是人们头脑中对草原意象的浪漫物证。实际上，敖包崇拜来源于远古时期蒙古族以"泛神论"的自然崇拜为特征的萨满教。蒙古人自古崇尚自然——敬天为父，敬地为母，敖包是祭祀大地母亲的场所。原始宗教时期，祭拜敖包的仪式由萨满教巫师“告天人”主持，当16世纪佛教被蒙古统治者立为“国教”后，祭祀敖包的习俗也被按佛教的宇宙观所改造，喇嘛成为敖包祭祀的法定主持者。但是，无论其外延如何变化，敖包在蒙古人的心目中永远是神圣的象征。无论何时何地蒙古人在路过敖包时，都要按俗行礼，祈求大地神灵的护佑(图6)。[2]

图4　呼和浩特市大召

图5　呼和浩特市席力图召经堂

每年的祭祀敖包节是蒙古游牧生活的新起点。神圣庄严的祭祀仪式以向大地母亲祈福为主题，其后进行各种各样的比赛——敖包“那达慕”，以此增添欢乐吉祥的气氛。每个敖包都有其特定的供奉者，或属某一区域、或属某一特定人群(儿童、妇女或青年人等)，严格分别、互不混淆。因此，草原上的蒙古游牧民族虽四季迁徙、居无定所，但由于有了“敖包生活”，游牧部落的动态社区便有了明确的坐标与联系。

恒久以来，由于敖包从时间和空间等多种维度渗透在草原蒙古人的生活中：无论是作为指向定位的作用，还是作为神灵的住所或崇拜的对象，敖包对于每个草原蒙古人暗含着神圣、神秘、节日、聚会、青春欢乐、公共生活及时光流逝。在古往今来的时空转换中，敖包是永恒的象征，如蒙古人心目中的长生天，见证着草原人民的生生不息。

草原—敖包，所体现的场所感正如“建成环境的高层次意义”——宇宙论、文化图腾、世界观、哲学体系以及信仰等，在当代文明中，逐渐代之以个性自由、平等、健康、舒适和控制自然或以之共处。[3]

2．蒙古包——具有全面“可持续性”的原生态建筑。

如果说“建筑是人和自然讲和”的结果，蒙古包就是草原游牧人民和自然经过最周到最细致的谈判后获取的生活空间。蒙古包是蒙古族游牧文化中生命活动和生活方式的集中体现。当今，在人与自然的关系紧张到掠夺与惩罚的程度之时，人类虑及自身在自然中的生存前景，提出“可持续发展”这一与始自远古的游牧文明一致的自然观。如果按当代“Holcim可持续建筑大奖”[5]的“五个指标”和“三重底线”理论去衡量，蒙古包中所包含的“可持续性”则有过之而无不及，以下分而论之(该奖的“五个指标”，只循其一二便可获奖，而蒙古包可一一对应。)：

图6　祭礼敖包

指标1：重大革新和可移植性。集中体现在蒙古包的建造前提——游牧文明为最大限度地尊重自然的生息规律，选择“居无定所”的生活方式。

指标2：道德标准和社会平等。因为蒙古族尚“自然”敬“长生天”，所以绝无“非壮丽无以重威”的建筑观。因而，茫茫草原在蒙古人千年生息间，仍呈现“天苍苍、野茫茫”的原生态景观。

指标3：生态质量和能源保存。作为适于游牧生活的装配式建筑，蒙古包的建筑材料是草原上易得的细木杆，粗羊毛毡和牛毛绳、牛皮绳构成。这些建筑材料都可回收利用，也即：蒙古包从建造到废弃的整个过程都是生态的(如同蒙古牧民选择天葬，还己于自然)(图7)。

图7　装配蒙古包

图8　草原上的人文景观

指标4：经济效能和适应性。在草原游牧经济中人力的作用就是尽量约束自己遵循自然规律，在规律中寻求生活。从绿色GDP指标衡量：草原游牧经济投入最少，赢利最多，蒙古包是这种经济生活的支撑物和重要环节。

指标5：文脉呼应和美学影响。蒙古包与草原是有机共生的关系，它的体形因抗风需要而产生，其惟一色彩——白色是草原上蓝天、绿草之间的纯洁点缀。有了蒙古包和畜群，草原的自然景观过渡为怡情的人文景观（图8）。

以上分述，说明有机地属于"游牧文明"的蒙古包建筑完全符合当代可持续建筑大的诸项指标，同时也满足了经济发展、环境保护和社会责任三方面平衡发展的"三重底线主张"，千百年来蒙古骑兵的战斗力也从一个侧面证明了游牧经济以"可持续性"为特征的合理性。

3．喇嘛教建筑——游牧文明以文化为中心的城市原型

喇嘛教中尊重众生、尊重自然的理论和蒙古民族对自然的崇拜相契合，佛教又有"众生平等"和"普渡众生"的教义高于萨满教神秘落后的成分，再加上它客观上对政治统治极其有利，得历代蒙古可汗和清政府的大力扶持，所以，喇嘛教在蒙古地区得以广泛传播。1240年斡阔台三子阔端在进军藏地时引入喇嘛教。1260年忽必烈即位时，封红教上层喇嘛八思巴为国师。蒙古统治者退居漠北之后16世纪末，占据青海的阿勒坦汗引入黄教（喇嘛教中的另一派），迎来了宗喀巴（黄教创始人）的大弟子第三世达赖到蒙古地区传法。1640年以俺答汗为首的蒙古领袖们宣布喇嘛教为"国教"。[6]在三世达赖传教数十年间，藏、蒙佛教学术交流广泛，建造大量召庙，当时的呼和浩特成为蒙古佛教的大本营，故又名"召城"。[2]

据记载在内蒙古喇嘛教最兴盛的清朝中期，内蒙古地区建有召庙1800多座，喇嘛人数15万人左右。如此规模的佛教信仰，促使草原游牧文明有了除行政区划和军事要塞之外的以宗教文化为中心的城市的产生。"喇嘛庙在蒙古游牧社会中形成了信仰、文化、经济、教育和医疗中心，它对蒙古社会曾经有过长期而广大的影响和贡献"。[5]统治阶级在完成从普及宗教信仰到一定程度的政教一体的过程中，喇嘛教观念逐渐渗透到蒙古民族的价值观、审美情趣、道德规范、思维模式、行为方式等深层结构中，积淀成为一种独特的地域文化。

历史上，蒙古地区以喇嘛教建筑为中心的城市原型中所表达出的建筑、城市、文化之间的关系是有机的、统一的和互依互存的。

内蒙古地区传统建筑中所体现出有关"场所感"、"全面可持续发展性"、"以文化为中心的城市发展"以及它们背后的游牧文化的深层内涵都是等待我们去继承和发展的传统文化，也是可以从根本上解决当代某些重要城市问题的可依之据。但当前的建筑创作和城市建设工作由于体制的影响和社会学等方向的原因，进行得不尽人意之处甚多，正如艺术家陈丹青所言：几代人的历史失忆造成的文化失语，导致当代城市建筑在风格冲突、历史冲突、文

化冲突中呈现一派行政景观。

二

综上所述笔者作为内蒙古民族地区的建筑师，在工作中也深深体会到这种"集体失忆"造成的尴尬后果。从业以来，屡屡被"以建筑传达某种象征"这一课题所难。而每每总以几类备选"答案"来解题。在此，试作一归纳，也权且作为对内蒙古地区近年来建筑传统性和地域性探讨之路的一个概略总结。

解答一：以古典的手法将地域传统元素进行移植、拼贴——"文脉"(context)理念的运用

从20世纪50年代起，同中国"社会主义内容、民族的形式"大形势一致，内蒙古的建筑师设计了几个特定时期的代表建筑，其手法多运用传统地域的表层语言作为符号，这种做法可以认为是发端于"文脉"理念的表达。同时，他(她)们在探索民族地区新建筑形式的过程中也直喻式地运用了传统的纪念性语言。这些建筑多表现为"现代的形式，民族的内容"，甚至是西洋的形式，民族的装饰图案和细部。在比例尺度的推敲中常具有经典建筑学的构图法则和古典的美学特征。这在特定的时期里一度成为了现代建筑传统趋势的主流。

1952年建成的内蒙古博物馆(郭蕴诚设计)是西洋的水平五段式形制加蒙古装饰图案(图9)，直到目前为止，这座建筑仍然是呼和浩特市的城市名片；1954年建成的成吉思汗陵(郭蕴诚设计)将"盔顶"式的"蒙古帽"屋顶与汉式的基座组装，再饰以喇嘛庙图案(图10)，因其形式地道、比例尺度把握较好，成为内蒙古民族建筑的代表性作品；1984年建成的内蒙古人大常委办公楼(郭日睿设计)为集中式的西洋古典形制加象征意味的"蒙古包"及蒙古饰带，在相对简洁的现代构图中具有了古典的纪念性特征(图11)；1980年为迎接内蒙古自治区40年大庆而建设的内蒙古赛马场(韩梅设计，图12)和1996年为迎接自治区50年大庆而建设的内蒙古展览馆(范祥设计，图13)也出自同一种手法，前者在现代建筑顶上加上变了形的"蒙古包"群，后者则施以蒙古人服饰和家具中抽象出的图案。

笔者近期完成设计的鄂尔多斯影剧院改造项目(图14)也可认为是这一类解答方式的延伸。该影剧院是20世纪80年代国内建造的该类项目的典型形式，由于陈旧及新功能的需要，在改造过程中，运用从蒙古包中抽象出"哈那墙"的暗红色杆件以充满现代感的组织秩序覆满整个立面。这种做法，既过渡了新旧建筑、遮掩了开窗和实墙所造成的不同秩序，又增加了文化建筑的个性和鄂尔多斯文化的神秘色彩。同时，其暗红的色彩和厚重的基座暗合了佛教建筑喇嘛庙的形式。

2005年由笔者设计竣工的锡林郭勒盟党政办公大楼(图15)整体形式上较上述建筑更具现代感，其装饰性符号也不是直白地在外墙上使用传统图

图9 内蒙古博物馆

图10 成吉思汗陵

图11 内蒙古人大常委办公楼

图12 内蒙古赛马场

图13 内蒙古展览馆

图14 鄂尔多斯影剧院改造

图15 锡林郭勒盟党政办公大楼

图16　内蒙古大学教学主楼

图17　内蒙古图书馆

图18　呼和浩特市党政五大班子办公楼

案，而是通过窗遮阳处理，企图与建筑整体更有机地结合，但其整体仍在强调一种新古典美的纪念性。笔者近期完成设计的内蒙古大学教学主楼(图16)，因业主表达校园标志性和民族地区身份的强烈愿望，也采取了上述纪念性意味的新古典手法，在此，建筑师的创作努力主要集中在传统纪念性语言的现代表达(顶部"蒙古包"的镂空处理)、色彩对于不同建筑语汇的过渡和柔化作用(校园整体暖红色的墙面)、以及赋于纪念性形体构件以空间实用功效(蒙古包的观光作用)上。

解答二：抽象出蒙古民族地域建筑的性格——空间与意象的表达

正如业界共识，简单的符号化拼贴、堆积和形式主义的纪念性表达已经或正在被时代所遗弃。在地域建筑形态创造方面，建筑师应追求形式和符号以外的东西。以"形"表"意"、以"神"会"意"的意象表现常成为一种有效的解答。新生代的内蒙古建筑师认识到：由地域自然和文化习俗长期积淀形成的淳朴、雄浑、厚重的性格特征应成为这种建筑形式的所表之"意象"。1997年建成的内蒙古图书馆(贺颖设计)配合建筑个性采用厚重的形象(图17)；2002年建成的呼和浩特市党政五大班子办公楼(温捷强设计)从蒙藏建筑中提炼出厚重、雄浑的特征加以表现并强调草原意象的强烈水平感而成为城市新的标志(图18)；2004年在呼和浩特北部山坡建成的仁和训练基地(温捷强设计)采用了淳朴的风格，用就地取材的碎石为外墙饰面有效地融入了环境，同时也不失厚重感(图19)；建筑大师邢同和在内蒙古包头的作品——包头博物馆表现了"蒙古草原上的巨石"的精神意象(图20)。

近期，笔者设计完成的两个项目也采取了表现建筑意象的手法。一项是建于内蒙古乌海市的蒙古族家具博物馆(图21)，方案从蒙古族家具便于游走携带和形象自身的特征，抽象出"盛装蒙古人生活的箱子"的概念并加以表现，同时采用蒙古人获得空间的最直接的方式，来围合入口前的集散空间以取代通常博物馆具有集会礼仪功能的入口大厅。另外，该建筑置于一个空旷的植物园微凸之地，期望成为具有"草原敖包"式的精神之场。另一项为内蒙古大剧院和博物馆的国际设计竞赛的参赛方案(图22)。该方案试图将"承天气力、容纳万邦"的民族精神注入到洗练的建筑形象中。博物馆上翘的屋面将天光尽收其内，其形似弯弓，象征以虔诚的心境承接来自天宇先辈的恩泽和智慧；剧院下弓的楼顶由于居中位置的高起，避免了舞台台箱在顶部的

图19　呼和浩特仁和训练基地

图20　包头博物馆

图21　乌海市蒙古族家具博物馆

图22　内蒙古大剧院和博物馆

凸现，保持了形体的纯净，从而悄然融入天际之中。同时，博物馆以"实"为主，源自"蒙古文字"的条窗镂空的青铜墙面"承载"着民族的历史，给人厚重之感；剧院则突出其"虚"，"哈那墙"样的金属杆件在玻璃幕墙的映衬下传递着时代的城市文化气息。在上述抽象手法的基础上将建筑轮廓与地貌特点结合处理，使雄浑有力的建筑与大地之间产生一种自然的亲和力，从而创造出一种具有永恒感的精神坐标。

图23 内蒙古文化大厦

图24 内蒙古军区征兵办公楼

以上两种答案在长期内有效，正如文丘里所言："建筑秩序中'下里巴人'式要素存在的主要依据就是它本身存在。这就是我们的东西。建筑师们可以为此叹息，甚至想消灭它们，但是它们却不会离去，至少是相当长的时间内不会离去，因为建筑师没有替代它们的力量（也不知道该用什么去替代它们），也因为这些普遍的要素适应了现存的多样化和信息传播的需要……"[7]话虽如此，但面对建筑大师查尔斯·柯里亚的那些将传统、文化和地域、气候有机相融的精彩作品，笔者时常扪心自问：难道真的"没有替代它们的力量"了吗？

解答三：从地域原型中寻找建筑创作的契合点——地域自然条件的回应

近年来流行一个术语——原型。 建筑类型学鼓吹建筑师的任务就是寻找事物背后的活在人们集体记忆中的"原型"。对此笔者不曾有过研究，但其抛开表象揭示事物本质的内涵则十分有义。

早期地域风格是在信息闭塞、内向封闭的年代由于独特的自然经济和资源条件以及民俗习惯而形成的鲜明特征。如今，现代科技有能力克服许多不利的自然因素，致使大一统的现代主义风格在全球广泛流行，从而又引起了建筑"全球性"与"地域性"的长期之争。关于"地域性"，我们姑且不论其"存在心理"上的社会学合理性，在当下提倡可持续发展的今天，它在"技术伦理"范畴内的生态学合理性却不容忽视。因而，尊重当地自然因素则应当是地域建筑的首要回应。这也许是寻求地域建筑之艰难路程中的务实做法。同时社会在变、生活在变、相对不变的自然地理气候条件也许可成为建筑地域性的一个重要"基因"。因此在可持续发展的生态观前提下，回应自然条件的建筑创作自然就是地域性建筑生成的共性基础。这也许就是草原蒙古包"全面可持续性"给我们的启示。近年来，笔者在上述认识的基础上，完成了若干作品。这些作品均试图将本地区多风沙、少雨雪、冬严寒、夏干热的气候特征成为建筑创作的所依之据和所表之源。2004年落成的内蒙古文化大厦（图23），2003年落成内蒙古军区征兵办公楼（图24），2006年建成的内蒙古草原研究所综合楼（图25）以及正在设计的德德玛音乐艺术学院（图26）等建筑均表现为体型简明、开窗适度、厚重敦实，外部空间从城市整体出发而内部空间则竭力打造气候宜人的公共交往空间，以弥补漫长冬季及不良气候造成的环境缺憾。

图25 内蒙古草原研究所综合楼

图26 内蒙古德德玛音乐艺术学院

笔者认为，当建筑个性寓于这些来源于地域自然地理因素的共性之中时，新的地域风格就会应运而生。而它们在时间向度上决不缺少时代感，同时可避免当下"技术表现主义"的浮躁。这样的思考并付诸行动之后，建筑地域性、时代性也许就不再成为经常对立的概念。但当虑及"时代、传统、地域"的整体概念时，似乎又觉得缺少了什么，至少就文化传承而言不够全面和完整，有一点就易避难之嫌。

结语：为撰此文笔者重新思考了地域文化并整体回顾了从业以来的建筑创作之路，深有感触的是：相对于本地区建筑文化传统的继承，我们的工作处于刚刚回到起点的状态；而建筑师和大众同属不同程度的"历史失忆"是必须承认的客观现实；同时"仅地域一词，从领域设定方面就有好几种定义，它是一个高度复合状态的文化地图。传统不属于某个国家和民族，它是一个国际性的概念，我们要从全面的角度来看待文化的移植与拓展，也就是说在"全球"这一前提下不断创造……"[8]

思考至此，行动至此，恳请业界同仁赐教。我想，内蒙古的地域建筑师们仍在思考，他们的创作仍在继续。

参考文献：

[1] 内蒙古自治区建筑历史编辑委员会.内蒙古古建筑.北京：文物出版社，1959

[2] 阿斯钢，特·官布扎布.蒙古秘史.北京：新华出版社，2006

[3] [美]阿摩斯·拉普卜特 著.黄兰谷等译.建成环境的意义——非语言表达方法.北京：中国建筑工业出版社，2003

[4] 钟广丽·Holcim可持续建筑大奖.建筑技术与设计，2005(11)

[5] 阿斯钢，特·官布扎布.蒙古秘史.北京：新华出版社，2006

[6] 乔吉编著.内蒙古寺庙.呼和浩特：内蒙古人民出版社，1994

[7] 罗伯特.文丘里著.周卜颐译.建筑的复杂性与矛盾性北京.北京：中国建筑工业出版社，1991

[8] [日] 原广司 著.于天玮，刘淑梅译.世界聚落的教示100.北京：中国建筑工业出版社，2003

张鹏举，内蒙古工业大学教授

白丽燕，内蒙古工业大学讲师

以“地域观”面对沈阳建筑

陈伯超

随着科学技术的迅速发展与全球化的趋势，“地域性建筑”、“生态建筑”、“智能建筑”等许多原本并非经典性的建筑名词成为今天点击率最高的建筑语汇，以致形成建筑领域中一种新的时尚。然而对于建筑而言，透过它的外部形象，无论是出于它的科技性、社会性或功能性等内涵，还是由于它百年长寿的特征，都会使我们认识到：盲目地追求建筑的时尚性，大多来自于对建筑的一种表层的、肤浅的理解。因此，在我们使用这些建筑语言之前，首先要弄懂它们的宗源、实质、内含和真正的意义，避免仅从表层上的理解，为“追风潮”、“赶时髦”而造出一些短命的、形式主义的劣质品。

在国际建协的北京宪章中对地域文化和地域性建筑作出了深刻的描述：“建筑学问题和发展植根于本国、本区域的土壤，必须结合自身的实际情况，发现问题的本质，从而提出相应的解决办法；以此为基础，吸取外来文化的精华，并加以整合，最终建立一个‘和而不同’的人类社会”。“建筑学是地区的产物，建筑形式的意义来源于地方文脉，并解释着地方文脉。但是，这并不意味着地区建筑学只是地区历史的产物。恰恰相反，地区建筑学史与地区的未来相连”。“现代建筑的地区化，乡土建筑的现代化，殊途同归，推动地区和世界的进步与丰富多彩”。

地域性建筑的实质在于：(1)不同地域的气候、地理、历史、文化、技术、民族、宗教……是构成不同地域条件的因素，又是形成地域性建筑特征的根源；(2)承认不同地域条件对建筑的制约，鼓励和支持反映地域条件与特征的建筑表述；(3)与建筑世界中的大一统观念相悖，承认不同地域条件影响下所构成建筑体系的独立性；(4)承认外来文化对本地区建筑的作用，也承认外来文化植地过程中的本土化转变，尤其强调这种本土化作用与结果的重要性。

以“地域观”评价沈阳建筑，则会得出一些有别于传统认识的结论。我们将此分成古代、近代、现代三个不同的时段作些探讨。

1. 为沈阳古代建筑争鸣

沈阳是一个文明古城，她的城市史可以追溯到2300年前的汉代。由于地理位置的显要，历朝历代她都作为一座重要的军城，并逐渐发达、繁华起来。尤其在辽、金时期，她发展成为紧随辽阳城之后东北地区的第二大城市。公元1616年女真首领努尔哈赤称汗，建元大金，并于公元1625年迁都沈阳，这里成为满清入关前举国瞩目的都城。直至公元1644年顺治入主中原，沈阳城以陪都盛京的地位持续得到发展。时至当代，沈阳城仍保持着当年的城市框架，沈阳城内存留下来的古代建筑除个别为辽代修建之外，大多是这个时期的遗产。城内众多的宫殿、庙宇、衙署、宅居等建筑饱受满文化的影响，保留着满族鼎盛时期的建筑韵味。

我们应该以中华民族宽宏的心胸和气魄面对历史、面对中国疆域内不同地域的文化。正如中国的疆界并非局限在长城以南一样，中华文明亦并非局限于中原文明。不同的地区都有着根植于斯、生长于斯的文化体系。它们与中原文化存在着千丝万缕的联系与相互之间深深的影响，又有其各自独立的文化根基与发展历程。它们既不应被视为外族文明或落后文化而遭忽略，也不应仅仅看到中原文化对它们的影响，而漠视了中原文明从它们那里所吸纳的营养。

满族是辽沈地区一个具有重要影响的少数民族。满族的建筑文化在这一地区更具有代表性。满民族在这里经历了从渔猎骑射到农耕经济的生产发展进程，经历了从山地丘陵到平川旷野的生活条件转变，经历了从寒林雪岭到和煦宅院的居住方式演化，他们所处的政治、经济和自然的环境及其发展历程皆具有很大的特殊性。他们的建筑（比如城市、民居、院落、宫殿、陵寝等）具有自己的体系与特征，成为中国传统建筑中很有特色的一个分支。

满民族相对来说，是一个起点较低但发展迅速的民族。一方面由于他们在主观上知其不足，肯于主动地吸纳先进文化之营养，是一个善于学习的民族；另一方面，又由于生活流动性大，开放性强，再加上语言相通（虽有自己的文字，却无过多的语言障碍），方便交流，具有不断提高与发展的条件。外来文明广泛地被吸纳并融入到满族文化当中，满文化体系在自身特点不断强化的基础上，得到了丰富和发展。直到满人进入到辽沈地区，满文化（包括建筑文化）作为一个独立的体系达到了它的成熟和鼎盛时期，充分地彰显着满民族文化的自我。此后，随着满人进关，凭着他们对先进文化学习的主动性和对新环境必须适应的客观压力，在他们的文化体系中更多地吸收了汉文化——原本作为一个独立的文化体系开始被“溶解”，逐渐地实现着从量到质上被汉文化“同化”的过程。因此，作为满文化鼎盛时期产物的沈阳城及城中众多的古代建筑不应仅被视作汉文化的延伸和枝节——却又远远落后的蛮区文化，而应该充分地认识到，它是迄今为止一种濒将消失且十分珍贵的地方文化的重要遗存。

事实上，我们还要将注意力引申到辽、金文化方面，他们同样有着自身的独立性。辽（契丹族——与女真族有着十分密切的关联）与金（女真族——

满族的前身）均源于辽地，对满有直接的影响。当地的自然、人文条件所赋给辽、金以及后期的清前满人以十分相近的发展条件与背景。我们在研究中原文化对满文化影响的同时，不可忽略辽、金文化在历史的纵向方面对满文化、满族建筑的传续作用。辽、金政权又都曾深入到中原，辽、金文化亦曾作为一种"强势"文化，渗透和影响着中原及其在辽沈地区后续的文化体系。"辽代建筑基本同唐代"、"元、金建筑同宋代"的说法，虽在一定程度上反映了客观情况，但这种说法本身，却容易遮蔽对它们进行深入系统研究的一面，仅以汉式做法片面地替代了它们的地方特色、自身体系和发展规律。

因此，我们应该从沈阳传统建筑的重要遗存及其历史发展规律入手，弄清满族建筑、辽代建筑、金代建筑自身的建筑体系——这将是对中国传统建筑研究的重要补白，也将对辽沈当代城市建设起到文脉承续的有益作用。

2．沈阳近代城市与近代建筑的特殊性

在中国近代历史上，沈阳是一个具有特殊背景的城市。

中国近代，由于清政府的没落与懦弱，也由于军阀混战，政局如同一片散沙，面对西方列强的入侵，毫无还手之力，只能一再退让。中国很快落至面对西方列强的一方强势，任其肆虐之颓势。于是在意识形态上，也由清末政府主张新政、推行洋务运动的积极方面，转变为消极地盲目崇尚西洋文明，麻木接受其政治与文化渗透。甚至为虎作伥，自我压制抵抗思想和力量。因此，为外来的近代建筑文化强行地长驱直入打开了门户。相形之下，本土文化的势力和作用被局限和消弱。这种情况又在不同地区力量对比的强度有所不同。

沈阳的特殊性表现在两个方面：一是，在侵入势力之中，日本相对于其他各国占据了绝对的优势。从政治、经济到文化上的强行入侵，在较大比例上主要来自日本方面，西方文化借日本之手的间接导入也占据了相当的比重。二是，自1858年（清咸丰八年）辽宁海城牛庄口岸开放，首先由传教士所带来的外来文化开始波及到沈阳，至1931年沈阳完全沦为日本殖民地之前的一段时期，沈阳是处于两大强势相互抗争、共同作用的背景之下。强势之一是以日本为首的以及俄国和西方各列强共同构成的外来势力，另一强势则是以奉系为主的本土势力。二者在政治、军事、经济、文化等各方面你来我往，各据一方。于是，外来的近代建筑文化在进入沈阳的过程中，并非得以居高临下、独往独来的势态，而是受到了本土势力的强力阻抗，更多地体现为被本土文化所吸纳和与本土文化相互结合的过程。

政治上两大强势的对垒，对于沈阳近代建筑的发展和演变过程来说，则体现为外来文化势力和本土文化势力之间的矛盾与融合过程。体现在沈阳近代建筑中的外来文化势力，并非仅仅来自外国人的强制性输入，也包括中国人的主动吸纳；而本土文化势力也不仅局限于地方文化的自我禁锢与壁垒作用，同时也来自外来文化的主动适应。

外来文化势力的构成：(1)通过日本建筑师之手带来的日本近代建筑文化和西方近代建筑文化(大批日本留洋建筑师学成之后，在日本本土找不到用武之地，将沈阳作为他们职业能量展示与释放的试验场，带来了西方近代建筑文化)；(2)西方建筑师直接将西方文化传到沈阳，在沈阳建起一批具有异国风情的建筑；(3)在清末政府新政和洋务运动的主张下，主动对西方近代建筑的学习与模仿；(4)奉系军阀、政要出于对"新文化"的崇尚，主动对外来文化的引入与效仿；(5)一批留洋建筑师归国之后对西洋建筑思想与样式的积极导入；(6)以梁思成、陈植、童寯等中国近代建筑精英一手操办的东北大学建筑系所带来的新古典主义思潮对沈阳当时以及此后的间接影响和作用。

本土文化势力的构成：(1)日本人将沈阳作为其国土的一部分，致力于在导入日本和西洋近代建筑之时，努力与当时、当地环境和文化的适应；(2)西方建筑师结合当地具体条件的设计；(3)有志向的中国留洋建筑师(如杨廷宝、穆继多等人)在引入西方建筑的同时，致力于对中国近代建筑创作之路的探索(选用欧洲近代建筑中较有条件与中国本土文化相结合的英国都铎、哥特式作为改造性尝试的模板，并在简化、装饰、结构、构造、材料等方面寻找对本土文化表达的途径)；(4)土生土长的中国建筑师凭着自己对西洋建筑的理解，结合自己对本土文化与技术的自觉体现，所进行的具有模仿性质的创造；(5)根深蒂固的中国传统文化在引进西洋文化过程中的倔强表现；(6)本土的建筑工匠凭借自身纯熟与精湛的传统工艺技术，紧密结合本土条件，对西洋建筑创造性的学习与实践。

对待近代建筑，迄今为止"欧洲中心论"的片面思潮仍在中外建筑界中占有一定市场。认为近代建筑根植于欧洲，散落于世界各地的近代建筑皆是欧洲近代建筑的"泊来品"。由于它们在传播过程中受到各种因素的影响，已发生了不同程度的变异，甚至变得"不伦不类"。真正的、纯粹的近代建筑只有到它的发源地——欧洲去寻找，其他地区的近代建筑既不如欧洲集中，也不如欧洲"正统"，也就谈不上价值。

事实上，"欧洲中心论"在强调近代建筑产生于欧洲这个历史客观的同时，忽略了近代建筑的发育、成长过程，忽略了它导入不同地区，为适应当地条件而经历的本土化的变异甚至发生某些本质上异化的过程。而这个过程是建立起某种建筑体系实质性过程的重要部分。恰似如果只看到出生地和血统关系，就不会有美国这个国家和美国人民。

因此，我们应该以"中国近代建筑的中国观"去看待和评价中国的近代建筑。所谓"中国近代建筑的中国观"也是"地域观"的具体体现，它包括两方面的内涵：(1)既承认中国近代建筑中外来文化的主流作用，也承认它在中国大陆植地过程中的本土化——结合于地域条件和地域文化的环节，承认它在这个过程中发生变异的结果；(2)建立起"外来文化本土化水平高者为上品”的评判准则。反对所谓“正统论” 及其评价标准。中国近代建筑的价值，恰恰在于外来文化的导入及其适应于本地条件的变异过程与结果。

在沈阳的近代建筑中，对洋风建筑原封不动地、克隆式引进的实例并不占很大的比重，大多建筑在引进过程中都揉入了本土精神、本土习惯和本土技术，实为一种“再创造”的过程。对于西洋式建筑，人们并不在乎是否“正统”，所关注的更在于是否符合自己的“口味”，是否满足使用的需要，是否具有技术保障的可操作性。中西方不同的思维、不同的手段、不同的艺术搅在一起，出现在建筑的空间组合、结构系统、内部装饰以至建筑的外观形象之中。有人称之为“不伦不类”，却也有人说这是“洋为中用”、“尽为我用”。当然，这种再创造的水平不尽相同，有的使二者在一栋建筑之中结合得体，甚至比完全照搬更为合理而颇具创意。也有的较为生硬，给人以拼凑之感，并不成功。尽管在一座城市中适当地搬来少量经典之洋风建筑也是可以的。但从总体上说来，创造性的引进应属于建筑创作更高的一个层次。

3. 沈阳当代建筑评介

近年来，沈阳发生了巨大的变化，她从一个文明古城、一个工业基地变成了一座现代化的国际都市。虽然城市的整体格局仍留有历史的痕迹，城中重要的历史环境和历史建筑风采依旧，但城市的空间规模变了，城市的总体风貌变了，城市的人居环境变了——城市有了明显的更新、成长与发育。昔日由于位居沈水之阳而得名的沈阳城，今天已跨越河之两岸；成片而起的建筑以其自身形态记载与彰显着当今这一历史时期的巨大变化；活跃的思想、开放的门户给城市带来了中外各地的建筑文化。大量的建筑作品中凝聚着这个不平凡的时代所取得的巨大成就，展示着城市与建筑的空前繁荣。同时，由于这种超速的发展，为今后所带来的许多宝贵教训也固化在建筑之中。

（1）建筑设计思想从来没有今天这样活跃。沈阳建筑总是伴随着各种建筑思潮发展的脉搏，建筑面貌如实地折射出整个国家冲破羁绊、求“鲜”若渴、超然奋起的一派盛况。

（2）对城市生态环境的改善赋予了极大的关注。许多污染源得到了有效的治理和控制，绿化面积大幅度提高。城市景观变化明显，以工业环境为特征的昔日沈城，变成了今天对人居环境的强调与体现。

（3）沈阳建筑中最突出的问题在于经常不是以客观条件和科学规律作为建筑设计创作的依据，而是追随某些决策者的个人喜好和市场中的某些不良的、低层次的导向。过多地将注意力聚焦于建筑的外部形象等形式方面，甚至以“过时”、“时兴”、“流行”等带有片面性的标准取舍或指导设计。其结果常常是伴随着不同期段泛起的“欧陆风”、“韩流”等风潮，抄搬流行样式和套路的浮躁之风蔓延：带有“飘板”的复式屋面、仅为构图而作的高塔楼、超细柱和大挑檐、本无须遮阳作用的窗格片、纯装饰性的虚假外露构架和外露管道……热衷于将别人的创造东施效颦式地搬来搬去。其结果不仅是制造一批牵强附会、令人如同嚼蜡感受的低档货，更造成思想僵固、设计手法枯竭、设计能力日趋低下的后果，甚至出现对整座建筑模仿、搬套的现象，建筑设计的原创性受到了极大的玷污。

发展中的成绩与不足敦促着我们对沈阳建筑的未来发展进行深层的思考：

（1）以“地域观”面对当今的城市与建筑设计

对本地区的具体条件和客观环境作深刻的理解，对它的充分体现和表达是建筑创作的精髓。原创性的重要来源常常出自于此。沈阳地处祖国的东北，如何创造性地解决寒冷气候等特殊自然条件下的建筑设计问题，如何在建筑中充分反映当地的历史、社会等人文特点，又如何充分利用和体现当地的技术条件与优势形成有地域特色的建筑作品——这是“地域性建筑”思想的实质和目的，也是沈阳建筑未来发展的必经和正确的途径。

（2）对建筑内在目标的实现

建筑师的责任不仅仅在于创造一幢幢“经济、实用、美观”的建筑（这是必须做到的、最基本的要求），而是以建筑为手段，去塑造更为合理、更为先进、更为理想的生活模式和人居环境。比如设计一所学校，不仅是为了扩大它的办学空间和使它如何赏心悦目，更重要的是为创造一种更为科学的办学方式所提供的建筑载体；设计一所医院，又在于为改善患者的看病环境、医护人员的工作条件和科研人员的研究成效，而创造更为理想的医疗模式。建筑师的职责虽涉及到自然科学、社会科学、艺术等宽博的知识领域，但说到底还应该是一个社会学家——一个以建筑为手段去解决社会问题、为人类创造新的生活方式的社会学家。

（3）建筑工业化与手工业结合

沈阳的强势在于工业，建筑工业化是沈阳建筑的出路与特色的潜在优势。建筑的工业化体系、结构、材料、施工等都应体现为它的一种特色。以致用工业语言去塑造建筑的形态——不是形式上虚假的“艺术加工”，而是从体系的建立入手，在形象上顺理成章地表达。不排除手工业的传统做法，而是在强力改变手工建筑业为建筑工业化的同时，精化手工业技术与做法，成为工业化产品的重要补充与重要“节点”。

（4）充分体现地域特点的生态景观设计

除去生态环境的一般意义之外，在每年占有很大时间比例的寒地气候条件下，沈阳比那些四季常青的地区更需要绿化和自然。这种对生态环境的渴求，既包括室外也包括室内。充分彰显和利用当地的生态条件，又有效地弥补当地的生态缺陷与不足，是沈阳建筑所面临的重要课题。

（5）确保历史建筑在城市现代化建设过程中的重要成分

历史与文化是构成沈阳现代文明不可或缺的部分。“特色沈阳”既来自当代建筑设计对本地区条件的体现，也来自对其历史的展示。此外，历史建筑保护是现代城市建设的重要内容。将对历史建筑与历史环境的保护纳入到城市的现代化建设之中，并使它们融成一个完整的体系，从整体上处理好这对矛盾，是建构未来沈阳城的重要策略。

建筑的地域性思想为我们认识和理解建筑、为我们的建筑设计开辟了新的视角，也为沈阳建筑的发展提供了丰富的营养和广阔的空间。

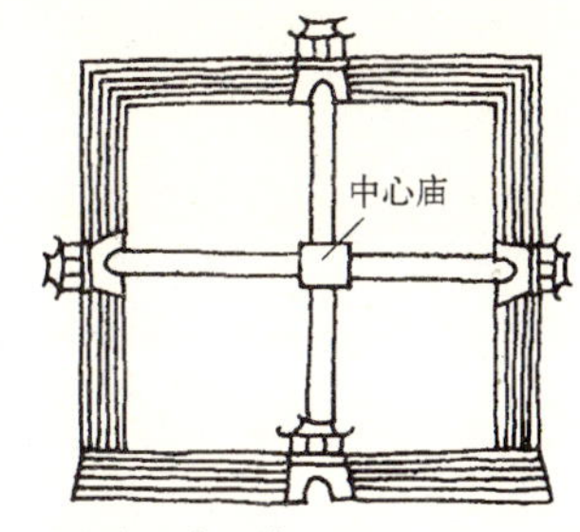

明代沈阳中卫城

沈阳

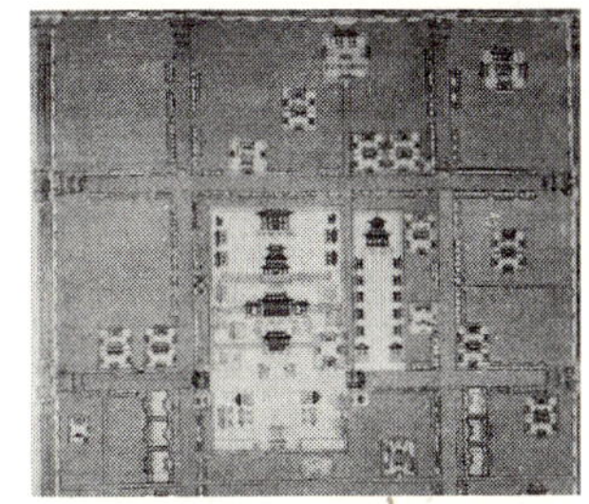
盛京城阙图(皇太极时期)

新乐遗址博物馆——展示DC7

附：沈阳城与沈阳建筑概况

1．沈阳城

(1) 沈阳城溯源

沈阳人类的历史，最早可追溯到7200年前的新乐文化——原始社会的新石器时代。夏、商两代，这里则为幽州、营州所辖之地。周朝时，为中原王朝在东北的封地，归燕侯所辖。

(2) 城的出现

1) 两汉时期(公元前206年—公元220年)，开始形成城邑，叠土筑城，成为今天所说沈阳建城2300年的来源。此时沈阳的建制逐渐升格，并在沈阳正式设置了“侯城县”。

此后，该地一直是政治与军事争斗的目标——曹操的魏军、高句丽、唐(曾在此设安东都督府，后被撤销)、渤海国、契丹国等均有染指。城池也是毁了建，建了毁，但主要是修补，而未建新城。

2) 辽代初，将原位于渤海国的一座名为“沈州城”的全城人口强迁到此，在此重建城池，并仍用“沈州”为此新城命名，作为辽太宗直辖的“私城”。这个名字一直沿用了辽、金、元三个朝代。

这时的沈州城为夯土城墙，四周各辟一城门，十字形街道，规模不大。一直延续到明代。

金代(公元1116年)将原辽代的“私城”性质改回为军城，归当时金朝的东京(辽阳)所辖，设“节度使”(后降格为“刺史”)，城市人口和规模有很大增长，成为东北地区仅次于东京的第二大城市。

金代，金与蒙古(铁木真称帝——成吉思汗)展开拉锯战，蒙军几进几出，城市多次被毁。

3) 公元1233年蒙古军占领辽沈地区，元代再修沈州城。又将路制由辽阳迁到沈州，于是沈阳升格为“沈阳路”(元代省级以下依次为路、道、府、县等)——历史上第一次出现“沈阳”之称。归辽阳行省所辖。

4) 明朝为控制此地的女真、蒙古、高句丽等少数民族，仍将沈阳作为一座重要的军城。在此设卫所——沈阳中卫、左卫、右卫。明洪武二十一年(公元1388年)沈阳中卫指挥闵忠对沈阳中卫城进行了大规模的扩建——将土城改为砖城，规模扩大但城市格局未变，仍为4门、十字街、中间建有中心庙。

(3) 都城建设

1）天命十年（公元1625年）努尔哈赤迁都沈阳。迁都决定突然紧促，对明代的中卫城未得事先改建，边用边修。在中卫城的格局下，确定了宫殿、汗王宫、王府、衙署和兵营在城中的位置。由于十字形的街道系统，宫殿无法居中，于是设于十字街交点的东南处。

汗王宫建于北门（后称"九门"）内——具有满式特色，宫与殿分而设之，殿位于城市中心部位，而宫设于城门附近。各王府主要围绕宫殿区的两侧和北面，衙署主要位于南面。

2）皇太极即位（公元1626年），放缓了入主中原的步伐，却在政治、军事、经济上为一统中国作着充分的准备：

改女真为满族——以扩大民族范围与影响；改军政协商为集权——实现了皇帝独自面南而坐；缓和民族矛盾——建汉、蒙八旗，启用汉人……改革生产体制，改变生产关系，加速后金社会的封建化进程；改"大金"之称为"大清"。

在此背景下，于天聪五年（公元1631年），皇太极开始重建沈阳城——有创造性地部分借鉴了中原的"王城"做法：方形城池，旁两门，井字街，宫殿居中，面朝后市，左祖右社…… 又在城外五里处建四塔四寺、城中建钟鼓楼……

3）康熙年间又修筑了外城——以井字街向外延伸，与外城交汇处修建八个"边门"。外城近圆形，有曼陀罗之说。

4）清代缪东霖在《陪都杂述》中对沈阳城的规划作了"易学寓意"评价："……城内中心庙为太极，钟鼓楼象两仪，八门象八卦。郭圆象天，城方象地。角楼敌楼各三层共三十六象天罡，内池七十二象地煞。角楼敌楼共十二象四季，城门瓮城各三象二十四气……"

曼陀罗之说、易学之说究竟有何依据？至今尚无考证。但毕竟十分玄妙，也十分精彩。

（4）近代城市"板块结构"的形成

——至今沈阳城市版图上留下的历史痕迹。

1）古代城市延续下来的传统老城区——位于今城市中偏东，内城外郭，井字形街道系统至今仍十分清晰；

2）1905年日俄战争以后，日建成南满铁道附属地（1908年规划，1920年对该规划进行了补充与发展），位于今西起沈阳站东至和平大街之间的区域；

3）鸦片战争之后西方列强以传教士为先遣队，从牛庄登陆进入沈阳，当局于1906年被迫为列强开辟了"商埠地"（包括正界、北正界、副界、预备界），这里自此成为西洋建筑文化的集中地。沈阳的商埠地位于老城区与满铁附属地之间；

4）奉系势力为与外国势力抗争，通过铁道竞赛和对奉海大市场的建设，形成了大东（大东新市区）、皇姑（西北工业区——今惠工广场周围）民族工业区，位于今沈阳城的东部和北部；

大东区公安分局

凤凰楼

5）1932年—1937年出台并开始实施的"大奉天都邑计划"，将位于沈阳城西部的铁西作为该都邑计划规划的内容之一，边规划边建设。1934年—1937年为第一期建设，1937年—1941年为第二期建设而形成雏形。解放以后，铁西工业区得到了大规模的建设和发展，成为沈阳城内大型工业企业集中区。

（5）当代沈阳城

沈阳市是辽宁省的省会城市，是全省的政治、经济、文化中心；是东北地区最大的中心城市；是中国重要的工业基地；是国家历史文化名城和旅游城市。

城市人口规模：全市人口约700万，其中中心城区居住人口约445万。

用地规模：全市土地总数12980平方公里。

市域城镇体系

市域城镇体系等级结构按：中心城区、卫星城、小城镇三级设置。

——中心城区包括：核心区（总用地468平方公里）、六个副城和两个组团。

——六个卫星城。

——五十个小城镇。

2．沈阳建筑

（1）沈阳建筑概述

沈阳是一座文明古城，至今已有2300年的历史。它经历了几个世纪的蹉跎岁月：封建社会的遗迹、半封建半殖民地社会的烙印、社会主义新中国的脚步，都详尽地记载于沈阳的建筑之中。悠久的历史、复杂的社会背景，造成了现存沈阳建筑的多样性。目前沈阳市内的建筑主要可以分为五种类型：

沈阳故宫航拍

沈阳故宫鸟瞰

清昭陵全景

清福陵碑亭

小南天主教堂

1）清前及具有民族气息的传统建筑

沈阳作为都城也已有三百多年的历史。城市中的宫殿、陵寝、庙宇、佛塔、官署、民宅等建筑物，传统气息浓郁，又融汇进了满民族的生活与文化传统和喇嘛教的宗教观念，与典型的汉族古建文化有所不同。直至今日，方城一带还保持着传统的城市格局："井"字形的街道结构和具有传统特色的建筑旧观。沈阳不仅是我国的工业重镇，又是一座对国内外游人颇具吸引力的文明古城，是蕴藏着体现我国古代城市建设理论和珍贵建筑遗产的宝库。

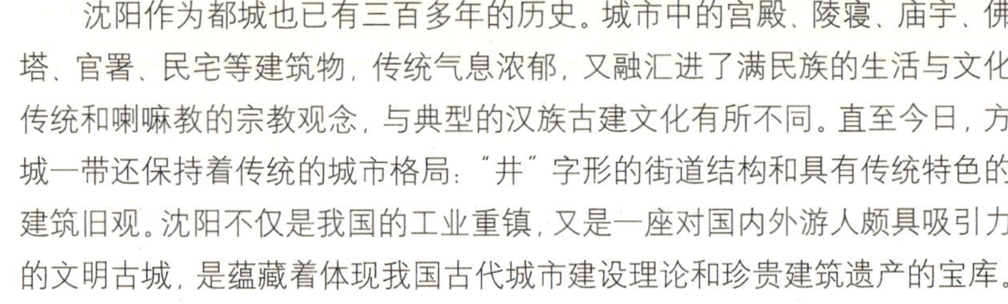

2）西洋古典式建筑

帝国主义列强侵占中国，对我国人民进行了十分贪婪和疯狂的掠夺。与此同时，他们也在某种程度上起到了打破长期以来封建专制、闭关自守大门的客观作用。于是，西方文化趁机渗入了中国，同时，在其植地过程中又受到本土文化的影响，沈阳市也出现了很多西洋古典形式与中国传统文化相结合的建筑。它们广泛分布在市内，很多于近代建成的银行、洋楼式小住宅、

原北三省官银号

原京奉铁路辽宁总站

原张廷栋寓所

原吉顺丝房

张氏帅府大青楼

张氏帅府红楼群 2 号楼

商店建筑等都是在此背景下的产物。

3）日本占领时期的建筑

自日俄战争特别是九·一八事变以后，日本帝国主义侵入中国。他们为了达到长期霸占我国东北的目的，并企图以此作为进而吞并整个中国的根据地，在东北建立了满洲国。他们从沈阳的城市规划入手，建造了很多东洋式的建筑，意在把这里作为日本国土的扩延并借其表达其眷恋故土之情。日本人同时也将从欧洲学回来的东西，大量的批发到沈阳，又进一步地摸索把东洋与西洋文化结合起来。当年由日本人设计的这些建筑至今在沈阳市内仍占有一定的地位。

沈阳市政府大楼

原满铁社宅

沈阳站

辽宁宾馆

沈阳市公安局

原东拓银行

黎明公司住宅

4）苏联建筑思想影响下的建筑

建国初期，我们的设计理论和能力都比较薄弱，又缺少大规模的建设经验，开始向苏联学习。沈阳现存的工业建筑、公共建筑和居住建筑中受苏联设计思想影响的依旧为数不少。

5）现代建筑

解放以后沈阳的建筑事业得到了迅速的发展。特别是改革开放以来，国内外先进的设计思想和设计理念体现在城市建筑之中，沈阳城市面貌得到了日新月异的变化，沈阳以国际化大都市的面貌出现在世人面前。

注：插图皆为附录部分内容(按文中分类所提供的示例图片)。

陈伯超，沈阳建筑大学教授

西塔东正教堂

北站地区鸟瞰

辽宁大剧院及博物馆

市法院

省高法

豆城——长春

李之吉

一、"龙兴之地"的开垦

图1

1644年清军入关以后，为保护所谓"龙兴之地"，开始着手修筑东北的柳条边墙。柳条边墙简称"柳边"，依其建造年代又有"老边"和"新边"之分，为挖沟垒土而成，垒起的土墙高约三尺以上。边墙上栽植三排柳树，树与树之间用柳条横连，所谓"布柳结绳，以成屏障。" 1681年"新边"竣工以后，清政府严格规定："在禁地内捕蛤蜊、抓水獭、采蜂蜜、挖人参，为首者枷两月，鞭一百。" 但是，即使这样也始终没有阻挡住关内人们对东北沃野的向往。同时，正是清初的封禁政策，才使关外的东北保持着原始的自然环境，这里树木成林，水草丰美，土地肥沃，当时民间就曾流传这样一句顺口溜来形容这里的自然状况："棒打獐子瓢舀鱼，野鸡飞到饭锅里。"

由于清政府的封禁政策时紧时驰、时兴时废，加上蒙古王公为增加自己的财富私自招垦蒙地，更是极大地刺激了关内流民不断涌向关外。清嘉庆五年五月十七日(公元1800年7月8日)，清政府终于同意时任吉林将军秀林的奏请，在郭尔罗斯前旗东南面一个叫长春堡的流民定居点附近"借地设治"，设立了蒙地内首个地方政府——长春厅。长春厅的设立标志着汉族人开垦蒙地的合法化，对松花江下游和黑龙江流域的广大地区，由游牧业逐渐向种植业方面的转化，起到了重要的推动作用。清道光五年(公元1825年)，长春厅迁址到伊通河下游的宽城子，长春城也由此产生，可以说先有宽城子，后有长春城。

由于大豆、高粱、玉米等丰富的农产品，日趋增多的人口，伊通河丰富的水源和所提供的水上运输，四通八达的陆上运输通道，靠近蒙地便利的农牧交易，使长春逐渐发展成为一个农产品和贸易的集散地，很快就"农商云集，交易日酣，铺舍接修，顿成街市。"(图1)

1898年，伴随着中东铁路南部支线的修筑，长春才掀开近代城市发展的崭新一页，铁路的修筑客观上成了近代长春城市发展的促进剂，使近代的工业文明进入长春，也标志着长春从传统的自给自足、抑制异变的农业文明

图 2

图 3

图 4

图 5

图 6

向近代工业文明转型的开始(图 2、图 3)。

随着中东铁路的修筑，使日、俄帝国主义的矛盾日益加深，1904 年爆发了日俄战争，1905 年日俄战争以俄国战败告终。之后，长春成为"南、北满"铁路的交会点，客、货运输均需在长春中转，客观上为长春经济发展与转型创造了条件。随着满铁附属地的规划与建设，长春的城市雏形已开始形成(图 4)。

二、扭曲的怪胎——"满洲式"建筑

1. "满洲式"建筑概念的引入

所谓"满洲式"建筑是指伪满洲国成立以后，以长春为中心的在伪政府办公建筑、纪念性建筑等重要建筑中体现出"满洲的气氛"，形式上加入了中、日传统建筑的构图、构件，甚至是欧美建筑的情节而形成的一种建筑形式，"满洲式"建筑的概念最初是由日本人提出的，在当时的专业杂志和文件中多次出现。

1932 年 3 月 1 日，日本人一手扶植的伪满洲国成立以后，日本出于企图长期霸占中国东北的政治和军事目的，提出了以"满洲式"建筑为主体，来表现伪满洲国"新国家"以及"五族协和"的政治需求。由此产生了一种具有强烈的殖民色彩的建筑形式——"满洲式"建筑，这种在形式和内涵上都体现了日本军国主义的政治意图的特殊建筑形式，虽然数量不多，但却是这一时期长春近代建筑形式的主体。而这一建筑形式的特征是有别于同期任何其他的建筑形式，并有着明晰的发生、发展的轨迹和明确的政治意图的支承。

2. "五族协和"的"亲和"政治需求

早在"九·一八"事变以前，日本关东军就曾提出建议，在满、蒙建立由日本人支配的"满蒙独立国"，"总督府"设在长春。伪满洲国成立以后，出于政治上的考虑，进一步提出"五族协和"、"新满洲、新国家、新形象"的政治口号，所谓日、朝、满、蒙、汉的"协和"一体化发展，并以此达到长期侵占中国领土的目的。"满洲式"建筑的指导思想就是建立在"五族协和"基础之上的，因此在建筑形式中出现"日、满、蒙"等传统建筑形式特征或符号就不足为怪了。设计中除有中国传统建筑的曲线、构图，日本式的构件、细部做法，一些方形并有明显收分的柱子及细部做法和浓重的色彩处理，都使其更具特色。

从相贺兼介设计的"第二厅舍"(1932 年 7 月)到雪野元吉设计的忠灵塔(1934 年 5 月)、石井达郎设计的伪国务院办公大楼(1934 年 7 月)、牧野正已设计的伪中央法衙(1936 年 6 月)，直至伪建国忠灵庙(1936 年 9 月)，"满洲式"建筑走过了一条发生、发展的道路，其建筑形式的"融合"与"重构"也日臻"成熟"(图 5～图 9)。

3. 佐野利器与"满洲式"建筑

佐野利器（1880—1956年）是日本近现代著名建筑师。曾任日本建筑学会会长的佐野利器于1932年秋受关东军的委托，成为伪“国都临时建设局专家咨询委员会”的成员，他是委员会成立初期惟一的建筑学家，对长春的城市规划和建设提出了有11个项目的建议书，其中第9项的内容如下：“商店、住宅与一般建筑的式样最好能够多富有变化，并能顺其自然，而任何一种官衙建筑，其内容却应该尽量求便利为原则，同时兼重外形和实质，更应该时常以满洲的气氛为基准。”从当时要求的提出，以及后来建成的实例看，“满洲式”建筑主要以伪政府办公建筑为主体，以及当时一些重要的纪念性建筑为重点来体现的。通过佐野利器的建议，从“官方”的角度将这种政治要求进一步明确下来，对“满洲式”建筑的演进提供了政治上的保障和强制，同时佐野利器在专业角度也起到了很大的个人作用。

图7

图8

4．“满洲式”建筑与“帝冠式”和“兴亚式”建筑

如何看待当时以长春为中心的这一建筑活动，并给它一个准确的评判和定义，就要全面地分析当时日本、中国和世界范围的建筑发展以及相互影响。目前，对当时所谓的“满洲式”建筑有两个方面的评价：一种认为其是日本“帝冠式”建筑的延伸；另一种认为其是“兴亚式”建筑的一部分。

进入20世纪，日本受西方建筑发展的影响，流派纷杂，思想活跃。在西方现代主义建筑风起云涌和日本国内初期现代主义建筑极大发展的同时，也有怀念传统文化的一股势力。这与当时欧美建筑文化充斥日本国内，造成一些逆反心理，使人们更加怀念传统文化是分不开的。这就是由“帝冠式”建筑而引发的“帝冠运动”，这个由下田菊太郎创造的词汇，可以简单解释为“日本民族风格的大屋顶”。“帝冠式”建筑是把日本传统建筑形式和近现代建筑相拼合的产物，所以“帝冠式”又叫做“帝冠拼合式”。但是，这其中没有任何中国传统建筑的影响因素。

图9

在“帝冠式”建筑舆论支承下，日本先后建成了神奈川县厅舍（1928年）、名古屋市政厅（1930年）、军人会馆（1934年）、东京帝室博物馆（1937年）等建筑，都有“帝冠式”的屋顶。在日本后来与“帝冠式”建筑直接联系起来的则是军国主义。在日本国内“帝冠论争”的初期和高潮阶段，在日本占据的中国领土内的建筑活动没有跟风或应合的现象。

有些人把长春这一时期的主体建筑形式称为“帝冠式”建筑的另一个主要原因是曾经作为日本“帝冠式”建筑倡导者的佐野利器又是“满洲式”建筑的倡导和组织者，而且当时长春建筑管理部门的一些负责人和建筑师都是其学生或晚辈，作为老前辈的佐野利器对他们都有相当强的影响力。在神奈川县厅舍的设计与施工过程中，工学博士佐野利器为建筑顾问，桑原英治任建筑事务所所长。4年之后，他们又汇集长春，就很容易使人们联想到其后的建筑活动成为“帝冠式”建筑的延伸。

“20世纪40年代，日本军国主义为其‘大东亚共荣圈’服务，提出了所谓‘兴亚式’、‘复兴式’建筑。”当时日本国内各方面都实行了高压政策，充斥着军国主义思想。“太平洋战争爆发以后，初期的战争似乎对日本有利，于是借此形势举办了两个设计竞赛，一个是‘大东亚建筑营造计划’(1942年9月)；一个是‘在曼谷文化会馆’(1943年10月)，两者都基于‘大东亚共荣圈’的构思”。这种“兴亚式”、“复兴式”的提出完全出于当时日本政治和宣传上的需要，它同早些时候的“满洲式”建筑，无论是政治背景、还是内含上都有根本上的不同。

三、与大师最近的时刻

1916年，美国建筑大师赖特受邀请到日本设计新帝国饭店。赖特在日本工作期间有一大批弟子协助他一直到工程竣工，其中主要有雷蒙德、土浦龟城、远藤新等人。1918年，远藤新曾随赖特赴美国学习，1919年返回日本。在赖特的追随者中，许多人并没有继续坚持赖特的设计思想一直走下去，有的后来还成为日本现代建筑运动的重要人物，而走出了自己的设计道路。按赖特自己的说法：“雷蒙德朝右，土浦龟城朝左，只有远藤新是一直走。”这表明远藤新始终忠实于赖特的设计思想和设计风格。赖特回美国以后，远藤新除了继续完成帝国饭店的全部工程之外，还按照赖特的设计完成了自由学园和山邑邸等建筑。

1933年，远藤新受伪满洲中央银行的邀请来到长春，负责伪满中央银行俱乐部及银行职员住宅的设计。至1946年期间，远藤新往返于中国东北和日本本土之间，在长春、沈阳、吉林、齐齐哈尔等地设计了众多的建筑作品，这些作品中最具代表性并保留至今的是伪满中央银行俱乐部。远藤新在长春的设计作品较之在日本的作品更为简化。同当时来到长春的其他日本建筑师不同，远藤新企图寻找一条新的设计道路来表现中国的传统文化，更试图学习赖特在日本的创作经历，将其设计理念同当地传统建筑的精神相结合，寻求一条本土化的设计道路。

图10

图11

远藤新在设计伪满中央银行俱乐部时试图“打算以长城的一小片来建俱乐部。”也正是在这种设计思想指导下，俱乐部被设计成细长的形式，长达60米，宽只有15米。为了充分利用岗地的地势，远藤新在建筑的南侧设计了一条长达70余米的长廊，从这里可以俯瞰南边的白山公园。东南侧的长廊与建筑共同围合成为一个内向型空间的庭院。在这座建筑的设计中，充分展现了远藤新所毕生追随的赖特草原式住宅设计的思想精髓。这是继1909年长春火车站前“大和旅馆”的新艺术运动风格的建筑设计之后，长春近代建筑又一次同世界建筑流派的响应，也是我们与建筑大师赖特的设计风格最近的时刻(图10、图11)。

四、全国向长春学习的年代(图 12、图 13)

1949年，中华人民共和国成立后，经过三年的国民经济调整和恢复，社会各方面开始步入正轨。随着1953—1957年第一个五年计划的实施，也拉开了新中国大规模建设的帷幕。这一期间，国家先后在长春建设了第一汽车制造厂、拖拉机厂、客车厂等工业项目。特别是由前苏联援建的第一汽车制造厂的建设吸引了国内大量的设计人员前来参观学习和工作，当年建筑工程部设计院就曾派30多人的技术队伍到第一汽车制造厂进行实习，现场学习苏联专家的设计经验。

第一汽车制造厂的厂房采用当时苏联工业建筑常用的形式，局部点缀具有中国特色的亭子造型。由华东建筑设计院王华彬主持设计的厂前生活区采用了当时国内非常新颖的半封闭的街坊式规划布局，单休建筑则采用当时盛行的民族形式。像长春第一汽车制造厂这样如此大规模地在工业建筑和普通民用建筑中采用民族形式进行设计和建造的情况，在全国都是非常罕见的，长春的建筑发展在当时走在了全国的前列。

图 12

图 13

五、不该和谐的"协和"(图 14、图 15)

长春市新民大街、自由大路西段一带为历史文化保护街区，这里散布着伪满时期的行政办公机构。因伪满国务院下属共有8个"部"，人们就习惯称这些建筑为"伪满八大部"。其中伪军事部、伪司法部、伪经济部、伪交通部，以及伪国务院和伪综合法衙都位于这一区域内。

如何保护这些建筑，多年来社会各界有很大争议。一些人认为应该妥善保护，让子孙后代记住这段历史；也有一些人认为随着时间的推移，这些建筑已经开始逐渐自然损毁，没有必要永远保护下去。与此同时，在这一区域内建设的新建筑按照有关管理部门的要求要与历史建筑相协调。所以，有意无意之间，一些建筑采用模仿"伪满八大部"建筑造型和细节的方法与其保持和谐。例如与伪国务院极其相似的某宾馆建筑；另外，在吉林省委西侧还建设了与当年关东军司令部相似的办公大楼，这种模仿伪满时期建筑形式的做法在市区里不少于10处。现在看来，这种指导思想和设计手法都是错误的，是"对日本殖民统治气势的张扬，反映出长春某些人对伪满洲国时期的城市规划和建筑设计在认识上所存在的误区，以及后殖民主义情节。"这是一种不该和谐的"协和"。

图 14

图 15

六、长春人的苞米情节(图 16～18)

中国东北是世界三大黑土带之一，长春中部正好位于这条著名的黑土带上。这里黑土的腐殖层厚达30～100厘米，非常肥沃，甚至"插根筷子也能发芽"。加上气候的原因，这里非常适合玉米和大豆的生长，长春也因此有

图 16

图 17

图 18

盛产“黄金美玉”的美称。玉米俗称“苞米”，它曾经是长春人的主要粮食品种，如今这些都已经成为记忆，但是长春人的苞米情节却依然非常深厚，因为，苞米至今仍然是长春人种植的主要农作物，但更多的已经是用来生产工业用原料。现在的汽车都已经开始使用乙醇汽油，乙醇汽油中百分之十的乙醇就是用苞米加工生产出来的。现今，苞米除了点缀人们的餐桌外，也被应用在设计上，前些年建成的长春某农业部门的办公大楼就是采用这样的设计理念，其造型有些像人们熟悉的苞米，加上是农业部门的办公楼，老百姓都亲切地称呼其为“苞米楼”，还曾经有新闻媒体将其评选为长春新的标志性建筑之一。从设计的角度上看，“苞米楼”可能没有什么值得称道的地方，是长春人特有的苞米情节赋予它更多的内涵。

前些年设计的长春雕塑艺术馆学术报告厅的室内设计同样延续了这种设计理念，由于圆形的厅堂很容易出现声学缺陷，在墙面上设置了许多型如苞米状排列肌理的木块，很好地解决了声学问题，同时又赋予其地域文化的内涵。

七、也玩“解构主义”(图 19、图 20)

当21世纪到来的时候，最先在首都北京出现了由安德鲁设计的外面是钛金属板与玻璃组成的椭圆形造型的国家大剧院设计方案，后来是库哈斯设计的中央电视台新大楼，再后来是由瑞士雅克·赫尔佐格与皮埃尔·德·穆隆设计的北京2008年奥运会国家体育场的“鸟巢”方案。这些造型离奇的设计很快就被喜欢虚荣和浮夸的国人接受，同时，首都北京的示范效应也带动了全国的普遍响应，各地相继出现一些造型奇特的“地标”建筑。长春人也自然不甘落后，为配合2007年亚冬会的召开，急需在长春建设亚冬会的配套工程——吉林广播电视中心大厦，最后深圳某著名设计事务所的设计方案一举中标。该方案具有“解构主义”的造型，其奇特的形式满足了人们对流行时尚的追求，但是其钢筋混凝土加钢结构的结构方案，以及扭曲的玻璃幕墙造型，也让这个尚处于欠发达地区的城市付出了资金上的巨大代价，墙面与屋顶连成一体的巨型玻璃盒子在严寒气候中运营的效果我们也将拭目以待。

李之吉，吉林建筑工程学院艺术设计学院

图 19

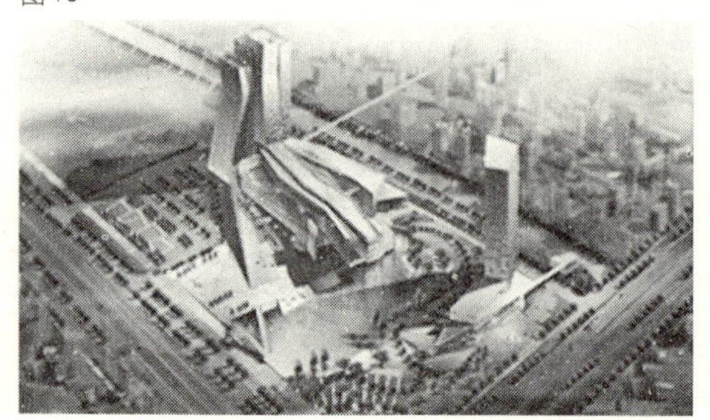

图 20

黑龙江省的地域建筑文化

张伶伶　徐洪澎

黑龙江省位于东经121°11′～135°05′，北纬43°25′～53°33′，地处我国的高寒地区，是最北的省份。黑龙江省大约在距今3～4万年前的旧石器时代晚期就有人类居住。1984年发现的哈尔滨阎家岗"哈尔滨人"的"营盘式"建筑，利用动物骨骼为原料，垒成圆形的围墙，上部蒙以兽皮，组成"帐篷式"的临时住宅，这种"营盘式"建筑也是目前我国发现的最早的地上建筑。黑龙江人的文明先后经历了新石器时代、青铜时代、早期铁器时代，渤海、辽、金、元、明、清，一直没有间断过，各民族人民共同缔造了黑龙江地区的光辉历史与独具特色的本土建筑文化，它是我国悠久灿烂文化不可分割的一部分。

黑龙江省内共有36个民族，主要有满、汉、朝鲜、回、蒙古、达斡尔、锡伯、鄂伦春、赫哲族等。其中满族是一直生活在这里的最主要民族，也是文化最先进的少数民族。汉族主要是在清咸丰末年逐渐弛禁后由中原移民而来，现约占人口总数的95%，由于文化和人口优势，对黑龙江建筑文化的发展产生了巨大的影响。朝鲜族也不是这里的原始民族，是由朝鲜半岛迁移过来，并将具有特色的朝鲜建筑文化带到了黑龙江省。其他民族的建筑文化还处于相对原始状态，受满、汉先进建筑文化的影响很大。因此，黑龙江省传统建筑主要是以满族、汉族和少量朝鲜族建筑为代表，主要以民居的形式存在。

1．"火炕"——室内空间主体

1977年东宁发掘的一个汉代半地穴式居住遗址，平面呈长方形(9.2米×7.2米)，紧靠西壁和整个北壁修建了一道"亲地龙式"的"火墙"，高30厘米；"火墙"南墙连有一个灶，火墙北端有两股烟道在"火墙"中穿行，由西向东渐高，由东北角出走。这种利用灶坑余热的"亲地龙式火墙"是东北地区古代民族为防御严寒发明的室内取暖措施，是以后东北地区广泛流行的火炕和火墙的前身。有种说法是黑龙江当地满族民居的火炕是在唐宋时期从北方汉族那里学习而来，但这一发现至少证明了黑龙江的火炕是有发展脉络的。日本人间宫林藏在1808年(清嘉庆十二年)来到库页岛及黑龙江下游，

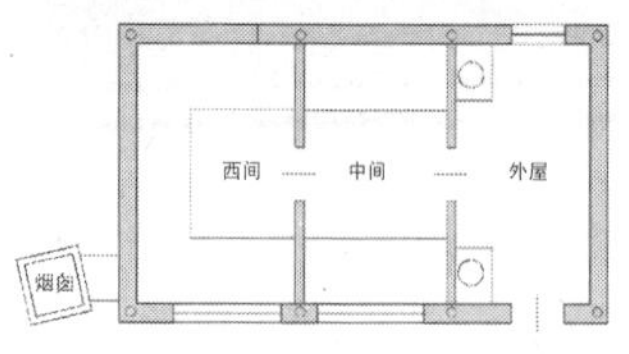

图1　满族民居的口袋房
上为黑龙江某满族民居室内照片，下为平面图

图2　黑龙江某满族民居火炕

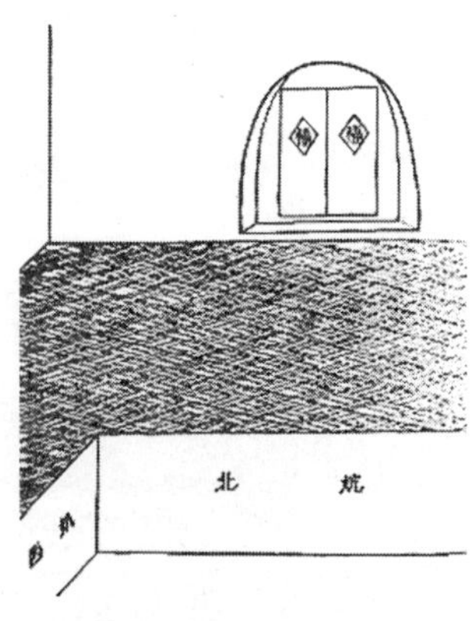

图3　炕粮的粮炕

并记录下这一带的地理和民族情况："此种夷人据当地气候寒暖，有穴居者，亦有不穴居者。其不穴居者之住房……屋内四周垒炕，外面以石砌成，中空，于两端之近门处从上凿孔修灶，故炊烟不外溢，均经炕洞达屋之四周后，从屋外之木烟筒中冒出。因此，严冬积雪季节，屋内亦感温暖，不穴居亦可过冬。"[1]可见，那时库页岛及黑龙江下游一带的鞑靼人(满族)，仍然有部分人保持着原始的穴居习惯，但非穴居者已使用火炕。这说明火炕是黑龙江一带的古代人从穴居到地面居住的必要条件，这决定了在寒冷地区的建筑发展中，它不仅仅是一项适应寒冷地区的技术创造，而且也是人们进行多种活动的主要空间，与人们的生活文化息息相关，形成了特有的火炕文化。

黑龙江省内满族、汉族和朝鲜族的民居，平面多是在完整矩形里进行简单划分，房间的数量不多，有火炕的房间都是人们寝食起居的主要房间。满族民居以三间的住房最多，一般为西、中、东三间，门有的开在中间，也有开在东间，朝南。门开在东间的，从门进去，很像是钻进了一个口袋里面，也就是俗称的"口袋房"(图1)。卧室里面在南、北、西三面筑有"围炕"，称为卍字炕"，另有"转圈炕"、"拐子炕"等称呼，满语称为"土瓦"。炕的砌制方法是在屋内靠墙横砌四道60左右厘米的矮墙，中间两道墙之间一般封死，成正方形。四道矮墙上方安铺大的薄石板，石板上涂上一层拌有"羊胶"的稀黄泥，以灶火烧炕烘干。灶坑中飘进炕洞里的烟，会顺着两边的炕洞走到屋子东西墙外的烟筒里，飘向空中，从技术角度讲，火炕非常简单而且合理。南炕为长辈睡卧，北炕为晚辈睡卧，西炕为供祖先之处。"每日晨起叠被举枕置之木架，而后工作、饮食、缝纫俱在炕上。"[2]炕上铺芦席，布置炕几、炕柜等家具(图2)，客人来访都直接入室上炕。一个炕可睡许多人，《中华全国风俗志》记叙："入夏亦然，初时男妇杂坐卧，不相回避，既外来托宿者亦与共之"。而家人睡炕的位置也有规定，如《呼兰县志》所言："夜宿，老者之席距火洞近，次为稚幼，以热度强弱之差为敬爱之别。"睡时要头朝炕边，足抵窗，无论男女老幼皆并头，若以足向人，则谓之不敬。火炕既住人，又可取暖，秋收后，还可在炕上烘干粮食，是满族等北方少数民族因地制宜的一大创造。北墙带有小龛，小龛上有黑漆小门，上贴有带黑色福字的红纸，糜子收获后，经过锅蒸，然后贮存在小门内炕上，用以炕去湿气。这就是炕粮的粮炕(图3)。这是黑龙江省满族民居不同于其他地方满族民居的一大特征。

黑龙江汉族民居的正房，也划分为三间，以堂屋为中心(图4)，这是延续汉族居住建筑的传统习惯。在这里会客、供奉祖先以及做饭家务等，但实际上由于堂屋没有火炕，冬季并不舒适，许多功能已经退化了。堂屋左右各有一间卧室，卧室内设"一"字形炕。由于天气寒冷，火炕多设在南面，也有少数北炕，或南北均设炕。炕上铺炕席，摆有长方形炕桌，炕梢置炕柜，柜内装梳妆用品。

朝鲜族民居的火炕普遍采用满屋炕的形态。这种满屋炕被称为“温突”或“gudul”，是朝鲜族独特的居住文化，黑龙江的朝鲜民居也保留着这种火炕形式，不论什么类型的房屋，均为大炕，正是由于大房内也设置了温突，得以使会客、起居、家务等活动真正和卧室分离开，成为住宅的中心空间（图5）。温突是往灶坑里加火，烧热炕板，靠炕板的热，对人体或室内的空气加热，是综合利用传热、辐射、对流等三种原理的暖房设施，非常合理。朝鲜族的火炕与其他民族相比较，具有面积最大、高度最矮的特点，这与朝鲜族过坐式生活相适应。由于朝鲜族世世代代生活在火炕上，火炕影响了朝鲜族的服饰和饮食等诸多方面。男子穿的宽大的裤子和妇女从胸际开始的长裙十分便于在炕上起卧；饮食上，朝鲜族人喜爱吃辛辣、清淡食物以适应暖炕生活。火炕还影响了朝鲜族的舞蹈，使朝鲜族舞蹈上身和手臂的动作幅度大，而下身的动作小。

2. “烟囱”、“屋面”、“墙”——建筑形象要素

烟囱是黑龙江省建筑外观一个比较明显的特征。满语称“呼兰”，在满族民居中多建在房屋侧面，烟囱用空心木或砖、坯砌成，直接立于地面之上，通过地上的水平烟道与建筑相通，称为“跨海烟囱”。烟囱体积宽大，向上逐渐变细，呈阶梯状，高过屋檐数尺，呈现坚固和敦实的视觉感受（图6）。朝鲜族民居的烟囱同样在建筑侧面，也是直立于地面，只是材料用木板做成长条形的方筒形状，口径每边约25厘米左右，高达房脊，具有向上的视觉感受。汉族民居的烟囱有的受满族建筑的影响立于建筑之外，也有些立在房屋的转角处，并在烟囱的顶部加以变化，美化形象。现在的民居中，大多把烟囱建在屋顶，烟道与墙融为一体，使烟道内的余热进一步散发到室内，取暖效果更佳。早期没有这样做，是因为多数建筑屋顶全是用草苫的，烟囱从屋面穿出不利于防火，也容易造成雨水渗漏、腐烂屋面下的木结构。黑龙江民居中的火炕决定了烟囱存在的必然性，也为建筑形象带来了变化，与简洁的房屋体量形成一横一纵，一大一小的和谐构图关系（图7）。

黑龙江民居由于地理位置偏远，屋面材料以经济的“草”为主。若只看屋顶的形态，很难区分满族和汉族的民居。这些民居屋顶基本上都是硬山式，屋面的等级区分不明显。坡度较大，在高度上与墙体的比例接近1：1（图8），不易积雪。其房子的梁架是由梁、檩、椽组成的木构架，而房顶以草覆盖，十分朴实。所用的草因地而异，有莎草、章茅、黄茅等野草（俗称房草）和谷草、稻草等，以草茎长、枝叉少、不宜腐烂和经济易得为选用原则。也有“瓦房”，主要是仰瓦和覆瓦的屋面，不易积雪。瓦房的保暖效果虽不如草房，但是耐久性要好一些。鲜族民居的屋顶，形式为悬山和四

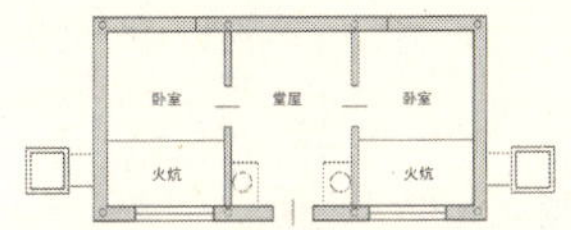

图4　黑龙江汉族民居的常见平面图

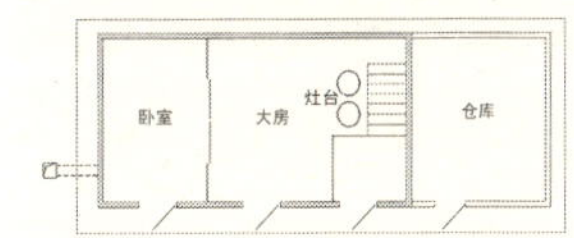

图5　朝鲜族民居的常见平面图

图6　满族民居“跨海烟囱”

图7　黑龙江某满族民居

图8　黑龙江某土墙、草屋面的民居

图9　牡丹江镜泊湖朝鲜族民居

图10　黑龙江海林某民居

图11　黑龙江齐齐哈尔地区民居

图13　黑龙江海林林区民居

坡顶，草厚度很大，有30～50厘米（图9）。虽然黑龙江民居屋顶的形制不多、材料简陋、形象简单，但相对于形体单纯的建筑整体来说，它仍是显著的形象要素之一，体现了建筑的形体特征，丰富了群体建筑的轮廓线（图10，图11）。

寒冷的气候决定了黑龙江建筑墙体具有强烈的地域特点，首先是材料做法的特点。旧式老屋的墙体多为泥墙，在满族传统民居中的草房墙壁有拉哈核墙、垡瓮、土筑等不同的类型。拉哈核墙，也称挂泥墙、草辫墙。建墙方法是先在地基处埋数根木柱，将植物秸秆和泥而成的拉核辫拧成麻花劲儿，再在木骨上搭接而成墙体，一直编至屋顶。这样墙身便可自成一体，坚固耐久，保暖防寒，表现出特别的材料质感（图12）。"垡瓮"的筑屋形式，其方法是充分利用自然植物的特性，将野草甸子盘结的草根先切成砖型的草垡子，趁潮湿砌筑，挤压密实形成墙体，不用抹泥，不怕雨水冲刷。土筑墙体是将草和泥混合后，切成砖块，然后垒筑，这也是黑龙江汉族和朝鲜族建筑墙体的主要做法，只不过朝鲜民居又在外面刷上了白灰或抹上黄泥。此外，在林区普遍用木材做墙的，使得建筑形象与环境形成了非常和谐的对话关系（图13）。如今，这些墙面材料都已经被砖石替代，但仍然保留了墙面干净利索，不重装饰的特点。其次是门窗洞口的特点。黑龙江省各族的民居一般只在南向的正面开窗，侧面不开窗，背立面通常也不开窗，有的人家为了通风和采光要求，只开很小的气窗。因而墙面的实体部分明显多于开洞部分，使建筑形象非常厚重，这是东北民居的一个共性特征。尽管门和窗的样式与做法比中原地区粗糙些，但在简洁墙面背景的衬托下，自然成为了建筑形象的一处显著点。满族和汉族民居的门窗样式非常相似：门下半部为板，上半部为窗棂，窗棂系关东式。门旁有窗户，窗户由三扇组成，向上向外开启，用棍支或用勾挂；也有的窗户分上下两扇，上扇可向外开，下扇一般情况之下不动。窗户纸均糊在外面，主要是防止冬天窗棂上的积雪在中午阳光照射时融化，使窗户纸因湿润而脱落。窗格有横格、竖格、方格、方胜、万字等多种形式，每逢年节等喜庆之日，贴上窗花、福字、挂笺，是充分表达审美个性和装饰的部位（图14）。

图12　拉核辫与拉哈核墙面质感

图14　黑龙江富裕三家子屯旧式老房(左)门,窗立面图右

朝鲜族的门窗通过细致的窗格划分，使立面尺度符合人的视觉感受和心理感受，显得朴素大方，与整座建筑协调一致，体现出乡土民居的亲切和朴实无华。

3．“院子”、“小品设施”——室外环境构成

院子作为黑龙江民居的重要空间构成，是黑龙江人日常生活的主要活动场地，同时也是内部私谧空间与公共环境的过渡区域。黑龙江省的满、汉民族多为杂居，建筑的院子在相互影响中继承了更多满族民居的特征。这里的院子主要有四合院、三合院、二合院和单院几种类型，都是矩形的形状，以南北向布置为主。富裕人家以四合院为单元，数院相连，族人紧聚；贫苦人家院落则以单院、二合院或三合院相聚而居。黑龙江的四合院是由河北、山东等地的移民传播而来，与北京的四合院非常相似，最显著的区别是大门的位置。北京四合院院门开在正面院墙右侧的角上，而黑龙江的四合院院门则多设于南面正中。这一差别使两地四合院给人的感觉有所不同。北京的院，进门必须绕过影壁，而院内也给人以封闭、压抑之感。黑龙江的则不然，居中的大门大方直白，摘下门坎就可以进出马车，入门之后便正对院心，无论从里还是从外看，都觉得心里“敞亮”，很符合这里朴实豪爽的民风。三合院和二合院由厢房的数量决定，单院则只有一间正房，这些院子更加开放，看上去一目了然。“开放”的大院，便于邻里相互自由交往、互相帮助、互通信息、增进感情，在这样的环境下，大多邻里人际关系比较融洽，交往频繁，热情好客。普遍来说，黑龙江民居的院落占地大，房屋在院子中布置得很松散(图15)，正房与厢房之间有较宽的距离，正房间数越多，则院子就更宽阔。这主要是由当地居民在院子中的活动习俗所决定的。黑龙江人习惯车马进院，同时还要有空间储存杂物，而且院内设有菜园。黑龙江朝鲜族民居院子也结合了当地满族民居开放、大气的特点，最大的不同是不太讲求布局的轴线与对称关系，更加自由随意。

图15　黑龙江某民居大院

除了房子，院墙是院子的主要围合要素。黑龙江传统民居的院墙或用土坯、砖、石砌筑，或用树篱、各种秸秆围成障子，显现出自然、生态的乡村气息(图16)。有的只在院落的四周栽植树木，留出中间空场而构成虚院，很

图16 齐齐哈尔地区某民居的围墙与障子

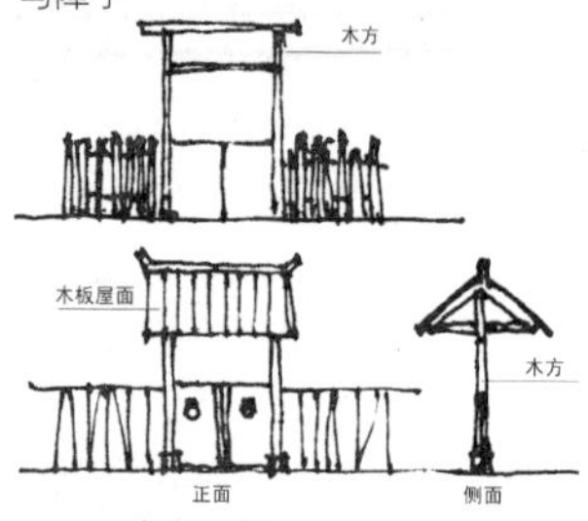

图17 院门立面简图
上为光杆大门，下为木板大门

图18 索罗竿与满族民居

图19 黑龙江的某蒙古族民居

多朝鲜民居不做完全围合的障子。除了官宦人家建筑高墙大院，大多院墙的高度半人多高，不阻挡视线，因此院子的封闭感减弱，和外环境的关系更加紧密。"满族的居处，有房有院，房中有炕……居坐家屋，伫立庭院（或园子），可以看到院外世界，不与外界隔离"[3]，正充分说明了这个特点。朝鲜民居的障子上不设大门，只断开形成出口，而满、汉民居的围墙都有较为明显的大门，多数在正房的轴线上，也有旁开的。大门的材料为当地盛产的木材，常见有木板大门和光杆大门（图17）。在形象上并不强调装饰和烦琐的做法，而是以高度和简洁的样式将自己突出出来，与周围环境要素的关系非常和谐。院子里除了正房和厢房，根据不同民族的生活需要，分别设置了仓库、畜舍、厕所等生活必须的设施，位置有约定俗成的一致性，但不严格。没有实用功能的设施不多，其中最有特点的是满族的索罗竿。索罗竿民间称"神竿"，是信仰萨满教的满族人在院子里祭祀时必须的设施。黑龙江地区基本都是比较简单的"神竿"，用树枝、秸秆临时捆扎制成（图18）。树竿子的地点，一般在宅院东南方正对屋门的位置，因竿子较高，很远就可以看到，因而成为了满族人家的标志，丰富了建筑的视觉效果。

除了满族、汉族和朝鲜族民居以外，个别少数民族的民居，如蒙古民居、赫哲族民居、鄂伦春民居等，虽然较为原始，且保留少，不是主流，却体现了强烈的个性特征，丰富了黑龙江建筑文化的内容（图19～图21）。此外，满族、汉族和朝鲜族也是东北的主要民族，决定了东北民居有一定的相似性，但由于自然因素、文化背景、生活习俗和经济条件等多种制约因素的不同，黑龙江省建筑与东北其他地方的建筑特点仍然存在较为明显的区别，主要表现在以下几个方面：（1）寒冷气候的应对措施更加明显；（2）民族建筑的相互影响更加强烈；（3）建筑材料的选择范围更加广泛；（4）建筑形象的艺术处理更加简朴；（5）建筑处理的设计观念更加自由。

归纳黑龙江省建筑的特点，由于生活方式的转变，功能需求的扩展，很多实体的处理方式已经很难延续，但我们可以从中找到内在的传统创作理念，仍然能够表达出地域的特征。

（1）规整、开放、模糊的空间观念

从庭院空间到建筑单体空间，黑龙江传统建筑都是以完整的矩形为母题，基本不做形状上的变化，并且空间的布置和划分也受到了中国传统建筑追求轴线、对称、均衡等设计原则的影响，即使是不太讲求轴线关系的朝鲜民居的室内外空间划分也十分规整；同时，黑龙江传统民居十分注重在室内外创造便于交流的开放空间，虽然由于气候原因，室内空间较为封闭，但客人仍然可以非常方便、自然地进屋上炕，这与黑龙江人好客大气的民风是一致的；从房间的分隔上来看，这里的民居或没有严格意义上的卧室和起居室的划分，或使用中的区分不明显，很多空间和设施都是多功能的，形成模糊的空间功能划分。

（2）厚重、平实、直白的审美取向

黑龙江寒冷的气候，导致了建筑的开窗面积小，屋面和墙面比较厚重，形成了明显的地区特点；由于地处偏远，黑龙江的经济一直相对落后，所以这里的建筑都非常朴素平实，只有较少的建筑才使用当时比较昂贵的砖瓦等建筑材料，多数建筑都是因地制宜地利用地方盛产的、廉价易得的材料，并充分发掘了这些材料的特性优势加以利用；建筑形象只有很少处进行装饰，纯粹为追求形式而做的虚假处理基本没有，都是直白地表现出建筑元素的实用信息。

（3）和谐、共生、生态的环境思想

尽管气候使得建筑的室内空间需要封闭，但在创作观念上，黑龙江建筑一贯注重建筑与环境的联系，院子十分开放，通过种植树木形成与自然环境的对话，直来直去的开门方式，以及通过开窗将室内的活动中心——火炕空间与外环境直接连接起来的办法，都使室内外的关系呈现出紧密的状态。建筑材料都是自然材料，本着够用就好的原则取用，建筑本身非常注重节能，从不浪费自然资源。材料加工方法非常生态，不会对环境造成不利的影响……这些做法都体现出黑龙江建筑与环境和谐、共生的状态和生态的环境思想。

（4）简单、实用、巧妙的技术方式

黑龙江人在建造房屋时，运用了很多适宜的建造技术。这些技术普遍都比较简单，没有复杂的材料，也没有复杂的工艺和长久的工期，却达到了很好的实用效果，比如火炕、拉哈核墙、垡瓮等。有一种观点认为，"最简单的技术也是最合理的"，黑龙江建筑中的技术充分证明了这一论点，这从另一方面说明了技术创造的巧妙和黑龙江人的智慧。

（5）传承、包容、进取的设计意识

黑龙江自古人口稀少，多数人口从外地移民过来，也带来了其他地区先进的建筑文化。当地原有的建筑文化虽然是落后的，但没有被先进文化所吞噬，相反保留了很多内容，这与外来建筑需要适应当地寒冷的气候有关，也与黑龙江人为人实在、讲求实用的性格观念有关。同时，在建筑上也吸纳了很多外来建筑文化的先进内容，体现出包容和进取的设计意识。

以上对黑龙江本土的建筑文化进行了分析，另外以哈尔滨近代建筑为代表的外来建筑文化，经过多年的积淀，也已成为黑龙江建筑文化中重要的一部分内容。这部分建筑主要包括该地区独有的俄罗斯风格建筑（图22），发展成熟的新艺术运动风格建筑（图23）和多种折衷主义风格的建筑（图24）。由于传播源是当时国外先进的建筑文化地区，建筑的艺术价值较高，对此研究较多，比如早在1992年中日合作研究的《中国近代建筑总览·哈尔滨篇》中就开始对这些建筑进行研究。此后，常怀生教授编著的《哈尔滨建筑艺术》，刘松茯教授所著的《哈尔滨城市建筑的现代转型与模式探析》等书，以及很多学术论文又做了更为深入的讨论，这里不再赘述。

解放后，黑龙江省的建筑发展较快，与全国的建筑发展同步，主要表现为两个阶段。一个阶段是建国后的10年左右期间，正是在国家恢复和提高

图20　黑龙江的某鄂伦春族的"仙人柱"

图21　黑龙江的某赫哲族的"鱼楼子"

图22　哈尔滨的俄罗斯风格建筑示例

图23　哈尔滨的新艺术运动风格建筑示例

国民经济的各方面建设良性发展的重要时期，这一时期黑龙江建筑发展的主要特点是：1.建筑在形体上仍很规则，注重立面比例和尺度的推敲，表面材料比较简单，主要以砖墙、水泥抹灰和部分毛石为主，形象厚重、大气；2.出现了一些我们自己设计建造的优秀建筑，虽然数量上并不很多，但是在黑龙江的建筑文化史上仍然占有重要地位。主要集中在省会城市哈尔滨，如著名的哈尔滨防洪纪念塔(图25)，哈尔滨船舶工程学院的数栋教学楼(图26)等；3．国家将东北作为重工业基地进行建设，在黑龙江开始建造大批的工业建筑，尽管那时的工业建筑是以适用和经济为原则建造起来的，当现在很多那个时期建造的工业建筑由于多种原因面临拆除时，人们却愿意更多的加以保留以延续这部分工业建筑文化的内容；4.由于当时的政治背景和地理位置原因，决定了黑龙江建筑受到当时苏联建筑文化的影响较大，并体现了那时创作上的先进性，比如哈尔滨工业大学主楼(图27)等；另一个阶段是在改革开放至今，经济的增长极大地推动了建设业的发展，城市面貌发生变化，信息的便利使得流行式样的新建筑不断涌现。此阶段黑龙江建筑发展的特点是：1.在形体、材料、色彩等方面变化丰富，很难归纳出统一的特点；2.建筑创作水平不断提高，但与沿海地区的先进城市相比还有差距，建筑精品所

图24　哈尔滨的多种折中主义风格建筑示例

占比例较少，主要表现在创作观念与设计的精细程度方面；3.受到各种先进建筑文化的影响，建筑的风格与手法不断丰富，但是缺乏统一的思想和整体的控制，城市和区域的整体感有所减弱；4.强调地域性的创作开始得到更多的重视，也进行了很多实践探索，但是因为缺乏理论指导，创作者对地域文化的理解还远远不够，比如在哈尔滨就曾出现过大量片面运用欧式建筑符号和非节能的玻璃幕墙的现象。

综上，当今黑龙江建筑的发展面临着前所未有的大好形式，建筑创作也得到了喜人的进步和提高，可是快速的发展也必然会出现很多不足。其中涉及两个问题，一方面是创作主体的提高问题，随着建筑业的发展，对创作者提出了更高的要求，我们对此准备不足；另一方面我们要努力探索地域建筑创作的道路，如何在地域性建筑的探索当中少走弯路，找到正确的方向并不断的发扬光大，将会是黑龙江建筑创作工作者们长期要面临的艰巨任务。

黑龙江省地处国内最寒冷的区域，作为边疆省份，又是多种先进文化的边缘地带，这些制约因素决定了这里的建筑文化一定非常具有典型性，需要我们更进一步的深入研究。

图 25　哈尔滨的防洪纪念塔

图 26　哈尔滨工程大学教学楼

图 27　哈尔滨工业大学教学主楼

注释：

[1]（日）间宫林藏《东韃纪行》

[2] 黄维翰．呼兰府志．黑龙江军用被服厂铅印发行，1915：23～26 35～38 54～55

[3] 中国地方志·民俗资料汇编·东北卷．北京图书馆出版社，1989：725～727

参考文献：

1. 张泰湘．黑龙江古代简志．黑龙江人民出版社，1988
2. 刘凤云，周允基．清代满族房屋建筑的取暖及其文化．中央民族大学学报（社会科学版），1999（6）
3. 中国地方志·民俗资料汇编·东北卷．北京图书馆出版社
4. 王绍周．中国民族建筑（第三卷）．江苏科学技术出版社，1999
5. 金正镐．东北地区传统民居与居住文化研究．中央民族大学民族学与社会学学院博士论文，2004
6. 周立军．黑龙江省传统民居初探．中国民居第二次学术会议论文集．中国建筑工业出版社，1992
7. 林晓花．黑龙江省满族民居研究．哈尔滨工业大学建筑学院硕士论文，2006.7

近百年上海城市和建筑的意义

郑时龄

意大利作家伊达罗·卡尔维诺在他的《看不见的城市》一书中，把世界上的城市分成两种："一种是历经许多岁月，它们的变化还继续赋予欲望形式的城市，而在另一种城市里，不是欲望抹消了城市，就是欲望被城市抹消了。"上海就属于前一种城市，历经沧桑而依然焕发青春，依然令生长于斯，生活在他乡的子民永远怀念，渴望回到她的身边。

城市是人类文明的结晶，城市和城市中的建筑是人类进步的表现，人们在城市中有许多发展的机会。每一个民族，每一种文化，都在城市和城市的建筑中表现出创造力，世界的丰富多样性在城市和城市建筑中得到最集中和最完美的展示。城市规划师、建筑师和理论家伊利尔·沙里宁曾经说过："让我看看你的城市，我就能说出这个城市居民在文化上追求的是什么。"城市和建筑代表了世界、社会和人类，城市和建筑是人的本质力量的体现。

就经济地理学的意义而言，上海的历史可以追溯到大约6000年前，而作为一座城市，则只有1200多年的历史。在历史上，上海是在特殊的地缘政治与经济条件下发展起来的。早在明代中期，西方文化就随着宗教的传播进入上海。在1843年11月上海开埠，1848年开始建立租界以来，历经160年的演变，欧洲文化、美国文化、日本文化以及上海本土文化、中国不同的地域文化在上海并存、兼容、转型和演化，国际资本的进入和民族工商业的崛起，又促使城市与经济在短时间内迅速发展，成为一座独特的经济与文化大都市。在这座城市中浓缩了一部活生生的中国和世界的城市建设和建筑史，既有几千年传统文化形成的老城厢、园林、庙宇和宅邸，又有开埠以来按照欧洲的城市与建筑模式并顺应地缘政治因素而建立的租界，也有中国建筑师在20世纪30年代按照欧洲的古典城市范型并结合中国传统理念而规划的新城市和建筑；既有20世纪60年代流行的卫星城、按照苏联东欧社会主义模式设计与建造的工业区和住宅区，也有20世纪90年代按照现代信息社会的要求规划与建设的陆家嘴中央商务区以及像徐家汇城市副中心那样的商业区。自20世纪80年代以来，西方建筑师又重新在上海发挥自己的才华，与中国建筑师一起设计建造了大量的国际上最流行的建筑。使城市一直处于动态发展与调整的过程之中，而这种发展和演变归根结底是文化的发展与演变。上海出现了既有像中国的其他江南城市那样的一种呈团状并有着棋盘格式的道路网和传统的建筑形式，又有西方国家的建筑师和西方国家培养的中国建筑师按照欧洲的城市和建筑模式设计、建造的西方新古典主义建筑、装饰艺术派的建筑和现代主义国际式的建筑，让上海成为一种"西洋文明最精美的复本"。种种政治、经济和文化因素的影响使上海形成一种多重、复杂而又丰富多彩的城市与建筑的形态，从而形成一种独特的海派文化，既有协调和谐的方面，也有矛盾与冲突的方面，既有历史的沉积，又有现代的断层。

西方文化的引入对于上海来说，一开始是一种冲击，一种强制性的交流，极大地震撼了千百年来的封建统治和伦理道德，从而在一定程度上导致了政治、经济和文化上的危机。这样一种充满矛盾的传统与现代的并存持续了很长的一个时期，成为上海的特点。新与旧、传统与现代、洋与中、优与劣、善与恶、雅文化和俗文化等都在矛盾中并存，不仅表现在城市的社会生活方面，同时也表现在城市和建筑上。

上海地处中国南北关系的焦点，而在国际上，则地处东西关系的焦点上。地理优势、文化优势和人才优势，再加上特殊的地缘政治和经济因素，使近代上海成为多种文化相互交流的结合点。上海既是中国西学传播的中心，也是中国近代新文化的发祥地。这种特殊性使西方文化、中国的传统文化以及中国的各种地域亚文化在上海得以并存、冲撞、变异、认同、借鉴、移植、嫁接与转化，使上海及其城市建筑呈现出多元的价值观，成为中国新建筑运动的中心。这是一种和谐与冲突同时并存，不断叠合并生成发展的城市空间，它既是西方的，又是中国的，既是中国的，又具有浓烈的上海特色。

海派文化在上海发展的鼎盛期，也正是社会政治激烈动荡的时期。内战和各派政治势力之间的倾轧在上海这块地盘上从未停止过，可以说战场与文场并茂，动荡的局势使更多的人才从各地聚集在上海的租界这块相对安定的环境之中。由此奠定了中国的近代文学、电影、音乐和艺术，上海成为中国许多最先出现的事物的诞生地。上海也得到许多美称，诸如"远东最大的城市"、"东方巴黎"、"东方纽约"等。上海成为中国新文化的中心，新建筑的中心，成为中国的其他城市不可替代的重要经济与文化大都会。

上海的历史建筑有其特殊性，既是特定社会条件下对西方建筑的复制，但是又处于当时世界建筑的潮流之中，使上海成为中国近代建筑文化的发祥地和发展中心，成为新思想和新时代、新精神的实录，也是上海乃至中国和全世界的文化遗产和瑰宝。19世纪著名哲学家、散文作家和诗人爱默生说过：城市"是靠记忆而存在的"。依靠文物、历史建筑和制度化的结构，依靠经久性的艺术的象征形式，上海的历史建筑将城市的过去时代、当今的时代以及未来的时代联系在一起。历史和历史上的人物会激励人们去创造未来，为后代而创造，为城市和社区的可持续发展而创造。

文化的兼容性和多样性是上海的近代建筑给予人们的启示，像上海这样一座有着丰富的历史与文化内涵的城市，它的建筑与文化不可能具有整齐而又纯净的风格。文化的激烈冲撞在有些情况下很有可能摧毁一座城市的固有文化，而上海却将这种冲撞转化为城市发展的动力，并形成城市所特有的一种所谓的“海派文化”。海派文化具有很大的兼容性，反映在建筑上则是一种广泛生成、拼贴、叠合和折中的文化。

掩映在绿荫丛中的上海历史建筑仿佛一部浓缩的世界建筑史，嫁接了世界各国的建筑文化，建筑风格覆盖了欧洲中世纪式样的教堂和学校，欧洲古典主义的宫殿和府邸，中国传统式样的楼房，西方现代主义建筑以及那些西班牙式、德国式、法国式的公寓和花园住宅，并且使之进步，变成人类文化的精华。这些历史建筑已经成为今天这一代的精神和物质财富，我们有责任和义务去继承并发扬这些遗产。蕴涵在文物和历史建筑后面的历史传承着中华文化的精粹，工作与居住在这些建筑中的过去的人们和今天的人们谱写着我们这座城市的过去、今天和明天，这就是焕发出生命价值的历史传统和迈向未来的传统。这样的传统既包括物质实体和形象，也包括人们的思想、信仰、社会范型和制度。每一个时代都为将来留下传统，每一个时代又传承并发展了以往的传统。对传统的传承和发展将对将来的时代留下范式，是具有历史意义的范型，这也是一种面向未来的行为传统和信仰传统。对文物与历史建筑的认识与保护意味着历史的选择、科学的选择、社会的选择，同时也意味着未来的选择。对历史建筑的保护关系着我们生活的家园，关系着城市与社会的生存，关系着中华民族历史的延续和文化的传承。

历史上的海派文化曾经将许多互不相关的事物拼贴、叠合在一起，并将这种海派文化扩展到文学艺术、音乐、戏剧、电影、美术、建筑，乃至政治、经济和社会生活的各个领域。这是一种可以包容许多相互对立，相互矛盾的范畴的文化，从中人们可以发现经过变幻的商业社会折射后的生活和人性。海派文化在开始形成时是现代经济与传统文化冲突下的产物，又是现代生活方式与传统伦理观的一种契合，是大众文化、市民文化与精英文化的一种混合。各种不协调的因素拼贴、叠合在一起所形成的不和谐的和谐。这样一种城市环境充满了各种情趣、记忆和想像，每个人都可以在这里找到适应自身生存的空间和领域。就像欧洲的文艺复兴时期那样，这种多元的市民社会有时洋溢着商业上的实用主义，往往将现实的利益和眼前的利益置于理想之上，追求实惠成为大多数市民的生活目标。但有时又会奇怪地将理性与幻想一起搀和，让理想超越现实，生活在假想的现实中。有时显示出高雅，有时又表现为卑俗。有时会发现城市和建筑的美，但随处又会见到丑。在这个商业激烈竞争的社会，海派文化产生一种进取的精神，不断追求新鲜事物，追求创新，追求开放和现代化。对于生活环境更是不遗余力地尽其改善之能事。

上海的近代建筑创导了中国近代的文艺复兴运动，上海的近代建筑创造出诸如上海市政府大楼（1931—1933年）、上海青年会西区大楼（1930—1931年）等继承中国建筑固有形式的优秀作品。经历过20世纪30年代的中国传统式样的古典主义之后，在50年代，随着建设的高潮，又一次在上海出现了探索民族形式的思潮。1959年中国建筑学会在上海召开的建筑艺术座谈会带来了宽松的学术气氛，在这样的文化环境中也出现了一些像上海鲁迅纪念馆（1956年）那样的优秀作品。但是，由于上海的特殊文化环境，在继承中国建筑的传统，创作具有民族形式的建筑方面，上海的建筑师所走的道路不同于北京的同行在那样古老的城市文化环境中所采取的方式。上海对传统形式的理解更多地带有淳朴的民间风格，更少一些复古倾向。

20世纪六七十年代是上海建筑最沉寂的严冬，上海的建筑活动基本处于停滞状态。在相当长的一个时期中，建筑讳言艺术。其中有一部分经济因素，但更多的则是由于政治原因和超越一切、无处不在的意识形态的影响。和其他文化领域一样，建筑设计思想由于涉及人文精神而受到禁锢，基本上处于与世界建筑界隔绝的境地，建筑成为政治的文化工具和阐释。

20世纪80年代的改革开放，使中国的发展进入了历史上最蓬勃兴旺的时期，上海的城市建设也进入了一个全新的发展阶段。大规模的城市开发和建筑活动，为上海的建筑师带来了创作的春天，年轻一代建筑师迅速成长。在1983年，以华亭宾馆为开端，国外和境外建筑师开始重返上海的建筑舞台，一些重大的设计项目都进行了国际设计竞赛和方案征集，美国、英国、法国、德国、意大利、加拿大、日本、澳大利亚、新加坡和香港、台湾的建筑师在上海十分活跃，做出了许多令人瞩目的成绩。1992年浦东陆家嘴中央商务区城市设计国际咨询，1994年上海大剧院国际设计竞赛，1995年浦东东方音乐厅国际设计竞赛，1996年的上海浦东国际机场国际设计竞赛，1996年国际住宅设计竞赛，1997年上海科技博物馆国际设计竞赛，2000年开始的一系列上海郊区城镇规划国际方案征集，2001年和2004年的上海世博会规划国际方案征集等一系列事件都成为上海建筑师与国际同行切磋学术思想和设计理念的机会。许多国际知名的建筑师都来到上海参加设计或讲学，上海的建筑师也到世界各国学习和研修、参观访问，与国外和境外建筑师合作设计，很快又重返国际建筑舞台。设计思想和方法有了巨大的变化，这是一场真正意义上的文化革命。同时，各种建筑思潮铺天盖地压向上海的建筑师，往往还来不及思考就被迫扑在图板上进入角色。参加上海的建筑设计的国内外建筑师良莠不齐，鱼龙混杂，背景各异，他们中既有艺术大师，优秀的工程师，也有不少商业建筑师和南郭先生。有时候，作为广告效应，一些外国建筑师也被委以他们从来就不擅长的设计任务。

长期的思想禁锢已经使建筑师的思想受到伤害，在创新面前举步维艰。随着市场经济取代计划经济，建筑师又被迅速卷入市场，被动地面对多元的世界文化。建筑师们原有的价值体系已被历次政治运动和"文化大革命"所摧毁，而新的价值体系还处于摸索过程中，价值体系的模糊不清加剧了文化的失落状况。商业文化和快餐文化的影响遍及各个领域，急功近利的社会价值观使许多人丧失了理想和信念。在这种思潮影响下，矫饰主义和手法主义往往成为主流，人们在思索：上海建筑是否还有未来。

在众多的中国建筑中，新的符号体系的建立远比其他艺术领域困难得多。而建筑的符号体系所体现的价值体系也远比其他艺术更为真实，同时也受到价值体系更深远的制约。在新形式的探索中，往往是中国传统建筑符号的具象化，即运用表层的语言形式作为符号，直喻式地搬用传统的纪念性语言。一些建筑师和理论家正在认真思考这一问题，试图克服建筑艺术创作的失语现象，寻求中国文化的象征意义，运用象征的符号，进行中国建筑现代化的探索。冯纪忠教授设计的上海松江方塔园（1978—1981年）以架构的精神建立中国建筑的符号体系，用"形"去表"意"，用"神"去会"意"，"意"与"象"并重，无论是结构或是造型都是形神兼备的范例。

也有些上海建筑从空间观念来认识中国建筑与文化的精髓，空间不仅是物质的空间，更是文化的空间。在陶行知纪念馆（1986年）、上海博物馆（1996年）的空间处理上都可以见到这种努力。贝聿铭先生和冯纪忠在上海的作品从哲学的层次解释中国建筑，特别是从老子的哲学思想中寻求"道"与"器"的关系，从而表现中国建筑的内在精神。也有一些建筑从中国传统建筑，尤其是民居和乡土建筑的原型中寻求现代建筑与传统建筑的契合点。上海豫园商城改造（1995—1996年）是这方面的实例。在豫园商城的改造中运用了生成与叠加、拼贴的意念，恢复了民间建筑的尺度感和空间感。美国建筑师事务所SOM设计的金茂大厦（1995—1998年）将中国传统的塔的意象与美国装饰艺术派风格相融合，创造了一座优秀的摩天大楼。

上海的城市建设为建筑师带来了极大的机遇。1990年以来是上海历史上各项建设投入最多、发展最快、城市面貌变化最大的一个时期。从统计数字看，上海的人均国内生产总值由1990年的5910元增加至2004年的55307元。1950—1978年上海城市基础设施的投资额为60.08亿元，1991年的上海城市基础设施的投资额为61.38亿元，已经超过改革开放前的投资总额。1991—2004年的城市基础设施投资总额为5471.38亿元，每年平均390亿元，而进入21世纪以来，年平均城市基础设施投资为564亿元。高层建筑总栋数由1990年的956栋增至2004年的8470栋，其中20层以上的高层建筑已达3952栋，未来若干年内还将有上千栋高层建筑出现在上海的天际线上。上海的城市环境与文脉已经有了根本的变化。

在规模巨大、发展极为迅速的城市开发与建设的条件下，往往容易简单地以新、以变为目标。缺乏城市规划在管理及操作实施层面上的宏观控制，又受到急切求变的价值观念影响，忽略了变化的终极理想目标。另一方面又忽视建筑的历史文化价值，用时髦时、到处都有的建筑来代替设计精良、经过历史熏陶、具有历史文化价值、创造了城市的识别性的那些优秀建筑。遗憾地重复着那则用旧的神灯去换普通的新灯的神话，使城市空间形式成为追逐利润的结果。随着一些历史建筑的消失和历史建筑文化景观遭到破坏，这一问题的严重性质正逐渐为上海所认识，并实行最严格的历史文化风貌区和优秀历史建筑保护。2002年上海市人大常委会颁布了《上海历史文化风貌区和优秀历史建筑保护条例》，规定了覆盖27平方公里的12片历史文化风貌区，一共有四批优秀历史建筑共632处列入保护。

上海的历史建筑基本上呈矩阵状分布在上海的主城内，这就要求对优秀近代建筑的保护要做到点、线、面和网络的结合。充分开发人文资源，保持上 海的多元文化的特色，为明天的发展打好基础。将城市设计与优秀建筑保护综合在一起考虑，保护好城市的空间特色，并有计划地建设，注意城市空间的景观特性。

上海是一座历史文化名城，有着深厚的文化积淀，荟萃了灿烂辉煌的人文景观，尤其是丰富多彩的历史建筑更是城市的瑰宝。今天的城市发展也创造了史无前例的建设成就，自1949年以来的建造量大约相当于城市在过去上千年的建造量的15倍。就新建筑的数量和新的城市建成区而言，上海几乎是一座全新的城市。但是，就整体而言，上海仍然保留了历史上的城市形态、格局，保留了那些决定城市肌理的大量历史建筑，因为上海保留了隐藏在这些物质遗存后面的城市的精神和城市的社会生态，因为上海的城市和人民正在日益认识到文化和历史建筑的价值，并且正在发扬传统和城市精神。

上海市的城市总体规划(1999—2020)的目标是2020年把上海初步建成国际经济、金融、贸易、航运中心之一，基本确立上海国际经济中心城的地位。发挥上海国际国内两个扇面辐射转换的纽带作用，进一步促进长江三角洲和长江经济带的共同发展。2010年世博会将在上海举办，这将是上海城市发展的一个里程碑。这将是对中国城市，对中国建筑与中国建筑师的一个挑战。这届世博会的主题是城市，上海作为以城市为主题的2010年世界博览会的举办城市，有着特殊的意义。上海在中国乃至世界城市发展史上都具有典型性，无论是在历史上或是现实中，上海都是城市发展的一个极好的展示场所。探讨城市的有关问题，推广先进的理念，创造城市未来发展的模式。上海在筹备世博会的过程中，必然会建造更多的优秀建筑，创建面向未来的住宅区，丰富城市发展的新理念，完善并提升城市功能，推动中国的城市化进程。对于中国2010年上海世博会的主题馆、中国馆和其他永久性建筑，还应当要求中国建筑师作出对世界建筑史的贡献。

三个重要因素将影响上海未来的发展，那就是浦东的开发开放，上海郊区的发展以及2010年上海世博会。浦东的开发开放带来了城市产业结构和城市空间结构的重组，带来了黄浦江两岸公共开放空间的发展，引发了上海在信息社会背景下的再城市化。自2000年以来的上海郊区发展为上海市域的空间结构带来了新的模式，并为郊区的发展探索一种全新的思路。2010年中国上海世界博览会对中国、长江三角洲、长江经济带及上海的经济总量和结构，对上海的产业结构、城市结构以及城市规划、城市交通、城市建设和城市管理等，必将带来长远而又深层次的影响。上海的生活方式、城市综合竞争力的发展和城市化水平也将进入一个新的阶段，使上海尽快列入世界城市的行列。

举办世博会是一项庞大而又复杂的系统工程，涉及到城市建设的各个方面。2010年上海世博会的主题不仅涉及城市，而且也涉及生活，将会促进上海的再城市化。在信息时代，城市的空间结构和产业结构正经历着变革性的转型过程，城市的生活品质和环境也正在发生根本性的变化。许多世界级的城市都在经历再城市化的过程，尤其是主办过世博会的城市，都经历过这个城市的变革。上海正在努力改善城市环境，建设可持续发展社会，为城市配置优良的文化、医疗、教育、体育及其他社会服务体系，努力保护上海的历史建筑和历史风貌。上海筹办世博会的过程也是为再城市化打下坚实的基础。

今天的上海已经成为世界建筑和国际文化的展示和试验场，上海的建筑师和规划师也已经融入当代世界建筑和城市发展的各种思潮和风尚之中。今后，上海城市和建筑的包容性会更加广博，面临的问题也更多。但无论如何，我们都需要理性地去思考城市的未来，如何在解决今天的现实问题的同时，为明天的可持续发展打下基础。

作为国际城市，上海是一座创新的城市，上海的创新更注重思想的现代性，注重城市精神的现代化，尊重城市文化传统的创新。建筑理论家和城市学家刘易斯·芒福德指出："城市实质上就是人类的化身"。历史城市蕴含的精神力量和文化积淀为思想、意识形态和科学技术的创新提供了无穷无尽的源泉，这种源泉为创新的人们提供了优秀的社会和人文生态环境。

2006年3月15日

郑时龄，同济大学建筑与城市空间研究所

从大运河到江南水乡的江苏建筑

汪永平

一、人杰地灵的江苏

江苏地处长江三角洲，总面积10.26万平方公里，现有13个省辖市，7400多万人口。江苏属暖温亚热带，四季分明，土地肥沃，物产丰富，河网纵横，湖泊星罗棋布，长江、淮河、运河贯穿全境，太湖、洪泽湖等湖泊水面面积达6300多平方公里。这样的地理、气候条件，十分适宜人类的居住和文化的创造，悠久的历史为江苏大地带来了灿烂的古代文明。

江苏文物资源十分丰富，各类文物古迹众多。南京汤山葫芦洞古人类化石地点的发现，说明早在35万年前，江苏大地上就有人类居住。从人类社会发展史和文明发展史角度看，上至石器时代，下至宋元明清直至民国，中华五千年文明发展史，均能在江苏大地上找到遗迹。

江苏省不可移动文物数量和类别众多，已发现的文化遗存逾万处，涉及地面文物古迹的各方面内容。目前，已有2800多处被列为各级文物保护单位，其中省级文物保护单位541处，全国重点文物保护单位53处100多个点。1997年，苏州古典园林中的拙政园、留园、网师园、环秀山庄以“苏州古典园林”名称被列为《世界遗产名录》；2000年，艺圃、耦园、狮子林、沧浪亭、退思园又被增补列入。2003年7月3日，南京明孝陵又作为“明清皇家陵寝”的扩展项目被联合国教科文组织遗产委员会批准列入《世界遗产名录》。苏州江南水乡古镇、常州春秋淹城遗址、南京城墙、镇江三山风景名胜区、无锡惠山祠堂建筑群、淮安洪泽湖大堤等六处古文化遗存，经省政府同意，现已作为江苏省申报世界文化遗产项目上报国家文物局。

江苏的历史文化名城名镇在全国独具特色，全省现有国家历史文化名城7座（南京、扬州、苏州、徐州、淮安、镇江、常熟），省级历史文化名城6座（高邮、泰州、常州、江阴、兴化、无锡），省级历史文化名镇13座（角直、周庄、同里、东山、西山、光福、木渎、震泽、沙溪、丁蜀、千灯、黄桥、荡口），中国历史文化名镇7座（角直、周庄、同里、溱潼、黄桥、沙溪、木渎）。还有历史文化保护区3处（无锡古运河历史文化保护区、南通濠河历史文化保护区、大丰草堰镇古盐运集散地保护区)。全省2800多处各级文物保护单位大部分分布在这些历史文化名城名镇所在区域。

2000年以来，全省每年有近百处各级文物保护单位和文化遗存得到了科学保护。苏州古典园林，南京城墙、明孝陵、中山陵，扬州个园、何园，无锡薛福成故居、东林书院，淮安明祖陵等文物保护单位经过维修，有效地提升了地方文化品位，成为当地重要文化设施。在文物本体被有效保护的同时，文物保护单位周边原有环境得到了有效整治和改善。如南京市对古城墙周边环境的整治、对汉中门广场、水西门广场等地段的改造；苏州市对古典园林的保护；无锡市对文物保护单位维修力度的加大及对古街古巷的整治；扬州市对老城区、尤其是对东圈门地段的治理；镇江市对西津渡历史文化街区和伯先路近代建筑群的保护和整治；徐州市对户部山古民居群的保护和修复；南通市对张謇系列文物的保护等；都是江苏省在现代经济发展和城市建设中保护历史文化资源的最好的体现。

二、丰富的古文化遗存

江苏地下文物埋藏丰富，历史信息量大。全省大江南北、淮河两岸，每年都有一定数量的地下考古新发现。结合城乡基本建设和科研工作的开展，江苏考古工作取得了累累硕果，在全国史学界产生重大影响。1992年以来，全省已有11个考古项目获一年一度的全国“十大考古新发现”，它们是：昆山赵陵山良渚文化遗址(1992年)、扬州唐城遗址(1993年)、高邮龙虬庄新石器时代遗址(1993年)、南京汤山溶洞古人类化石地点(1994年)、徐州狮子山西汉楚王墓(1995年)、南京六朝家族墓地(1998年)、金坛三星村新石器时代遗址(1998年)、江阴高城墩良渚文化墓地(1999年)、连云港藤花落龙山时代城址(2000年)、南京钟山六朝坛类建筑遗迹(2000年)、无锡鸿山越国贵族墓(2004年)等。

藤花落遗址位于江苏省连云港市经济技术开发区中云乡西诸朝(曹)村南部，处于南云台山和中云台山之间的冲积平原上，海拔高度6～7米。西距连云港市人民政府所在地新浦区18公里，东距海边10公里，北距连云港港口7公里。1996—1999年共进行了3次考古发掘，发掘面积约3600平方米，其中发现了内外两道城，外城平面呈圆角长方形，由城墙、城缘、城门等组成，城周1520米，面积约141375平方米。内城平面近圆角方形，位于外城内的南部，由城垣、城外道路、城门、哨所组成，城周806米，面积40560平方米。在内城内发现35座各式房址(图1)，其中一座“回”字形大房址有110平方米，可能是一个与宗教、祭祀、集会有关的场所。

图1 藤花落遗址圆形建筑

藤花落遗址中还发现夯土台基、奠基坑、灰坑、灰沟、道路、水稻田、石埠头、房址、水沟、水塘、水田、环壕等遗迹200多处，此外还出土斧、锛、刀、镰、凿等石器和鼎、罐、盆、杯、器皿等陶器以及玉器、炭化稻米、

木桩以及人骨和各类动植物标本2000余件。

研究表明，藤花落遗址是江苏省迄今发现的第一座史前城址，也是处于龙山文化最南缘的史前城址。就全国范围而言，是目前我国发现最重要、最典型的龙山文化城址。它对于整个龙山文化研究乃至对文明的起源、国家的起源和城市的起源的研究都提供了非常具体的实物资料。从已经发现的城圈情况来看，在中国已经发现的五十余座史前城址中，它不仅具有一般性，还具有特殊性，藤花落遗址考古发掘项目获得中国文物考古界最高荣誉"2000年度中国十大考古新发现"奖（图2）。

图2 藤花落遗址复原展示

淹城位于常州市南面，距市区约七公里，是我国目前春秋时期保存下来的最完整的地面古城池。据说，这也是世界上仅有的三城三河形制的古城，面积约0.6平方公里，迄今已有近3000年历史。1988年1月经国务院批准，列为全国重点文物保护单位。

淹城建于春秋晚期，从里向外，它由子城、子城河、内城、内城河、外城、外城河三城三河相套组成。这种建筑形制在中国的城池遗存中独一无二。子城，呈方形，周长500米；内城呈方形，周长1500米；外城，呈不规则椭圆形，周长2500米。另外还有一道外城廓，周长3500米。淹城遗址东西长850米，南北宽750米，总面积约65万平方米。淹城面积的大小，适与《孟子》："三里之城，七里之廓"的记载相吻合。淹城的城墙，系用开挖城河所出之土堆筑而成，现高3～5米，墙基宽30～40米。三护城河平均深4米左右，宽30～50米，最宽处达60余米。

淹城当地流传着这样的民谣："里罗城，外罗城，中间方形紫罗城，三套环河四套城。"惟妙惟肖地勾勒出淹城独特形制的概貌。通过高空拍摄的彩色图片资料，可以清晰地看到里、中、外城墙逶迤起伏，植被葱茏，宛若翡翠镯子。每城城门仅有一个，外城门朝西北，内城门朝西南，子城门为正南向。三城均有护城河环抱，河水清澈，长年不干（图3）。古代人民为了有一个安乐的居住环境，并防止外来入侵，就建成了这种三城三河、层层相套且出入方向不同的城址，这是一个创造，在国内外建筑史上也属罕见。

关于淹城的来历和淹城的主人究竟是谁，史学界和考古界众说纷纭，至今仍无定论。据考证，淹城内外原有200多座大小不等的土墩，现存78座，大多为春秋时期墓葬。有人说，"明清看北京，南宋看杭州，隋唐看西安，春秋看淹城"，不无道理。

图3 淹城遗址护城河

徐州，古称彭城，位于江苏省西北部，地当苏、鲁、豫、皖四省之交，交通形势和战略地位十分重要，素有"五省通衢"和"军事重镇"之称。远古时代徐州是我国东夷族的发祥地。邳州大墩子、刘林和新沂花厅等新石器时期文化遗址的考古发掘出土文物证明，早在距今6000年前徐州一带就有了人类活动。

图4　徐州驮蓝山汉墓二号入口

图5　徐州龟山汉墓室内

秦汉之际，反秦武装拥立的楚怀王和西楚霸王项羽皆曾建都彭城。汉王朝建立后，高祖刘邦封其异母弟刘交为楚王，号称楚国，都彭城。东汉时，改称彭城国，以彭城为治所。

徐州汉墓建筑为世人瞩目。从地理位置看，徐州西汉楚王陵墓与东汉时期楚王、彭城王陵墓，皆环列于徐州市区的周围，形成了全国罕见的环城帝王汉墓圈。西汉楚王陵墓皆采用"因山为陵"的形制(图4)，东汉彭城王陵墓采用石室墓或砖石墓，整个汉代诸侯王陵发展脉络极为清晰。这些陵墓中出土的珍贵文物，反映出当时精美卓绝的艺术水平，令人叹为观止。而且这些汉墓建筑本身加工技术之先进、施工水平之高超、设计思想之成熟对于我国汉代建筑历史研究具有重大的价值和意义。1996年11月国务院公布其为第四批全国重点文物保护单位。

龟山楚王刘注、王后陵墓建筑规模巨大，形制复杂，是西汉中期楚王陵墓的典型，也是整个徐州地区西汉楚王陵墓建筑形制－"因山为陵"葬制发展成熟的代表，龟山汉墓施工十分精确，其甬道中心线由外到内仅误差5毫米，精确度为万分之一；两甬道的水平误差为8毫米，精确度为七千分之一；墓葬方向也十分精确，为正东西向。整个墓葬的排水系统设计极为科学、细致(图5)。

三、江南水乡与太湖建筑文化

苏州古城始建至今已有2500多年，目前仍坐落在春秋时代的原址上，基本保持着"水陆并行、河街相邻"的双棋盘格局，"三纵三横一环"的河道水系和"小桥流水、粉墙黛瓦、史迹名园"的独特风貌。与宋代的《平江图》所反映的当时城市格局基本相符，一些重要的城墙河道、古典园林、街巷塔桥等风貌犹存，有较高的历史与文化艺术价值。

苏州市现有市级以上文物保护单位五百余处，数量仅次于北京和西安。悠久的历史孕育了独特魅力的吴文化，千百年来，苏州人文荟萃，文坛贤能辈出，有西晋文学家陆机，宋代政治家范仲淹、诗人范成大，明代戏曲家冯梦龙，"吴门画派"唐寅、文征明，清代及近代文人顾炎武、俞樾、章太炎等。绘画、书法、篆刻、诗文、刺绣等传统艺术在苏州流派纷呈。

无锡市位于江苏省东南部，北依长江，中抱太湖，是一座江南历史名城。无锡是吴文化的发源地，鸿声的泰伯墓、梅村的泰伯庙、彭祖墩大型遗址的考古发现都是这一悠久历史文化源自无锡的有力证明。无锡又是我国近代民族工商业的发祥地，荣巷、鼎昌丝厂、茂新面粉厂，曾为近代无锡写下过光辉灿烂的篇章，对中国的政治和经济产生了深远的影响，享有"小上海"之称。

无锡是极富魅力的中国著名风景旅游胜地。集江、河、湖、泉、洞、园之美于一体，境内自然风景得天独厚，历史古迹和人文景观荟萃，中央电视台建成的无锡影视基地以及国家批准建设的太湖国家旅游度假区更是为无锡增光添彩，令无数中外游客流连忘返。

太湖风景的精华部分——梅梁湖景区，湖光山色秀美如画，山外有山，湖中有湖，山水萦绕，水抱山簇。近代园林建筑——鼋头渚、蠡园、梅园等点缀其间，真可谓"不是天堂，胜似天堂"。无锡还拥有充分体现东方古国悠久文化、充满神奇色彩的古运河以及众多的名胜古迹、遗址旧物、诗文墨迹，如明代园林精品寄畅园，唐代茶圣陆羽品定的"天下第二泉"等。穿城而过的无锡段古运河起源于春秋时吴王阖闾，而今市区保留着6公里观赏价值较高的古运河游览线，被外国游人称为"神奇的旅游"(图6)。

中国第一水乡——周庄，九百余年的悠久历史，九百余年的文化底蕴，构成了江南水乡的独特风貌。旖旎的水乡风光，特有的人文景观，传统的建筑格局，淳朴的民间风情，令人神往，令人留连，周庄镇为泽国，因河成街，是江南典型的"小桥、流水、人家"，虽历经900多年的沧桑，仍完整地保存着原有的水乡古镇的风貌和格局，宛如一颗镶嵌在淀山湖畔的明珠(图7、图8)。

图6　无锡大运河清名桥

图7　周庄的古桥

周庄最为著名的景点有富安桥、双桥、沈厅。双桥由圆拱桥(世德桥)和方孔桥(永安桥)纵横相接，石阶相连，组成双桥，位于镇东北部，建于明万历年间(1573—1619年)。

沈厅位于周庄富安桥东堍南侧南市街上，由沈万三后裔沈本仁于清乾隆七年(1742年)所建。七进五门楼，大小100多间房屋，分布在100米长的中轴线两侧，占地2000多平方米。它由三部分组成，前部是水墙门、河埠，供家人停靠船只、洗涤衣物之用；中部是墙门楼、茶厅、正厅，为接送宾客，办理婚丧大事及议事之处；后部是大堂楼、小堂楼、后厅屋，为生活起居之所。整个厅堂是典型的"前厅后堂"建筑格局。

同里镇位于吴江市东北部，四面临水，八湖环抱，古镇风景优美，镇区被川字形的15条小河分隔成七个小岛，众多的古桥又将小岛串为一个整体。建筑依水而立，以"小桥流水人家"著称，是目前江苏省保存最为完整的水乡古镇，也是省重点文物保护单位，被列为太湖十三大景区之一镇，著名的"退思园"被列入世界文化遗产名录和全国重点文物保护单位(图9、图10)。

同里的桥以"三桥"，即太平桥、吉利桥和长庆桥最具代表性。同里人有"过三桥"的习俗，取其消灾解难、幸福吉祥之意。太平桥和吉利桥均是清乾隆十二年，由同里人范景烈等重建的。前者属梁式桥，小巧精致；后者属半月形拱桥。如今，"走三桥"已是游客不可少的项目，使"三桥"成为同里人气最旺的桥。

图8　周庄的古街

图9　同里河道

图10　同里退思园

现全镇保存有三谢堂、承恩堂、侍御第、五鹤门楼等十多处明代建筑。清代建筑有退思园、耕乐堂、崇本堂、嘉荫堂、务本堂、世德堂、庞氏宗祠、陈去病故居等数十处。崇本堂位于富观街长庆桥北逸，坐北向南，面水而筑，与嘉荫堂相望，又与三桥相连。同里胜景“二堂三桥”所指的二堂便是崇本堂和嘉荫堂。整个建筑分五进，由门厅、正厅、前楼、后楼和厨房等组成。最吸引人的是各种雕刻，自正厅至内宅堂楼共三进的长窗上有100余幅生动的木雕，记载《西厢记》、《红楼梦》等家喻户晓的故事。后楼则是崇本堂所有雕刻精华所在，共58幅木雕，以江南民间广为流传的故事为主，栩栩如生，令人赞叹。嘉荫堂的主体建筑俗称“纱帽厅”，仿明结构，高大宽敞。厅内梁架上下到处刻着图案，其中一组木雕刻是《三国演义》中的“古城会”、“三英战吕布”等8幅形态逼真的图画，已被《中国戏曲志·苏州分卷》所收录。

图11　西山古建筑院落

图12　苏州拙政园中部

太湖三万六千顷水面，大大小小岛屿七十多个，其中最大的就是洞庭西山岛，吴越春秋时，西山岛曾作为吴国的门户前哨。古时西山岛居民甚少，金兵入侵中原时，宋高宗南渡江南，在岛上安置了大批北方移民。移民中有王室望族，其中就有郑、蔡、秦、徐等十七个姓氏，渐渐地形成了东村、后埠、明月湾、堂里等村落，今天这些古村落中，保存着一大批明清时期的古宅建筑。这些古村落、古建筑，都是研究江南建筑艺术不可多得的历史文化遗产（图11）。

江南湖岛，雨水充沛，古村落的排水系统设计周密又巧妙。西山东村的青石板街巷，排水沟就设在街面两侧；而明月湾古村的排水系统，则比较接近现代，全村棋盘式下水道设在花岗岩道板底下，与道路合为一体，人行其上，发出“咚咚”回响，细细听时，还有潺潺流水声响。

西山的村落一般都有“巷门”，由于湖岛村落偏僻，旧时常有太湖强盗出没，故设“巷门”一为村民御敌多一道屏障，也为村民集散、歇息提供一处场所，小有名气的东村“栖贤巷门”是明代所建。岛上与外界联系，主要靠水路船运，因此西山古村到处都建有水码头，用花岗条石铺砌而成，犹如古村伸出一条坚实的臂膀，这也是太湖渔船避风歇脚的重要港湾。

西山岛上古村落数十处，百年老宅比比皆是，差不多都有院落，小到数十平方米，大的占地数亩，以至今保存完好的东村“敬修堂”为例，前后四进分别为轿厅、前厅、大厅和楼厅，厅与厅之间用天井分隔，大厅和楼厅均为两层楼房，封火山墙，粉墙黛瓦，加上水磨青砖墙门，整座建筑与太湖山水融为一体。

西山岛上有园林多处，像“芥舟园”、“春熙堂”、“爱日堂”等，园主多见乡绅望族或书香门第，有的乃外省达官显贵，因金兵入侵，南逃至西山落户，他们营造的“乡间园林”足与苏州城里私家园林相媲美。

图13　苏州留园冠云峰

图14　无锡寄畅园

图15　富有特色的民乐演出

四、江苏古典园林与世界文化遗产

苏州古典园林，宛如一颗颗明珠碧玉，镶嵌于锦绣般的江南之中，目前，在苏州城被联合国教科文组织列为世界文化遗产的园林已达八座。这八座名园与其他园林，星罗棋布地分布在苏州市区，将这一自宋、元起就有“天堂”之誉的城市点缀得典雅秀丽、别具风情。以苏州园林为代表的江南古典园林向来被称作“写意山水园”，与中国文人的写意山水画有不解之缘，体现了一种质朴自然的野趣。拙政园是中国园林的经典之作，是中国四大名园之一。始建于明代正德四年(公元1509年)，因有江南才子文征明参与设计，文人气息尤其浓厚，处处诗情画意。园以水景取胜，平淡简远，朴素大方，保持了明代园林疏朗典雅的古朴风格(图12)。留园在苏州阊门外，明万历年间太仆徐泰时建园，时称东园，清嘉庆时刘恕加以重整，改名寒碧山庄，俗称刘园。光绪二年盛旭人购得，扩建并修葺一新，取留与刘的谐音改名留园。晚清俞樾作《留园记》称其为“吴中名园之冠”，与拙政园、北京颐和园、承德避暑山庄齐名，为全国“四大名园”之一(图13)。

无锡寄畅园坐落在锡山北麓、惠山脚下。寄畅园又名秦园，位于惠山横街(原名“秦园街”，1954年拓宽后改现名)，毗邻惠山寺，面积15亩。

寄畅园初建于明代，完善于清朝，距今逾四百年，寄畅园以借景、理水、垒石等手法，引名泉之水入园，纳两山风光造景，巧于因借，浑合自然。园出二十景，或奇峰秀石，幽径蜿蜒，或朱栏曲槛，古木森森。寄畅园虽小而有古朴、幽静、清旷、疏朗之特色，代表了我国明清两代造园艺术所达到的高超水平。清代康熙、乾隆两帝各六次南巡，必到此园，题匾赋诗。乾隆仿此园于颐和园中建“惠山园”(谐趣园)(图14、图15)。

扬州园林具有悠久的历史，早在清康乾盛世就有“扬州园林甲天下”之称。扬州园林除构筑精巧，具有北方之雄、南方之秀美誉，还力求变化和因地制宜，形成一定的地方特色。何园建于清光绪九年，又名“寄啸山庄”，是晚清建筑成就较高的一座大型私家园林。此外，曲径通幽的“小盘谷”，四季风光并存、造园手法独特的“个园”(图16)，在我国古典园林中都别具风

图16　扬州个园

图17　扬州瘦西湖五亭桥

格。扬州市区西北的瘦西湖，全长4公里，湖面瘦而长，沿湖两岸水榭映影，亭阁增辉，名园相连，景色各异，处处令人流连忘返(图17)。

苏北地区以如皋水绘园为代表，位于如皋城东北隅，是国内著名的古园林之一。水绘园始建于明朝万历年间，为冒一贯的别墅，历四代到冒辟疆时始臻完善。明朝灭亡后，冒辟疆心灰意冷，于是把水绘园改名为水绘庵，决心隐居不仕。冒襄(字辟疆)与金陵名妓董小宛的爱情故事就发生在这里，海内外广为流传，水绘园亦名声远播。当时名士钱谦益、吴伟业、王士祯、孔尚任、陈维崧等纷纷前来如皋相聚，在园中诗文唱和。时人说："士之渡江而北，渡河而南者，无不以如皋为归。"水绘园盛极一时。现今的水绘园包括人民公园、雨香庵和水明楼三个部分，水明楼建筑群布局独具匠心，融汇了我国南北园林的特色，是我国古代建筑艺术的杰作，被列为国家重点文物保护单位(图18)。

图18　如水绘园水明楼

五、大运河与江苏城市建设

京杭运河史称大运河，起源于公元前5世纪的春秋末期，距今已有2400多年的历史，与万里长城齐名于世，被誉为我国古代文明象征，对历代政治、经济、军事和文化交流都曾起过重要的作用。

京杭运河北起北京，南达杭州，流经北京、天津、河北、山东、江苏、浙江四省二市，沟通海河、黄河、淮河、长江、钱塘江五大水系，全长1789公里，在江苏境内约600公里，对江苏的交通与城市建设产生了深远的影响。

项王故里，简称"项里"，又称为"梧桐巷"。是秦末农民起义军领袖，西楚霸王项羽的出生地。它坐落于宿迁市宿城区南郊，古黄河与大运河之间。项王故里占地0.5公顷，从南向北，依次为石碑坊、石阙、大门、英风阁、项王故居纪念室。主体建筑英风阁占地268平方米，故居纪念室为仿汉建筑，占地135平方米，古朴浑穆，室内塑有虞姬像。院中广植柏、桐、槐，有株相传项羽手植槐，历经沧桑，苍劲挺拔。

图19　淮安周恩来故居

江苏淮安是全国历史文化名城，淮安位于苏北平原中部，淮河下游，京杭大运河与苏北灌溉总渠在此交汇，早在1800多年前这里就营造了城池。那里濒临淮水，地势险要，人文荟萃，人杰地灵，所以素有"襟吴带楚客多游，

壮丽东南第一州"之誉。淮安古城的结构也很独特。晋以前筑有老城，宋筑新城，明筑联城，它是我国惟一的由三座城相连的古城。城区内萧湖、勺湖、万柳池(月湖)等湖泊占城区的20%；文渠贯穿三城，形成一个完整的城市水系。镇淮楼位于老城的中心，以此为对称展开的棋盘式的32条街、16条巷、40余座桥，基本保持明清风貌。周恩来故居坐落在江苏省淮安市城区镇淮楼西北隅的驸马巷7号门内，系全国重点文物保护单位，现有清朝咸丰至光绪年间的青砖小瓦木结构平房32间，占地1960平方米。这里是举世敬仰的周恩来总理的诞生地，是这位历史伟人一至十二岁童年生活的摇篮。如今成了国内外人士瞻仰周总理光辉一生的纪念地，是广大青少年接受革命传统教育的历史课堂(图19)。

图20　苏州大运河宝带桥

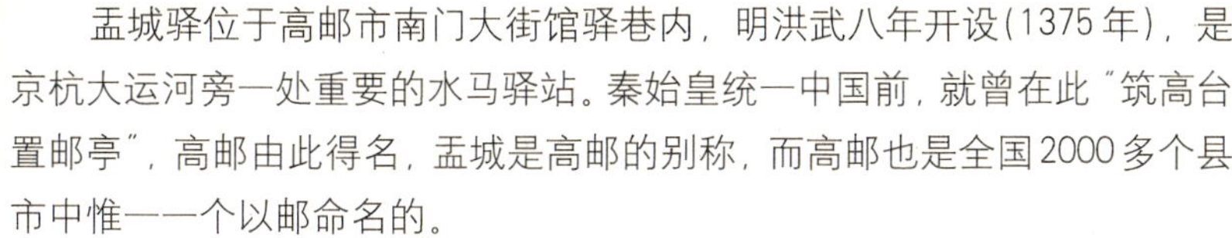

盂城驿位于高邮市南门大街馆驿巷内，明洪武八年开设(1375年)，是京杭大运河旁一处重要的水马驿站。秦始皇统一中国前，就曾在此"筑高台置邮亭"，高邮由此得名，盂城是高邮的别称，而高邮也是全国2000多个县市中惟一一个以邮命名的。

扬州是国务院首批公布的历史文化名城。有人评点扬州城，是"唐宋元明清，从古看到今"。特别是以明清古城为主体的老城区，有丰富的人文景观和众多的文物古迹：150处文物保护单位、30多处私家住宅园林。

老城区内有扬州现存的最有价值的历史遗存。这一范围内有个园、何园，有汪氏小苑和扬州最早的盐商会馆"山陕会馆"，有朱自清故居、魏源故居，有俗称"九十九间半"的浙派建筑群吴道台宅第、双瓮城遗址等。在建筑风格上，既有南方之秀，也有北方之雄，在全国有其独特的地位。

大运河给江苏沿线留下了众多的桥梁与石工建筑，江南运河上处处可见宛如半月的石拱桥，如无锡南门外的清名桥，东西向横跨运河，是无锡市区规模最大的一座石拱桥。苏州市古运河旁的宝带桥全长317米，53孔，是现存多孔连拱石桥中桥身长、桥孔多、结构轻的一座(图20)。位于淮安市洪泽湖东岸的大堤，是经历1700余年逐步完善的运河水利工程，全长70公里，以长方条石叠砌为挡浪墙，有效地保护了大堤和运河航运的安全。

六、十朝古都南京

南京，古称金陵，位于长江下游，居南北交通要冲，地理位置优越，人文荟萃，环境优美，融山、水、城、林于一体，有"虎踞龙蟠"之称，历史上盛称为"六朝胜地、十代都会"。她既有自然山水之胜，又有历史文物之雅，是兼具古今文明的园林化城市。1982年国务院公布南京为中国历史文化名城。

早在6000年前，南京北阴阳营一带，就出现了原始村落。2460多年前，越王勾践依谋士范蠡之策，在今中华门外长干里建越城，为南京筑城之始。黄龙元年(229)，吴大帝孙权由武昌迁都到南京，建都城由此始，至东晋和

图21　南京明孝陵神功圣德碑

图22　南京夫子府秦淮河

南朝的宋、齐、梁、陈，期间，统治者迷信佛教，崇尚佛教之风盛行，南京及其周围江南地区寺庙建筑尤为发达，故有“南朝四百八十寺”之称。

南京现存的古建筑，以明清遗存居多。明代成祖皇帝朱棣下令建造，郑和亲自督造的南京大报恩寺琉璃塔，名冠神州，成为中世纪世界七大奇迹之一。明代南京皇宫，曾是北京现存故宫建造的蓝本。南京夫子庙建筑群和朝天宫建筑群，也为江南仅有。

明代南京的城墙，为我国古代军事防御设施、城垣建造技术集大成之作。无论历史价值、观赏价值、考古价值以及建筑设计、规模、功能等诸方面，国内外城墙都无法与之比拟，可谓是继我国秦长城之后的又一历史奇观。它始建于元末至正二十六年（即公元1366年），建成于明洪武十五年（即公元1386年），历时21年之久。从内到外有宫城、皇城、京城、外郭四重城墙构成，设计思想独特，建造工艺精湛，规模宏伟雄壮，在钟灵秀丽的南京山水之间，蜿蜒盘恒达33.676公里，外郭城周长则为60公里。

明城墙有着合理的断面结构设计，严格的选材与质量监督机制，加上严密的施工技术与科学的粘接配方，使得明城墙历经600多年风雨、震灾与兵乱而依然屹立。

中华门位于中华路南端、长干桥以北，是明城墙的南大门，明代称聚宝门，因其面对聚宝山（今名雨花台）而得名，是南京城墙现存最大的一座城堡式城门。是当今世界上保存最完好、结构最复杂的古城堡，被列为全国重点文物保护单位。城堡东西宽118.5米，南北长128米，占地面积约1.5万平方米，设计巧妙，结构完整，有三道瓮城，四道拱门，首道城门高21.45米，各门原有双扇木门和可上下启动的千斤闸门。内有藏兵洞27个，战时用以贮备军需物资和埋伏士兵。东西两侧马道陡峭壮阔，可用于运送军需物资，将领亦可策马登上城头。

明孝陵为朱元璋的陵寝，始建于洪武十四年（1381年），工程前后延续达32年。而真正埋葬朱元璋本人及马皇后和46位妃嫔的玄宫，长期以来一直没有定论，民间还有朱元璋葬于南京朝天宫或北京万寿山之说，所以几百年来，朱元璋究竟葬于何处，一直是人们心目中的不解之谜。而孝陵地面陵宫建筑，除方城、明楼、享殿和享殿前门的基址大体保存外，其他建筑也早已荡然无存（图21）。

南京夫子庙始建于宋景祐元年（公元1034年），由东晋学宫扩建而成。这一组规模宏大的古建筑群，历经沧桑，几番兴废，清同治八年（公元1869年）重建之后，于1937年遭侵华日军焚烧而严重损毁。1984年，市、区人民政府为保护古都文化遗产，经有关专家科学论证和规划，历数年的精心维修和复建。如今的夫子庙已焕然一新，再展辉煌。被誉为名胜而成为古城南京的特色景观区，也是蜚声中外的旅游胜地（图22）。

中山陵是我国伟大的民主革命先行者孙中山先生的陵墓，它坐落在南京市东郊钟山东峰小茅山的南麓，西邻明孝陵，东毗灵谷寺，整个建筑群依山势而层层上升，气势宏伟。1925年3月12日，孙中山在北京病逝。遵照先生生前归葬南京东郊钟山之遗愿，南京国民政府决定建造中山陵。1929年春，陵墓主体工程完工，同年6月1日举行了隆重的奉安大典。从那时起，孙中山先生就一直长眠于此。

图23　南京中山陵

中山陵前临平川，后依青山，呈警钟形。陵墓建筑全部覆盖蓝色琉璃瓦，牌坊、陵门、碑亭、祭堂和墓室建筑在一条中轴线上，以宽阔的花岗石台阶连接，紧凑完整，蔚为壮观。祭堂内刻有孙中山手书的《建国大纲》，正中是孙中山坐姿雕像，墓室里陈放着孙中山卧式雕像。它结合山峦地势，既有时代气息，又蕴民族风格，是我国近代大型群体建筑的杰作（图23）。

七、江苏的近代建筑

伴随着中国近百年的历史，南京到处可见这一时期遗留下来的建筑，民国时期建筑在南京分布广泛而有秩序，它们相连成片、规模恢宏，官邸、饭店、别墅、民居、影院会堂等种类齐全，其他城市无一能出其右。表现在建筑上也是中西合璧，从颐和路公馆区，到中山北路，经鼓楼、北极阁、总统府，再到中山东路，一直延伸到中山陵，构成了一道南京城的“脊梁”。几乎每一处建筑都与一位民国人物或一段民国故事有关，具有重要的历史价值。比如，现在湖南路上的省军区司令部，就是原国民党中央党部，汪精卫被刺事件就在那里发生，许多人对此却懵懂无知。

南京的民国建筑在中国是独一无二的。20世纪30年代的首都计划使沿中山路留下了许多当时的政府机构，这些建筑物反映了厚重的历史，是别的城市所不具备的。从建筑学术的角度来看，南京的民国建筑是中国建筑从古代走向现代的转折点。

南京的民国建筑有两类，一类是公共建筑，一类是宅邸。建筑风格是多元的，其中有仿西方折衷主义建筑，仿巴洛克建筑，也有兼而有之。南京现有百余处民国时期建筑被列入文物保护名单，在遍布着江苏议事园、原国民政府行政院、教育部、最高法院等十几处有影响的民国建筑的中山北路上，南京大学历史系茅家琦教授，用“一首无声的旋律，一幅立体的油画”评价了南京的民国建筑。

在南京城内大规模兴起的民国建筑的前后，江苏省内开始了中国近代城市建设的高潮，以南通、无锡、苏州、江阴、镇江等沿江城市为代表，如中国早期民族工业兴起的南通，100多年前，清末状元张謇在家乡兴实业、办教育的基础上继承历史传统，兼容西洋风尚，创造性地开展城市建设，影响及于全国。在中国近代史上，南通以创办第一所师范学校、第一座民间博物

图 24　南通张謇博物馆

苑、第一所纺织学校、第一所刺绣学校、第一所戏剧学校、第一所中国人办的盲哑学校和第一所气象站，七个第一而占有重要地位(图 24)。

在风景秀丽的濠河东南之滨，有一座中国人自己办的最早的博物馆——南通博物苑，清光绪三十一年(公元 1905 年)由张謇创办。馆内分自然、历史、美术三大展览内容，还有文物与标本陈列馆，收藏颇丰，是一处园林化的博物馆。

南通的历史并不长，五六千年前，南通大部分地区还是茫茫海域。但是南通的近代建筑群却以它所特有的景致展现在我们眼前。

八、苏式建筑与建筑大师

在数千年的中华文明史中，江苏的城市与建筑以其独特的形式与风格，在中国古代和近现代建筑发展史上书写了辉煌的一页，过去很多人把江苏的建筑归纳为徽派建筑系统，这一说法和认识是片面的、错误的。徽商对江苏的影响主要在明清时期，范围也有一定的局限，而江苏传统建筑的结构体系和空间布局早在唐宋时期已经成熟，以抬梁式和穿斗式的结构成为江苏建筑主流，木雕、砖雕、彩绘、家具也是出了名的。如苏式彩画影响了明清的宫廷装饰，苏式家具成为中国明代家具的主流，在国内及国际产生了巨大的影响，为海内外博物馆和私人收藏的珍品。由于地理位置和气候的相似，历史上江苏、安徽、浙江和江西的建筑在形式和空间的处理雷同是不奇怪的，但徽派建筑与苏式建筑还是有一定的差异，二者之间不能划等号。

历史上的江苏出了很多著名的工匠及建筑大师，只是受传统观念的束缚，人们认为建筑属于“器”，是低级的东西，传统建筑技术不被重视，工匠得不到应有的地位，即便如此，江苏一些优秀工匠，通过自身努力，在重大的工程中崭露头角，在历史上留下了自己的名字和作品。如明初苏州香山帮的代表——蒯祥(1398—1481 年)，人称“蒯鲁班”，主持并参加明代皇室的重大工程以及皇陵的选址及建造。明北京宫殿和陵寝是中国古建筑的最高典范，由此可见蒯祥在建筑规划、设计及施工方面的才能，明景泰七年(1456 年)被提升为工部左侍郎。

明末造园理论家计成(1582—？)，江苏吴江人，他所撰写的《园冶》成为我国历史上第一部造园专著，流入日本后，对日本园林创作产生了深刻的影响。明末还有一部《长物志》，著者是苏州书画家文震亨，“吴门画派”文徵明的曾孙，该书较为集中反映了明代住宅、造园、家具、陈设、绘画、书法等方面的设计思想与理念，涉及面很广。《营造法原》是近代一部关于苏州古建筑的专著，系统地总结了明清以来苏式建筑的做法，著者姚承祖，世袭营造业，晚年为苏州鲁班会会长。现代国际建筑大师贝聿明，出自苏州贝氏家族，“狮子林”为其祖产，他设计的现代建筑中，吸收了苏州园林的特点。历代众多的工匠、文人、画家为江苏的苏式或苏派建筑的形成贡献了自己的力量，江苏的建筑在中国历史文化中占有重要的一席之地与他们的努力是密不可分的。

汪永平，南京工业大学建筑城市规划学院教授

自然、自觉与自我——浙江传统建筑文化的延续和发展

程泰宁　陈易

"浙"，"渐"也，水流曲折之意。"浙江"名称的来由，正因其地河汊纵横，丘陵起伏，所谓"七山二水一分田"。与中原地区平原地带的营造活动不同，浙江的山山水水对于浙江建筑，既是其生长发展的总体环境，也是其描摹、融合的对象。浙江建筑正是从适应自然的挑战中走出来，逐渐与自然的协调与融合，形成了"建筑是自然一部分"的建筑观，完成了建筑意识的自我觉醒，最终与"诗"、"书"、"画"等其他艺术一起形成了内省的、对自我体验的追求。这种从形式美的超越，转向意境、氛围和心态的表达，最终成为地域整体文化中的最亮色。

一

7000年前，与中原以"黍、麦"等旱地作物为主的黄土文明不同，浙江发展了完全不同的稻作文化，浙江的建筑传统最早也可追溯到这一时期。当时的先民们发展了干阑式建筑来适应浙江水乡泽国的地理特征，在河姆渡遗址中我们可以看到中国最早的榫卯结构(图1)，这正是浙江建筑发展的开端与源头。

图1

春秋战国，百家纵横思辩，发生在浙江大地的吴越争霸，成为千古绝唱，也为浙江人的文化性格定下了基调。诗人们反复吟唱的吴王宫、越王台现在都已不可考证。今天只能从当时诸侯陵寝的发掘中一窥当时建筑的风采。与中原大量的夯土高台陵寝不同，在绍兴发掘的印山越王陵就已经因山为陵，山就是陵，陵就是山。墓坑从山顶岩层剖开，长达100多米，内立40余米长的人字形墓椁，与中原的方形墓椁完全不同，是全国至今惟一的发现(图2)。

图2

秦汉年间，浙江还是杂处百越的蛮夷之地，到了晋室南迁，隐隐然江左豪族已经成为华夏文化的正统。风流潇洒的魏晋风度在草长莺飞的江南之地诞生了谢灵运的诗，二王的字，其风流飘逸，空灵见性的艺术终成绝响。兰亭，名士们的雅集之地，虽然经过了历代的维修、改造，但仍然能够一窥当时的风采。园内茂林修竹，清流蜿蜒，与自然山水相连，形成幽深而开阔，

自然又高华的意境，较之后来的苏州园林少了几分雕琢与俗气，与主人“仰观宇宙之大，俯察品类之盛”的胸怀，闲坐终日，悠然物外的潇洒成为情与意的合一（图3、图4、图5）。

图3

图4

二

魏晋的清谈培养了浙江的道家传统。佛家禅宗顿、渐二支的分流，六祖的南来，促进了禅宗在江南的传播，南宋宫廷确立的“五山十刹”制度，进一步确立了禅宗的社会地位，而其中的五山、七刹都位于浙江。南宋朱熹创立理学，明代王阳明创立阳明学派，正是在道学、禅学兴盛的基础上对儒学的应变与发展。在浙江的文化传统中，禅宗文化、道家的老庄之学与儒学相互影响，在浙江的文人传统中逐渐形成了外儒内道或外儒内释的特点。一方面儒家的经世致用仍然是社会的主导，而在个体的内在，以道、禅为基础的人的主体意识的觉醒，明显地反映于文学、绘画。而建筑，尤其是个人生活的私人空间，除了已经成为传统的顺应自然外，更注重内心的体验，从单纯的美，上升到意境、氛围与内心的契合上。

另一方面，历经隋唐盛世，浙江从边鄙之地成为国家的财赋重地，钱氏立国杭州，浙江比中原多享了几十年的太平，期间浙江建筑技术的发展隐隐然已经超越了中原。北宋年间，杭州匠人俞皓进京，则是南方技术对北方的反哺，最终促进了《营造法式》的勘定与颁布。到了南宋定都临安（杭州），浙江的建筑发展空前繁荣。在这一时期，不论是城市、宫室、庙宇，还是园林的建设（图6），对于环境的关照，对自然的尊重成为一种地域文化上的共识。五代钱缪营造宫殿时曾有术士劝其填塞西湖，在其上营宫室可以“王千

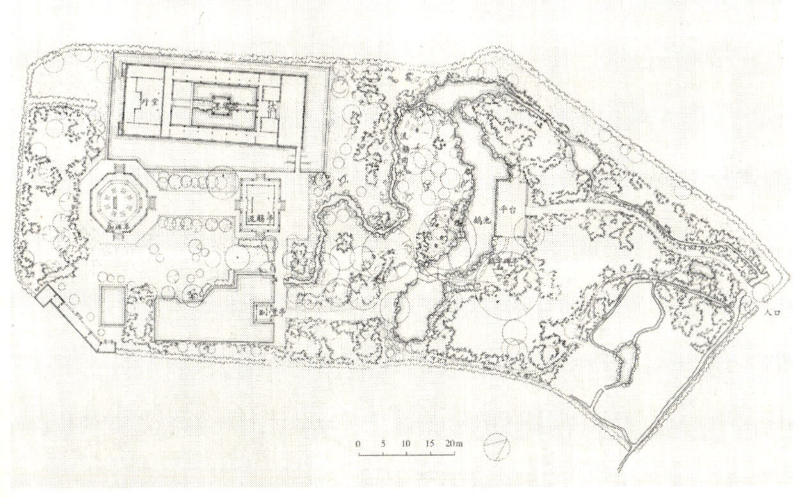

图5

南宋临安京城图（据《咸淳临安志》）

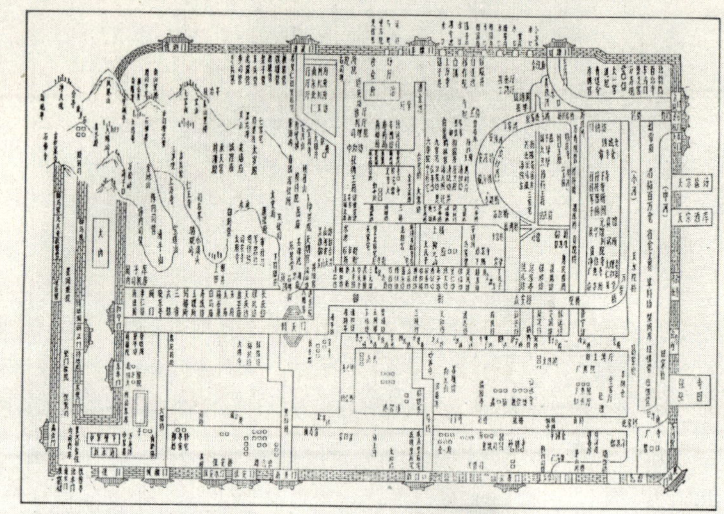

南宋临安皇城图（据《咸淳临安志》）

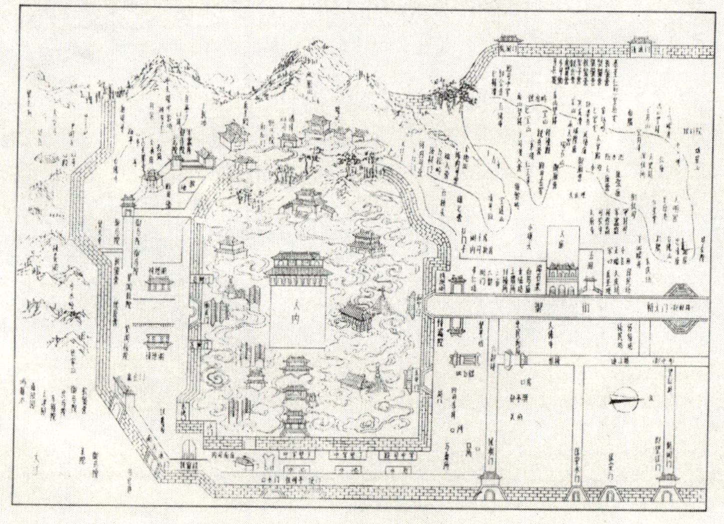

图 6

年”，而钱氏最终还是为我们保留了西湖。同样，杭州城的建设并不是完全遵循“匠人营国，方九里，旁三门，前朝后市，左祖右社”的定制，而是沿山势而修，呈南北长东西窄的腰鼓形。从今天所见的六和塔、保俶塔、雷峰塔来看，其选址和建设完全突破了简单的塔与寺庙的关系，而是从更大的空间范围上思考人工与自然的融合，成为画龙点睛的神来之笔。

明清以降，浙江的建筑文化已经形成了一整套与自然共存的法则：微观的单体建筑层面，具有相当的自由度，可以随意地组合。在院落的层面上一般会照顾到传统社会宗法、礼仪的需求，呈现出一定的几何张力。当院落之间组成村落、集镇时，则往往又是以河流、山脉、道路为脉络，根据使用要求，在顺应自然中有机完成。在传统市镇、村落的建设中，实用性的需求与景观的需要紧密地结合起来，真正做到了建筑的最高境界"因其地，全其天，逸其人"，即因地制宜，保全天趣，节省人力（图7）。不论是在浙北水乡的乌镇、西塘，还是在浙南山区的苍坡、岩头，都集中体现了自然环境与民间的世俗文化、耕读生涯中隐逸文人的审美情趣的统一和对理想环境的追求与改造。

图7

绍兴的青藤书屋（图8、图9），则更能表现传统文人的内心世界和精神追求。高高的院墙似乎想与尘世隔绝，室内"一尘不到"的匾额正是这种心情的写照。攀附于粉墙上的枯藤、随意散置的湖石，一如徐渭逸笔草草、狂放不羁的画风，抒发了主人的抑郁和不平。而"三间东倒西歪屋，一个南腔北调人"的楹联，更体现了主人的心态与环境创意之间的高度统一。

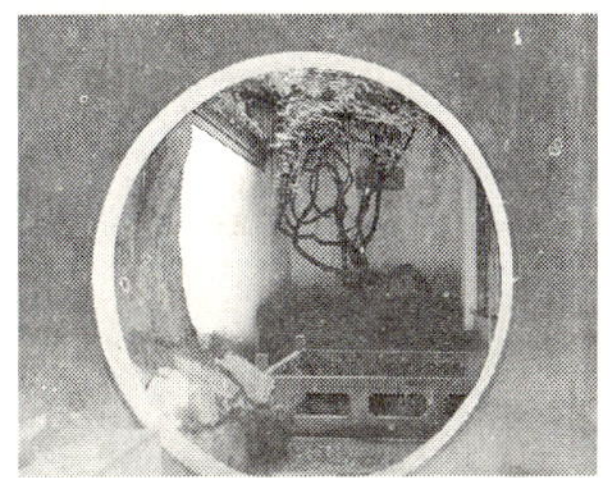

图8

图9

三

在整个传统社会的发展历程中，浙江建筑完成的从自然到自觉、从自觉到自我的历程，具有自身鲜明的特点，它从内容到形式都符合二千年来浙江传统社会的需要和审美旨趣。而来自西方近代工业文明的巨浪一下子打碎了旧式的田园牧歌，宁波、温州、杭州相继开埠，新的交通工具、新的市政设施、新的产业、新的生活方式一下子改变了城市的面貌。一方面旧的审美意识和价值取向仍然在发挥作用，另一方面社会又不断地提出新的要求，浙江近代建筑的演化正是在这茫然中寻找自我。

浙江建筑顺应自然，尊重环境的传统在挑战中艰难地前行，其文化中的灵活性与务实性培养了人们对新事物、新技术的开放心态，浙江有全国最早的、亚洲最大的灯塔——花鸟灯塔（图10），以及全国第一座自己设计施工的铁路公路两用桥——钱塘江大桥。另一方面深厚的文化传统又时时刻刻提醒着地域性的、文化的自我。

图10

图11

图12

图13

浙江近代建筑的演化正是在两个方面同时进行，一方面是在西方建筑的传入中自觉不自觉地吸收中国因素，另一方面是传统建筑采用新的材料、新的装饰元素，逐步演化，二者最终趋于同一。

胡庆余堂建于1878年，由当时红极一时的"红顶商人"胡雪岩创立。胡庆余堂的平面和外观沿袭了杭州传统的药店形式，不同的是为了扩大营业面积，胡庆余堂用当时国内还十分罕见的玻璃把第一进院落的天井覆盖起来，形成一个中庭(图11)。而玻璃顶棚的结构仍然是模仿中国木构屋顶的，采用横梁上立童柱的方法而没有用后来的"人"字屋架。从整体来说，胡庆余堂仍然是采用传统方法建造的建筑，但它微小的变化表现了传统建筑为了适应新的使用要求而产生的应变。

宁波江北天主教堂(图12、图13)，位于宁波市江北案新江桥北堍"三江口"北岸，整个建筑群由主教公署、本堂区及若干偏屋组成。教堂的平面是典型的拉丁十字式，入口正中是高耸的钟楼，长轴尽端是半圆的圣室。外观受当时欧洲哥特复兴的影响，带有明显的哥特建筑的细部，如入口门洞的多层线脚、尖券门洞和窗洞以及层层上收带有小尖塔的砖柱等等。值得注意的是教堂同时所运用的当地材料和形式，拉丁十字的短轴上覆盖的是中式的硬山屋顶，屋面用筒瓦；半圆圣室以中国的攒尖为结束，屋面材料用的是江南民居中常见的小青瓦，这使教堂又有某些浙江建筑的特点。

杭州"思澄堂"是浙江第一座从总体到细部都力图表现中国风格的基督教建筑。教堂的平面是典型的西方的十字形平面，外观上却表现出明确的民族风格(图14、图15)。入口两侧的一对塔楼被降低了，使教堂的屋顶暴露出来，短轴上的歇山顶与长轴上的硬山屋顶相交，成为建筑体形的主要表现。虽然中式屋顶在宁波江北天主堂就有应用，但是作为一种建筑造型的表现手段加以运用还是第一次。为了减轻教堂垂直向上的趋势，使之表现出中国建筑的水平线条，在双塔和建筑的入口加了一道水平的腰檐。角部做出起翘，用筒瓦覆盖。建筑的入口不再采用券洞透视门，而是出一个中式硬山抱厦。门窗的装饰也不再用西方的彩色玻璃，取而代之以中国的花格门窗。"思

图14

图15

澄堂"所表现的民族形式也不同于后来在20世纪30年代建筑中大行其道的"民族风格"。它没有以一个大屋顶去统领全局，而是强调各种体块屋顶的穿插交接，所以也没有"民族风格"的堂皇和一本正经。它是民间的、活跃的，受到浙江传统民居文化的影响。

此外，杭州还有大量近代名人名居：蒋庄、逸云精舍(图16)、史量才的秋水山庄(图17)、蒋庄(图18、图19)、杜月笙的寂庵、俞曲园的俞楼等近百处。这些住宅一方面反映了新旧交替社会的历史特点，另一方面又体现了主人个人的背景和修养。在这些建筑中，中西方建筑语言的运用相当灵活、随意，与上海、南京一些由专业建筑师设计建造的小住宅相比，这些结合可能显得幼稚、质朴，但是这种非专业的选择却反映了当时社会在建筑方面的一些审美需求。在近代浙江，这种民间的力量往往占据了主要的地位。

图16

图17

图18

图19

四

新中国成立以后，浙江城市建设发展迅速，现代建筑规模巨大，功能复杂，但是在建设的过程中对环境的尊重，对氛围和意境的表达仍然成为一些重要项目追求的目标。从20世纪50年代开始陆续兴建的西湖国宾馆、西子国宾馆、杭州饭店(图20)，都是地处西湖边的大型现代化宾馆，前二者改造自原来的私家园林汪庄、刘庄，在改造中完全尊重所处地段的景观敏感性，以散点的手法排布新建建筑，并刻意控制建筑体量，完全融入周边的湖光山色中。杭州饭店虽然是20世纪50年代的大屋顶"民族风格"，主楼长有100多米，最高处达6层，由于其立面采取了纵向分段、横向分层的处理，削弱了其体量，完全融入背后栖霞岭的映衬中。

20世纪80年代建设的黄龙饭店(图21)，摆脱了一般大中型宾馆的设计模式，借鉴中国绘画的"留白"，采用构成的方法，将580间客房分解成三组六个单元。并在统一的柱网网格上加以组合，形成一个既便于施工，又符合现代化酒店需要的平面框架，同时通过单元之间的"留白"，使自然环境和城市空间得到完全称渗透和融合。当顾客在华灯初上时进入大堂，透过若隐若现的庭院和水面，看到灯火辉煌的餐厅，宛如欣赏一幅立体而有现代气息的"夜宴

图20

图21

图 22

图 23

图 24

图”。当透过塔楼之间的空间看到细雨中的宝石山色时，又可以体会到传统水墨画的韵致。传统的意趣在现代空间中再生，无形形态的营造强化了建筑空间的艺术魅力。

在开放的城市尺度中，浙江建筑延续着对新事物的开放和创新。杭州铁路新客站（图22）率先完成了火车站从城市大门的象征意义到城市交通枢纽的转变，其高架广场、交通分流的处理成为在老城区保留火车站的理想的解决方案。宁波天一广场（图 23、图 24），位于传统街区内的商业中心，其室外空间不再是建筑的附属，而是从城市的角度成为解决人流的集散的要素。

1991 年建设的潘天寿纪念馆（图 25、图 26），原来是潘天寿的故居，对于它的改造延续了自青藤书屋以来的浙江文人庭院的内省和表达，并融入了现代展示建筑的功能。潘天寿故居，是20世纪40年代的青砖老楼；新建的精品陈列楼，也以青砖为外墙，高耸壁立，是一种别样的统一与静默。别致的水池将室内室外、新楼旧楼连成一体，水面清澈，风荷送香。楼前一块方形的草坪，正中央静竖着一块洁白的大理石，似碑似石，纯洁无暇，上面不留一字，是设计师留给人们去想像、猜测、回味的一笔。与纪念馆相邻，同一建筑师设计的中国美术学院新校区（图27），再一次使用了具有传统尺度和象征意义的青砖作为墙面材料，其平面空间构成相当现代和丰富，但在青砖及青灰钢构的控制下，建筑也再次完成了与环境和历史的对话。

2003 年开始建设的浙江美术馆位于西子湖畔（图 28），背靠着苍翠的玉

图 25

图 26

图 27

图 28

皇山麓，依山傍水，环境得天独厚。美术馆建筑依山形展开，并向湖面层层跌落。起伏有致的建筑轮廓线达到了建筑与自然环境共生共存的和谐状态。整个建筑，借鉴水墨画和书法的审美趣味，在起伏的天际线中隐喻水墨线条的动态和韵味。传统的规范和精神，加上了现代的抽象与变形，实现了古典与现代的细腻对话，人工与天巧的完美结合。它的造型也自然地流露了浙江建筑特有的韵味。隐喻粉墙黛瓦的色彩构成、坡顶穿插的造型特征在传神与继承之间融入了建筑的创作之中。钢、玻璃、石头，不仅仅是材质的对比，也有风骨的映衬。以黑色的铁描其轮廓，银勾铁划，线条精劲；以白色的石镂为其体，温润之中，不失空灵；以光彩夺目的晶体点缀其间，又成为光影变幻的丰富要素。方锥、水平体块的形体对比与穿插，使建筑充满强烈的雕塑感。 抽象、变形、随机的现代艺术手法与自然的环境、自觉的意识、自我表达的情怀实现了内在的融合，从而表达了美术馆作为浙江现代建筑特有的性格和艺术品位。

五

在对浙江建筑发展的回顾中我们看到，浙江建筑在各个历史时期展现出完全不同的形态和风格变化，但在这表象之上的却是对自然尊重和自我表达的坚持。江南传统的老庄哲学和禅学强调人的主体意识的觉醒，在它的影响下，浙江的传统建筑强调人的自我体验，把审美活动由视觉经验引入静心观照的领域，追求物我谐一、情景交融，在心物间寻求和谐与契合，甚至在更高的层次追求一种托物言志，形以寄理的精神世界。在这种追求中，物理时空淡漠了，使建筑摆脱形制和建筑主体意识的束缚，向更广阔的时空一心灵延伸，将人们引入一个超越有形形态的精神世界。近年来，现代浙江建筑如同国内其他地区的建筑一样，各种模仿和抄袭国外的建筑，形式主义盛行，表达了纷杂混乱的社会心态，但仍然有一些建筑希望能够表达浙江建筑一贯的精神和灵性。正是这些作品的坚持和创新使传统的浙江建筑的精神得到延续、继承和发展。这才是浙江建筑立足浙江、立足自我的未来之路。

程泰宁，中联·程泰宁建筑设计研究院主持人，中国工程院院士
陈易，浙江省古建筑设计研究院建筑师

徽州建筑纵横谈

朱永春

图1 明代版画《坐隐图》，反映了剧作家兼徽商汪廷讷的生活

徽州，亦称新安、歙州，概指明清徽州府及所辖的歙县、黟县、休宁、绩溪、祁门、婺源（今属江西省）6县。就文化圈说，还包括周边地区。明清两代，徽州在诸多文化领域领军全国，相继出现新安理学、徽派朴学、新安画派、徽州版画、徽派篆刻、新安医学、徽州工艺、徽州刻书……徽剧的四大徽班进京，演绎出后来的“京剧”。这一异彩纷呈的学术文化，被今人统称“徽学”或“徽州文化”。研究明清两代中国文化，不得不把目光投向徽州。徽学，也被认为是中国地域文化继藏学、敦煌学之后，第三门显学。

说到宋代以降的安徽古建筑，必大书徽州建筑。徽州建筑的耀眼，已使得其他都黯然失色。论安徽地域建筑的继承与鼎新，也必从徽州建筑谈起。因为惟徽州建筑背后，有“徽州文化”的支撑。

徽州之奇　信在拙古

——徽州山水与建筑

徽州建筑，离不开徽州山水，说徽州建筑，须从徽州山水开始。

清人赵吉士说：“江南之奇，信在黄山；黄山之奇，信在诸峰；诸峰之奇，信在松石；松石之奇，信在拙古。”（赵吉士：《寄园寄所寄》康熙刊本）如果接着说，徽州建筑，信在拙古，也是基本不错的。可见，徽州建筑与徽州山水，有很高的相关系数。

从地质构造看，徽州曾是“江南古陆”一部分。在遥远的古昔，多次地质构造运动，塑造了徽州独特的地理。作为徽州北部地形骨架的黄山山脉，素以

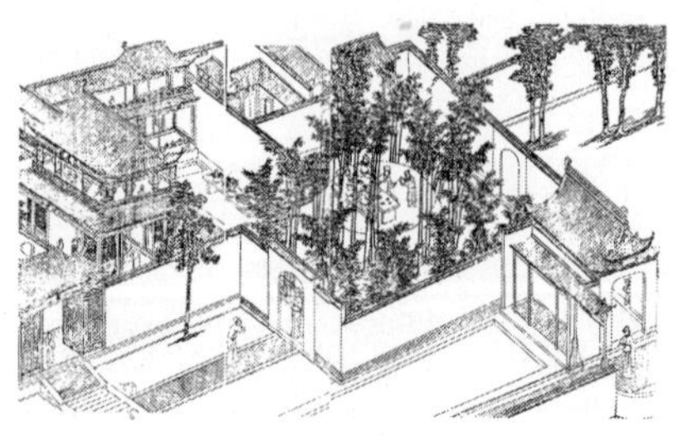

图2 《环翠堂园景图》局部
（左）紫竹林
（右）天放亭

"奇松、怪石、云海、温泉"四绝著称于世。徽州中部古称"白岳"的齐云山脉，崖壁直削，又直逼河谷低地。《齐云山志》称：因"一石插天，直入云汉"，故名"齐云"。尤其是，它的山体由红砂岩和砾岩互层组成，属罕见的"丹霞地貌"。黄山白岳声誉之隆，几成徽州的代名词。汤显祖有首写徽州的名诗："欲识金银气，多从黄白游；一生痴绝处，无梦到徽州。"句中的"黄白"，即是以黄山白岳指代徽州。此外，徽州东部有天月山余脉和白际山脉。西南向东走向的五龙山脉，为浙庐二水发源地，亦为《山海经》中记载的"三天子都"所在。

图3 歙县郑村的"贞白里坊"，是惟一可以断定始建于元代的牌坊

图4 歙县丰口四面坊，为立体牌坊，建于明嘉靖年间（公元1522—1566年）

徽州为新安江的发源地，主要河流多属新安江水系。如率水、黟水、练江、浙江、丰乐水、布射水等。此外，祁门境的阊江、婺源的古坦水、段莘水、横槎河、乐安河，属鄱阳水系。徽州山峦纵横，河流弯道多，河床窄，流速急，一些溪流从千米以上崇山峻岭直奔而下，汇聚成河，也形成了诸如山涧、峡谷、流泉飞瀑、浅滩等丰富的自然景观。

地理环境，是徽州建筑形成的主因之一。

首先，得天独厚的自然景观，既为村落园林化铺垫了基础，也是吸纳士族迁徙的重要原因。徽州素以奇峰、怪石、清溪、流泉、飞瀑古树、云雾称绝。自然环境决定了徽州建筑基本属"山地建筑"，更慷慨赐于徽州以他地难以企及的景观。中国风水术中理想村落环境模式，所谓"风水宝地"，是不易求得的，徽州却比比皆是。"山水奇秀，称于天下"（弘治《徽州府志》卷十一）。一方面，为徽州村落园林化铺设了基础。徽州很多村落，只是在自然景观基础上稍事修整，便达到"全村同在画中居"。明人文震亨以为"居山水之间为上，村居次之，郊区又次之"（文震亨《长物志》"室庐"）。徽州村落则大多能整体融于山水之间，达到居山水间与村居的统一。另一方面，徽州"人行名镜中，鸟度屏风里"的秀美山水，是吸引北方士族迁徙全此的重要原因。稍检徽州谱牒会惊异：很多名门望族的族谱在叙及宗族起源时，都在重复着相似的经历，即某某始迁祖偶然见此处山青水秀，慕之，遂举家迁徙。黟县西递胡氏、涧洲许氏，婺源庆源詹氏、桃溪潘氏、延村金氏，均可举证。

其二，自然环境对徽人性格的铸就、审美观的积淀，潜在地影响着徽州建筑风貌。徽州"山峭厉而水清激"的环境，塑造了徽人性格中刚毅、节俭、好义的基质，陶冶出平淡自然、率真拙朴的艺术旨趣。每每徽商积极捐资家乡建设，尽管有极复杂动因，但难以抹杀其人格中豪爽好义的因素。很难否认"山峻而水清，以故贤才间出，士大夫多尚高行奇节"（光绪《婺源县志》卷三·风俗）有几分道理。徽州山水对徽人艺术旨趣陶冶也是显而易见的，如徽州建筑"拙古"，很难说与黄山毫无瓜葛。

图5 歙县许国石坊，建于明万历十二年（公元1584年）

其三，万山环顾地貌所形成的屏敝，有效地减少了兵燹，尘封了若干早期建筑特征和古韵。今徽州地名中，仍然有大量"屏"、"岩"、"峰"、"尖"、

图6　棠樾村的石牌坊群，由7座石坊和1座路亭组成

图7　歙县郑村忠烈祠坊及两翼司农卿坊、直秘阁坊

"坑"、"坞"等字，它反映了徽州地貌中天然屏障之多。"依山阻险以自安"，这些天然屏障，有效地减少了兵燹，也是吸纳更多北方士族于此定居的重要原因之一。此外，也有利庐墓。在徽州是讲宗法世系的社会，重阴宅是可想而知的。

相对封闭的地理环境，文化上较为稳定，易于文化遗产的保存。"山限壤隔，民尚朴实"，"人尚古衣冠"，在此环境熏染下，徽州建筑基质难免倾向古朴守拙凝重。他地罕见的某些早期做法，在徽州建筑中延迟、冻结、尘封。徽州建筑中保留有诸如梭柱、月梁、木质、斜栱、上昂、驼峰、柱础等大量唐宋做法。

《环翠堂园景图》解读
——徽商与徽州建筑

《环翠堂园景图》是明代版画长卷，画卷纵24厘米，宽1486厘米。汪氏环翠堂原镌刻本，由版画收藏家傅惜华收藏。我是在友人张国标处见到原刻本的复印件，虽是复印件，还是被精心装裱了。画中描绘的，是汪廷讷的一座私家宅园的全景图，题名"坐隐园"。环翠堂是其府邸的堂名。汪廷讷，字昌朝，号无如，别署坐隐。他醉心于戏曲，著有《人镜阳秋》、《环翠堂集》等，算得上剧作家。他又是一个出版商，设有环翠堂书坊，自家刊刻书籍。早年，一度误以为环翠堂在金陵。因为实在难以想像，图中宏丽的景象，发生休宁汪村，一个远离都市的乡村。明代戏曲大家汤显祖，在环翠堂拜访过汪廷讷。汤显祖那首写徽州的诗，有人解读为，汤显祖多次未能应友人之约到徽州而发出的慨叹。也有人认为这是汤显祖要与腰缠万贯的新安大贾划清界限。但无论如何，只要汤显祖到过休宁，一切争议就没有多大意义了。而据汤显祖的《坐乩笔记》，汤显祖确实到过海阳（休宁县旧称）的，在那里拜访儒商汪廷讷，并一连数日，吟诗赋词，抚琴对弈。

图8　黟县南屏村叶氏支祠，五凤楼式屋顶。

《环翠堂园景图》是不可多得的徽商典型宅园的写照，对其解读，可了解徽商与徽州建筑的关系。对徽商价值取向，素有"左儒右贾"和"左贾右

儒”之辩。其实，徽商至终还是视“儒”，确切说是“仕”，重于“贾”。汪廷讷的官衔，就是花大价钱捐来的。徽商重“儒”的性质，决定了他们重“名节”而不恋“享乐”。大多徽商生活起居并不奢华，甚至有些节俭。建起第宅园林之所以费巨资，是因徽人素将“家”和“业”并称，作为成功的标志。“润身润屋”视为两美。他们希翼宅第园林，能提高身价，光宗耀祖，实现自身价值。也为徽商晚年构筑了一区颐养天年的空间，更为子孙备置一份不动产业。除宅第园林之外，徽商资金投入祠堂、社屋、牌坊、文会、书院、精舍、文昌阁、魁星楼、风水塔等家乡公益性建筑，而无一不是以振兴家族为目的。一个显而易见的现象：徽州建筑的发展与徽商的兴衰几乎同步，这一现象本身就暗示着两者之间存在内在联系。

图9　歙县呈坎宝纶阁。它原名“贞静罗东舒先生祠”。后进设阁，用以珍藏皇帝赐罗氏家族的诰命诏书等“恩旨纶音”，故易名

图10　黟县南屏村古民居

既然徽商为徽州建筑的主要捐资者，他们的德行、审美理想乃至生活阅历，不可能不在徽州建筑上留下印记。徽商重“儒”性质，使高扬封建伦理道德成为主要精神特征；徽商“贾而好儒”，广泛与文人骚客结交。如环翠堂中展现的汪廷讷结交汤显祖那一幕，明代的汪道昆、祝枝山、何震、董其昌……，清代的姚鼐、罗聘、邓石如、巴慰祖、梅清……，都曾为徽商的座上客。这样的名单可以轻易罗列出数百人。这种聚会，促进了绘画、版画、篆刻与建筑中砖、木、石雕技法上相互切磋，促进了“诗意”、“画境”与园林村落“意象”的融贯，当然，也极大地提升了徽州商贾的艺术鉴赏力。坐隐园中的“无无居士书舍”、“兰亭遗胜”、“紫竹林”、“洗砚坡”、“天放亭”、“百鹤楼”、“五老峰”、“洗心池”等景，就是这种“雅文化”的反映。

但我们仍须记起，商人文化本质的市俗性。强调士贾结交的作用，旨在突出徽商文化有别于其他商人文化的特征。但必须看到，无论商人文化怎样向“士文化”靠拢，吸纳了多少“雅文化”要素，其本质当是一种“逸性文化”，它重视感官刺激、讲排场、重实际，它喜欢直截了当的象征，而不甚关心隽永的“言外之意”。就拿座隐园来说，有“玄通院”、“善福庵”、“龙伯祠”、“洞灵庙”、“大悲室”、“观音洞”、“经藏处”、“清虚境”、“半偈庵”等等，简直儒、释、道无所不包，显然其象征意义远大于宗教虔信心。商人文化所占的不同比重，成为明、清徽州建筑文化面貌分层的主导因素。

厚积遗远　徽风古韵

——徽州的牌坊、祠堂和宅第

讲到徽州建筑，就不能不讲徽州的牌坊、祠堂、宅第，它们被称为徽州建筑的三绝。

当公路两侧不时有牌坊掠过，那准是到了歙县的地望。徽州的牌坊多，以歙县为最，至今尚有近百座牌坊；徽州的牌坊工艺精湛，也莫过于歙县。但这些拿建筑史眼光去衡量，都不足为训。歙县牌坊之林，能称绝当有三件，

图11　潜口民宅中典型的明代宅第之一

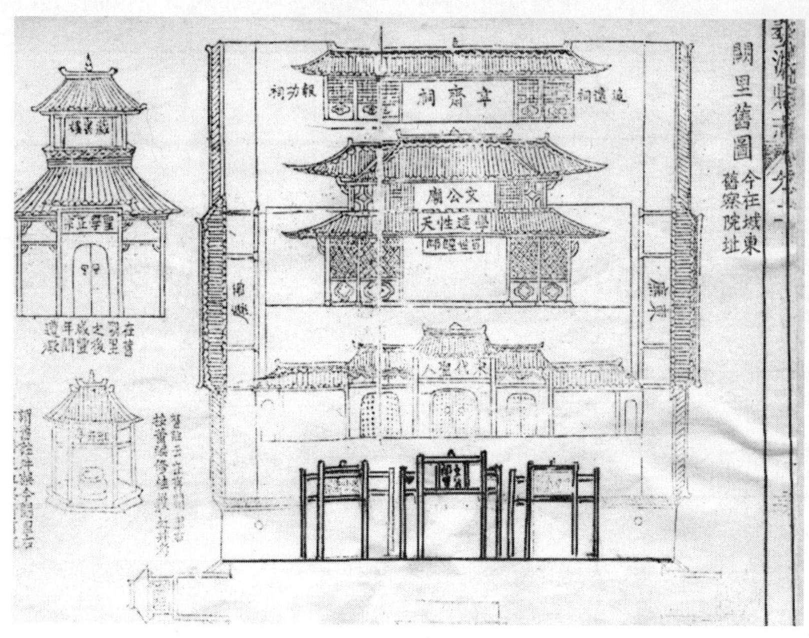

图12　光绪九年刻本《婺源县志》中的“阙里旧图”

它或许能让梁思成心动。其一，是郑村的“贞白里坊”。该牌坊旌表的是乡贤郑千龄一家三代，郑千龄曾为延陵、祁门、休宁等县的地方官，因为官清廉，誉为“贞白先生”。这是一座不起眼的“单间二柱三楼”小牌坊，却又是惟一可以断定始建于元代的牌坊。它的存在，将中国牌坊的起源，从明代提前到元代。石坊上镌刻的篆书“贞白里”，为元季监察御史余阙手笔；二楼正中字牌，刻有元代翰林院编修程文撰写的《贞白里门铭》，从中可知立坊原委；牌坊的雕刻，也是早期的高浮雕。总之，牌坊的所有证据都指向了元代。其二，是歙县的立体牌坊。徽州仅存的两座立体牌坊，均在歙县。一座是明嘉靖年间（公元1522—1566年）建的丰口四面坊，它由单间三楼牌坊围合而成。另一座，即位于歙县城里有名的许国石坊，建于明万历十二年（公元1584年）。许国，官至礼部尚书兼东阁大学士，所以又名“大学士坊”。这是一个四面八柱的立体牌坊，俗称“八脚牌楼”。这种形制在中国坊林中是孤例，它突破了普通牌坊“面”的局限，汇聚南北、东西两条轴线，赋予独特的环境艺术魅力。其三，是牌坊组群。坐落在棠樾村的石牌坊群，由7座石坊和1座路亭，沿入村弯曲的道路纵向展开。郑村的忠烈祠坊，则与左右的司农卿坊、直秘阁坊，横向一字形组群。本来，牌坊组群并不稀罕，论数量，黟县的西递村、泾县的查济村都曾有过十多座牌坊组群；论组群方式，婺源县甲路村的“丁”字路口，三面“品”字形组群更有气势。但在文革中，除了西递村留了孤零零1座作“反面教员”，其他都毁于一旦。历经浩劫后还能见到成组的牌坊，我想，梁思成也会为之感慨。

宗祠是徽州村落中最具规模的建筑，重视宗族血缘关系的徽人，无不以建宗祠修宗谱为急，不惜巨资。如果说，聚族而居是宗族血缘关系的表现形式，那么，祠堂就是这种关系的物化象征了。徽文化，是以儒家伦理价值观为主体的传统文化蕴育和发展的结果，儒学对徽州建筑形态构成的影响，首推规范了一套礼制系统和秩序。而这套礼制系统和秩序，又聚焦于祠堂。于是，徽州建筑，以宗祠最为宏丽。它用材硕大，雕饰精美，常冠以民间最高等级屋顶——五凤楼式或歇山式。徽州建筑，也以祠堂最为庄重森严，常常有局部的轴线，堂前有俗称"坦"的场地。"邑俗旧重宗法，姓各有祠，支分派别，复为支祠。"(民国《歙县志》卷一，风俗)。典型的徽州宗族结构是全族设一族长，族下按血缘亲疏分为若干分房，设房长，分房领有数个至数十个家庭。而徽州祠堂，几乎为家族结构的对应物。一姓设有宗祠(总祠)，下设若干支祠，支祠领有家祠。家祠通常并非每个家庭独立设祠，而是在宅第前厅堂正中隔断垂祖先遗像，作为常年祭祀和礼仪场所。家祠的存在，将徽人日常行为规范以儒学的礼俗。也使宅第，这类数量上占有绝对多数的建筑类型，纳入礼制系统。宗祠、支祠、家祠，内部布局恪守"长幼有序，男女有别"的礼制格局，形态尺度也有等级秩序。

图13　歙县竹山书院文昌阁

徽州祠堂之冠，要算歙县呈坎宝纶阁。它原名"贞静罗东舒先生祠"。后进设阁，用以珍藏皇帝赐罗氏家族的诰命诏书等恩旨纶音，故名"宝纶阁"。后约定俗成，用以称整座祠堂。古祠前后三进，由影壁、棂星门、左右碑亭、正门、两庑、露台、大堂、寝殿、女祠等要素组合成。寝殿宝纶阁是该祠精华，台阶、扶栏的望柱均饰以浮雕石狮。11间，但以尺度的变化，分成3个三开间，加2个楼梯间联贯而成，避免民间厅堂的禁限。楼阁为歇山顶。特别是它的平面以"席"的模度，其渊源可以上溯到周人明堂的"筵"。这是一座极不寻常的祠堂，建楼阁收藏"宝纶"的用心，是借建筑这种无声的语言表达显贵，使之百世流芳。它的宏阔壮观、硕大的用料、"席"为模度的古制，在祠宇中实属罕见。

徽州宅第的主要特征，概可用天井、马头墙、楼居概括。天井是徽州住宅平面布置的核心，张仲一等据此总结为"凹"、"口"、"H"、"日"四类基本平面形式，其他都可看成其变体或组合(张仲一等.徽州明代住宅.建筑工程出版社，1957)。马头墙的运用，使宅第的外部形态融入了马头墙的节奏，屋顶退居到次要地位。徽州早期的宅第，普遍采用楼居，大多为两层，亦有3层，如今黟县屏山舒桂林宅、歙县方春福宅。这是因为，徽州宅第源于干阑式建筑，为了防洪、防潮和虫蛇伤害，干阑式建筑底层架空。随着抵御自然侵害能力的提高，底层功能才逐步扩大。

图14　江西流坑宅第门罩上的傩面具。流坑董氏唐代由徽州近徙至江西

图15　徽州祁门县余庆堂古戏台

从文公阙里谈起

——徽州人物与建筑

说徽州建筑，不能撇开徽州人物。影响徽州建筑的人物，首推朱熹。朱

熹谥号“文公”，祖籍在徽州婺源。宋理宗为婺源的朱子阙里题额“文公阙里”，镌刻在朱熹故里的坊门，一直保留到清代。以后，“文公阙里”，喻指婺源，更泛指徽州。如果再上溯，朱熹及程颢、程颐的先世祖居，都可追溯到歙县的篁墩，所以，徽州人也把徽州冠以“程朱阙里”。篁墩曾有座“程朱阙里”坊。

图16 徽州婺源阳春戏台（局部）

先谈朱熹与徽州的书院。徽州书院，虽然始于北宋景德四年（1007年）所建的绩溪桂枝书院，但北宋时徽州书院屈指可数。直到南宋，到朱熹于淳熙三年（1176年）、庆元二年（1196年），两次回婺源省墓，讲学徽州乡里之后，文人创办书院的风气盛行开来。至今，徽州人为纪念这位同乡大儒，在孔庙偏东立朱子祠成了规矩。

朱熹对徽州的影响还远不止此，徽州谱牒多有类似这样的文字：“我新安为朱子桑梓之邦，则宜读朱子之书，取朱子之教，秉朱子之礼，以邹鲁之风自持，而以邹鲁之风传子若孙也。”（[清] 吴青羽：《茗州吴氏家典》，雍正十三年刊本）惟朱子“书”、“教”、“礼”，并以此风自持，正是徽文化的主要特质，它融于徽州建筑，就有了徽州建筑所暗含的宗法伦理道德秩序。

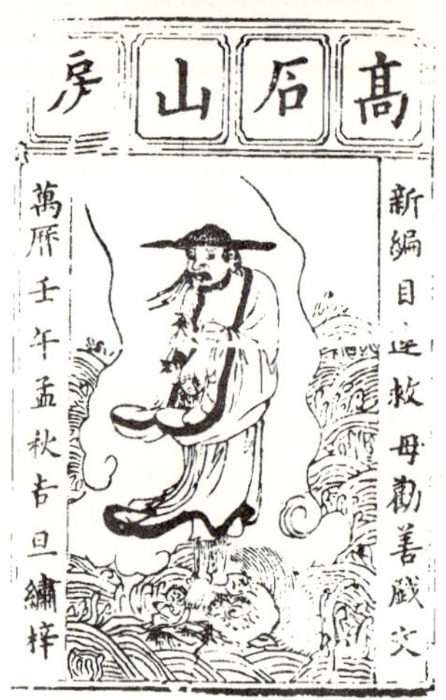

图17 明《新编目连救母劝善戏文》插图，目连戏是徽州影响最大的一出傩戏

在徽州，人物可以引出建筑，建筑又牵系着徽人。如汪华与汪华祠、罗愿与呈坎“双贤里”、郑玉与婺源师山书院、胡宗宪与绩溪胡氏宗祠、许国石坊、戴震故居、曹文植与紫阳书院、巴慰祖与渔梁小镇、胡适故居、陶行知与崇一学堂、黄宾虹与潭渡宾虹亭……

傩 · 古戏台 · 门罩

——徽州民俗与建筑

在徽州，有一种叫“傩”的民俗，与建筑关系甚密。

傩为古人驱疫逐鬼的祭祀仪式，约略形成于商周。早期记载见诸于《礼记·月令》、《论语·乡党》、《吕氏春秋》等史籍。由傩祭进一步发展成傩舞、傩戏以及诸多民间祭神赛会活动。要唱戏，得有个台，早期的傩戏台是流动的，称“抬阁”。它是木制的四方形有护栏的平台，约略1.5平方米，由四人杠抬。清人赵吉士《寄园寄所寄》中所载的：“万历二十七年，休宁迎春，共台戏一百零九座。”其中的“台戏”，指的就是抬阁。抬阁只有亮相的角色，谈不上“演”。随着傩戏剧情的复杂，需要更大的戏台。先是临时搭建的台子，再往后，就有了固定的戏台，这大概是江南一些地区将固定戏台称“万年台”的原委。

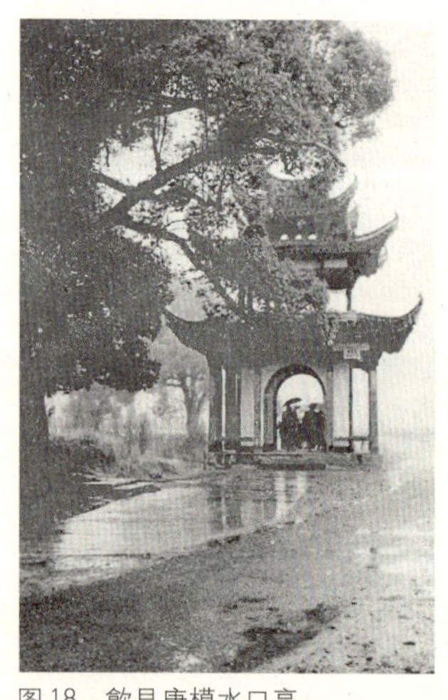

图18 歙县唐模水口亭

纵观傩仪的演进过程，有一由酬神祈福，向娱人方向发展的历程。而娱乐性重视，是增进了建筑的世俗性的捷径，它主要通往建筑雕饰化体现。舞蹈凝固，便成了雕塑。如傩舞中重要的神祇的动作、魁星、钟馗，被定格为建筑雕刻。傩戏本身也可作雕刻题材之一，如徽州最普遍的《目

连戏》，就常用于雕刻。戏台浓重的娱乐色彩，使其成为雕饰最精丽的建筑类型。

傩祭与徽州建筑更密切的联系，要算门罩。徽州民居常有雕饰精美的门楼、门罩，一般的解释是，徽商既想以宅第显贵，又不敢在规制上破禁限，于是在精丽的雕刻上找出路。实际上，门楼和门罩的起源，远早于徽商崛起的明代，它是上古门祭的遗风。《吕氏春秋·季春纪》："国人傩，九门磔禳，以毕春气"。即是说，在行傩时于城之三方九门磔牲，以驱逐不祥之疫。傩仪一般戴有面具，最初将其放在门头驱邪，渐进演化成门罩。今江西流坑，仍有将傩面具（当地称作"吞头"）雕于门头以避邪的习俗。

傩祭还是调整环境阴阳的重要手段。傩仪中有两个非常普遍的傩神——"将军"和"土地"，"将军"表示阳，"土地"示阴。通过"将军"克"土地"或相反的傩仪，达到调整环境的阴阳。徽祁门县芦溪汪村，将军被视为善神、土地为凶神，傩舞主题是"将军杀土地"。而与汪村仅一河之隔的张村，傩舞的结局却是"土地杀将军"。这并非阴差阳错，因为汪村在河的南岸，山的北麓，译风水当属阴盛。故傩舞以阳神将军杀阴神土地，以抑阴导阳。张村地理形势适得其反。

图 19　黟县宏村月沼

图 20　新徽派建筑：黄山云谷山庄

新徽派建筑
——徽州建筑的继承与鼎新

新徽派建筑，包含两种既相互联系又明显区别的类型。

一类是原徽州地区"赤脚建筑师"自建的新民居。早在20世纪80年代初，这类新民居初见端倪时，就有学者敏锐地发现，这些新民居"和老房子差不多，'徽州味'很浓：村溪水街存在，粉墙青瓦马头墙存在，堂屋保留着，天井或小院也有。但细看起来，它与旧民居又有很多不同……新旧民居比较起来，既是一种相承，又在变化"。并肯定这"是进行革新和探求一种新的出路的变化"（单德启·村溪·天井·马头墙.载《建筑史论文集》第六辑清华大学出版社）。此类新民居是徽州建筑在当代的延续。事实上，徽州建筑的形态一直在生长变化的，在大体一致的徽风下，可以见出明代到清代徽州建筑文化面貌上微妙渐近的变化。清末民国，受西方建筑浸染，徽州建筑发生了一系列变异。新民居的积极意义在于，它既维持了古徽州村落整体的风貌，同时又为新乡土风格建筑创作提供了可资借鉴的素材和启示。但这类新民居多出于自发，良莠不齐，还有待于进一步提炼。

新徽派建筑的另一类，是建筑师自觉地以徽派建筑传统为原型的一种创作活动。从现有资料看，早在20世纪初，芜湖内思工业学校教学楼在运用近代材料、结构的同时，就吸收了徽州建筑的形态要素：它依坡地布置，采

图 21　新徽派建筑：合肥琥珀山庄南村

用不同的层高。内设大庭院，以变异的封火山墙形态代替屋顶。这类建筑的传播范围并不限于徽州，参与者也既没有固定的群体，也不像时下“岭南派”、“新唐风”有大师级建筑师支撑。这无疑影响了对它应有的关注。但在徽州文化深厚的底蕴感召下，仍不断有建筑师加入到“新徽派”的行列，并取得了不应忽视的收获。分析1980年以后新徽派建筑，可以看到四条主要探索途径：

其一，徽州建筑形态语汇的借鉴与革新。徽州建筑在长期发展过程中，形成相对稳定的形态，如高墙封闭的直线形体、马头墙、门罩等，它们已成为徽州建筑的标志。对徽州建筑的探索，当然不能绕开它们。合肥九狮商厦是较早尝试将徽州传统民居形态运用于现代商业建筑的范例，作者谙熟于徽州建筑形态构成。作品将徽州建筑的马头墙和门罩简化和精确化，使之适应现代材料与技术。商厦的尺度虽大于徽州民居，但却呈浓郁的徽风。作品朴实大方，准确捕捉到徽州民居的神韵。皖南事变烈士陵园及纪念碑设计，则在徽州民居形成“纪念性”方面作了探索。皖南事变的发生地泾县与徽州接境，属徽州文化区。显然，吸收徽州民居的形态，可以点明事变发生的环境，也能与皖南民居取得某种呼应。但不言而喻的是，传统徽州民居的轻盈精巧不利于表达纪念的凝思。作品吸收了徽州马头墙、粉墙、黛瓦等形态要素，甚至包括月梁、雀替等细部要素。同时，又“扬弃”了不合适的雕饰，对徽州传统语汇净化，并提高量感改善质感，创造出既含徽州民居余韵，又凝结着纪念凝思的石阙、神门、纪念廊、纪念柱等。合肥琥珀山庄为一现代居住小区，设计者对徽州传统形式语汇又有一番理解：在保留徽州建筑群跌宕起伏的神韵下，对马头墙、坡屋顶大胆加以简化。设色上，以红色取代徽州民居传统的黛瓦，以适应当代审美情趣。此外，黄山云谷山庄，合肥城隍庙步行街，也程度不同地吸收了徽州民居形态要素。

其二，徽州建筑组群布局的借鉴。顺应自然山水形势和脉络布局、组群，是徽州建筑特色之一。它的优点是：建筑与环境有机统一，形成富有特征的空间序列，同时能最大限度节省用地，这当然引起当代建筑师关注。黄山云谷山庄坐落于黄山云谷寺景区，山庄布局时，对原地貌相形度势，沿溪流边布置若干大小不等的庭院。山庄建筑多为两层，局部3层，这是徽州建筑常取的层高，较容易与环境亲和。山庄依地形跌宕，最多高差达7层。风景区古松、巨栎都尽可能保留。得景随形，使之成为山庄的景点。如果说，黄山云谷山庄有地处黄山风景区的特殊因素，合肥琥珀山庄小区和皖南事变烈士陵园的设计，则表现出吸收徽州建筑布局的主动性。琥珀山庄地形狭长，高低起伏，最大落差约15米。规划设计中因地制宜，形成道路网、沉降广场、以水景为主的游园和住宅群。自然流畅的主干道将各组团贯通，形成一有机整体，并于主干道两侧设带状绿化带。而皖南烈士陵园则“着眼于纪念性环境空间的塑造。依就自然地形，或圆或方，或大或小，随形附势地进行平面和空间布局。从陵园入口到主题广场、神道、纪念广场的主轴线，也是随着山势走向，借助山势转折上升……以致使整个山岗作为一个有机整体来经营规划，创造一个层层递进、雄浑含蓄的纪念性空间序列，和周围的风景区的环境风貌相互协调，融为一体，相得益彰"（张文起：皖南事变烈士陵园及纪念碑设计《建筑学报》1994.12）。

其三，徽州建筑类型、构成要素及规则的提炼。这类建筑尝试聚焦于徽州建筑天井、内院、廊、坊、照壁等类型特征，以及直线形态、局部轴线等构成要素规则。注重一种较深层因素与徽州建筑的关联，不在意外观与徽州建筑是否相近。如歙县博物馆，初看采用的是纯净的现代建筑语汇。细审之，还是与徽州传统建筑有关联。且不说作品从徽州建筑中汲取了天井、院落、廊、池、坊等类型要素，其方形母体也是从徽州民居中提炼的。作者认为："徽州民居的形式上，以直线的面构成体，相似于现代几何体构图……常是天井的三合院或四合院。严谨和自由相结合，院落中常对称，正反相抱的精神内核"，可以"在形体上对传统的形式加以异化，赋予传统情趣，现代气息"（王绍森：广义理性的建筑创作《新建筑》1994.5）。合肥七桂塘市场，则"层层退台，斜台屋面花池的处理犹如皖南民居的屋面，中心庭院成为皖南民居天井的扩大"。作者试图"使现代商业建筑中富有皖南民居的内涵"（徐庆庭：合肥七桂塘市场设计《建筑学报》1994.5）。

其四，"场所精神"的探索。在当代建筑师强调以人为本的设计理念，将传统以"空间"为重点的建筑设计转向以人为本的"场所精神"时，人们发现，徽州民居实际上是徽人生活的包装，它在满足人的生理、心理和社会需求方面，如交往、归属感、私密性等，有很多值得借鉴的地方。1993年竣工的琥珀山庄南村规划，已注意到"把握住以人为中心的思想，根据现代人的生活模式设计"，以后的琥珀二期工程及最近完成的黑池坝、琥珀潭景区，都是循着一思路展开的。

朱永春，福州大学建筑学院教授

福建建筑的地域特色

黄汉民

福建省地处我国东南沿海，全省地貌以低山丘陵为主，连绵的武夷山脉是福建省与江西省的分界，它挡住了西北的寒流，使福建的气候自成单元；福建的河流绝大部分在本省发源并在本省入海，故福建的水系也自成单元。因此，在地理上福建省犹如陆上的"孤岛"与大陆相对隔绝。

历史上，西晋以降北方改朝换代的动乱，促使中原的汉人陆陆续续南迁。他们与福建古代闽越族人的融合，形成了福建人的主体，使唐宋时代中原的文化在福建这个相对封闭的环境中积淀下来。因此在福建省可以发现诸多唐宋中原文化的"活化石"，这种现象在福建的传统建筑文化中也有生动的展现。福建的传统建筑积淀了唐宋中原建筑的形式与风格。

福建省内的主要山脉是南北走向，福建的江河却是东西走向、并切割丘陵流入东海，形成诸多的崇山峻岭和激流险滩，使省内交通联系极其不便。福建的方言十分复杂，省内互相听不懂的方言竟有三十种之多。交通不便，语言不通，使福建文化被天然划分成无数亚文化区，因此，福建各个地区的传统建筑表现出极大的差异和明显的个性：聚族而居、规模巨大的福建土楼形式之独特，在世界上绝无仅有；闽南建筑的红砖文化，在中国独一无二；闽东建筑曲线型封火山墙形式之丰富，在大陆首屈一指；福建沿海及海岛上的石构民居独具一格；福建建筑石雕、门窗漏花和剪粘装饰之精美，在国内无与伦比……福建的传统民居一个地区一种形式，几乎一个县市一个样，各具特色，很容易识别。福建传统建筑形式之丰富、特色之鲜明在国内罕见。

一、福建传统建筑文化的特性

福建传统建筑文化是丰富的、多层次的。多样性、神秘性、乡土性、独创性、开放性、炫耀性和辐射性这七个方面，可以对福建传统建筑文化的特性作一个较为完整的勾画：

（一）多样性

福建传统建筑的多样性在传统民居中表现最为突出，形式独特的福建土楼是汉畲文化在特定历史地理环境相互撞击而产生的特殊民居形式（图1）。

图1　永定县下洋镇初溪村土楼

福建的土堡民居则是历史上盗匪、红夷、倭寇肆虐的产物(图2)。闽南红砖民居具有鲜明的海洋文化的印记，是东西方和阿拉伯文化兼容并蓄的结晶(图3)。满装饰的莆仙民居明显可见华侨文化的影响。清水木构的闽北民居，是山林文化的写真，又是书院文化的延伸(图4)。闽东民居多姿多彩的特色则是多种文化交织的产物。

福建传统民居的类型多样：有土楼，有土堡，有大小合院式住宅，有骑楼式商店住宅。福建传统民居的平面型式也丰富多彩。福建土楼有圆楼、方楼、五凤楼、半月楼以及种种变异形式(图5～8)。传统民居有一字形、三合院、四合院等平面形式。同是合院式民居，在闽北、闽东是纵向多进式，在闽南、闽西则是横向护厝式(图9)。泉州的"手巾寮"和漳州的"竹竿厝"则是以超大的进深构成前店后宅式民居典型的福建特色。

福建传统民居的建筑装饰也是丰富多彩、形式多样。以闽南民居"大脊头"做法为例：或"马背"或"燕尾"，形式多样。同是"燕尾"式脊头，在

图2　永安安贞堡

图3　红砖红瓦的闽南传统民居(泉州市亭店杨阿苗宅)

图4　木结构民居

图5　永定县湖坑镇振福楼

图6　方楼

图7　南靖县书洋镇五凤楼

图8　半月楼

图9　横向护厝式民居

图10 “马背”形式

图11 “马背”形式

图12 福清市民居山墙

图13 闽清县歧庐防火墙

闽南各县市或粗壮或细巧都有各自约定俗成的模式。“马背”式脊头的轮廓线因地域而异变化更多，其方圆曲直各有隐喻（图10、11）。闽南民居山尖上浮雕式的悬鱼又称“归垂”，其装饰花纹变化无穷，均为象征吉祥的器物花草图案，起到了画龙点睛的作用。福建闽东民居的风火山墙分为“金木水火土”五种形式，变化极其丰富（图12、13）。

福建建筑门窗漏花形式极其多样，或卡榫圆案或木雕花饰，以各种吉祥图案组合，构图变化繁复，各地做法不同、风格各异（图14～17）。闽南民居建筑的梁枋、叠斗、雀替、鸡舌等构件上的木雕彩绘极其精细，且色彩浓艳，而闽东民居建筑则是清水木雕质朴素雅，显现出各自的地域特色（图18）。

（二）神秘性

中原传统建筑都是用灰砖建造，三国两晋后，“中原板荡”，中州八族入闽，同样是从中原迁来，定居在闽北、闽东的仍用灰砖建房，为什么迁到闽南会出现红砖民居？闽南民居的双曲屋面，脊部高耸两端翘起，它与闽北闽东民居平缓的坡屋面和近乎直线的屋脊又是如此不同，这是唐宋时期中原建筑形式的积淀呢？还是海洋文化的产物？闽南的红砖建筑以及剪粘装饰与欧洲的红砖建筑以及类似的装饰手法可以拉得上亲缘关系吗？闽南民居墙面的红砖组砌、贴面、镶嵌与西亚阿拉伯建筑满装饰处理之间有什么联系吗？

福建土楼尤其是福建圆楼为什么要建成圆的？闽南的单元式土楼与闽西客家人的通廊式土楼外观相近，但平面布局全然不同，到底它们是如何产生、如何发展的？到底哪一种出现较早，又是怎样相互影响的？如此等等，一连串难解的建筑文化之谜，既充满神秘色彩又诱人深入探究。

图14　各地不同的门窗漏花形式(闽北)

图15　各地不同的门窗漏花形式(闽南)

图16　各地不同的门窗漏花形式(闽东)

图17　各地不同的门窗漏花形式(闽北)

图18　尤溪县桂溪村民居梁架雕饰

(三) 乡土性

地方材料的巧妙运用更突显福建民居的乡土特色。福建传统民居仅外墙的用材各地的差异就极大：福建土楼用夯土外墙；山区的民居完全用清水木板作外墙(图19、20)；闽北闽东民居用清水灰砖空斗墙体(图21)；福州民居是一律的白粉墙；闽南民居则是红砖墙；沿海或海岛上的民居完全用花岗石作外墙。

福建沿海岗峦成山峻岭皆石，这里盛产的花岗石材质均匀强度很高，这使得拱券结构在福建未能充分发展，因为采用石梁结构完全可以满足民居建筑的要求，而且加工建造又相对简便。在惠安县沿海不仅民居梁柱用石头，楼梯、门窗框也用石头，不仅外墙用石头，室内隔墙也用石头，不加任何饰面(图22)。花岗石墙面的砌法也多种多样，青石白石相间砌筑形成色彩的对比、蜂泡石与规整石并用形成质感的对比、顺砌与丁砌相交替，这些都表现出结构技术与建筑艺术的统一。

石塔是福建传统建筑的一大特色。闽候尚干的雁塔，建于南北朝距今一千多年，塔高10米，七层八面，完全是花岗石仿木结构。泉州开元寺的东、西塔更是名声显赫，东塔始建于唐咸通六年(公元865年)，两塔都是花岗石仿木楼阁式建筑(图23)。福州崇妙保圣坚牢塔则是五代所建，也是花岗石结构，八角七层仿楼阁式。

图19　永泰清水木构民居

图20　尤溪县木构民居

图23　泉州开元寺仁寿塔（西塔）

图24　泉州市安海镇安平桥

图25　闽南传统民居精美的石雕装饰

图26　漳浦县锦江楼

图27　泉州开元寺

图21　宁德市七都民居

图22　惠安屿头石结构民居

福建的石桥首推泉州市安海镇的安平桥，它始建于南宋绍兴八年（公元1138年），全长2235米，是我国古代首屈一指的梁式长桥，素有"天下无桥长此桥"之誉（图24）。

石材的运用形成福建特有的石文化，体现了福建建筑鲜明的乡土特色，表现了福建人对石头特有的感情。人们不仅是用石头建房，而且用石头表现他们的喜好，抒发他们的情感，以至于侨居海外的游子思及家乡的石头也会魂牵梦萦。

此外，莆田、惠安的石雕艺术驰誉中外，特别是惠安的青石雕，不仅雕工精细，而且对人物、鸟兽、花卉的刻划都达到了栩栩如生、出神入化、惟妙惟肖的境地，赋千钧顽石以永恒的艺术生命，达到很高的艺术水准（图25）。

以夯土墙、土坯墙作建筑的围护结构全国到处可见，可是以夯土墙承重建造高楼大厦则是福建一绝。直径几十米甚至上百米，高十余米的巨大圆土楼是传统民居的奇迹。漳州沿海的土楼还在夯土中加入红糖水、糯米浆，夯出的土墙坚硬如石，不惧台风、不怕雨淋，因此沿海的土楼不做像永定土楼那样巨大的出檐，而是取女儿墙式，它以其古堡式的造型，与永定土楼显著区别，突显乡土特色（图26）。

福建的寺庙建筑，平面布局规整，严谨对称，以泉州的开元寺和福州的涌泉寺为代表，宽阔的敞廊围合成庭院，以及依山就势层层跌落的布局是其显著的特点，从而形成福建寺庙鲜明的乡土特色（图27）。

福建的廊桥更突显地域特色和乡土气息。福建廊桥的类型多样，有石拱廊桥，梁式廊桥和木拱廊桥等等，尤以酷似"清明上河图"中虹桥的木拱廊桥著称。其结构奇巧、形式优美（图28）。仅福建的寿宁县就保存19座木拱廊桥。

（四）独创性

福建土楼是世界一绝，自不待言。闽南护厝式民居也是独树一帜，其平面布局与其他地区多进式布局全然不同，它是在四合院的两侧各建一排、两排甚至多排护厝、左右拼接沿横向发展，用过水房相连。这种布局为护厝中的卧房创造了阴凉舒适的居住环境，这是适应闽南气候特点的产物。

闽南建筑外墙用面红砖组砌和拼贴的做法、利用彩色碎碗片粘贴的"剪粘"装饰是当地特有的装饰手段(图29)；泉州地区砖石混砌的"出砖入石"墙面(图30)，据说是1604年当地8.1级地震造成大破坏之后，就地取材创造的一种新的墙体形式。这些都突显福建传统建筑文化的独创性。

图28 武夷山市木拱廊桥——余庆桥

图29 闽南传统民居"燕尾"和"归垂"的"剪粘"装饰

图30 泉州民居"出砖入石"的外墙

（五）开放性

福建沿海多岛屿、港湾，为海上交通发展创造了理想的条件。自古以来泉州港与南海诸国往来密切。从波斯、印度和东南亚诸国，沿着海上丝绸之路而来的各国使节、商人、僧侣和传教士将西方和南洋的建筑文化带到了福建，使福建民居明显地刻上外来文化的印记。中西合璧成为福建沿海民居的一大特色，尤其在沿海的侨乡，诸多中西合璧的"洋楼"，其平面布局仍然是传统的四合院，既保留了适应中国传统生活习惯和伦理观念的布局模式，又吸取了西洋建筑的处理手法，如利用屋顶平台作为活动空间，增加外廊等等，使内向的民居增加了外向的因素，其平面布局也有不对称的，但宅内的祭祀场所完全保留，其中心地位仍明显可辨。在立面处理中采用西式柱廊、瓶式栏杆，在窗盖上吸取东南亚等地的做法，但山墙处理仍保留地方传统的形式。从平面到立面，中西处理手法融为一体(图31)。即使在最具地方特色的福建土楼中，其石砌圆拱门也是西洋文化影响的痕迹。

厦门集美学村中的近代建筑，其闽南式的屋顶、西洋式的墙身是近代中西合璧式建筑的典型，形成了福建特有的"嘉庚式"建筑风格(图32)。

中西文化交流、碰撞的结果，使得福建传统建筑在继承传统的基础上又有所改进、有所创新，创造了颇有特色的中西合璧式建筑。在这种建筑形式中，不同的建筑语言并非简单地叠加与拼凑，而是经过一定的心理意识选择，从而达到有机的融合。综上所述，可见福建的建筑文化较内地有明显的开放性，对外来建筑文化既不拒绝又不照搬，而是大胆引进并加以改造利用，达到发展创新的目的。

（六）炫耀性

由于福建沿海的地理位置以及古代海上交通的发展，使得福建人多出洋谋生或出外经商，能衣锦还乡以荣宗耀祖是他们最高的追求，这种社会的群

图31 中西合璧的石狮市传统民居

图32 厦门大学"嘉庚风格"近代建筑

体心态强烈地反映在福建沿海的民居建筑上。在福建侨乡，华侨富商衣锦还乡新修屋宇不惜巨资，他们实际上并不注重于住宅内部使用功能的改善和设备的更新，而是竭力追求建筑的规模与气派，注重炫耀外表装饰，以此达到一种心理上的满足。尤其是莆田、仙游的民居，过分堆砌地装饰：木雕、石雕、砖雕、泥塑、壁画和瓷砖贴面共用，圆雕、浮雕、镂空透雕并存。满铺的装饰使建筑外观极其花俏，建筑细部处理繁琐复杂，好用刺眼强烈的色彩，这种做法总觉得珠翠满头，艺术格调较低，但这的确成为富商财主的炫耀心理不可缺少的表现形式，也成为闽南工匠表达内心世界的手段，同时也反映了当地人的审美情趣，这使得闽南建筑形成自己独特的装饰风格，表现出明显的炫耀性。

（七）辐射性

福建建筑文化对外的辐射性也是显而易见的。随着海上商贸发展和历史上移民的热潮，福建尤其是闽南建筑文化直接传播到台湾，甚至辐射到东南亚。台湾的闽南式民居正是源于福建的漳州、厦门、泉州。东南亚各国的不少传统民居可以找到与福建闽南建筑的亲缘关系。

二、福建建筑地域特色的延续

福建地处“海防前线”，解放后很长一段时期城乡建设发展缓慢。是“改革开放”迎来了福建建设的春天。1980年代开始，随着厦门特区的建立，福建的对外开放、经济的起飞使福建城乡面貌大大改变。但是，飞速的发展和现代化的冲击，伴随着一个不容忽视的建筑“特色危机”，使原本特色鲜明的城市、乡村基本失去了个性。

旧城区盲目的成片改造，推土机式的建设使城市丧失了历史的记忆，割断了城市之根。方盒子的“混凝土森林”割断了地区的文脉。光怪陆离、平庸粗俗的新建筑充塞城乡。这不能仅仅归罪于“长官意志”、归罪于低层次的开发商，作为建筑师也有不可推卸的责任！改革开放以来，中国的建筑师经历了这么多年“与国际接轨”的实践，风行一时的玻璃幕墙瘾过了，诸多浮躁的建筑时髦也赶了，如今是到了收回心来好好来重新认识地域传统文化的时候了。在实现现代化的同时，如何延续建筑的地域特色，做到实现真正意义上的设计创新，是摆在我们面前严峻的课题。应该说福建的建筑师这些年来在这方面进行了不少探索，认真地回顾、总结，会给我们有益的启发。

（一）传统聚落的保存

沿海经济的飞速发展，所谓“奔小康”的农村建设，拆毁了无数特色的聚落，近年来才开始的抢救性的保护，推动了聚落的保存。马祖岛的聚落保存在“长住马祖”的理念指导下把马祖的特色聚落变成可居可游的住所。如北竿乡的芹壁村，重修的民居延用了传统的石墙砌筑工法和屋顶压瓦石的做法，保留了海岛石构民居的特色。他们挖掘民俗文化，利用传统民居作为商店、茶坊、咖啡座、家庭旅店等服务设施，既延续了传统文化，又推动了旅游的发展。使聚落保存能可持续发展，创造了很好的经验，成为福建聚落保存的典范(图33)。

福建土楼已列入世界遗产预备项目，在申报"世遗"的过程中，政府投入巨资拆迁不协调的新建筑，恢复了土楼传统的环境风貌。南靖县田螺坑村，一方、四圆土楼的群体组合，成为福建土楼的"名片"，率先列入国家级历史文化名村(图34)。南靖县石桥村以其土楼与山水的有机融合，赢得了省级历史文化名村的称号(图35)。最近，客家村落——连城县的培田村和武夷山传统茶商集散的聚落——下梅村(图36)，以及邵武县的和平古镇相继被列入国家级历史文化名村镇。这些都促进了福建乡村聚落地域特色的延续与发展。

图33　马祖北竿岛芹壁村

图34　南靖县书泽乡田螺坑村

图35　南靖县石桥村

图36　武夷山下梅村

（二）城镇传统特色的延续

在闽北，20世纪80年代"武夷山庄"的设计开创了延续闽北民居传统风格的建筑形式，带动了武夷山市的城市建设，从"宋街"和溪东旅游度假区到星村旅游点的建设，武夷山的新建筑风格逐渐成熟(图37)。

在闽南，红砖白石墙面的对比，曲面生起的红瓦屋顶是红砖文化区传统建筑的两大特色。骑楼式沿街商业建筑又是闽南建筑海洋文化特性的突出展现。泉州在旧城改造中确定了三个城市设计的原则，即建筑的外墙以红砖为主、屋顶取传统闽南的式样、沿街设计骑楼，在东街、涂门街、新门街的旧城改造中坚持贯彻落实，使得泉州古城在"千城一面"的建设大潮中能脱颖而出，人们来到泉州顷刻就能感受到它鲜明的个性特色，博得各方的好评是理所当然的(图38)。如今，在新编的《传统特色小城镇住宅标准图集》中，搜集了最有地域特色的单体住宅平立面和建筑部件编成标准图集，用以推动泉州地区小城镇的建设，使之能延续地域的传统特色。

（三）在新建筑的创作中多方面探索延续地域特色

首先，在特定的历史地段宜直接采用仿古的手法，以表现建筑的地域特色。如福州西湖"古堞斜阳"景点的设计，直接延用福州地区粉墙黛瓦的民居风格，把福州最有特色的曲线形封火山墙的形式加以简化、利用，结合现代行为科学的理论，把一个小小的滨湖茶室景点演绎得生动、活泼、实用且美观(图39)。又如武夷山的"玉女宾馆"，借用福建圆楼的形式，设计了一

图37　福建武夷山庄

图38　泉州市旧城新貌

图39　福州西湖“古堞斜阳”大门

图40　武夷山“玉女宾馆”

图41　福建省图书馆

图42　厦门大学漳州校区

图43　福建公安学校图书馆

个颇有福建特色的现代酒店(图40)。

其次，汲取传统民居空间布局和设计手法的精华，运用到新建筑的设计中。以“武夷山庄”为代表的武夷山新建筑，传承了闽北民居的传统特色，以白墙、红瓦和露明的木构架，成功地创造了武夷山新建筑的风格，成为地域特色新建筑的典范。

此外，把福建传统民居中最有特色的建筑语言提炼、变形、简化，创造新的建筑语言，在新建筑中突出加以表现，以此体现福建建筑的地域特色。如在“福建省图书馆”的设计中，把福州的曲线山墙、闽南建筑的屋顶曲线、红砖白石相间的砌筑、福建土楼的立面形式、莆田建筑外墙的白石点缀等这些民居建筑语言综合运用，使图书馆建筑打上福建的烙印，成为只能是属于福建的新建筑(图41)。再如厦门大学“嘉庚楼群”的设计，采用嘉庚式建筑“一主四从”的总体布局。厦门大学新校区建筑设计更是汲取中西合璧的嘉庚风格，把闽南建筑的屋顶形式赋予时代精神，不仅延续了嘉庚建筑风格，而且为创造现代建筑的地域特色提供了一个很好的范例(图42)。“福建公安学校图书馆”的设计，汲取福建土楼的特色：对外封闭对内开放，隔绝了外围噪杂的环境，创造了宁静的阅览空间(图43)。厦门中山路的新建筑，延续了传统骑楼与中西合璧的形式，形成了与传统骑楼商业街相协调的新型商业建筑。

(四)重新认识地域建筑文化的价值，把传承建筑地域特色提高到新水平

延续建筑的地域特色是时代的要求。如今在全球化的浪潮中，强势文化的入侵，淡化了我们中国文化的主体意识，引发了城市建筑空间形态的趋同，导致了建筑地域特色的沦失，这是我们所不愿意看到的现象。随着我国现代化进程的推进，我们愈加深刻地意识到：全球化与地域化并不是一个绝对对立的概念。全球化的发展结果决不是单极化，恰恰是多极化、多中心化的“多元共存”。只有多元文化的共存，才能使世界的文化更加绚丽多彩、更有活力、更有朝气。全球化实际上并不排斥地域化，相反“越是地方的，越是世界的”，我们有必要重新认识传统地域文化的价值，发扬自觉、自尊、自强的精神，宽容差异，倡导个性。深入挖掘民族的地域的文化资源，实现中国现代文化地域特色的传承与创新，只有这样才能对世界文化作出独特的贡献。

无疑，我们在建筑领域，同样也要以多元共存来回应全球化。一方面我们必须看到在信息化高度发达的现代，世界趋同的倾向、文化的共享是必然的，我们要善于汲取异质建筑文化中的精华，使之融入并丰富我们民族的地域的建筑文化，才能避免本土建筑文化的衰微，才能真正实现地域建筑文化的创新与发展。另一方面，我们在继承和弘扬地域建筑文化中，决不应该仅仅停留在建筑符号简单的附加，而是要认真发掘本民族本地区的文化资源，取其精华，合理地、高水平地加以利用。

首先，必须明确把地域传统建筑最有特色的形式加以提炼、简化，作为符号在新建筑中装点、运用是必要的。因为它是启发地域建筑形式的认知，延续历史的记忆，最终达到文化的认同所必不可少的。因为建筑毕竟属于一种造型艺术，建筑的地域性必然要表现在建筑形式上，必然要通过一定的形式语言来传达，通过清晰具体的形象来表现。高明的建筑师不能停留在简单的抄袭效法，而是要根据今天的需要，消化、吸收和发展地域传统建筑中最有特色的精华，加以抽象、提炼，并巧妙地运用，使新创造的形式能吻合大众对某个地域建筑特色的"标准意象"，只有这样才能为大众所认知，为大众所接受。

其次，我们又不能仅仅停留在建筑形式上，更要发掘地域传统建筑空间的文化内涵。很显然，地域的自然、地理环境和政治、经济、社会、科学技术以及文化心理、民俗民风等因素，都是地方性建筑文化继续存在和发展的基础，因此建筑的地方性，不仅仅是历史的产物，它一定有继续存在和发展的必要和可能。然而，建筑地方性的延续又是一种抛弃与再适应的过程。要在传统建筑的精神层面，传承地域建筑文化精神。这包括建筑空间对精神功能和物质功能的适应、对地方建筑材料的合理运用、对基地环境资源的利用、对地域气候的适应等等。福建新建筑在这方面也作了不少有益的探索，如建在泉州市的中国闽台缘博物馆的设计就是一例。它充分利用福建闽南的红砖、白石等地方材料，表现闽南建筑的地域特色。在长乐市博物馆的设计中，用白墙灰瓦和简化的山墙表达乡土气息，用巨幅壁画表现作为郑和下西洋的出发地"航城"的特色(图44)。然而气候的因素相对于文化、社会、经济等因素是最为恒定的因素，传统地域建筑千百年来形成的特色，很重要地表现在对地域气候的适应，适应地域气候所形成的建筑空间特色是最为重要的、最应该引起我们重视的特色。因此，传承地域建筑特色的重点，就在于要从传统建筑适应地域气候的经验中汲取营养，用低技术或适宜技术创造舒适的人居环境，以达到节约资源、保护生态环境、实现可持续发展的目的。

近年来，在福建流行的"北厅大进深"板式高层住宅的平面型式，正是在住宅空间布局上对地域气候适应的产物。福建大部分地区属于冬暖夏热地

图44　长乐市博物馆

图45　福建会堂

区，冬天不冷，设计北厅大众能够接受，客厅对朝向的要求让位于景观要求。板式平面大进深、大凹槽，不仅节约用地，易于组织穿堂风，保证了卫生间自然通风，更创造了阴凉的环境，这在福建炎热的夏季有很大的意义。因此这种住宅模式在福建广受欢迎，这也是传承地域特色最新的成功实例。

福建传统民居建筑中由小天井、宽回廊和开敞的前后厅组成"厅井"空间，是一个对室外开敞的半室内半室外的空间，在温暖的冬季，置身其中，寒风被阻隔，阳光穿过天井直射正厅，坐在厅里就能晒到太阳，创造了温暖舒适的居住环境。在炎热的夏季，小天井中太阳直射的时间很短，前后大小天井的温差形成自然气流，使"厅井"空间既阴凉又通风。天井中的花木带来大自然的绿意。夜间的星光月影、雨天的滴水雨声，更增添了"厅井"空间的诗情画意。这种空间布局形式是对福建气候最好的适应。汲取这个经验，在"福建画院"、"福建省图书馆"的设计中，采用大小庭院来组合平面，使室内大堂、中庭空间与庭院空间流通、开敞，达到既融合自然又节约能源的效果。在"福建会堂"的设计中，采用开敞的前庭，一方面表达了开放、民主的人民会堂形象，另一方面突破了基地空间局促的限制，既延伸了楼前广场的空间。又延伸了会堂门厅的空间，同时利用开敞的前庭空间，补充休息厅的功能。这种设计也是对福建气候的适应，也是只能在温暖的南方才可能出现的建筑形式（图45）。

探索地域传统建筑的特色的传承现在还仅仅是开始。我们要牢记建筑师应有的责任感与使命感，端正创作态度，更新观念，在发掘地域传统、实现建筑现代化的进程中，为社会创造出饱含地域特色的精品建筑。

黄汉民，福建省建筑设计研究院首席总建筑师

山环水绕中的江西地方建筑传统

姚 糖

近代工业化之前的江西地方建筑，大致而言，呈现出非常复杂而混乱的局面，没有一种在整个省域内明显占据主导地位而又具备明显地方特征以区分于他处的地方风格和技术传统。此种情形，正与江西的方言、江西的饮食如出一辙。前辈周銮书先生有言，江西语音、语调、语词，甚至语法都不统一，有的隔一个村都不一样，所以江西没有形成赣语；江西也没有成系列的具有地方特色的赣菜，赣东的菜不辣，放点糖，受越菜影响；赣西的菜偏辣，不放糖，受湖南影响；赣南的菜讲究口味，受粤菜的影响。有几样地方菜，可能是土生土长的，虽然出自江西，但不成体系[1]。而欲知此种情形之形成缘由，则须从江西的山水说起。

图1　瑶里镇，浮梁县，俯瞰

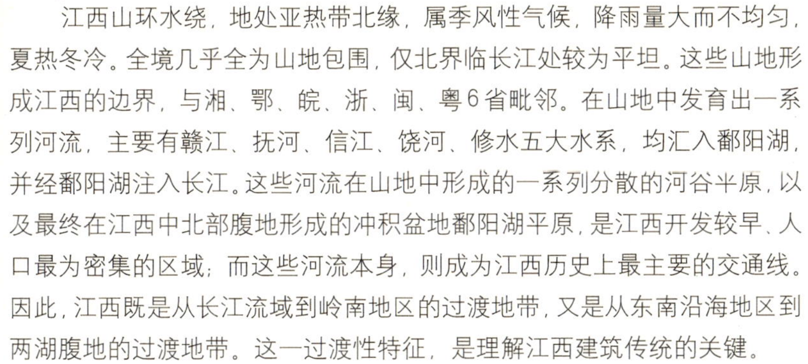

江西山环水绕，地处亚热带北缘，属季风性气候，降雨量大而不均匀，夏热冬冷。全境几乎全为山地包围，仅北界临长江处较为平坦。这些山地形成江西的边界，与湘、鄂、皖、浙、闽、粤6省毗邻。在山地中发育出一系列河流，主要有赣江、抚河、信江、饶河、修水五大水系，均汇入鄱阳湖，并经鄱阳湖注入长江。这些河流在山地中形成的一系列分散的河谷平原，以及最终在江西中北部腹地形成的冲积盆地鄱阳湖平原，是江西开发较早、人口最为密集的区域；而这些河流本身，则成为江西历史上最主要的交通线。因此，江西既是从长江流域到岭南地区的过渡地带，又是从东南沿海地区到两湖腹地的过渡地带。这一过渡性特征，是理解江西建筑传统的关键。

图2　西冲村，婺源县

在中国历史上，特别在南方，水运在运输中占有特别重要的位置。在江西所有的河流之中，赣江最早作为一条通道被开辟出来，而且一直居于最重要的位置。对此，先父姚公骞先生早有论及：

“江西古代颇得地理之利。我国长江以南诸南北向水道，惟赣江与湘江有舟楫之便。秦时开灵渠，沟通湘、漓二水，自湖南进入广西，一航可至，惜为十万大山所阻，不能入海。独赣江虽有庾岭与北江相隔，然水陆相继，自长江入鄱湖，沿赣江溯航赣州，改陆行，越梅岭，再换舟循北江而达广州，即与海上相沟通，故湘江之航运自来不及赣江……考之先民文化遗址，多在赣江两岸与滨湖地区。”[2]

图3　本觉寺塔，吉安县永和镇（周志仪摄）

图4　清都观遗址，吉安县永和镇

图5　慈云塔，赣州市，全景

从长江流域到岭南地区，赣江早在秦汉时期就已成为最重要的南北交通线，也是江西经济社会文化发展的中轴线。而除此以外，抚河上游盱江，赣江的另一源头贡水，与闽江上游均仅有一山之隔；信江则可通过衢江水系北达杭州入大运河，又可与闽江上游另一支流相接；饶河支流之一的乐安河，与新安江上游距离也仅有十公里左右，而新安江正是徽州地区对外的主要交通线，可直通杭州；赣江另一重要支流袁水，则与湘江主要支流渌水在萍乡附近几乎相互交错。因此，江西的诸条河流所构成的交通体系，堪称四通八达，从而使江西成为周围诸省之间交通运输来往的必经之途。这一点对于江西地方建筑传统的生成与发展至为重要。

但赣江这条最重要的南北大通道，其最初的开辟，却是出于军事目的。秦始皇用兵南越，汉武帝平定东越，均取道于此；此后历代，每逢战火烧到南方，江西必不免于兵灾。直至近代的北伐战争，仍以赣江通道为其中一路。在循环往复的战乱之中，江西的经济发展不断遭受致命打击。每次战乱之后，都是十室九空，人口大量损失，和平年代积累起来的财富、建设成就的家园，不断被战争所消耗和毁灭，使得其发展相对迟缓而不连续。

虽然江西在商代即已出现高度发达的青铜文明，但中原政权对江西的统治与开发，主要是汉代以后的事情。直至秦代，江西一境仅设有数个县治，且多数地望未明。至汉代，江西方有豫章郡及所辖18个县的建置，均在鄱阳湖周边或各大水系中游较大的河谷盆地。其余地方，特别是山地之中，仍为少数民族所控制，或为荒野。直至唐代，江西才形成8州38县的行政区划，基本奠定沿袭至今的格局。

由唐经五代而入宋，中原战火不息，南方却相对平静，江西因而难得地度过了一个较长的战乱较少的时期。故入宋之后，江西的经济文化发展均达到鼎盛，成为古代江西最为繁荣的时代。在赣江中游的岸边有一个小小的永和镇，五代时才开始“民聚其地”，形成聚落，但到宋真宗景德年间（公元1004—1007年），由于当地陶瓷业的发展，已经“辟坊巷、六街三市。时海宇清宁，附而居者至数千家，民物繁庶，舟车辐辏。”[3]不仅如此，在这个历史不长的工商市镇中，还走出了周必大这样的南宋前期著名政治家、文学家。至南宋，该镇竟然号称“天下三镇之一。生齿之繁，文物之懿，实舟车一大都会。”[4]市镇中出现了相当数量的宗教建筑如清都观、本觉寺和辅顺庙等，学校建筑如凤岗精舍等，景观建筑如堆花井、双秀亭、莲池等，名人纪念建筑如监丞祠、读书台、讲经台、东坡井等。这些文化及纪念设施遍布全镇，足见其兴盛与繁荣。清都观、辅顺庙，都是规模很大的建筑群体。清都观且有花园。南宋人单暐有记云：

“……为三台、阁、轩、亭、池沼、庵室……自坛而南为三清殿，自殿而后为北极阁，自南而东有景虚旷，为逍遥堂，面南。而后有室虚白，为观后堂。自观后堂而前，有堂，四壁森然，绘洞天之像，顾瞻仿佛……为清都

图6　慈云塔，赣州市，细部

台，台之前有方沼，跨沼有堂相揖，为集庆堂。堂之上，有阁翼然……为朝元阁。自阁而南，枕流而东揖为观鱼阁，有堂在内……为葆真堂。有庵……为泰定庵。自池而北，水泉清浅，可以濯缨，其亭为秀绿。凡是数者，皆有佳趣寓焉，游人至此，洒然爽恺，不知其身之在井邑。"[5]

但在南宋亡国之际，江西重新进入一个兵火连绵的时期，历整个元代而不息，直至明初。历时近两百年的战乱，使江西全境的人口锐减，对江西的经济文化的破坏几乎是毁灭性的。永和镇就因为在战乱之中，陶瓷技术的传承断绝，从此逐渐衰败，至明初，许多昔日名胜已经只剩下遗迹。

有是之故，曾经"富甲天下"的宋代江西，只能存留在历史记载之中了。今日欲窥见当时的建筑状况，只能通过若干宋塔和一些宋代城墙，其他宋代建筑遗存至今尚未发现。赣州慈云塔便是一个典型的江西宋塔实例，该塔位于江西最南端的地区性中心城市、也是章贡二水汇合成赣江之处的赣州市，原有慈云寺，但其他建筑久已不存。塔为楼阁式塔，砖砌塔身，建于北宋天圣年间(公元1023—1032年)。原有木构飞檐回廊，清光绪三十二年(公元1906年)毁于雷火，现仅存砖砌塔身部分。塔身为六边形，是典型的宋代江西塔平面形式。高9层，各层之间用砖叠涩出檐，自第二层起每层檐下用砖砌出平座、梁柱和斗栱形状，每面三开间，明间各层对齐，次间自下而上逐层收分。二至五层斗栱为每面出五朵一跳，等距布置，其中二、三层无厢栱，由华栱直接承托檐檩。六层起斗栱均为柱头斗栱出一跳。塔内有旋梯直通顶层，各层平座内均为暗层，设有佛龛。在2004年进行维修时，又在一处龛内发现一批宋代文物遗存，计有佛像、写本、书画等[6]。整个塔体端庄秀雅，堪称宋塔佳作。

明代虽然以恢复汉人衣冠为标榜，实则盘剥更甚，从而制造了大量流民，由此开始了明清江西的大规模移民潮。在明代前期，有大批闽南、粤东北破产农民进入赣南；大批浙江破产农民进入赣东北山区；明代中后期，有大批闽南移民进入赣西北山区。明清之交，江西在前后数十年的严重战乱中再次遭受严重的人口损失，清代前期，又有大批闽南、粤东客家移民进入赣南；大批皖南、浙南、闽北移民进入赣东北；还有大批湖北和赣南客家移民进入赣西北。这些移民数量巨大，大大改变了江西原有的人口构成，某些地区甚至完全成为移民的天下。由他们所建造起来的江西地方建筑，因而和各种不同的地方建筑传统发生了千丝万缕的联系。

明清两代，有大批江西商人活跃于全国各地，号称"江右商帮"，势力颇大。与此同时，也有大批各地商人活跃于江西。其中最大的一个集团当然是雄居全国商界首位的"徽帮"，来自安徽南部与江西接壤的徽州地区。在赣东北和鄱阳湖平原的市镇中，徽州商人居于首屈一指的地位。在赣中、南，则除徽商外，还有大批福建、广东商人，主要经营木材业。在客家移民中，也有许多人投身商业。到清代中后期，江西各地主要市镇之中均聚有大批外地商人。其中较大的徽帮、闽帮、浙帮、粤帮不但拥有多处会馆，而且往往

图7 无为寺塔，安远县

图8 西冲村，婺源县

图9 河口镇老街，铅山县

图10 燕坊村，吉水县

就在该处定居下来。这些人不仅把货物和金钱投入流通，而且把各地各种各样的地方建筑传统也投入了流通。而且，由于这样到来的新风格往往有着强大的经济实力和社会地位作为支撑，从而会在当地的社会中显得较为强势。皖南的徽州民居、浙江中南部的东阳帮、福建的闽南民居和客家土楼，在江西不同的地方发挥了不同程度明显的影响，在一些地区甚至成为主导。大体地说，在赣东北山区和整个环鄱阳湖地区，徽州民居的影响非常明显，并且一直沿赣江和抚河影响到赣中；而在其他山区，特别是在赣南，则是客家民居处于主导的位置。而在江西中部，则形成了某种相对较有地方特色的建筑风格。至此，铸就今日可见的江西地方建筑传统的诸历史因素都已形成。

在移民聚集的地区，往往以一家一族为单位形成聚落。在这些聚落中，宗族成为十分重要的甚至是惟一的社会组织方式，对宗族的共同祖先的崇拜作为维系宗族组织的重要手段。因此，江西明清建筑遗存中，祠堂成为一种非常重要的类型。在抚河源头附近的驿前镇，白氏宗族是这样建造他们的宗祠的：

图11 黄氏大屋，万安县

"盖闻：木有本，水有源……为人子孙者，而不知木本水源，将何以谓孝思之不匮欤？然知木本水源，尤始祖之所自出也。我始祖大郎公，自金溪由南丰州白田堡而上游，选梅驿之胜而开基焉……因居不同方，历数百年，未曾合议建造始祖大祠，何所谓报本追远哉！是以道光三十年，合盱琴五房绅耆杰士，公同酌议，大祖之不可不建也明矣，佥曰唯唯。但费用浩大，非数千金不能有为。有是，原捐资者、原助地基者、设牌位入祠者，单牌伍拾两；竹简每名五两，窠成银以作创造之用。幸各房纠首竭力总理，同心踊跃从事，大兴厥工。自道光三十年兴工，次年即告功成，额其匾曰白氏宗祠。"[7]

由于这样的认识和这样的集资建造方式，江西的一些聚族而居的聚落中，祠堂之大之壮丽，通常非聚落中其他建筑可比。在许多聚落中，祠堂的数量众多，除了宗祠以外，还有房祠、专祠和家祠，形成一个祠堂体系。如江西中部的流坑村董氏一族，除大宗祠外，明代有祠堂26座，清代更是多达83座[8]，现仍存53座。尽管明清以降，江西迭遭兵火，许多祠堂多次被损毁，流坑董氏大宗祠也毁于北伐战争期间，如今仅余遗迹；但也有许多祠堂毁而复建，甚至至今未息。

图12 东生围，安远县

在江西中部富水河畔的渼陂村中，重建于清末的梁氏宗祠便是其中一个代表。该祠堂位于村口，前有结合村落周边水系形成的池塘。坐北朝南，五间三进，长约60米，宽约19米，总占地约1500平方米，在尺度上远远超过村内的其他任何建筑。首进为门厅，中为三开间门廊，明间柱升起，形成一座牌楼式大门，檐下以四跳鸳鸯交首栱承托。内为中央庭院，中有甬道，三面为红石柱回廊，对面为三开间敞口式祭堂，明间出一方亭式抱厦，周围以红石雕花栏杆。抱厦有鹤颈轩式八角藻井天花，芯板上绘一大狮携一小豹，题“太狮少保图”。牌楼式大门、方亭式抱厦，均为该地区宗祠中的常见做法。大厅前廊为卷轩天花，中跨为七檩抬梁式露明屋架，后廊为矩形覆斗式藻井天花。大厅两侧厢房墙上大书“忠信笃敬”四字。厅后以一小天井与后进相隔。后进明间前部为寝殿，是祠堂牌位平时存放处，鸳鸯交首栱牌楼式大门、卷轩前廊、中央鹤颈轩式八角藻井都再次重复，藻井下且形成一圈二层回廊；次间、梢间和明间后部为辅助用房，最后以一常见于当地住宅中的假天井作为结束。该祠堂大量采用红石柱，尺度宏大，做工精致，雕饰华美，实为江西晚期祠堂中之精品，而保存完好，视之其他早期祠堂，亦不稍逊色。且由于该地区地处江西中部，受周边强势建筑风格影响最少，堪称江西地方建筑中最具代表性的实例之一。

图13 白氏宗祠，广昌县驿前镇

图14 董氏大宗祠遗址，乐安县流坑村

相形之下，在这些聚族而居的聚落里，住宅在规模上和建筑质量上反而颇有不如，尤其是大型住宅数量甚少。这固然是因为整个聚落均为家族的空间，因而既不需要也不适宜建造大型住宅以突出个别家庭的地位；但同时也有经济方面的原因。盖江西至明清时期，已开始其衰落过程。一方面随着山区的开发，大量移民涌入，人口急剧增加，农业和工商业的规模均迅速扩大；另一方面生产力水平低下，积累率低，扩大再生产发展迟缓。尤其是明代中叶以后，战乱频仍，生态恶化，江西人既没有时间也没有空间进行财富和资本的积累，即使是流坑董氏这样传统的世家大族，虽然在形式上仍然保持着某种整体性，但其实在经济上已经瓦解为许多个分散的小家庭。

虽然如此，在江西今日仍能见到相当数量的规模不大但十分精致的传统住宅遗存。笔者最近在前文所述之驿前镇发现的赖氏“进士第”，即为一座颇有特点的小型住宅。该宅占地440平方米，主体建筑面积250.22平方米，年代未详，参照镇内其他有明确纪年建筑判断，暂定清代中前期。其主入口在北面，而主体轴线朝向东偏北，导致进入方式颇为复杂：大门朝西，门前为一自巷道凹入的小广场；入大门有一形状不规则的前院，宅门朝北，凹入成一门廊，有板壁。宅门所对之处，现为新建建筑，疑原有照壁。入内为门厅，上部为一外四内八藻井天花，外为鹤颈轩式，内为覆斗式，雕刻福禄寿喜图案及植物纹样，惜芯板已有残缺。门厅朝向一相当大的天井，是为整个住宅的中心；此种大天井在江西主要见于信江和抚河流域，而其他地方一般以小天井为多。天井三面回廊，东廊为板壁、板门，其外原亦有庭院，现已不存；南面有厢房；西面明间为敞口厅堂，其朝向与主入口方向正好转了180°。该厅开间约6米，敞口无柱，而其后壁又划分为三开间并设柱，柱上起五架梁，通过一朵三踩斗栱架在前檐柱间枋上，并通过替木承托檩条。此种前后柱不对齐、类似于减柱造的做法在江西中部并不罕见，但一般都是通过蜀柱连接，或有平盘斗，而极少见完整斗栱。以上的三架梁和脊檩，也都采用斗栱连接，脊檩下且设驼峰。边跨设中柱，双步梁较明间内五架梁明显降低，增设一个大驼峰承托丁字斗栱，上承单步梁及檩条。与五

图15 梁氏宗祠，吉安市青原区渼陂村，外景

图16　梁氏宗祠，吉安市青原区渼陂村，内院、祭堂和抱厦

架梁之斗栱驼峰均为素面不同，边跨斗栱驼峰均满雕莲花图案。明间两侧均为内室。此宅虽绝对尺度不大，但空间开阔，做法精巧，装饰丰富，特别是大量使用斗栱承托梁、檩，实为江西明清住宅中之精品。

明清江西经济的衰落，关键是生态的恶化最终导致水道交通体系的瓦解。一方面从南宋起，江西由于人口的增加，耕地不足，已被迫开始在山区开垦梯田，明清时期移民大量进入山区，垦殖和开发的规模更进一步扩大。另一方面，江西从隋唐起即以木材外销为大宗贸易，明代更是以"西木"著称，同时又发展起大规模的造纸和其他木材制品手工业。这两方面的推动，造成江西森林资源损失，山区植被破坏，水土流失，河床淤塞，航道阻断。从清代中期起，在江西这样一个一向以木材为重要出产的地方，许多外观豪华的建筑，其大柱均用拼料，甚至改用半圆砖砌筑；靠墙边柱省去，直接以山墙承檩，或用砖砌壁柱；隔墙以竹骨泥墙代替板壁，或用砖墙；甚至梁枋也用拼料。而讽刺的是，尽管航道日益不畅，但顺流而下的木排，由于吃水最浅，依然通行无阻，因而可以继续大量外销木材。这种竭泽而渔的不可持续发展方式，其恶果至19世纪中叶以后终于完全体现出来：赣江航道日益危险，而东南沿海海上交通线则日益通畅，赣江作为南北大通道的历史终于就此结束，江西经济从此进入全面停滞和衰退。江西地方建筑传统此后虽然在一些地方还有所发展，甚至在20世纪早期还一度短暂复兴，但已是历史的回声，除了证明该地区直至此时仍然游离于工业时代之外，再也不能说明什么了。

图17　梁氏宗祠，吉安市青原区渼陂村，抱厦檐角

在江西地方建筑传统衰落的同时，海禁开放后，西方建筑却逐渐影响到江西。此种影响，主要来源于三个渠道：基督教在江西的传教活动、江西北面的长江流域外国租界地和江西南面的珠江三角洲。1861年，九江开埠，成为通商口岸，并设立英租界；同一年，罗马天主教教士进入江西，由此开始了近代江西的传教活动；1886年，英国人李德立在九江城南的庐山牯岭获得租借地，由此开创了庐山别墅区[9]。江西各地逐渐建起了一座座教堂，它们有的几乎完全是传统的地方建筑；有的是在外国人指导下，采用本地材料，由本地工匠建造的相当地道的西式建筑，如建于1918年的抚州市圣约瑟大教堂；有的则是中西合璧的混合体，如建于1911—1914年，砖木结构仿哥特风格的上清镇天主堂。在江西的主要地方性中心城市如南昌、赣州的商业街上，都出现了相当数量的西式门面建筑和骑楼。连一些地方建筑传统强大的偏僻农村，也受到西式建筑的影响。如在景德镇附近的瑶里镇，就有"狮冈胜览"这样的外部具有西式装饰特征但内部其实完全是传统样式的住宅；甚至在江西中部地方建筑的核心地区如前述之渼陂村，在1910年代也出现了两幢具有某种西式建筑特征的住宅，当地人称"大小洋楼"。

图18　龙湖，乐安县流坑村

20世纪中期以后，江西正式进入现代化过程，虽然在中国经济格局中主要作为农业地区而存在，但和周边地区差距尚不十分明显。就建筑而言，最重要的变化是受现代正规建筑教育的建筑师全面接管了江西建筑设计业

务。1961年建成的江西宾馆，具有明显的1950年代苏联建筑风韵，以其9层近40米的建筑高度，雄踞南昌市第一高楼的宝座20多年。1968年建成的南昌毛泽东思想万岁馆，在全国大大小小的万岁馆中，也属上乘水平。直至1980年代中期，家岳母王锦海女士设计的江西省科技活动中心，以灵活的几何母题构图组织体量和空间，在当时全国优秀设计中仍占有一席之地；而该建筑最令人惊讶之处，则是在近年被改造成某大饭馆之后，仍然是本地流线最合理、空间最丰富的高级饭馆之一。

1980年代后，江西与周边地区之间在经济发展上的差距日益扩大，经济发展水平对江西建筑水平的限制作用日益明显。虽然部分建筑师曾经试图对江西的地方建筑传统加以探索、发扬，早在1984年，前辈黄浩先生就在景德镇设计建造了古陶瓷博览区，通过搬迁部分古代民居形成了一个地方建筑博物馆；但在建筑风气上，长江三角洲和珠江三角洲仍然是影响江西最大的地方。1980年代，岭南的许多现代建筑手法，如通透轻巧、与园林结合等等，在江西都有响应；1990年代以后，上海的"海派建筑"，则以"欧陆风"的面貌横扫江西南北，上至政府大厦，下至旧城粉饰，无一幸免。近年以来，更有众多来自这两地的设计机构进入江西承揽设计业务甚至开办分支机构，直接介入建筑设计领域。总体而言，江西目前的建筑发展水平落后于周边相对发达省市；而在日益无所不在的全球化进程之中，在新的技术条件下寻求新的江西地方建筑传统的希望，似乎更加日益遥远。

图19　进士第，广昌县驿前镇，天井

图20　进士第，广昌县驿前镇，厅堂梁架

图21　天主堂，龙虎山风景名胜区上清镇

图22　"狮冈胜览"宅，浮梁县瑶里镇

参考文献：

1　周銮书，江西历史文化的遗存和弘扬，《文史大观》2004.2。

2　姚公骞，《江西史稿》序，许怀林，《江西史稿》，江西高校出版社，南昌，1998。

3　(明)钟彦章，东昌志序，(明)钟焕、曾钝编，《东昌志》，抄本，年代未详，江西省博物馆藏。

4　同上。

5　同上。

6　据2004.5.27赣州晚报报道。

7　(清)白章兰，《白氏大祠记》，录自广昌县驿前镇白氏宗祠内。

8　周銮书主编，《千古一村——流坑历史文化的考察》，江西人民出版社，南昌，1997。

9　均据陈文华等主编，《江西通史》，江西人民出版社，南昌，1999。

姚　糖，南昌大学建筑系

图23　江西省科技活动中心，南昌市(沈久宪摄影)

历史的足迹——齐鲁古今建筑漫谈

张润武　刘颖曦　张　菁

"泰山之阳则鲁，其阴则齐"。历史悠久、美丽富饶的山东是齐、鲁故国所在地，被称为齐鲁之邦。这方土地哺育和发展了华夏文化最为深远部分中的两种文化：鲁文化和齐文化。建筑的属性从来都是以物质和精神两方面服务于社会的，古代齐鲁大地的建筑活动自然而然体现了这两种文化的渗透和影响。

一、克己复礼和空灵自由的鲁齐古风

1. 遵礼制，中规中矩的建筑理念

春秋战国时，以儒家学说创始人孔丘为代表的儒学，勃兴于鲁国（今曲阜一带），后经亚圣孟珂以及后儒们发扬、传播，成为贯通古今，连续数千年中国封建社会的道德伦理，安邦、治国、平天下的信条格律。"仁"、"礼"、"中庸"是儒文化的精髓，鲁文化讲究"克己复礼"、"以礼治国"，鲁文化重理性、轻功利，强调人与社会的伦理道德关系。万物皆有序，均统于"礼"，贵贱、上下、尊卑等级分明，"尊尊而亲亲"，构成一种井然有序的社会。"礼别异，尊卑有分，上下有等"的礼制思想，在建筑上从房屋的大小、高低、屋顶形式、装饰色彩等等诸多方面都表现出来。建筑不仅"用"礼制的思想来设计营建，而且还用它的形象具体述说着礼制的那些君君、臣臣、父父、子子的内容，成为封建礼制的重要象征。

孔庙是祭祀孔圣人的庙宇。汉武帝"罢黜百家，独尊儒术"之后，中国历代帝王多崇奉儒学。唐太宗于贞观四年敕令全国各州、县皆立孔子庙，于是逐渐形成了遍布中国各地的奉祀孔子的孔庙（文庙）建筑。在这世界上最庞大的祭祀建筑体系中，以孔子家乡曲阜的孔庙规模最大、规格最高。由南向北长一公里，前后九进院落贯穿在中轴线上。前半部分由万仞宫墙、金声玉振坊为开始，中轴线上布置有多处坊、桥、门、阁，以奎文阁为结束。奎星是上天主管文章的神灵，奎文阁以孔庙前半部分诸建筑中最高的体制——重檐三滴水，最大的体量——面阔七间、进深五间，矗立在中轴线上。阁后横向院落中有历代皇帝祭孔所立的十三座碑亭。碑亭后分东、中、西三路排开，

图1　孔庙大成殿

东路是孔子的故宅；西路是祭祀孔子父母的场所；中路主要建筑依次为大成门、杏坛、大成殿、寝殿、圣迹殿和两侧长达百余米的两庑，是祭祀孔子及先儒先贤的地方。“集古圣贤之大成”的主体建筑大成殿，以孔庙内顶级的建筑体制——重檐歇山顶，最大的体量——阔九间深五间，最高的高度建在双层汉白玉的须弥座台基上。它与北京故宫太和殿、泰山岱庙天贶殿被称为东方三大殿。孔庙建筑空间序列严格按照礼制，中规中矩，尊卑主次分明，是儒学思想在建筑上的充分体现(图1)。

曲阜孔庙东邻是孔子嫡系长子、长孙居住的府第，称“衍圣公府”，简称孔府。孔府的建筑前后九进院落，严格遵照封建礼制，前衙后宅，把一系列不同使用功能的建筑，主次分明、井然有序地排列起来，强调严整的中轴对称。东、西、中三条轴线，以中路为尊，东路为东学，西路为西学，中路前为三堂六厅的官衙，大堂、二堂、三堂层层叠进，两厢六厅列立，后为五进的内宅大院，内院后是后花园。功能分区明确，环境森严威武，显示出天下一孔的圣威和尊严。

鲁地的建筑平面布局多秩序井然，有条不紊，具有一种强烈的理性，同时又有审美的“中轴线”意识，体现出“尊者居中”、“中为上”的思想。这是一部用沉重的物质材料写就，砖木砌成的别君臣、父子、夫妇、兄弟、内外的政治伦理学，是君惠臣忠，父慈子孝，夫唱妇随，事兄以悌，朋交以义的人生伦理在建筑平面构思的具体体现。孔庙、孔府在遵礼制、中规中矩上的体现，可以说是淋漓尽致的。

2. 崇仙神，灵活自由的建筑风格

“太公封齐，因其俗，简其礼，通工商之业，便渔盐之利”。姜太公受封于齐王后，一方面因当地东夷(古胶东一带)人的习俗，在意识形态上保留了东夷文化的基础，另一方面通过便渔盐，发挥了东夷滨海地域的优势。春秋时齐桓公任用管仲为相，不强调因习周礼，进行了各方面的改革，使其富国强兵成为春秋霸主。齐在国都临淄西城门(稷下)设学宫，聚集着儒、墨、黄老、法、阴阳诸派的名士学人，他们登讲台，各抒己见，自由辩论，精研学问，立意创新。不仅各以卓立不群的真知灼见充实和丰富了中华文化宝库，而且也开创了学术上百家争鸣的先河，营造了宽容、和谐、平等竞争的学术氛围，成为春秋战国时期影响最大的学术中心。

齐地依山傍海，浩渺无际的大海、优越的地理环境引发人的无限遐想，海上风云变幻的气象，奇特的海市蜃楼自然奇观，触发了齐人富于幻想的灵感，造就了齐人浪漫自由的品格。自古这里就是道教圣地，充满着神秘色彩，仙气十足，后世“写鬼写人高人一等，刺贪刺虐入骨三分”的蒲松龄也是齐地人，他那“鬼狐有性格，笑骂成文章”脍炙人口的鬼狐故事世界著名。一切一切都为齐地打上了深深的“空灵”的烙印，与鲁文化的重理性、讲秩序、重伦理形成了鲜明的对比。

汉武帝登临丹崖山东望寻仙而不得，只好把丹崖山一带称为蓬莱聊以自慰，"汉武帝于此眺望海中蓬莱，因筑城而名。"蓬莱阁建筑群高踞于通体赭红的丹崖山上，拔海而起，山高海阔，气势雄伟中透着秀丽，风光壮丽中含着空灵。整个建筑群以蓬莱高阁为提挈，以宾日楼为制高点，六组百余间建筑依山而筑，就势而建，由麓及巅，步步登高，依山濒海，仙气盈然。在总体布局中并不拘泥于严格对称，也不强调居正崇中，不追求中规中矩的秩序井然，而是建筑因地形来布置，就山势而营建。建筑群山门有三，轴线为五，建筑六组。五条南北向轴线难分主次，空间序列灵活多变。主体建筑蓬莱大阁虽高居于五轴之中，位于地形最高处，形制体量为诸多建筑中最高最大者，但其轴线并不直通山门，而是通过往天后宫的轴线转折而来。整个建筑群高低错落，空间形象顺山势起伏有序，各组建筑既自成体系又呼应协调，是一组不愧于称为蓬莱仙境的宗教建筑群(图2)。

至于齐鲁两地域的居住建筑，虽都属北方四合院类型，但布局有着明显的地域差异。鲁地以贵族府邸孔府为代表的居住建筑中规中矩，一条轴线贯通前后多进院落，庭院深深，前堂后宅，布局井然有序。齐地民间民宅以栖霞牟氏庄园为代表，是以套院式布局为主，大院套小院，院与院间由偏离中轴线的一条过道(更道)来联系，求功利而不求形式，为四合院的一种变体。位于胶东半岛最东端的荣城，沿海那一座座海带草渔民民居，不高的毛石墙上顶着一个硕大、松软的灰褐色草顶，浑圆厚实，远远看去，小草房就像童话世界中大森林里的一颗颗松蘑，坐落在碧蓝的大海边，辉映在瓦蓝瓦蓝的晴空下，给人以神奇、天真、童稚的感觉。人们不得不佩服东夷后人的聪明才智，一种再普通不过的海草，通过他们的手创造出如此梦幻般的形象。齐人重功利、不拘泥、勇于开拓进取的文化特征可见一斑。

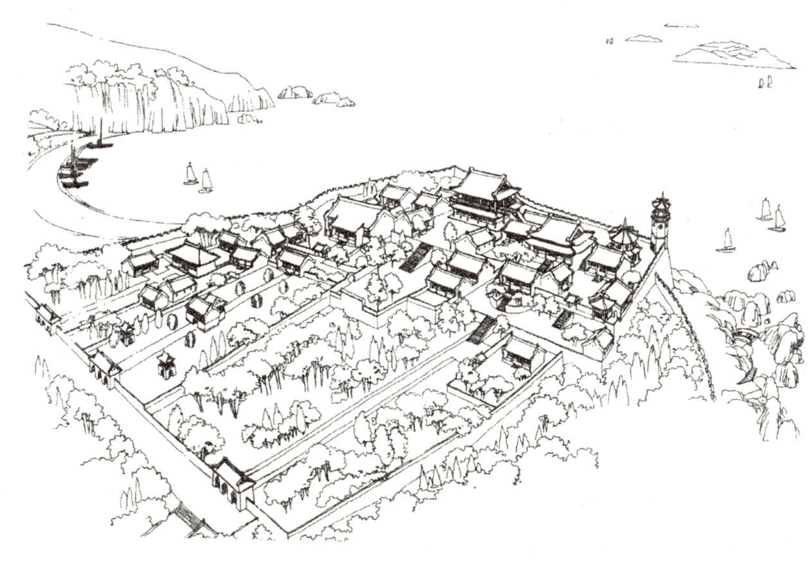

图2　蓬莱阁建筑群

图3　岱庙天贶殿

3. 国泰民安，自然崇拜的封禅建筑

"五岳独尊"的泰山有着"高矣，极矣，大矣，特矣，壮矣，骇矣，惑矣……"的自然景观，山体高大的泰山，基础宽大，厚重安稳，自古就有着"稳如泰山"、"重如泰山"的赞誉。岩岩泰山巍峨壮观以拔地通天之势雄峙于中国东方，吸引着人们不畏难艰攀登其极顶与天对话，寻仙求寿，这种源自朴素的对泰山的崇拜被帝王们利用，融政治和宗教活动于一体，凡"受命于天"的帝王们"必升封泰山"、"皆受命然后封禅"，帝王们都要跋山涉水，不远千里到泰山祭祀天地，朝拜封禅。自公元219年秦始皇自以为功德无量浩浩荡荡东巡封禅，汉武帝七次东巡登封以来，唐宗宋祖明臣清帝接踵而来泰山。一座自然的山岳，受到中央之国历代帝王亲临封禅、祭祀并延续数千年，几乎贯穿了整个中国封建社会，这是世界上独一无二的文化现象，成为世界人类文化遗产泰山文化最重要的内容。

泰山神祇众多，以东岳大帝泰山神和碧霞元君泰山女神影响最大。岱庙，主祀"东岳泰山之神"，是历代帝王封禅泰山举行大典的地方。位于泰山脚下今泰安城内。岱庙创建年代久远，有"秦既作畤"、"汉亦起宫"之记载，是一组形制宏伟的祭祀庙宇建筑群。其主体建筑格局仿照帝王宫殿的布局，独立庙南的遥参亭为一组院落，是帝王祭拜前先在此遥对岱顶举行简单仪式的地方。整个庙分东、西、中三条轴线。自最南的正阳门沿中轴线依次是配天门、仁安门、天贶殿、后寝宫、后花园、厚载门，东侧轴线上是汉柏院、东御座等，西侧轴线上有唐槐院等，是泰山最大最完整的古建筑群（图3）。由遥参亭穿过岱庙中轴线，至庙北的岱宗坊，一条轴线向山顶贯穿，使庙与山体连为一体。山、庙、城不仅在功能上，而且在空间序列上融为一体，按登山祭祀活动的程序次第展开，贯穿着一种由"人间"至"天界"的过渡。人们从山下向山上，由低而高，步步攀登，登至天梯般的十八盘，再往上宛若登上了天府仙境。从建筑环境上看，由严整到自由，因境而异；从意境上看，由人间宫殿上达苍穹，渐入仙境；从色彩上看，从一片黄澄澄的宫殿到苍松翠柏、古树密布、白云蓝天，一系列的环境衬托着这条极为壮观的封禅祭祀序列。

泰山宗教释道儒三教中，道教始终占上风，掌握着登封泰山中路的控制权。碧霞元君是地道的泰山地方女神，又称"泰山玉女"、"泰山老奶奶"，是对中国平民百姓影响很大的道教神祇，在百姓心目中要比东岳泰山神显赫得多。位于泰山之巅的碧霞元君祠是一组庞大的高山建筑群，气势巍峨、严整、雄伟、壮丽，远望金碧辉煌、白云萦绕，俨然是天上的宫殿。为防高山雷击，适应山顶的潮湿环境，建筑屋顶采用金属铸件和土木材料相结合的做法，为国内罕见。

二、中西文化的交融

鸦片战争为近百年的山东近代建筑活动带来了西方先进的建筑科学技术，几千年一脉相承的中国固有建筑受到了很大的冲击。许多陌生、新鲜的建筑形式和新的建筑类型打破了中国传统建筑一统天下的局面。

1．纯粹外来文化的建筑活动

1840年鸦片战争，帝国主义列强的炮火打开了清王朝闭锁的国门。地理位置险要、资源丰富的山东省成为帝国主义列强宰割的对象。1898年《中德胶澳租界条约》签订，青岛成为德国的租借地。同年英国租借威海，以及烟台开埠列为对外通商口岸，济南自开商埠等，外国的政府官员、商人、传教士纷纷来山东开展各种活动，修铁路，办工厂，建教堂、学校、医院、洋行、领事馆等。他们带来了新的建筑形式，西方建筑的哥特、罗曼、拜占庭、古典、摩登风格相继在山东亮相。其中最著名的建筑活动应数1900年的胶澳青岛城市总体规划。该规划完全按照德国人的城市规划理念，由德国人设计和建造，力图把青岛建成为德国巩固的东方军事基地、贸易自由港和殖民统治

图4　德国1900年编制的青岛总体规划图

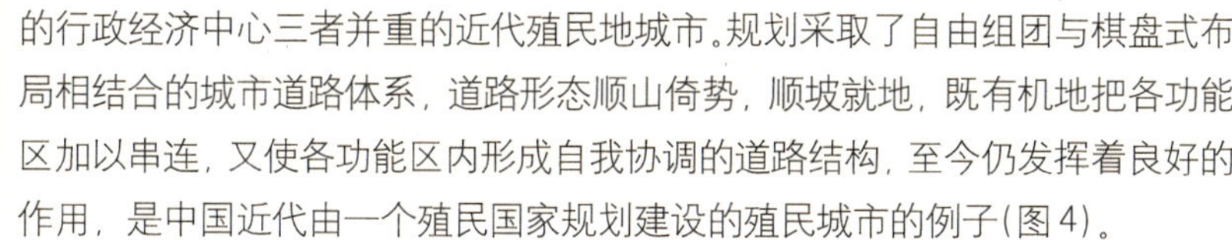

的行政经济中心三者并重的近代殖民地城市。规划采取了自由组团与棋盘式布局相结合的城市道路体系，道路形态顺山倚势，顺坡就地，既有机地把各功能区加以串连，又使各功能区内形成自我协调的道路结构，至今仍发挥着良好的作用，是中国近代由一个殖民国家规划建设的殖民城市的例子(图4)。

山东是德国的势力范围，遍布山东的著名建筑绝大多数是日尔曼风格。例如建于1906年的青岛总督府，立面为横三纵五段对称处理，有两层券廊，方型爱奥尼克壁柱，日尔曼古典主义风格，具有很强的纪念性效果(图5)。建于1908年的总督官邸，是一幢红瓦、黄墙的3层花园式住宅。建筑四个立面都作了精心的推敲，墙身用了大量石材作装饰，石雕山花，券柱式柱廊，用石砌起的墙角和檐口，亦有半露明木构的山墙，追求中世纪的田园风格(图6)，这两幢建筑为国家重点文物保护单位。1910年建成的青岛福音教堂，巴西利卡平面，室内细部装饰具有拜占庭时期的格调，教堂位于数条道路的

图5　1906年所建的青岛总督府

图6　1908年所建的青岛总督官邸

图7　1910年竣工的青岛基督教福音教堂

图8　始建于1908年的津浦铁路济南车站

图9　原济南德华银行

图10　济南洪家楼天主教堂

交叉处，角部钟楼高耸，对市区欧洲小城镇的风格特征起着统帅作用，正如当初方案评委的鉴定那样"该设计达到了油画般的效果"(图7)。1934年建成的圣弥爱尔天主教堂，立面采用德国高直式手法，双塔高耸尖峙，细部手法为"罗马风"。著名的海滨八大关别墅区内散布的幢幢各具特色的别墅建筑，都是德国近代别墅的精品之作，日尔曼风格的建筑在青岛比比皆是。

省会济南的津浦路济南车站是中国近代著名的交通建筑，1908年始建，由德国著名建筑师赫尔曼·菲舍尔设计，建筑高低错落有致，主次分明，是一座典型的日尔曼风格的车站建筑。济南火车站无论是群体的组合，还是建筑个体的造型，乃至精美的细部都不愧为20世纪初世界上优秀的交通建筑，是当时可与欧洲著名火车站相媲美的建筑作品，在中国近代建筑史上占有重要的地位。可惜于1992年被拆除，成为永久的遗憾(图8)。在济南日尔曼风格的建筑还有原胶济铁路济南火车站、德华银行(图9)和德国领事馆等。位于济南府东郊的洪家楼教堂，两个高耸的尖塔夹着中厅高大的山墙，尖塔上及南北两侧扶壁和墙垣上，置有众多竞相上升、直刺青天的小尖塔，呈现出较典型的欧洲中世纪哥特教堂风格(图10)。

2．中西建筑文化交融的典范

1904年4月1日山东巡抚周馥伴同北洋大臣、直隶总督袁世凯奏请清朝廷批准将山东的济南、周村、潍县(今潍坊)三地自开为"华洋公共通商之埠"。济南商埠的开发为华、洋商人提供了营建和进行商业活动的条件，形成了独具特色的中西混杂的大规模近代建筑活动(图11)。

鸦片战争后，面对着西方建筑文化的浸透，中国的近代建筑活动呈现出抗争与磨合，无奈与融合的矛盾。这个矛盾一方面表现了人们思想观念上的因循守旧、安于惯性，精神上恪守传统的建筑文化和对旧的建筑的恋恋不舍；另一方面表现出对西方先进技术的渴求，不得不有限地接受西方文化，但又一时难以完全摆脱传统的影响。于是中西合璧的建筑形式就是在西方建筑文化冲击下，又受传统文化制约的一种时代的产物。土生土长的工匠们为了满足业主既矛盾又追求新潮的需求，凭着他们对西方建筑文化的理解，进行模仿，用集仿主义的手法东拼西凑，从而形成了一种特殊的建筑文化现象，这是半封建半殖民地社会在建筑领域的反映。

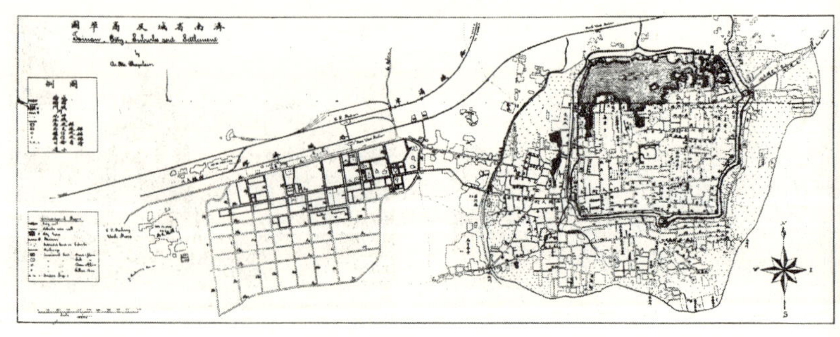
图11　济南省城及商埠图

原齐鲁大学和瑞蚨祥(鸿记)等就是这种建筑的代表作。齐鲁大学是20世纪初由美国、英国和加拿大三国的14个基督教会组织在山东合办的一所教会大学,建在济南府城南圩子新建门外,校园规划中心花园为西方园林布局形式,教学楼平面布局全部为中间走廊、两面房间的西方近代建筑平面形式,而在造型处理上一律为青石墙基,灰砖清水墙体,歇山式、硬山式屋面灰瓦覆顶。在大楼的入口处设单坡屋顶柱廊式门斗,或设垂花门罩。屋脊吻兽、山墙墀头砖石雕刻也多为中西混合式,有的甚至在门口放置两个很标准的抱鼓石,就好像是从济南哪家府邸门前移过来的似的。是西方建筑师运用中国传统民居的手法、建筑符号来建造完全近代化的教学建筑的尝试,其中以办公楼最具代表性(图12)。

图12　毁于1997年火灾的原齐鲁大学办公楼

图13　原红卍字会济南道院

瑞蚨祥鸿记是1923年调集重资,购买建造黄河铁路桥的剩料修建的,是济南第一座采用钢结构的建筑(前楼)。门市立面一改传统形式,立面三段式处理,左右突出两小间,矗立直顶,顶上各修一个四角攒尖方亭,中间有平墙相连,正院入口矗立两根有爱奥尼克柱头的短柱,呈现出了半封建半殖民地的商业形象。

广智院是中国早期的博览建筑,建于1905年,平面吸取中国传统四合院布局的特点,并结合陈列的功能要求,巧妙予以安排。建筑全部灰瓦覆顶,与周围的民居较为协调,是一片中西结合,气势连贯,空间相互贯通的平房博览建筑群。第二次世界大战中一度作为日军关押同盟国战俘营的潍县(今潍坊)乐道院,也应属于中西建筑文化交融、西方文化占主导的一组教会医院、学校建筑群。

3. 中国传统形式的延续和复兴

20世纪30年代,为与西方建筑的入侵相抗衡,国内建筑界出现了"中国文化的复兴"思潮,"中学为体,西学为用"、"中国固有的形式"等等建筑思潮占据了一定的地位。在山东的两个较大的城市济南和青岛也相继出现了一些以中国传统形式为主,西学为用的建筑物。也就是建筑上运用西方近代先进的设计手法和空间功能安排,采用中国传统木构的外部形式。例如1934年开工,1942年竣工的济南红卍会道院是一处完全采用中国传统院落的布局手法,用西方近代建筑营造技术和建筑材料,仿照清式营造做法建造的建筑群,是"中国固有形式"建筑的一代表作(图13)。同期的青岛红卍会道院的绝大多数建筑和前海沿的著名的青岛水族馆等都是这类建筑的代表作。

三、从"大家"之作看当今齐鲁建筑

改革开放以来,中国迎来了历史上城市建设、建筑创作最繁荣的时期,山东作为中国沿海开放较早的省份,社会经济发展迅猛,建设事业蒸蒸日上,蓬勃发展,日新月异地改变着齐鲁大地城市和乡村的面貌。不能不客观地承认,山东本身的建筑设计力量、人才水平在全国还是处于较后进的,作为中国的一个经济大省、强省,至今山东尚没有国家建筑设计大师及规划和建筑专业的两院院士。土生土长的山东建筑师抱着谦虚好学的态度迎来了国内外诸多名人、大家在山东省内的大量创作，由这些名家名作中可以窥测当今齐鲁建筑创作的各种倾向和水平。

1．传统创新的名家名作

弘扬优秀的中国建筑传统，又体现建筑的时代需求，探讨新时代的中国建筑形式，一直是中国建筑师们孜孜不倦的追求。建筑大家戴念慈先生在曲

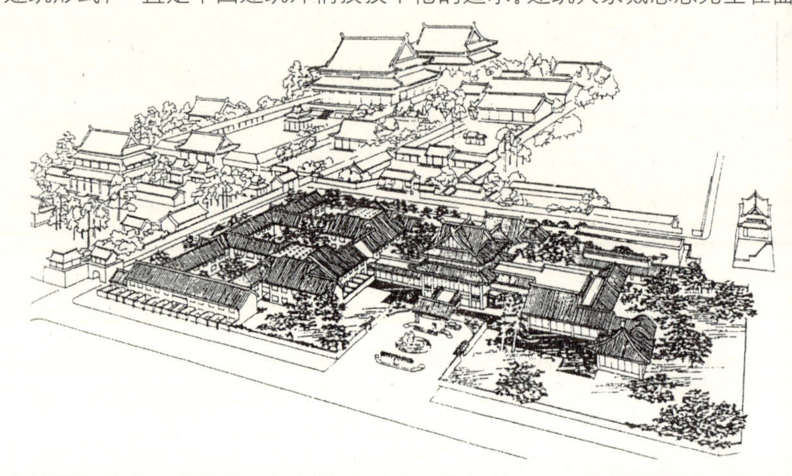

图14 阙里宾舍

阜城里与孔庙、孔府咫尺相邻的阙里宾舍的设计中，用娴熟的手法，传统的院落布局，深邃的室内环境文化内涵，巧妙恰当地将现代结构体系与神似形似的形体处理相结合。不管对其选址恰当与否议论不一，褒贬不一，但该建筑不愧为中国新古典形式的力作，是中国建筑的推陈出新，探讨传统与现代需求的有机融合成功的尝试(图14)。

吴良镛院士对曲阜孔子研究院定位为“特殊地点，特殊功能”下的“具有特有文化内涵”的“一座现代建筑”。创作中紧紧抓住“运用西方和中国建筑技巧，予以现代形象表达”。孔子研究院的建成，在中国建筑传统精神和现代建筑理念的结合上，又向前迈进了一步(图15)。

图15 孔子研究院

关肇邺先生在曲阜师范大学图书馆的设计中，在一个完全现代建筑风格的巨大玻璃幕门廊前，布置了一个构思借助于曲阜“陋巷”古石坊的建筑小品，诠释了他“更明白地表现一下中华文化，把孔子之乡的题点出来”的创作初衷，着笔不多，但起到了“四两拨千斤”的点睛作用。

2．建筑创作中地域性的探讨

图16 北斗山庄

探讨既具有时代精神又有地域特点的建筑创作，是世界现代建筑中颇有成就的一种设计思潮。他们扎根于各具特色的地域环境、文化中，既有着强烈的地域独有特征，又有着时尚的现代精神，具有旺盛的生命力。对齐鲁地域性现代建筑的探讨最成功的应属戴复东院士在山东荣城设计的北斗山庄。建筑师捕捉住当地渔民世代居住的海草石屋这一最具地域特色的建筑元素，因地制宜，因材置用，建造了北斗山庄这组现代化高档的宾舍(图16)。海带

草这种极平常的地方建筑材料，通过20世纪80年代布正伟的北京独一居酒家的门头、烟台美食文化城大门、到戴院士的北斗山庄，登上了中国现代建筑的大雅之堂，成为北方海域地方性的重要建筑标志语言。

3. 用象征和隐喻塑造建筑个性

追求个性和象征倾向的建筑形象具有过目而不忘，带有惟一性、排它性的特点，有着强烈的个性特征而绝不雷同。彭一刚院士在甲午海战纪念馆设计中，以象征主义的手法，将建筑设计成为犹如穿插、撞击的船体，来隐喻那场海战的悲壮，运用雕塑与建筑巧妙的结合，更加强了建筑的艺术感染力(图17)。以"自在生成论"而著称，理论与创作皆丰的布正伟建筑师，在东营市新世纪广场中大胆运用建筑形体的塑造，来隐喻政权的稳固，执法的公正。布氏在烟台的另一力作烟台莱山机场航站(国内)，怪异的造型、粗犷的手法象征烟台海域特有的"狼烟墩台"、"市民性格"，其设计是精心的、动情的、成功的。与济南泉城广场隔路相对的中信大厦，由美国著名华裔建筑师贝聿铭主办的"华贝建筑设计事务中心"设计，用最简单的圆环围建筑前广场，用环抱之势隐喻银行业的财运亨通，简单明了，过目难忘。该设计获美国"1996年度建筑师协会优秀设计奖"(图18)。英国福斯特设计公司在济南国际机场新航港楼的造型设计中，隐喻航港如同雄鹰展翅，现代结构技术与建筑造型处理巧妙的有机结合，为成功的佳作。

图17　甲午海战纪念馆

图18　济南中信银行大厦

4. 形形色色的齐鲁现代建筑

现代建筑主张功能形式的统一，力主创新，力主体现建筑的高科技，不断创造当今时尚的风格，至今仍是颠覆不破的设计真谛。改革开放以来，大师名家们在齐鲁大地各显神通，放开手脚，建造了为数众多、各种风格的现代建筑。著名的有：美国波特曼设计事务所在济南环境条件最好的南郊宾馆东北隅设计的一组集会议、餐饮、娱乐和食宿为一体的综合性公共建筑——山东大厦。设计中著名的波特曼共享空间自然是其室内环境的主角。大手笔的设计手法，简约的建筑形体处理，优雅的室外环境，是省会济南最富感染力的建筑物(图19)。齐康院士主持设计的济南银行大厦，为克服建筑主立面面北的不利因素，建筑采用凹凸显明的竖向线条为主，建筑造型简洁明快，标识性极强(图20)，毗邻的山东农业银行大厦，由陈世民大师设计，在塔楼的造型上独出心裁，别具一格。

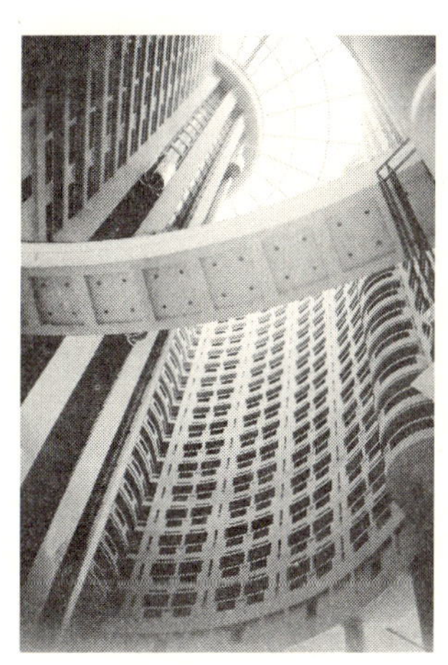

图19　山东大厦共享大庭

四、环境，一个亘古又时尚的建筑主题

建筑脱离不开自然环境，营造宜人的环境是城市和建筑永恒的主题。齐鲁先人自古就十分重视自己的生存环境。齐相管仲提出"水"是"万物之本"原(《管子·水地》)，在齐国都城的营建中"城郭不必中规矩，道路不必中准绳"，完全摒弃了周礼制中规中矩、整齐划一的城市营建理念，而

图20　济南银行大厦

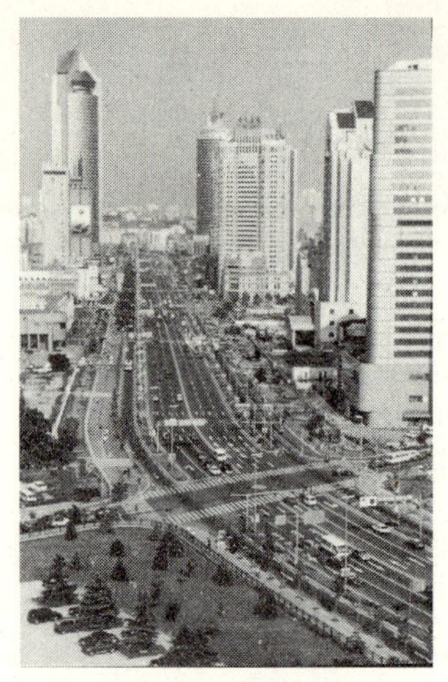
图 21　青岛东部新城

是“务天时，讲地利”“简其礼，因其俗”地因势利导，巧妙地利用临淄天然的泥河淄水作城的天然屏障，因水系而筑，建成了当时这座世界著名的不规则形的古城。尤其在城市排水工程上取得了当时世界上最高的技术成就。

历史上的齐州(济南)素以名泉多，景色秀美而闻名遐迩，“齐多甘泉，甲于天下”，“家家泉水，户户垂杨”勾勒出了泉城济南的神态和风貌。号称济南府四大泉系的泺水源趵突泉、黑虎泉、珍珠泉、五龙潭等泉水水系数百个泉眼，或绕城而过，或城内而涌，这种世界上罕见的在城市中心自然泉水成群喷涌的现象，为济南传统民居提供了优越的环境条件，民居与泉水水系相结合，成为济南传统民居最具特色的特点之一。

近些年来，山东各地的城市建设中注重水体的保护整治，尤其注意发挥水体在城市中的环境作用，为城市添彩。共有90条原来干涸的“垃圾河”摇身变成城市的景观带、生态带。国家历史文化名城聊城在城市建设中，通过整治和利用东昌湖浩瀚的水体，一个江北水城崛起在鲁西大地；临沂利用橡胶坝拦阻沂河水，建成了延绵数公里的“滨河大道”；滨州的“四环五海”，城因水而彻底改变了环境面貌；潍坊充分利用三河穿城而过的优势，整治白浪河、张面河、虞河，为市民提供了风景如画的居住环境，给这座国际风筝城的城市景观增光添彩。

以青岛、烟台、威海为代表的胶东沿海城市，自古以来就有“渔盐之利”，及“不慕古，不留今，与时变，与俗化”的传统，不仅是山东经济发展的龙头，也是齐鲁大地城市建设的排头兵。环山东半岛的城市，无论是大城市还是县级市，甚至小城镇，个个都环境优美，生态美好，呈现出姹紫嫣红一片兴旺。山绿、天蓝、水碧、城市洁净。威海市近年来先后获得中国第一个国家卫生城市、第一个环保模范城市群、国家园林城市、中国优秀旅游城市等荣誉称号，两次获得联合国“改善居住环境全球最佳范例”的荣誉。2003年威海市政府因改善人居和城市环境方面的突出贡献而获得“联合国人居奖”。这一系列光环就是对齐鲁大地人民注重环境保护和建设的肯定和表彰。

青岛1992年城市中心东迁的成功决策，为以突出青岛近代城市文化特色的主题，重点保护有较高近代文化价值的城市格局和建筑风貌，积极保护和开发人文景观和文物古迹为指导思想的历史文化名城保护规划的实施，创造了极有利的条件。青岛城市发展的过去与今天，历史与未来被忠实地记录下来，保存下去。同时，正确的决策带来了青岛整个城市空间结构的变化，由历史上沿南海岸和胶济铁路发展的带形城市，变成为以胶州湾东岸为主城，跨胶州湾黄岛为辅城，环胶州湾跨海发展的国际现代化大都市(图21)。今日，一个代表着青岛向现代化国际大城市目标迈进的东部新城已初具规模。高低错落、鳞次栉比的建筑，映着蓝天碧海。在青岛为2008年奥运会协办城市之际，新一番的城市建设在如火如荼的展开。(图22)蔚蓝的海空下，五四广场那火红火红的"五月风"旋转着，上升着，象征着青岛红红火火的旺盛生命力，一个新世纪的"大青岛"正崛起在中国黄海海岸(图23)。注重人类的生态环境，创造人与自然的和谐统一，建设一个适宜人类居住的新山东是齐鲁建筑人永恒的追求。

(文章中所有青岛的照片均为青岛市规划局滕军红博士提供，特此致谢。)

张润武，山东建筑大学教授
刘颖曦，深圳华森建筑与工程设计顾问有限公司工程师
张　菁，深圳华森建筑与工程设计顾问有限公司工程师

图22　青岛奥帆中心

图23　青岛五四广场鸟瞰

地域与河南

王鲁民

位于河南中部的新郑，是黄帝的故里。在历史上，黄帝一族对华夏文明的形成与发展起到了巨大的促进作用，人们称黄帝为人文始祖。按照史传，黄帝有许多创造发明，如舟车、文字、医学、算术等，至于建筑，则有黄帝"广宫室之制"、"建灵台"、"为五城十二楼"等说法，这些作为之所以需要记述，当是因为这是黄帝的特殊贡献，因而似乎可以推测，在距今五千年左右，在河南这片土地上，曾经有过一次建筑技术的突进，其主要表现为建筑规模的扩张，夯土技术的进步，并且可能出现了营造高台建筑甚至是多层建筑的尝试。

值得玩味的是，还有文献说黄帝时"始有宫室"。乍看起来，这种说法似乎与上面的说法矛盾，但由于古人早就知道即使是禽兽，也有能力制造自己的遮蔽空间，因而，古人这里所说的"宫室"，就应该不仅仅是满足人的生物性要求的东西，而应是有文化承载的建构，甚至是后世认定的取象于"大壮"，喻示着"君子非礼弗履"的东西。这是不是说，正是在黄帝时，人们开始明确地把自己的营造物当作确定人与自然和人与社会之间的关系的工具了呢？也许就是大约5000年前在河南这块土地上，以建筑技术的跃进为背景，华夏民族第一次确立了适合于自己的文化要求的并在传统社会中沿袭了数千年的对于建筑的正统理解。

黄帝一族的崛起，与其活动在河南这片被称作"中原"的地区有关，在我看来，"中原"，与其说是一个地理概念，毋宁说是一个文化概念。在中国古代相当长的时间里，"中原"也许首先应该被理解成为一个多种文化交汇、交融、碰撞乃至升华的中心地，正是多种文化的交汇、交融，使得繁衍于轩辕之丘的"黄帝"一族，能够脱颖而出，通过文化的发明和技术的进步，取得军事、政治的优势，从而在中华民族的形成上起到更为重要的作用。

文化上与地理上的枢纽地位使得河南长时间地成为中国的政治与文化中心，在为人称道的八大古都中，郑州、安阳、洛阳、开封，占了半壁江山。河南作为中国的政治文化中心，基本不间断地从公元前1500年至纪元后12

世纪，在这个漫长的时段里，河南这块土地与其说是“地域”的，不如说是“国家”的。同时，枢纽的地位，又使得河南成了兵家必争之地，战乱使得以土木为主要材料的中国传统建筑更加难以保存，加上传统文献对于建筑形式叙述的疏略，以至于我们更加难以形成对于“河南”建筑的系统把握。可是长期作为历史上的经济、文化、政治、军事的中心地，河南曾经有大量的在历史上留下痕迹的营造活动和建筑事件发生过。即使那些因偶然存留下来的一鳞半爪，也实实在在地代表了中国传统建筑的特殊成就。

郑州的商代傲都遗址距今已有3500年的历史。在河南，比这更早的古城遗址还有多处，其中大约相当于黄帝时期、绝对年代当在距今5300—4800年间的郑州西山遗址，是我国迄今发现的最早城址。距今4500年前后的登封王城岗、淮阳平粮台、郾城郝家台、辉县孟庄、安阳后岗等遗址的存在，不仅宣示着黄帝时代的文明和建筑技术的辉煌，并且说明了河南长期作为国家的中心并非偶然。

在河南偃师、安阳等地发掘出的商代的宫殿遗址，是叙述中国古代建筑史不可回避的篇章。偃师二里头商代宫殿遗址的主体建筑的东西长度已达30米以上，显示着中国传统建筑技术的又一次跃进。从杨鸿勋先生对遗址复原研究看，当时的高规格建筑，已经形成了采用廊庑围合院落，通过建筑对位强化中轴线以及强调屋顶在整个建筑造型上的地位等为后世长期沿用的做法(图1)。

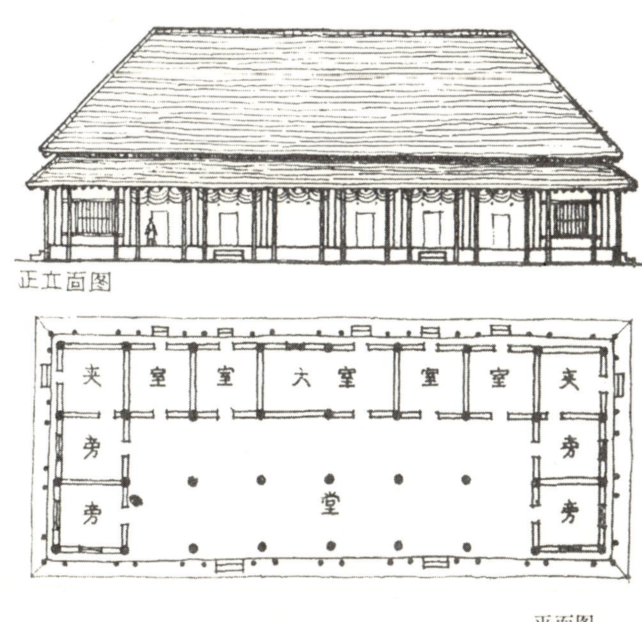

图1　河南偃师二里头遗址主体殿堂复原设想之一

图2a 汉代七层连阁陶仓
采自河南省博物院编著《河南出土汉代建筑明器》
大象出版社 2002

图 2*a* 汉代七层连阁陶仓

图 2*b* 汉代陶榭

稍涉中国古代建筑史的人都知道，除了塔、幢、窟、穴，现存最早的地面木构建筑，是建于公元782年（唐建中三年）的山西五台山南禅寺正殿。对8世纪以前的木构建筑，我们只能通过文字、图像来了解。值得庆幸的是，汉代在河南的许多地方，有着烧制陶土建筑模型作为明器随葬的风俗。这些模型比平面图案更加具体直观，虽然不是完全真实的建筑表现，但从其合乎逻辑的表达看，它们距离建筑的现实也并不遥远。因此，当我们在河南省博物院长期陈列的古建筑模型展中看到高达7层的连阁陶仓和充满装饰的楼亭时，我们不仅大致了解中国建筑技术在汉代的发展水平，也能够通过一些建筑檐下错综的斗栱和屋顶复杂的装饰体会当时人们的美学追求。以现今掌握的资料看，出自于黄河以北的明器，在造型上更加硬挺、规整，而发自豫西和黄河以南地区的明器，则更加张扬、瑰奇。这种塑造上的差异，表明了在古代作为国家中心的河南，不仅有“地域”的存在，并有可能对“地域”作进一步的区分（图2）。

建在登封境内嵩山山麓的嵩岳寺塔，是中国现存的最早的佛塔，优美秀挺的造型，历来为建筑史家称道，十二边的平面大致是密檐塔中的孤例，虽然其建造年代存在争议，但一般的书籍中都将之放在北魏。说到北魏，就很容易使人想起另一个同样有所争议的古塔，那就是闻名遐尔的北魏洛阳永宁寺塔。据今本《洛阳伽蓝记》，永宁寺塔“架木为之，举高九十丈，有刹复高十丈，合去地一千尺；去京师百里，已遥见之”，按北魏时尺度，一尺合今25.5～29.5厘米，即使按25.5厘米计，“一千尺”已折合250米以上，这个高度即使在今天来看，也是一个巨大的尺寸。因此有人质疑上列记述的可靠性，可是即使把100丈打个对折，50丈合125米以上，仍然是一个值得我们夸耀的数字。

如果说，隋唐长安城的规划与营造是中国建筑史上最值得称道的实例，隋唐洛阳则是能够与之并峙而毫不逊色的重要篇章。在隋唐洛阳随着居住地段的展开而便宜布局的多处市场，显示了这个城市商贸的繁盛和生活的方便。将宫城放在平面的西北角，占据高亢的地势，不仅很好地利用了地形，也使国家礼仪和普通居民活动空间相对分离，减少了国家礼仪对城市日常生活展开的拘束。而将在宫城前流过的洛水在中轴处分化为三股的做法，则增加了中轴一线的空间层次和宫城的幽深感，成为明清北京宫殿前区水体处理借鉴的对象（图3）。

宋代虽然国势远不及唐代，但文化、科技和商贸都十分发达，贸易的发达，应是造成前此的中国都城以及许多其他城市中长期沿用的里坊制遭到破坏的原因之一。坊墙的倒塌，改变了城市景观格局、街道面貌和城市功能结构，这种变化和商业的发展从趣味上和实际上对于促成建筑风格逐渐地离开唐代的遒劲向宋代的清健明丽变迁具有十分重要的意义。张择端的《清明上河图》部分地反映了这些变化（图4）。

图4　张择端《清明上河图》

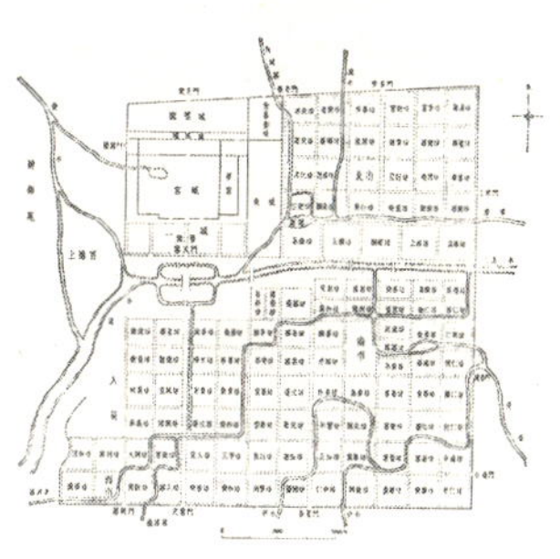

图3　隋唐洛阳平面想像图

从整个历史上看，中国古典建筑技艺是在融汇多种技术资源的基础上向前发展的，这种发展，总体上看，是越来越受到以实践和实用为基础的"理"的引导的。《后山谈丛》载，宋朝初年的大匠喻皓为了了解唐朝人造作相国寺楼门"卷檐"的理由，"每至其下，仰而观焉。立极则坐，坐极则卧。"就是中国人重"理"精神的具体表现。被梁思成先生称为中国古代建筑文法书之一的，由郑州人李诫主持的《营造法式》的编撰也是在这种"理"的指导下展开的，为了编撰《营造法式》，李诫曾"考阅旧章，稽参众智，"以求 "丹楹刻桷，淫巧既除；菲食卑宫，淳风斯复"。应该说，《营造法式》确认的古典建筑系统，与其前的古典建筑比较，在造型上更加节制，结构的整体性更强了，特别是与原始宗教有关并在身份象征作用的激励下发展起来的斗栱，在尺寸上有了较大的减缩，并与屋架主体有了更"有机"的结合，更是明白地显示人们对"理"的追求(图5)。

宋末和元末的战争，中原承受了十分严重的破坏，长期的战乱不仅使得人口大量丧失、文物大量破坏和文化的断裂，并且由于全国的政治、经济、文化版图的改变，河南从此失去了曾经有过的繁盛。

元代以前的河南，是华夏文化的中心区域，其展示的更多的是普遍性和统括性，"中心"地位的丧失，成了"地域"浮现的基础。这不仅是边缘化的自然结果，并且也因为国家性的事件的减少，使我们有机会更多地转向地方和民间。处于四至之地和自然环境跨有丘陵和水网地区，河南的传统民居因地域不同而在营造、取材和风格上自有其差异。河南的大部分地区的民居采用合院式布局，丘陵地区的建筑则以合院为基础，善于结合地形条件加以变化。民居建筑装饰节制、造型端正、色彩沉着，不过豫南特别是信阳南部的

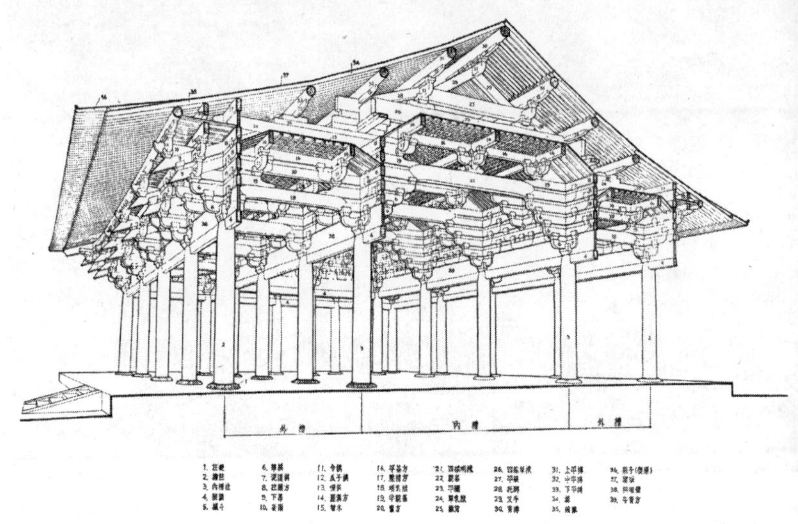

图 5*a* 佛光寺大殿檐下结构示意

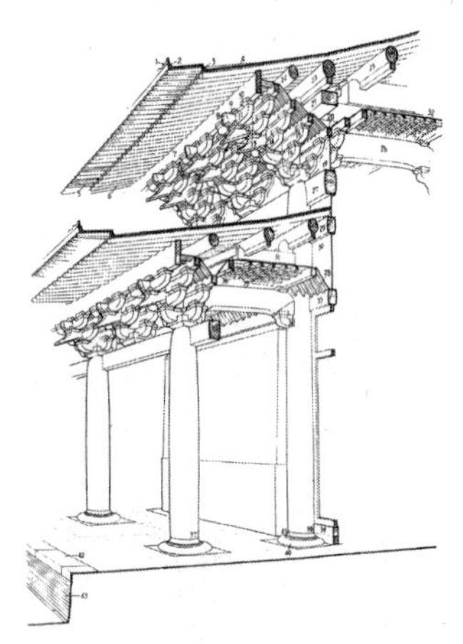

图 5*b* 宋代木构建筑檐下结构假想图

水网地区，民居风格表现出明秀、清雅的特点。也许值得特别叙述的是豫西的窑洞建筑，由于特殊的机缘，豫西的窑洞成了许多人认识窑洞建筑的入门对象。豫西的窑洞可以分为靠山窑、地坑院两种，靠山窑是在垂直的崖面上开出的横穴；地坑院则是在平地掘坑，在坑壁上开出横穴，窑洞冬暖夏凉，建设费用低廉，但潮湿、通风问题难以解决和室内空间狭小等使得它们逐渐地退出了历史舞台。

1840年以后，文化变迁的主轴转为中西（中外）文化的碰撞与融汇，经济文化发展的主导区域由内陆转至东南沿海，在文化与经济发展上，河南处在第二阶梯的位置，但在建筑史上也决不是乏善可陈。

建于1920年代中期至30年代初年的河南大学建筑群，是中国近代建筑史上实行中西合璧的重要例证，其建筑外观由东十斋等的中西建筑元素粗糙的拼贴，到大礼堂基本以中国宫殿式出现，将西方元素与中国元素穿插交织，不仅反映出一定建筑风尚的影响，并且也折射出具体的建造者文化心态的变迁。虽然从建筑设计的角度看，房子的建造并不精美，但其朴拙的作派，也许正表现了河南文化气质（图6）。

位于信阳境内的鸡公山，从20世纪初年开始，逐渐形成了一个与江西庐山、浙江莫干山相提并论的避暑胜地，山上用于避暑的别墅建筑，因业主或营造者国籍与文化背景的不同，采用不同的建筑风格，形成了特殊的聚落景观。其中也许值得特别提及的是著名的颐庐，该建筑把不同文化来源的元素夸张地并置，形成了张扬恣意的态势，也许体现了河南文化另一个面像。

可是，与庐山和莫干山的避暑建筑群都有一些专门的研究相比，河南人对于鸡公山别墅聚落的介绍和研究似乎弱了一点(图7)。

1949年，中国的历史翻开了新的一页，政治、文化的变迁，经济的发展使得近现代化的营造活动量有了巨幅的提升。河南省的省会，于1954年由开封迁至郑州，省会搬迁造成的大量的集中建设，使得郑州很快从一个旧式小城迅速地演变为一个现代化的城市，成为河南当代建设的主要篇章。1990年代以前，总的来看，大量的建设基本与国内的建筑风气主流应合，虽然也有不少结合实际要求的探索，但有意识地建立地域特色的意图并不明确。所以如此，一方面恐怕是由于长期的中心位置，使得文化本身对自己的"地域"地位的认识不够明晰，在多数场合更乐意把自己视为中央的一部分；另一方面，则是因为经济文化发展的相对滞后，使人们往往把能与经济文化更发达地区比肩，作为确认自己价值的主要手段。

20世纪90年代后半期，随着河南人的地域意识的增强，除了保存利用既存的地域建筑来延续地域特征外，在不同的场合，人们开始谈论地域建筑风格的建构问题，建筑师们也在某种程度上对这种要求作出了回应。如果从地域性形成的角度，而不是从工程量或抽象的美术水平的角度来看，我们可以把这个时期建造的值得称道的建筑分为四类。

首先，是利用地域的传统建筑符号或语汇，来构建具有地域独特性的环境。这往往是在那些地方建筑传统具有十分明确的自身特征时采用，例如豫西一些采用了窑洞构成元素的旅馆和为了塑造古都特色和旅游要求而建设的以宋《营造法式》提供的建筑系统为基础的开封的御街。虽然把宋《营造法式》中提供的做法，作为形成地域色彩的手段，无疑具有某种"僭越"或"强据"的色彩，不过，这却是以深刻的地域心理倾向为基础的(图8)。

其二是采用隐喻的手法，使得建筑与河南的历史事件或特殊遗迹建立联系，从而达到建立地域感的目的。文革中建造的二七纪念塔，应是一个十分突出的例子，虽然有种种的议论，但是在二七大罢工的发生地用两个7层的塔(虽然后来因比例原因改为9层)来与那场几十年前发生的历史事件建立联系，毕竟是为一般市民所能够设想的最直接了当的手段。河南博物院在某种

图6*a*　河南大学六号楼(1922—1923年，采用张复合主编《中国近代建筑研究与保护(一)》，P241 王克辛　吴恩涣文)

图6*b*　河南大学大礼堂(1934年)

图7　鸡公山之颐庐(图片由刘尔明先生提供)

图8　开封御街一景(图片由范强先生提供)

图9　二七纪念塔及二七广场（图片由范强先生提供）

图10　河南省博物院（图片由范强先生提供）

图11　郑东新区CBD（图片由范强先生提供）

图12　原河南省体育馆（图片由范强先生提供）

图13　郑州裕达国贸（图片由范强先生提供）

程度上也是可以算在这种类型之中的，据说这个建筑的造型与河南登封元代郭守敬建造的观星台有关，虽然这种关系需要用口头或书写的语言来建立，但只要人们了解了设计者曾有的构思，那么建筑与河南本土的关系应该就是十分明确的了（图9、图10）。

第三种做法往往需要特殊的力量和条件的支持，那就是花大力气造就在规模、尺度、造型、布局、材料上独一无二的建筑或建筑群，这种建筑会很自然地成为地域不可替代的代言者，正在建设的郑东新区CBD的中央部分由几十幢高层建筑形成的圆环和规模巨大的会展中心形成的复合体，就应该能够成为郑州的标志和象征，成为地域可能性的起点。建于20世纪60年代的位于郑州市文化路的河南省体育馆也可以算作这种做法的例子，那个被当地人称为"大圆锅"的房子曾经以其巨大的体量、发亮的铝质屋顶和许多人前所未见的圆形的平面很自然地成为了当时的郑州乃至河南的象征，成为人们地域认同实现的标点。但是，随着近年来更多的大体量的、异形的建筑的兴建，它就基本隐退了，对于大多数人来说，很难成为地域感的启发物（图11、图12）。

第四种做法是通过建筑形象的处理、塑造，使其在性格与地域的文化性格建立一定的联系。虽然不很明确，但在我看来，建于郑州紫荆山环交东北侧的河南省人民大会堂的未进行改造前的样子，位于金水路东段的国际饭店和位于嵩山路的裕达国贸大厦等，似乎包含着这个方面的努力。这些建筑都在造型上朴实稳健，并带有某种亲切感。可是因为现在的人们太急切，需要太多的说法甚至故事，需要太多的直白和张扬，这种做法在当前的设计活动中并不具备什么地位（图13）。

虽然我们可以从已有的建筑实践中寻出这样一些线索，可是，在河南把建筑作为地域的文化建构活动的努力还是十分微弱的，尤其是这种对地域建构的努力，目前主要集中在个别的大中城市中。在广大的农村，这个曾经的"地域"资源的源泉，因为经济和文化的原因，建筑似乎正在经历着一场前所未有的衰败，在传统的生活方式、建筑体制和建筑技术放弃后，并无适当的东西来填充这一真空。大量的农村住宅，往往停留在无序地拼凑各种建筑局部的水平，许多甚至似乎已经完全放弃了对于基本的形式美的追求，这是特别需要人们给予特别关注的。

河南正在崛起，对于有着主动意识的地域建筑的建构，我们寄希望于地域经济和地域文化的发展，特别是寄希望于地域自信心的建构。

王鲁民，深圳大学建筑学院教授

湘楚风情——湖南传统建筑撷英

柳　肃

一、楚文化与湖南地方建筑

湖南古代属于楚地，楚文化与中原文化有着完全不同的特征。兴起于黄河流域的中原文化的特质是现实主义，是真实的社会生活的描述和歌颂，它所提倡的是遵循礼法的伦理精神和现实理性。然而盛行于长江流域的楚文化却是以浪漫主义为主要特征。楚文化艺术的典型代表《楚辞》的来源就是上古时代楚地巫文化，其主要的内容是祭神乐舞中所用的歌词和民间流传的神话。

图1　长沙陶公庙戏台

楚文化中的浪漫主义特征在绘画和建筑艺术中有着明显的反映。首先在绘画领域中，极富想像力的题材内容和绚烂多姿的色彩是湘楚艺术装饰的最基本特征，以长沙马王堆汉墓出土文物为其典型的代表。马王堆汉墓帛画的题材内容表现的是天上、人间和地下的神秘故事。绘画的表现手法是大量舞动的曲线和以红黑为主的色调，充满神秘气氛。

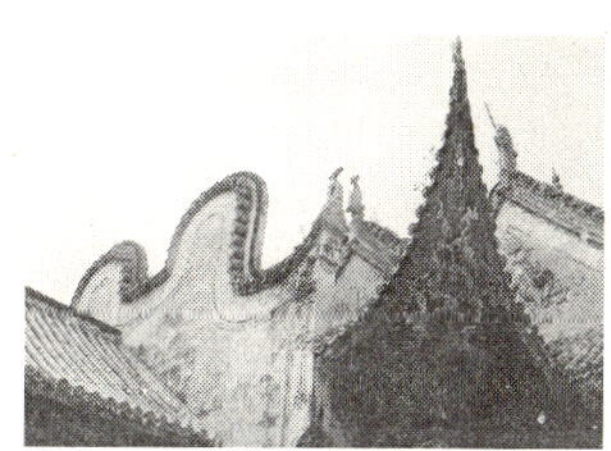

图2　湖南特色的弓形山墙

同样，在建筑艺术方面，湖南的地方传统建筑在造型和装饰上也是充满着神秘的、浪漫的气氛。在造型方面湖南地方传统建筑以高翘的翼角和丰富而又奇异的封火山墙造型为其特点。中国建筑的重要特点之一是曲线形屋面和起翘的屋角，但屋角的起翘有着明显的地域特色，北方建筑的屋角起翘比较平缓，显得宏伟庄重；而南方建筑的屋角起翘则又尖又高(图1)，显得轻巧华丽，透出一种浪漫气质。南方建筑的封火山墙造型式样也远比北方多，北方建筑的山墙式样变化不多，且造型风格厚重朴实；南方建筑的山墙式样则丰富多彩，造型变化多端，每个地方都有不同的造型和风格。而在南方建筑的山墙造型之中又尤以湖南的造型最为奇异，例如湖南地方传统建筑中流行的弓形山墙(湖南俗称"猫弓背"，图2)就是一种最为奇特的造型，而且只有湖南才有，应该说这种奇特的造型也是一种浪漫气质的表现。

图3　长沙贾谊故居

在建筑的装饰艺术方面另一个重要的因素是建筑的色彩。中国古代建筑的装饰色彩是有规律、有章法甚至有礼仪制度规定的，例如宫殿建筑用红墙黄瓦，宗教建筑常用红色、绿色、黄色、棕色等，园林建筑常用绿色、红色、白色、灰色等。而湖南地方传统建筑艺术的装饰常常是出人意料地使用一些

图4　永州柳子庙(高雪雪　摄影)

图5　长沙麓山寺

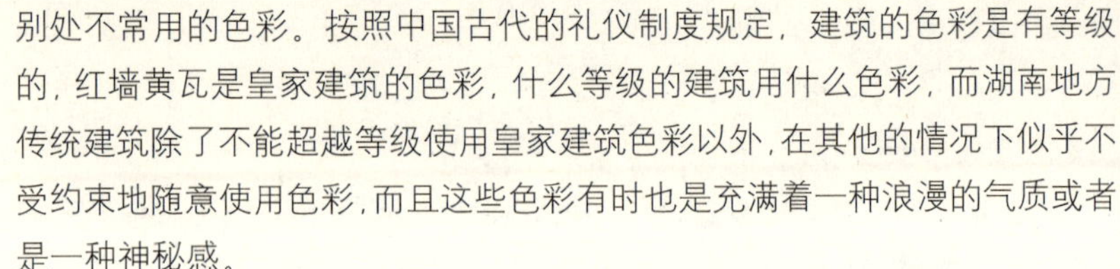

别处不常用的色彩。按照中国古代的礼仪制度规定，建筑的色彩是有等级的，红墙黄瓦是皇家建筑的色彩，什么等级的建筑用什么色彩，而湖南地方传统建筑除了不能超越等级使用皇家建筑色彩以外，在其他的情况下似乎不受约束地随意使用色彩，而且这些色彩有时也是充满着一种浪漫的气质或者是一种神秘感。

二、湖南古代建筑概况

湖南古代文明开化很早，在湖南境内的很多地方都发现有先民活动的遗迹，其中旧石器时代的遗迹有60多处，新石器时代的遗迹达1000余处。到商周春秋战国时期，文化已经是非常发达，湖南各地大量出土的这一时期的精美的青铜器就是最好的佐证，包括四羊方尊和人面纹鼎这些著名的青铜器都是出在湖南。秦汉时期这里更是中原汉文化和南方楚文化相融合，创造了辉煌灿烂的、带有浓厚的浪漫主义色彩的艺术文化，长沙马王堆出土的文物就是最典型的代表。然而由于南方地理气候条件的原因，木构建筑不易保存，因而湖南境内真正古老的木构建筑保存下来的很少。目前能够看得到的只有极个别建筑如沅陵龙兴寺大雄宝殿部分地保留了元代建筑构件外，现存的古建筑基本上都是明清时期的。

湖南古代人文荟萃，许多建筑都与著名人物相关。战国时代屈原在湖南汨罗投江自尽，汉代人们就在他投江处建祠纪念，后经历代修建，现仍存清代修建的屈子祠。汉代政论家贾谊曾为长沙太守，在此写下了许多历史名篇，被人称为“贾长沙”，故湖南有“屈贾之乡”的美誉。贾谊故居在今长沙市内太平街，后人以其故宅为祠作为纪念，名“贾太傅祠”(图3)，明清时代建为“清湘别墅”，今仍存遗址，并有“太傅井”。东汉蔡伦发明以廉价的方法造纸，为文明的发展作出了贡献，其故乡耒阳今仍存有“蔡侯祠”和其他遗迹。唐代思想家、文学家柳宗元曾被贬为永州司马，留居十年，写有《永州八记》和《捕蛇者说》等名篇，他离开后便有人建祠纪念，今存柳子庙为清代遗构(图4)。

三、宗教文化的兴起和发展

东汉年间佛教传入中国，到魏晋时期便传到了湖南。湖南的第一座佛教寺庙是长沙岳麓山上的麓山寺，始建于西晋泰始四年(公元268年)，被誉为“汉魏最初名胜，湖湘第一道场”，经历代兴废，现存山门和最后一进观音阁为清代建筑(图5)，其他均为后来陆续重建。

湖南省内现存最古老的地面建筑当属岳阳的慈氏塔，此塔始建于晋，后历代重修，现存为宋代重修时的建筑。到现在为止所发现的湖南省内现存最古老的木构建筑是沅陵县的龙兴寺大雄宝殿，面阔五间，明间特大(7.5米)，超过了次间(3.2米)和梢间(3.6米)之和，形制特殊。殿内减中柱、中柱做

图6　岳麓书院鸟瞰

法为上下卷杀的梭柱，下有木櫍，殿前台阶为”东西阶”，均为古制。根据大殿做法特征，1986年曾对其木构作碳14测定，结果为距今745年(±60年)，应属南宋遗构。

湖南最大的宗教建筑是衡山脚下的南岳大庙。南岳庙本来并不属于宗教建筑，它是中国古代特有的礼制祭祀建筑，东南西北中五大岳庙是古代皇帝每年都要祭祀的地方，要么皇帝亲祭，要么委派朝廷大臣祭祀，它是一组地方上的皇家建筑。正因为如此，佛道两家都希望借皇家的声威以壮大自己，于是依托于大庙两旁而建，到清朝初年已形成东边八个道观西边八个佛寺与中间大庙三条轴线并行的壮观场面。全庙占地98500平方米，建筑九进，四周城墙角楼，外绕护城河，俨然皇宫，它是长江以南最大的古建筑群。

图7　湘乡东山书院

图8　宁远文庙

四、文教兴隆，学校建筑盛行

湖南古代是文化教育发达之地，从唐代开始，书院就开始出现，到宋代书院便已经遍及全省各地，当时湖南是全国书院数量最多的省份之一。岳麓书院更是扬名全国的四大书院之一，它创办于北宋开宝九年(公元976年)，已有1300年的历史，由书院、文庙、园林三大部分构成，占地2万多平方米，是目前国内规模最大的古代书院(图6)。更为可贵的是它由古代的书院到清朝后期改为学堂，再又改为今天的湖南大学，一直办学至今没有间断，这又是国内惟一的。从岳麓书院走出来的人才张栻、朱熹、王守仁、王船山、魏源、曾国藩、左宗棠、郭嵩焘、胡林翼、谭嗣同、陈天华、唐才常、黄兴、蔡锷、熊希龄、梁启超、程潜等等，在中国古代和近代历史上产生了巨大的影响，可见岳麓书院在中国历史上的地位。

湖南省内现存书院还有浏阳文华书院、平江天岳书院、湘乡东山书院、炎陵洣泉书院、醴陵渌江书院等等。其中湘乡的东山书院较为特殊，整座书院被一条人工开凿的圆形小河环绕在中央，通过一座石桥过河才能进入书院大大门(图7)。此书院建于清代，至今保存非常完好，毛泽东少年时代曾在此读书。

中国古代制度规定，凡办学必祭奠先圣先师，于是全国各府州县学宫和书院均建文庙祭孔。湖南省内现仍存有十多座文庙，其中比较著名的有宁远文庙、岳阳文庙、浏阳文庙、湘阴文庙、岳麓书院文庙等。

图9　浏阳文庙

湖南现存文庙中历史最久远的是岳阳文庙，始建于宋代，虽经明清各代不断修复，但其主殿大成殿仍保留有宋代建筑做法特征。最华美的要数宁远文庙，其大成殿前石雕龙柱，采用高浮雕手法，雕刻精美，为湖南省内之最(图8)。建筑工艺较为特殊的有浏阳文庙，其屋顶屋脊采用瓷瓦，具有一种特殊的装饰效果(图9)。从制度上来说，岳麓书院文庙最为特殊。按照制度只有官办的学宫(府学、州学、县学)才能有独立的文庙，民办的书院只能在书院内辟一座殿堂祭祀孔子，例如同为古代四大书院的江西白鹿洞书院和河南嵩阳书院都是这样，然而惟独岳麓书院拥有一座独立的文庙(图10)，这是国内独一无二的。

图10　岳麓书院文庙

五、文风兴盛与风景建设

湖南古代文风较盛，文化艺术的发达带动了风景建设。其中最具代表性的有中国古代四大名亭之一的爱晚亭和江南三大名楼之一的岳阳楼。

爱晚亭坐落在长沙市河西岳麓山东麓，此处茂林修竹，峡谷幽深，鸣泉飞流，山石嶙峋，景色非常优美。特别是岳麓山上漫山遍野的枫树，围绕爱晚亭四周，唐代诗人杜牧所写“停车坐爱枫林晚，霜叶红于二月花”的名句就是写的这里的景色，“爱晚亭”也由此而得名(图11)。

图11　爱晚亭

岳阳楼矗立在岳阳市区内的洞庭湖滨，面对烟波浩淼的洞庭湖，视野开阔，气势宏伟。早在三国时代，鲁肃在洞庭湖训练东吴水军，在此建点将台，后演变成为观景楼阁。宋代滕子京谪守巴陵郡(今岳阳)，重修旧楼，并请著名文学家范仲淹写下《岳阳楼记》千古名篇，岳阳楼从此天下扬名。主楼历代均有修建，形制略有变化，现存为清代建筑(图12)，它与武汉黄鹤楼、南昌滕王阁并称江南三大名楼。

六、民俗民风与民居

湖南古代由于中原汉族的移民南下，与湖南当地的少数民族文化交融、冲突，民族成分非常复杂，民俗文化亦多姿多彩。这些民族民俗文化集中体现在各地村镇的民居。

图12　岳阳楼

在汉族地区，最有代表性的村镇民居是岳阳县渭洞乡的张谷英村。此村最早是明朝洪武年间由江西迁来的张谷英创建，村由此得名，张氏子孙后代一直在此繁衍，发展到今已经28代，除迁出的以外，目前村中600多户两千多人，全部是张氏后人。其建筑最大的特点是由分支家族建成的成片成组的堂屋天井群，每一组中轴线上有四五进天井和堂屋，再向两旁并列伸出三四列横向的天井堂屋，构成一个“丰”字形平面，主轴线上的堂屋由家族分支的主干家庭居住，分支的堂屋由分支家族的家庭居住。建筑的组合，像家族的干支一样一支一支地分下去，最后这一组一组干支连成一个整体，全村建筑连成一片(图13)。

图13　岳阳楼张谷英村

凤凰古城是湘西苗族聚居地区，它是湘西少数民族地区，也是湖南省内保存得最好的一座古城，它保留着古代的城墙城楼，城内保留着古街古民居(图14)。著名作家沈从文、民国第一任总理熊希龄、著名画家黄永玉都出在这座美丽的小城。

湘西南的通道县是湖南省内侗族最集中的居住地，侗族村寨中最有代表性的建筑鼓楼、风雨桥、凉亭以及吊脚楼民居都在通道县的侗族村寨中有最典型的体现(图15)。

图14　湘西凤凰

图15　通道侗族村寨芋头寨

七、近代的开放

湖南近代开埠较晚，但是仍然还是属于受西洋文化影响的地区。首先是洞庭湖滨的岳阳于1897年开埠，随后湘江之滨的长沙于1904年开埠，随之，近代新的建筑类型和西洋风格的建筑开始出现。

长沙现存最早的西洋式建筑是原湖南省咨议会大楼（现省工会招待所，图16），这是一幢有文艺复兴风格的建筑，其特征主要体现在窗户的造型上。

其他的西洋建筑类型主要有教堂、医院、公司办公楼等。长沙的近代教堂中保存较好的有基督教城北教堂和北正街天主教堂（图17）等。

在公共建筑和商业建筑中最有代表性的要数湖南省府大礼堂、湖南大学图书馆和国货陈列馆，这三座建于20世纪20—30年代的建筑都采用了西洋

图16　湖南省咨议会大楼

图17　长沙北正街教堂

图18　长沙第一师范学校

图19　长沙湘雅医学院专家楼

图20　湘潭汽车站

古典柱式。省府大礼堂是西洋柱式和中国式大屋顶相结合，是那个时代折衷主义建筑风格的体现，可惜在20世纪90年代的大建设中被拆毁。湖南大学图书馆是完全的西洋式，中央突出高耸的穹顶，是当时湖南省内最大的图书馆，1938年被日军飞机炸毁。国货陈列馆一列高达3层的廊柱，像古罗马的巨柱式，非常宏伟，可惜也在20世纪90年代的改造过程中被破坏。另外长沙第一师范学校是一组典型的殖民式风格的西洋建筑，它是目前省内保存得最完整的一组近代建筑群（图18）。

长沙湘雅医学院是一所教会大学，也是国内最早的医学院之一。比较可贵的是湘雅医学院的主体建筑是当时著名的美国建筑师墨菲设计的，他是最早将中国式大屋顶和西洋近代建筑相结合的建筑师。他所设计的建筑目前还有一幢被保留下来（图19），已被列为重点保护建筑。

湘潭汽车站是目前保存下来的近代工业、交通类建筑珍品，建于20世纪初。圆形平面，造型具有早期现代主义建筑的特征（图20）。其设计也很巧妙，乘客从底层进入圆形建筑中心上到地面层再进入周围不同的候车室候车。汽车则在地面层周围绕行，不会造成拥挤混乱的情况。其设计者是美国福特汽车公司的工程师。

清末民初，长沙人的居住观念在悄然发生着变化，住宅建筑中出现西洋化的倾向，这种倾向主要体现在公馆建筑之中。所谓公馆，即有钱人所建造的一家一幢的独立式住宅，最基本的特征是一座石库门、一个小庭院、一座小洋楼，构成一个独立的小天地。这些公馆的建筑式样基本上都是西洋式的，但是在建筑的平面上却基本上都是中国传统的以堂屋为中心的布局方式。反映了当时社会文化的发展特点。目前这种公馆保留下来的还有数十座（图21）。

三四十年代，著名建筑教育家柳士英先生在长沙设计了一批现代主义风格的建筑，如湖南大学工程馆、第七学生宿舍、长沙电灯公司、长沙商务印书馆、李文玉金号等。湖南大学工程馆是一座带有表现主义特征的建筑（图22），这在中国近代建筑中是少见的。

八、五十年代的民族形式

20世纪50年代全国范围内兴起一股以“民族形式加社会主义内容”为口号的复古倾向，湖南也受到影响，例如长沙50年代建的中苏友好馆等重要建筑就是中国式大屋顶。最典型的代表是50年代初建于长沙湖南大学的两座建筑——湖南大学大礼堂和图书馆（图23）。这两座建筑的设计者柳士英本来的设计思想是现代主义，但在这时也设计了传统形式，说明当时的社会思潮的影响。

九、文革建筑

这里所谓“文革建筑”是指建筑形式上具有当时的革命形象特征的建筑，而不是泛指文革时期的建筑，文革时期，更广一点包括60年代和70年代二十年间，由于当时的政治气候，建筑只要能用即可，不讲究任何美观，讲美观就是资产阶级思想。不仅不讲美观，连适用、舒适也不讲，讲舒适也是资产阶级思想。因此这一时期的建筑是毫无艺术性的，毫无建筑学意义的建筑，例如六七十年代的那些平平淡淡的宿舍楼，这一类建筑我们称之为“文革时期的建筑”，它们是没有什么保存价值的。而所谓“文革建筑”即在建筑造型上有革命纪念意义的，有着“革命形象”的建筑。长沙市内目前还保留有三幢真正的“文革建筑”。一幢是清水塘中共湘区旧址纪念馆（今长沙市博物馆），一幢是长沙第一师范纪念馆。还有一幢，也是最值得一提的是长沙火车站，由于文革时期全国各地来参观毛泽东故乡韶山的人最多，一时间长沙车站成了除北京以外最繁忙的车站，于是长沙就建起了仅次于北京车站的当时全国第二大的火车站。这座建筑最有名的是主塔楼上的那支火炬，关于当时的设计有许多的说法，火炬上的火焰向西边倒是“倒向西方”，向东倒又是“西风压倒东风”，怎样都不行，于是只好让它直着朝天，那形象便像一只辣椒，正好湖南又是以吃辣椒著称的地方，于是长沙车站的这支红辣椒便成了全国有名的形象（图24）。虽然如此，但是这座建筑本身还是设计得很好的，内部功能布局合理适用，建筑造型，各部分的比例尺度都很好。应该说它是那个年代少有的真正意义上的建筑设计，即使在今天来看也是一座很好的建筑。它处在长沙最主要的五一大道的中轴线上，形成很好的城市景观。在改革开放以后的20世纪90年代和21世纪初，长沙已经有了很多比它高大得多豪华得多的新建筑，但是如果要说长沙的“标志性建筑”，能够被民间和建筑学界所公认的仍然还是长沙车站。

图.21　长沙市吉祥巷同仁里公馆

图22　湖南大学工程馆

十、改革开放后的发展

改革开放以后，湖南也和全国一样建筑有了飞速的发展。就拿高层建筑来说，20世纪50年代建的9层高的湖南宾馆一直到70年代都保持着最高纪录。自80年代初改革开放以来20多年中，高层建筑如雨后春笋遍地出现，高度也一座高于一座，但是发展到今天，高层建筑的数量有点过多，高层建筑的分布也呈现出无序的状态。

从建筑风格上来说，三四十年代中国建筑教育的先驱者柳士英先生把早期的西方现代主义建筑带进了湖南，然而由于50—70年代特殊的历史的、政治的原因，我们和现代主义建筑隔绝了近40年后再一次从西方引进现代主义。改革开放以后，建筑风格和建筑技术水平日新月异。虽然如此，但是这些新建筑中要说能够作为一个时代的典型的代表性的建筑却又很难选出，这是因为我们在引进现代的、甚至最新的建筑流派的时候，往往并没有思想的、理论的基础，只是学会一点皮毛。因此，很难有能够称得上“主义”的建筑，不能够称得上“主义”的建筑，一般来说就不会成为进入历史的建筑。

图23　湖南大学大礼堂、老图书馆

图24　长沙火车站

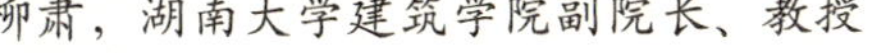

柳肃，湖南大学建筑学院副院长、教授

尊重传统又追求创新的广东建筑

吴庆洲

一、广东的概况

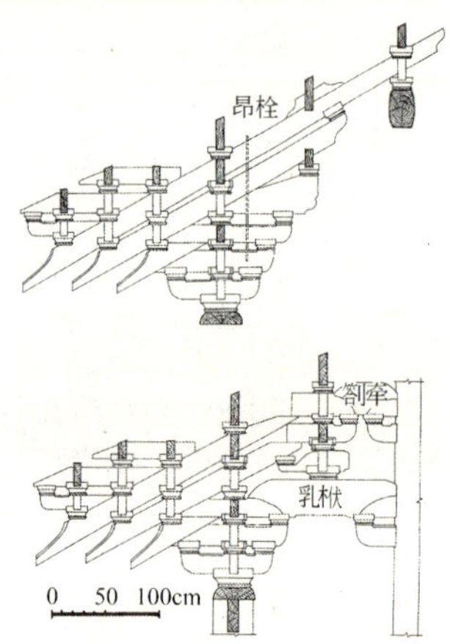

图1　肇庆梅庵大雄宝殿柱头铺作、补间铺作图

广东地处五岭之南，南海之滨，面积18万多km^2。全省地势北高南低，可以分为五种地形区域：珠江三角洲平原、粤北山地、粤西山地台地、粤东北山地和粤东南丘陵、潮汕平原。山地丘陵约占全省2/3，台地平原占1/3。境内河流众多，主要有珠江、韩江等。广东气候属亚热带和热带季风气候，高温多雨为其特色。广东是一个多民族的省份，主要有汉、壮、瑶、回、满、畲等民族。

广东的建筑因地理、气候和人文环境的影响，而具有明显的地域文化特色。

早在13万年前，曲江一带就有马坝人在此生息活动，其居所为石灰岩溶洞。到新石器时代，古人的居所有半地穴或和水上干阑两种。

秦始皇于公元前214年统一岭南，设桂林、象、南海三郡，促进了中原与岭南两地的文化与建筑艺术、技术的交流。秦始皇任命任嚣为南海都尉，任嚣在番山和禺山上修建了番禺城，俗称任嚣城。初汉，赵陀据岭南，自立为南越王，建南越国，以番禺为都城，把城区扩大到周长十里，俗称越城或赵陀城。城内有宫殿苑囿、亭台楼阁。古番禺城的修筑，是广东有史籍记载的建筑大事。历魏晋南北朝、唐宋元明清，又历民国至今，广东不仅保存了相当数量的古代建筑和传统建筑，显示出与其他地域不同的岭南风格，而且广东的近代建筑和现代建筑也有独特的地方风韵。尊重传统又追求创新是广东建筑的特色，下面拟分而述之。

二、广东的古代建筑

广东的古代建筑，现存数量不少，现介绍较为著名而特色显著者。

1．肇庆梅庵

肇庆梅庵位于肇庆市西约2公里的梅庵岗上。唐代禅宗六祖慧能喜爱梅花，曾经此地，在此插梅为标记，后世在此建庵以纪念六祖，故名为梅庵。

梅庵始建于北宋至道二年(996年)，现全庵主体建筑有山门、大雄宝殿和祖师殿，皆位于一条中轴线上。其中，以大雄宝殿木构最有价值，保持了宋代木构的特色。

2．佛山祖庙

佛山祖庙为广东三大祠庙之一(另二座祠庙为德庆龙母祖庙和广州陈家祠)。佛山祖庙是一座宏大的祠庙建筑群，其中轴线上最前方为灵应牌坊，继为三门、前殿、正殿。这些建筑中，最有特色的是灵应牌坊和正殿。清代在灵应牌坊前建了戏台。

图2　佛山祖庙灵应牌坊

图3　佛山祖庙正殿斗栱拱栓和侧出琴面平昂

佛山祖庙的灵应牌坊(图2)，建于明景泰二年(1451年)。牌坊宏丽壮观，在明代是佛山祖庙的大门。这座牌坊是"敕封"灵应祠的标志，是国内现存年代最早的三间四柱四楼牌坊，也是国内现存年代较早的进深为三柱两间的立体式牌坊，有很强的抗台风灾害的功能。珠江三角洲自古多台风之灾，该牌坊自明景泰二年(1451年)建成以来，历500多年考验，1975年曾承受12级台风吹拂而安然无恙，可见其抗御台风灾害能力之强。

这座牌楼也是抬梁式和穿斗式结构的完美结合，并且体态壮美、庄重，在建筑造型艺术上是完美之作。

正殿是佛山祖庙现存建筑中最有价值的一座，它保持了宋代建筑的一些特点，前檐斗栱用了宋式八铺作双抄三下昂斗栱，斗栱高2.285m，檐柱高4.38m，斗栱高超过柱高之半。斗栱之雄大，足与唐、辽、宋、金各建筑相比。

斗栱外跳总长170.5cm，合136.4分°。超过七铺作梅庵大殿斗栱的外跳长(146cm，合120分°)，也超过《营造法式》所规定的同类八铺作斗栱的134分°。

斗栱昂尾长达四椽，在现存唐、宋、辽、金建筑的斗栱中是最长的。

二层横栱的上一层各向侧边出一琴面平昂(图3)，这一做法，在全国各地极为罕见，惟陕西韩城司马迁祠寝殿当心间补间铺作令栱上有此做法。

3．潮州开元寺

潮州开元寺位于潮州市内开元街，始建于初唐。该寺坐北向南，中轴线上由南而北依次为山门(金刚殿)、天王殿、大雄宝殿、藏经楼等。大雄宝殿前两侧分列有观音阁、地藏阁，还有知客堂、韦驮庙、香积厨、六祖堂等，规模宏大。构架具有明显的潮汕地方风格。尤其是天王殿，有全国木构独一无二的特点，即层层相叠之栌斗，称为"铰打叠斗"，明间金柱上竟达12层，叠斗之高与其下柱高相近。这种叠斗与人体的脊柱骨的结构十分相似，是模仿人体骨骼结构和机能的一种形式(图4)。东汉王延寿《鲁灵光殿赋》有："层栌螺佹以岌峨"，龙庆忠教授认为"层栌"正是天王殿这种铰打叠斗，这种叠斗汉已有之。潮州开元寺天王殿存此古制，而且在潮州其他一些古建筑中也可见到类似做法。潮州历代多台风地震等自然灾害，这种仿生柔性结构对抗震是十分有利的。这种叠斗在福建泉州也可见到。

图4　铰打叠斗与人体脊柱比较

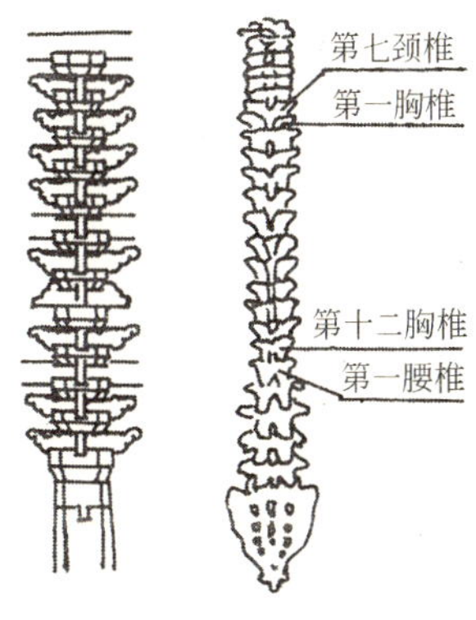

图5　潮州开元寺天王殿铰打叠斗

图6　广州光孝寺大殿

4. 广州光孝寺

广州光孝寺以历史之悠久、规模之宏伟、文物之众多，居岭南佛教丛林之冠。它位于广州光孝路，肇自三国虞翻之宅园虞苑。吴国虞翻去世后，家人舍宅为寺，初名制止寺。以后历代寺名不断变更。唐仪凤元年(676年)，六祖慧能在寺内菩提树下削发受戒，头发埋处建瘗发塔，宋建六祖堂。

中轴线上自南而北，有山门、天王殿、大殿宝殿和瘗发塔，大殿前两边有钟、鼓楼。中轴线以西有唐大悲幢、五代西铁塔，以东有六祖殿、伽蓝殿、洗钵泉，再东有睡佛阁、洗砚池、五代东铁塔等。大雄宝殿为寺内最重要的建筑。其屋面坡度平缓，略有唐韵。大殿立面原为五间，清顺治十一年(1654年)扩建为7间，进深六间。柱径与柱高之比为1∶6.7，斗栱与柱高之比为1∶2.83，有南宋风格。檐柱柱头铺作为单抄双下昂六铺作，昂非真昂，为插昂。其正心慢拱之上各向两边出一琴面平昂，与佛山祖庙大殿斗栱做法相似，成为特色。

5. 德庆学宫大成殿

德庆学宫位于德庆县城，始建于宋大中祥符四年(1011年)，元丰四年(1081年)迁今址。元至元元年(1264年)毁于水，大德元年(1297年)重建。明嘉靖四十一年(1562年)迁建于城隍庙，万历二十九年(1601年)又迁回旧址至今。其面阔和进深均为五间，重檐歇山顶。下檐当心间补间铺作二朵，次间和梢间各一朵。前后檐及山面的铺作，除承托上檐大丁栿的四朵柱头铺作外，其余均为七铺作单抄三下昂。其上檐前后檐则用六铺作单抄双平昂，昂为象鼻子式昂。

其结构特色为下檐斗栱梁架为宋代风格，上檐采用大丁袱结构法，用四根大丁栿承托四根高童柱，以承托上檐八椽栿和屋盖，平面则减去四根内柱。上檐梁架结构具有典型的粗犷豪放的元代风格(图7)。德庆学宫大成殿为广东为数不多的宋、元建筑瑰宝。

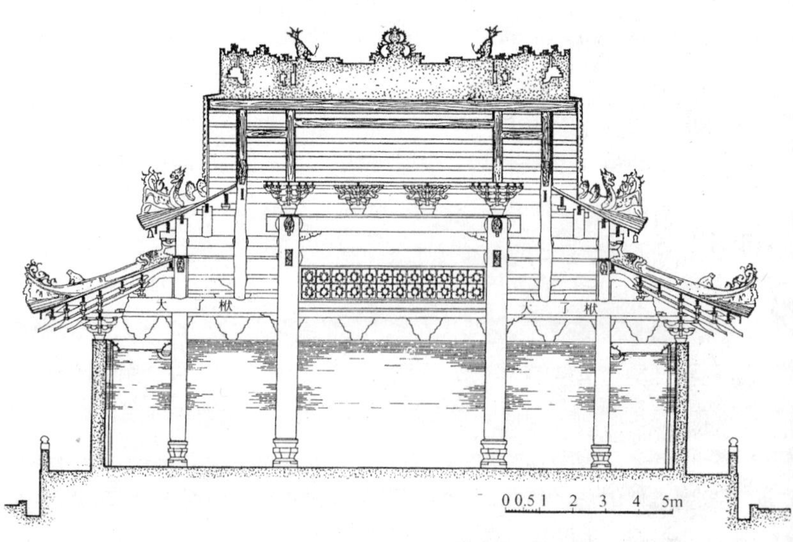

图7　德庆学宫大成殿纵剖面图

6．德庆悦城龙母祖庙

龙母祖庙位于德庆县悦城镇悦城河与西江汇交的台地上，前瞰大江，后靠五龙山，庙坐西北向东南，前面隔江左为黄旗山，右为青旗山，两山夹峙，一川东流，气势磅礴。

图8　龙母祖庙石牌坊正面

据载，此庙肇自秦汉，至今已有二千多年历史。西江一带的百姓以龙母为祖先，崇拜者遍及西江各地，建国前西江沿岸有龙母庙千多座，均以德庆悦城龙母祖庙为祖，故称"龙母祖庙"。现中轴线上主体建筑计有石牌坊、山门、香亭、大殿、后座（妆楼）等，两侧则有东裕堂和碑亭等。这些建筑均为清代所建，其建筑的石雕、木雕、砖雕以及陶塑、灰塑等技术十分精巧生动。石牌坊的石雕艺术也很精湛（图8）。

木雕工艺以香亭最为突出，其封檐板、雀替等的木雕均十分精致生动，令人赞叹。此外，其陶塑、灰塑等艺术也十分突出。整个龙母祖庙，堪称岭南建筑艺术之宫。

7．梅县灵光寺

灵光寺位于梅县阴那山五指峰西麓，创建于唐文宗开成至唐代宗会昌年间（836—846年），开山祖师潘了拳，后人称其为惭愧祖师。明洪武十八年（1385年），粤东御史梅鼎捐金扩建。中轴线上为山门、大雄宝殿，两侧有诸天堂、罗汉堂、天王殿、大悲阁、钟楼、鼓楼、太史馆、斋堂、经堂等。

大殿的梁、枋、驼峰、斗栱、雀替、挂落、门的裙板等，都雕刻精美，有龙、凤、狮、麒麟、龟、仙鹤、鹿、蝙蝠、象等吉祥动物的图案，以及荷、菊、梅、牡丹等植物图案，和狮子耍绣球、寿星、昭君出塞等题材，造型生动，刻工精巧，为明代木雕艺术精品。

大殿内的藻井呈螺旋形状，称为菠萝顶，为明初遗构，起到通风排烟作用。其精巧美妙，令人叫绝（图9）。这种藻井未见于明代以前建筑，灵光寺菠萝顶是目前所知最早的例子。

大殿平面进深17.57m，远大于面阔12.32m，这在中国古建筑平面中也是罕见的。

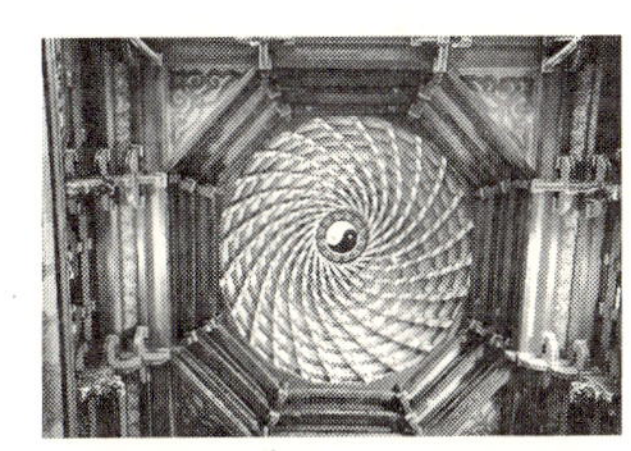

图9　梅县灵光寺大殿内螺旋式藻井——菠萝顶

8．潮州许驸马府

许驸马府在潮州市中山路葡萄巷东府埕4号，是宋太宗曾孙女德安公主之婿许钰的府第，始建于宋英宗治平年间（1064—1067年）。历代屡有修葺，但至今保存宋代布局的特点，是国内年代最早的府第建筑之一。

主体建筑为三进五间，首进与后座均带插山厅、房，合为九间。主体的三进与插山构成"工"字格局。

主体建筑为硬山顶，屋顶平缓，穿斗式梁架结构，童柱、驼峰雕刻简洁，应为明代风格（图10）。梁架立柱置于连续的石地栿上，为宋代结构手法。墙体为版筑夯灰和青砖浆砌，后座正厅东侧二幅墙壁仍保留了桃红色之竹编灰壁。

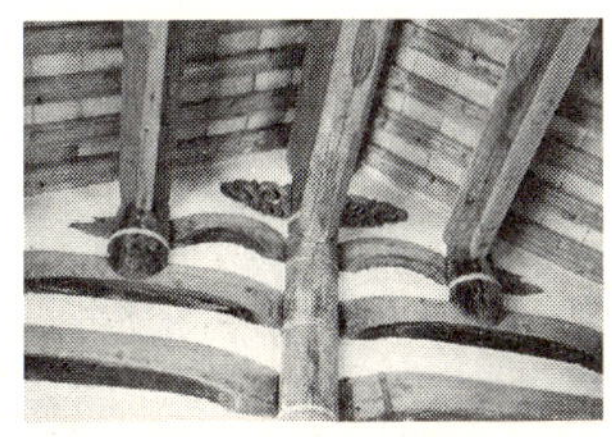

图10　潮州许驸马府的梁架

图11 番禺留耕堂头门的垫制和门制

图12 番禺留耕堂仪门正楼

9. 番禺留耕堂

沙湾留耕堂是番禺四大祠堂之一，始建于元顺帝至元年(1335年)，后毁于兵火。明洪武二十六年(1393年)重建。清康熙三年(1663年)禁海移民，"奉诏拆毁"。康熙三十九年(1700年)扩大重建，至雍正十二年(1734年)落成。其前有大池塘，旗杆夹石列于大天街前。平面为前低后高的三进院落，中轴对称。主体建筑有头门(山门)、仪门(牌坊)、拜厅和中厅、后厅(后座)及东西廊庑，头门两侧有钟、鼓楼和左右两列衬祠。

其形制特点：

(1) 头门保持一门四塾的周代遗制

头门面阔五间，进深二间。其明间为门，次、梢间均为高出地平98cm的台，即塾。这一制度中原一带宋以后已失传，而广东则保持到清代。

(2) 大门分为上、下两层开启

这也是古制，在北宋《清明上河图》中尚可见到这种门制，但中原一带元代后失传(图11)。

(3) 头门前檐为单檐歇山顶，后檐变为硬山顶。

(4) 仪门牌坊正楼脊饰不对称，塑一龙，东为首，西为龙尾上翘(图12)。

留耕堂月台须弥座上保留有15幅明代石雕，刀法古朴，线条流畅，其头门、仪门等处月梁、驼峰木雕风格独特，技艺精湛，为广东祠堂建筑艺术之魁宝。

10. 广州怀圣寺光塔

广州的伊斯兰教寺院，以怀圣寺最有名。而怀圣寺内最引人注目的建筑是光塔。光塔始建于唐。圆柱形，青砖砌筑，外表以蚬壳抹面，高36.3m。自下而上有明显收分，底径为7.5m。塔顶南北各有一小拱门，入门各有一个砖砌梯级，在塔心柱和塔壁上开长方形采光孔洞。塔顶上建一平台，台上建一圆柱形小塔。

塔顶原有一指示风向的金鸡，明初为台风所毁，换为一铜鸡，又为台风所毁，易为铜葫芦，又毁。1934年重修，改为火焰形尖顶至今(图13)。

图13 广州怀圣寺光塔

11. 潮州广济桥(湘子桥)

广济桥位于潮州城东门楼外韩江上，是中国古代四大名桥之一(其他三座为赵州桥、卢沟桥和洛阳桥)。民间传说桥为韩愈侄孙八仙之一的韩湘子所建，故又俗称湘子桥。它创建于南宋乾道七年(1171年)，至今已有800多年历史，其间饱受洪水、地震、台风和兵火之灾，又一次一次地被古人的智慧双手修复，由单一的浮桥，发展成为由梁式桥加上浮桥的开合式桥梁，这是广济桥一大特色。广济桥历代在桥上建有许多亭屋楼阁，在桥梁建筑艺术上独树一帜。其桥市的繁华、热闹，也是其重要特色。1958年，广济桥被改造成公路桥，所有的旧桥墩全部保留，全长518m，但历史面貌已不复存在。近年广东省政府拨款，潮州市人民捐资，恢复广济桥历史原貌(图14)。

图14　潮州古城和广济桥（摹自清代名画《潮州古城图》之照片）

三、近代建筑

1840年鸦片战争拉开了中国近代史的序幕，这一时期的建筑，包括中国传统建筑和园林、中西结合的地方建筑、民族复兴建筑以及西洋式建筑等类型。

1．中国传统建筑和园林

中国传统建筑在这一时期仍有不少的优秀作品，包括传统祠堂建筑、民居建筑和传统园林。

（1）广州陈家祠

陈家祠位于广州市中山七路高基，它又名陈氏书院，是广东全省陈姓的合族祠堂，建成于清光绪二十年（1894年）。陈家祠坐北向南，建筑群中轴线对称，呈三进三路六院九堂十厢布局。陈家祠以木雕、砖雕、石雕、陶塑、灰塑、壁画、铁画、楹联等各种传统工艺之精美超群而闻名全国，可谓集岭南建筑工艺之大成，现为广东民间工艺博物馆所在（图15）。

图15　广州陈家祠砖雕：刘庆伏狼驹图

（2）己略黄公祠

己略黄公祠位于潮州市义安路铁巷2号，建于清光绪十三年（1887年），是一座五开间两进四合院式的祠堂。平面为潮汕民居“四点金”形式。祠坐北向南偏东20°，总面阔18.54m，总进深25.7m，两进院落，天井两侧设廊，左、右设从厝，上厅前设拜亭。

己略黄公祠是名副其实的潮州木雕艺术的殿堂，梁、枋、桁等木构件成为施展木雕艺术技艺的舞台，神话传说、民间故事、历史典故、地方风物成为主要题材，如“铜雀台”、“水漫金山”、“张羽煮海”、“广济春涨”等等。在外形色彩上则运用了黑漆装金、五彩装金和本色塑雕三大类表现手法。在技法上采用了圆雕、沉雕、浮雕、镂空雕等不同手法，使室内空间成为展示潮州木雕艺术的博物馆（图16）。

图16　己略黄公祠内的黑漆装金木雕拱枋

（3）从熙公祠

从熙公祠在潮州彩塘镇金沙管理所斜角头，为马来西亚柔佛州侨领陈旭年所建，光绪九年（1884年）建成，历时14年。

图17　从熙公祠石雕之一——渔樵耕读

从熙公祠石雕、木雕均精妙无匹，尤其是石雕，更令人叹为观止，嵌于门楼四壁的四幅石雕以士农工商、渔樵耕读、花鸟鱼虫为题材，以"之"字形构图，人物、鸟兽、事物集于同一画面，惟妙惟肖，为石雕一绝(图17)。

(4) 番禺余荫山房

余荫山房是清代广东四大名园之一(另三座为佛山梁园、东莞可园、顺德清晖园)，位于番禺市桥镇东北9km的南村镇南村墟东北部，又名余荫园。由清举人邬燕天为纪念祖先余荫于同治六年(1867年)年兴建，同治十年(1871年)建成。面积不大，以小巧玲珑著称。

图18　余荫山房西部水庭——浣红跨绿桥(叶荣贵绘)

园平面不甚规整，以浣红跨绿桥(图18)为界，可分为东西两大景区。西区以深柳堂为主，以临池别馆为辅。东区面积较大，主体建筑为玲珑水榭(俗称八角亭)位于中央。另有东南角的杨柳楼台，东北角的孔雀亭、来薰亭，北边靠西的榄枝厅等建筑。

园门位于西南角。门两边挂"余地三弓红雨足，荫天一角绿云深"的点题门联，点出了"余荫"二字，也点出了"红雨"、"绿云"为园中最有特色的"浣红跨绿桥"，点出了意旨。

余荫山房面积虽小，园内亭、台、池、馆与游廊、拱桥、假山、花径交相穿插，构成曲折幽深、小中见大的庭苑空间，游后令人耳目一新。

(5) 东莞可园

图19　东莞可园

可园在莞城区博夏村，始建于清道光三十年(1850年)，咸丰八年(1858年)建成，可园面积虽小，但亭台楼阁、山水桥榭、厅堂轩院、曲径连廊皆有，景致丰富。园内共有1楼、5亭、5池、6阁、6台、3桥、19厅、15房，通过近百多个大小门庑和轩廊走道，把客厅、别墅、庭院、住房、花圃、书斋连为一体，呈现丰富多彩的园林艺术景观。

园中有邀山阁、绿绮楼、假山涵月、擘红水榭、可亭、诗窝、息窠、可堂、问花小院、可轩、双清室等建筑，园中主体建筑为可楼，高4层，登楼可远眺近观，一览全园美景(图19)。

2. 中西结合的地方建筑

这方面建筑很多，广州近代城市骑楼建筑即为其中一例。下面介绍另外二个典型例子。

(1) 开平碉楼和立园

图20　开平瑞石楼

开平碉楼为中西合璧的民间建筑，大量兴建于20世纪20—30年代，原用于避洪灾、防盗贼。其最具特色的是顶部装饰艺术，有世界各地华侨侨居地的建筑风格，即有中国古代的硬山顶式，也有中西合璧的园林式、别墅式、罗马风式、伊斯兰式、欧洲式等，形成一道特别的地域建筑风景线。开平现存碉楼1400多幢，有泥楼、青砖楼和钢筋混泥土楼等多种(图20)。

立园位于开平市塘口镇，是旅美华侨谢维立于20世纪20年代回乡兴建的私家园林别墅，占地约1.1万m^2，由别墅区、大花园区和小花园三个景区组成，风格中西合璧，具有特殊的魅力（图21）。

（2）梅州联芳楼

联芳楼在白宫镇新联管理区富良美村。由旅印尼华侨丘麟祥、丘星祥昆仲始建于1931年，1934年落成。平面为客家民居布局，为三进三堂，左、右各三列横屋，即二楼三堂六横的“枕头屋”。楼前有禾坪，楼内厅堂、居室、走廊、天井。正面三个门楼为欧洲罗马式亭顶，装饰有中国的龙、狮、麒麟、喜鹊、鹰、花果、山水、人物，外观部分则是西洋柱式亭顶，中西文化融为一体，令人赞叹。（图22）。

图21　开平立园之亭

图22　梅州联芳楼

3．民族复兴式的建筑

这方面建筑很多，以广州中山纪念堂最为有名。

中山纪念堂是广州近代建筑中最杰出的作品，也是中国近代纪念性建筑的代表作。它坐落在越秀山南麓的东风中路，即原孙中山总统府的遗址上。

中山纪念堂是为了纪念中国民主革命的伟大先驱孙中山先生，由广州人民和海外侨胞积极筹募资金兴建起来的。1926年，32岁的青年建筑师吕彦直的方案获第一名，吕彦直在1929 年3月18日不幸病逝，设计工作由建筑师李锦沛继续完成。纪念堂于1931年10月10日竣工。

纪念堂位于广州市的中心轴线上，总平面采用中轴对称的传统手法，建筑采用民族形式中的宫殿建筑形式，总平面占地6.372公顷。中轴线的最前方为正面门楼，宽20多米，三通拱门，歇山蓝琉璃瓦顶。进门为一大片绿茵茵的草坪。总平面正中央的白花岗石基座上，屹立着孙中山先生的全身铜像。铜像之后，为中山纪念堂（图23）。

图23　广州中山纪念堂

中山纪念堂平面略呈八角形，建筑为宫殿式，前后左右四面各出一个重檐歇山顶的抱厦，抱厦面阔七间，用斗栱挑檐。正面抱厦檐匾上书“天下为公”，为孙中山手书，雄浑有力。建筑上部覆以八角攒尖巨顶，瓦面均用蓝色琉璃瓦。纪念堂采用木柱基础，钢架和钢筋混凝土结构。大厅跨度30m，内无一柱，体积达50000m^3，有5000个座位，空间高大、雄伟、宽敞，是当

图24　石室正立面图

时中国最大的会堂建筑。

中山纪念堂是将中国传统建筑形式用于大胆而成功的作品。

4. 西洋式建筑

(1) 广州天主教圣心堂——石室

天主教圣心堂位于广州市越秀区一德东路，为纯花岗石建造的哥特式教堂，广州百姓称之为“石室”，即石构之房屋(图24)。

南面正立面两侧有一对八角形的尖塔，高达55.56m。正立面分为3层，底层开三个尖拱形的门；二层当中为一个石雕镂空的直径约6m的圆形玫瑰窗；三层为钟塔，东塔顶楼装有4具从法国运来的大铜钟，可发出高低不同的钟声，西塔则装机械时钟。有螺旋式石梯通一、二、三层。大圆玫瑰窗上方为三角山墙，山墙之尖刻花瓶花束，上立十字架。

石室的平面为拉丁十字形。

中国现存的哥特式教堂中，以石室及上海除家汇天主教堂规模最大。因上海徐家汇天主教堂为砖石混用的结构，石室纯用石构，因此，石室为中国最大的哥特式石构教堂，应是当之无愧的。

(2) 广州沙面建筑群

沙面在荔湾区、珠江白鹅潭北岸，现为一椭圆形小岛，面积0.3km^2，与沙基隔涌相对。建国前沙面是英、法等国在广州的租界。

在周密规划之下，沙面成为外国领事馆、银行、洋行、教堂、学校的聚集地。以洋行为例，就有数十家之众，包括英国、美国、法国、日本、德国、荷兰、葡萄牙、丹麦、瑞典、伊朗、阿富汗等国，而英国就占了十多家，其中最老的字号是怡和和太古。怡和洋行在沙面南街50～52号设分支机构，太古洋行设在沙面商街50号。由于这些建筑集中于沙面，建筑形式为西洋风格，结构多为砖木、砖石结构，因而构成沙面西洋建筑群。概括起来，沙面西洋建筑的形式又可分为以下几种风格：1)新古典式。2)折衷主义式。3)券廊式。4)仿哥特式，等等。

四、现代建筑

1. 岭南建筑

自1949年开始，广东的建筑进入现代建筑的发展阶段，并逐渐形成具有地方特色的建筑流派，人们称之为“广派”或岭南派。岭南派的代表人物是莫伯治、佘峻南、何镜堂三位中国工程院院士设计大师。

中国建筑学会从全国各种建筑获奖作品中评选出中国建筑学会优秀建筑创作奖，获得这一奖项是一种崇高的荣誉。在1953—1996年中国建筑学会优秀建筑创作奖79项中，广州的设计单位共得到11项，约占总数的1/7。有了这些成绩，广州的建筑设计成为全国众多流派中的一派，被建筑界同行所承认。

最早提出广州建筑新风格为“广派”风格的，是与北京的“京派”、上海的“海派”不同流派风格的学者，是建筑评论家、清华大学的曾昭奋教授。他在1983年5月写的《建筑评论的思考与期待——兼及“京派”、“广派”、“海派”》中，正式评论了这三派的建筑风格。

曾昭奋先生认为“广派”的一些创作所表现出来的特色是：较为自由、自然和符合人们活动规律的平面安排；明快、开朗和形式多样的立面和体型；与园林绿化和城市或地域环境的有机结合。这种风格，是在广州这样一个特定的社会的和地理的、历史的和现实的、领导的和群众的具体条件下逐步形成的。

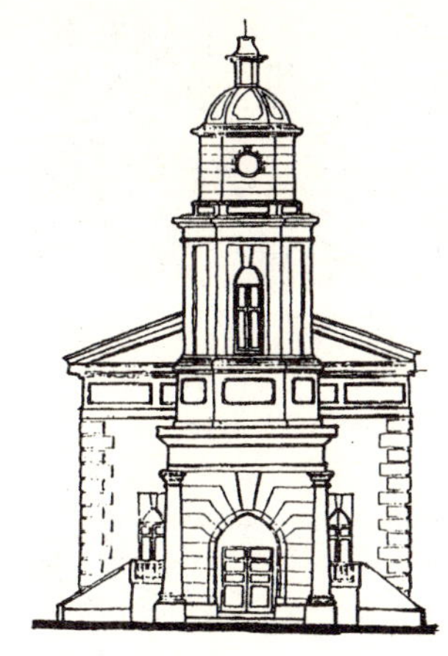

图25　沙面英国圣心堂建筑(谢少明绘)

首先，广东省、广州市的领导对建筑艺术的发展一直较为大胆和放手，支持和鼓励建筑师们创新的勇气和信心，不定框框，不强加于人，这使建筑师能大胆创新。

其次，广州的较为开放的历史和社会环境，创新易被接受和肯定，而拟古因袭则易被人看鄙。

第三，这里的地理、气候条件要求建筑的疏朗、明快。为经济起见，建筑处理从简、从轻、从薄。传统建筑程式影响较少，创新阻力较少。

自从1983年曾昭奋先生提出“京派”、“广派”、“海派”的特色和风格问题后，建筑界同行都更加关注“广派”建筑的发展。1989年，艾定增先生著文《神似之路——岭南建筑学派四十年》，把曾昭奋先生提出的“广派”在空间上从广州扩大到整个岭南地区，在时间上扩大到19世纪中期以来。

对于岭南建筑的主流和成就，艾先生概括为如下八点：

(1)宁变勿仿，宁今勿古；(2)追求意境，力臻神似；(3)因借环境，融为一体；(4)群体布局，组合空间；(5)清新明快，千姿百态；(6)室内设计，丰富多样；(7)景园文脉，推陈出新；(8)神似之路，殊途同归。

2．现代建筑的典型例子

(1)广州白天鹅宾馆

白天鹅宾馆位于广州沙面岛南侧，珠江白鹅潭畔，故名。于1979年填江造陆，1983年2月建成开业。

白天鹅宾馆由建筑师佘峻南、莫伯治、林兆璋、陈伟廉、陈立言、蔡德道设计。宾馆面向广州八景之一——鹅潭夜月的白鹅潭，建筑采用腰鼓形平面，采用白色涂料饰面外墙，有白天鹅翼羽重叠之意象，与环境融为一体(图26)。

宾馆为高低组合的一组建筑，其低层部分亦采用前庭、中庭、后院之手法。其中庭、室内外空间绿化连成一片，使宾馆之门厅、大堂酒吧、咖啡厅、各种风味餐厅组成一个多层次空间。中庭尽端以3层高之英石组景，金瓦亭子位于其上。亭子以汉藏建筑风格的融合形式，作为民族大团结的象征。瀑布从亭边的山涧流过，分三级而下。崖题为“故乡水”三个大字，旁有“别

图26　白天鹅宾馆(周家柱画)

图 27　白天鹅宾馆“故乡水”(林兆璋画)

图 28　广州西汉南越王墓博物馆正面

来此处最萦牵”七个小字，勾起海外游子思乡之情。中庭的“故乡水”主题，受到国内外同行的共同赞赏(图 27)。

(2) 广州西汉南越王墓博物馆

西汉南越王墓博物馆在广州象岗，东面临解放北路一段街面。1983 年 6 月在此发现南越王墓，墓在山腹，墓室全用红砂岩石块砌筑，共七室。墓主为第二代南越王越眜，其身着玉衣，上有印章九枚，最大一枝是龙纽金印，印文曰“文帝行玺”。殉葬者十余人，随葬器物 1000 多件(组)，中有许多珍品。国家将此墓列为全国重点文物保护单位。 地方决定兴建此馆。由华南理工大学建筑设计研究院建筑师莫伯治、何镜堂、李绮霞、马威、胡伟坚设计。1986 年设计，展馆和墓室馆分别于 1989 年建成(图 28)。

总体布局遵循古典原则，也运用现代手法。如轴线对称的构图，空间系列，都是传统的庭院建筑体系。通过现代手法与古典原则的揉合，结合山岗环境特征，按人流参观路线，因势利导，依山建筑，拾级而上，将展馆、墓室及珍品馆这三个不同序列的空间，连成一个整体，突出古墓博物馆的整体环境气氛。

主入口两边为大片的红砂岩厚墙，象征汉代石阙，上面刻上带有南越文化构图的浮雕，中央为一线人口的玻璃幕墙，形成强烈的对比，奏起一曲岭南传统文化与现代建筑交融互渗的乐章。这种构图手法，使人想起汉代的石阙、古埃及的阙门、雅典卫城等许多古典杰作，但又具有强烈的现代感。进入展馆首层，空间由收紧而骤然放开，又构成另一个空间对比的感觉。室内空间结合地形，蹬道由外而内，向上延伸，以达顶端的二门。蹬道两旁，首层为讲解大厅，二、三层为展厅，蹬道上空覆以半圆筒形顶光棚，使空间光亮明朗，随蹬道上升，上下沟通，左右流畅，里外渗透。

(3) 广州泮溪酒家

泮溪酒家位于广州城西，在景致幽美的荔清湖畔。这里原是五代南汉王刘钅长的御苑——昌华苑故地。1947 年，粤人李文伦在此创办了一个小酒家，因附近有一小溪名泮溪，故称泮溪酒家。当时建筑简朴，以竹木、松皮搭架荷塘之上。

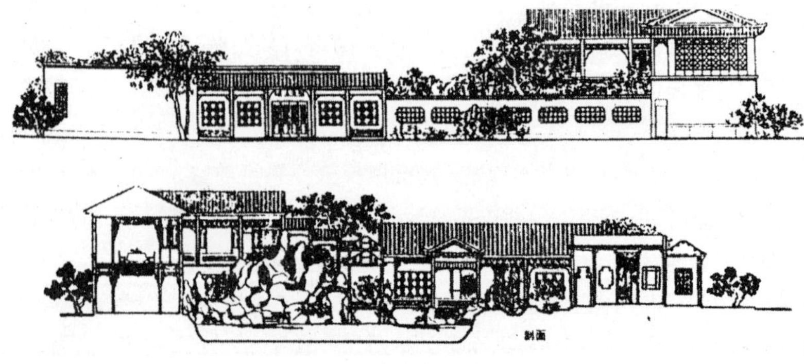

图29　泮溪酒家正立面、剖面图(选自《莫伯治集》)

1959年拟大规模改建，请莫伯治建筑师设计。1974年，由莫伯治、吴威亮、林兆璋三位建筑师，对广州泮洋溪酒家进行了扩建设计，使规模更大。

图30　山庄旅舍会议室(林兆璋画)

现泮溪酒家占地面积1.2万m^2，拥有餐位近3000个，员工1000人，日接待顾客1万多人次。从20世纪60年代起，泮溪酒家成为最宏大、最负盛名的园林酒家。大门上墨绿色酒金牌匾，是当时的广州市市长朱光亲笔所题。内部布局曲折迂回，层次丰富。内有出自广东著名山石名家布谷生、布汉生家族的大型假山，是依据东坡游赤壁的图谱而建，与曲桥流水相映成趣。假山上是迎宾楼，有金碧辉煌的木雕檐楣，泛金套色的花窗尺画，均属珍品。厅堂内，有琳琅满目的酸枝家具、名人字画。

泮溪酒家体现着传统文化，又渗透着时代气息，清丽典雅而不落俗套。

(4) 广州白云山山庄旅舍

山庄旅舍是建筑师莫伯治、吴威亮设计的，1962年建成，山庄旅舍成功之处，第一点是选址绝佳。它坐落于白云山摩星岭东南的山窝里，三面高山环抱，奇石错综，秀木葱笼，一道望泉从天挂下，周圈几泓绿水山塘，一片山林野趣。其东边却豁然开朗，是层峦叠翠的山坳口，视野开阔，郊野远山，尽收眼底，环境十分幽美。

成功之处的第二点，是总体构图上做到：

1) 与基地自然环境的协调；2)建筑群体按使用功能布置；3)建立布局上的秩序，即轴线感和序列的变化；4)在审美上处理好传统与革新的问题，如体型上采取分散的小体量建筑，组合上采取串联式的庭院组合，使建筑与景物相互渗透；格调简朴雅致，内外装修上适当运用一些潮州插瓷、满洲窗、落地明屏风等，使建筑朴实中又显得活泼明快，静中有动，富有岭南地方特色。

(5) 华南理工大学逸夫科学馆

华南理工大学逸夫科学馆位于校园内湖滨路西北侧(图31)，由华南理工大学建筑设计研究院建筑师何镜堂、杨适伟、许迪等设计。

建筑平面布局适应现代科技建筑功能多样性和可变性的要求，采用现代建筑简洁、明快和虚实对比的手法。为了表达这是一座理工大学的科学馆，建筑处理上吸收了一些高技派的手法和意念，运用了一些金属材料和构架，如光亮的白色铝合金窗套，配以蓝色反射玻璃，与外墙粗纹面砖揉合在一起，显得异常清新、鲜明；网架式雨篷和网架檐口栏杆的点缀更赋予新意；入

图31　华南理工大学逸夫科学馆立面

图 32　岭南画派纪念馆外观图

口两端设计了两座以科技为题材的不锈钢雕塑，一座以原子结构为题材，表示微观世界，寓意物质构成的基础，另一座以宇宙运行轨道为题材，表达宏观世界的广袤浩瀚。

为塑造该馆的文化环境，设计者做了以下工作：

1）使新建筑融于传统环境之中，即让它在体型、尺度、造型、色调等方面与传统协调和谐，通过绿化、铺地、庭园空间和建筑空间尺度的合理设计，使新老建筑巧妙结合，空间自然过渡。

2）创造多层次交往空间，包括前庭广场空间、内院空间、西庭园空间、会议群中庭空间等。

3）室内设计朴实而不豪华，高雅而不落俗套，细部装修考究，以清新、明快、大方为主，有时代韵味和科技特色。

（6）岭南画派纪念馆

岭南画派纪念馆坐落在广州美术学院校园内，由华南理工大学建筑设计研究院建筑师莫伯治、何镜堂、胡伟坚、马威设计。

1989年，关山月和黎雄才两位美术大师嘱莫老等人为岭南画派没计一座纪念馆，岭南画派是20世纪20年代崛起于中国现代画坛的中国画流派，岭南籍画家高剑父、陈树人、高奇峰（"岭南三杰"）是该派最重要的艺术家和倡导者。在南方和海外有一定的影响。

该纪念馆是收藏和陈列展览岭南画派作品的建筑实体，1991年6月8日建成开幕。

纪念馆布局分两部分。即主馆居中，另一小型招待所安排在主馆的东侧，沿池而筑，构成万池水院，有岭南特色。主馆当中两层高的门廊和招待所的楼梯间造型均采用富于动态雕塑感的体型，一则临水而筑，有临溪越池的意境，另一则倚楼而建，高低相望，左右呼应，顾盼有情，其螺旋曲线寓意岭南画派折衷中西，不拘一格的精神，主馆前方及南北高墙上方两棵浮雕式参天大树象征岭南画派叶茂根深，纪念馆的外部给人留下深刻的印象。

吴庆洲，华南理工大学建筑学院教授，
华南理工大学建筑历史文化研究中心主任

热带地区的海南岛建筑

白佐民

海南岛地处我国疆土的南端，按全国气候分区，海南岛划为Ⅳ区，是我国最典型的冬暖夏热的热带地区。因此作为建筑的地域性无疑最为直接并最为普遍地表现出自然地理条件所赋予并满足人们所期求的那些特征。但建筑的历史发展又不可能脱离该地区社会经济、民族、文化等因素的影响，社会因素会为建筑的地域性刻上不同的时代特征。但很明显，自然地理条件的影响是持续的和根本的，并且是贯彻始终；而社会因素的影响却表现出阶段性和可变异性特征，但它却是比较具象的。

"侨乡"历史文化的影响

海南岛作为一个孤悬海上的大岛，在历史上必然要发展同陆地的海上往来，航运的发展又必然推进国际间的交往。据历史记载，海南人侨居海外并大量移居发端于明代。到清代海南岛现在的海口市已经辟为商埠，对外海上运输以及对外贸易迅速发展，人员往来和文化交流更加频繁。到20世纪初海南岛的一些城镇也随经济发展而不断扩大，甚至有些建有城池的城市，将城墙拆除辟建街道。最具代表性的就是海口市新华路、文明路、博爱路和中山路等，在那时就形成近似今日看到的规模与形态的商业街，它们承载着海口市近代特定历史时期城市发展历程的文化信息，这些街道的建筑采取了在对外商贸往来中所"喜闻见乐"的形式，具有浓郁欧亚混交文化特征的"南洋风格"的建筑式样（图1～图4），并成街成坊予以修建。

图1（左） 海口市中山路东段北侧商业街店面式样

图2（右） 海口市中山路东段南侧商业街店面式样

图3(上左)　海口市中山路西口商业街店面式样

图4(上右)　海口市博爱路中段商业街店面式样

这批历史上形成的商业街，大多都采用"骑楼"的形式，每个建筑单位基本上采用相当统一的"小开间大进深"的模式，建筑高度一般为2～3层，虽然外观造型变化丰富，但建筑尺度相当统一。这些建筑外观虽然都表现出"南洋风格"，但其内部的房屋布局却基本采用家乡常见的前店后宅的形式。

海南省海口以及文昌等一批城市中始建于20世纪初年并表现着侨乡人文特色的"南洋风格"的商业街市，对地方建筑的发展持续地产生着影响。这些历史遗留下来的商业街区，仍然是这些城市的商业服务和文化娱乐中心。在海口市总体规划中明确将它们划定为"海口旧城历史文化街区"，并明确"重点保护区"、"建设控制区"以及"环境协调区"的三级保护和控制范围。这些具有欧亚混交特征的"南洋风格"的建筑遗存，对当代海南建筑的影响是显而易见的。前几年海南的高档住宅楼盘几乎无一例外沿袭着这一传统，对许多大型公共建筑，人们仍然有兴趣欣赏较为精美的"欧式"建筑的风格。2001年开业的海南滨海温泉皇冠假日酒店就是一组代表性的欧式风格的五星级酒店建筑（图5，图6）。就海南的地域条件，特别是它的文化历史背景，这种"欧式风格"也好，"新古典主义"也好，或"南洋风格"也好，在现实的建筑设计实践中适度地延续，应该是自然的和可以理解的。但从长久而言，人们的兴味也会随时代的发展、国际交往的扩大、见地的拓宽，

图5(下左)　海南皇冠假日温泉酒店客房楼建筑式样

图6(下右)　海南皇冠假日温泉酒店内庭所见阿波罗与雅典娜客房楼建筑式样

对这种"古典风格"的追求也会在海南这个大环境大地域中淡去。就是那些在城市规划中确定为具有相当历史文化信息的"南洋风格"的商业街区建筑，也会随时间的推移，除少数能确定为"文化保护单位"的建筑能够继续生存下去之外，其他那些仅仅"建立档案"，"和当地办事处、居委会、房主协商确定保护措施"的建筑，也会逐渐退出历史舞台，就像今日我们看到的文昌市老城中心那条商业街，已经没有十年前那种连续完整的中西合璧、富有南洋特色和异国情调的商业市井的美妙了。

"黎村"建筑风情的遗存

海南岛是我国黎族、苗族和回族的聚居地之一，据历史考证，黎族先民在三四千年前就在岛屿上居住，他们的生活方式以及居住建筑的形态独具特色。由于社会经济以及聚居地的自然条件限制，黎族住宅的形态、制式以及技术一直处于比较简朴或原始的状态。但随着时间的推移、经验的积累，在黎族住宅里仍然存在许多地域特色和创造。在千百年生息演变中保持着同大自然及环境的亲和友善、谐调与统一。

黎族住宅的平面基本是呈一字的长方形，但它的总平面大多呈放射形集群并垂直等高线布置。很明显，构架式建筑的室内地坪多数是以竹木的平台构成，因此房屋平面垂直等高线与否，并不存在土石方问题，但却可以防止雨季时山坡雨水正面冲击房屋的危险。

过去人们常常称黎族住宅为"船形屋"或"金字屋"，这正是抓住了黎族住宅的外形特征。黎族住宅的最大特点是它的屋顶，它的屋面檐口几乎落地，很明显这是长久避免风患的结果。这种屋面近地的做法事实证明可以大大减少台风期间风力对房屋的破坏（图7）。

黎族住宅由于屋面占据较大的地位，可以用厚厚的屋面替代轻薄的墙体，它可以大大减少热带的夏季太阳辐射对房屋室内温度的影响。

黎族住宅主出入口设在长方形的短边，也就是说黎族住宅的正立面是在建筑的山墙面。在这里为适应海南岛冬暖夏热气候的特点，人们常常集结在室外的山墙屋檐下休闲交往以及从事家务作业。黎族住宅在山墙面多将檐口挑出，以获得檐下的空间，有的深度大到四米有余，宁愿再在中间加上一根支撑屋檐的立柱，目的是一定要有一个入口前的户外

图7 海南聚居于大山深处的黎族住宅建筑剖面式样

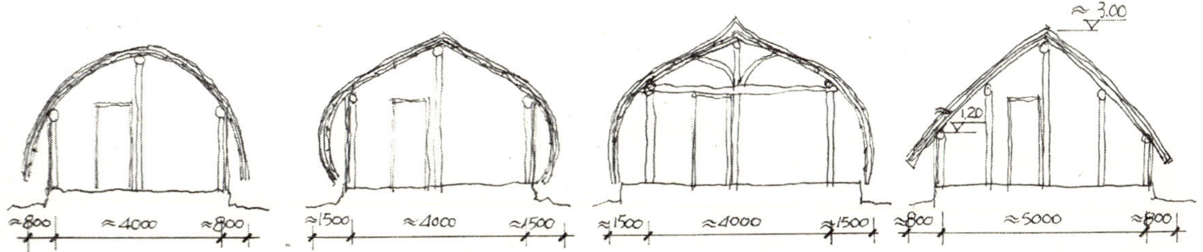

图8　建筑系学生实习所做海南黎族民族村建筑意境设计

空间。这里就是热带地区居者普遍追求的同大自然亲密接触的"敞廊"或"敞厅"的原始纯朴的形式。

综合以上所述，可以将海南黎族住宅建筑形态特点归纳为：平面简洁的一字形房屋直接嵌入山坡，随机吊脚，就势择地；大坡屋顶直至檐口落地，穹形顶或双坡顶以竹材或木才巧妙构筑，形似船篷或金字；屋顶在山墙面做出足够大的挑出以获得宝贵的开放空间；房屋在遮避风雨灾害上都各得其法。黎族传统住宅有很多东西值得我们更深入地分析和研究。黎族住宅建筑所表现出的大气和潇洒的风度，给我们带来建筑同环境共生的氛围，为我们热带建筑带来了平静和清凉的感受，许多接触过黎族住宅村寨的建筑师感受到震撼，久久难以释怀。1998年重庆建工学院建筑系毕业实习的学生，就曾为海南中部山区拟建的民俗文化村，以写意的方式幻想将黎族民居的式样加以断承和再现（图8）。2000年在海口市火车站客运大楼的国际招标方案中，也曾出现过一个追求简约朴素、平和大度、似与"船形屋"有些缘分的方案（图9）。2002年一个为海南中部兴隆温泉地区设计的五星级花园酒店，它的造型很明显表现出设计人对当地黎族建筑风采的热衷，以及对建筑地域性的追求（图10）。

图9　海口火车站站房楼设计投标方案所见黎族建筑朴素平和大度的情结

图10　海南兴隆温泉区新设计的花园酒店对当地黎族建筑风采的热衷

随着海南岛当今山区农村经济的发展以及黎族人民群众生活水平的提高，人们有条件将提高和改善居住条件提上日程。由于没有人科学地提升原有黎族"船形屋"的人居环境和建筑质量，人们只好以当地农场住宅或汉族村镇住宅为范本，来改造黎族村落的家居方式，结果今日已经很难再看到那些纯朴且同环境十分和谐的黎族"船形屋"村寨的存在了。

"热带"命题深入人心

建筑的地域性对于海南岛而言，热带的气候条件才是恒久而至关重要的因素。应该说海南岛独特的大洋、沙滩、海风、阳光和热带植被，以及南海大陆架岛屿的"穹窿地貌"，且突显青翠的丛山奇峰，综合成海南独有的热带生态环境，必然要造就出独具地域特色的建筑。今天随着社会的祥和、经济的发展，人们观念上也会随着升华。

回想海南建省之初，大量的房屋建筑工程提上日程，我们许多内地上岛的建筑师还不能理解长期在这片土地上生活的人们所形成的对热带居住环境理想的追求。当时他们向设计人提出多层住宅的单元楼梯应按常规翻转过来，每家从阳台入户。他们表现出对阳台的热衷，希望它是一个绿色的世界，经由这个自然的天地同起居室相通，并且提出卫生间冲凉房也附设在阳台上，使卫生间有良好的采光和通风。但是内地来的设计人员多数对这种要求不以为然，甚至认为"观念太土"。时隔十余年，我们的设计人员才明白过来，原来只有在热带地区，人们才有条件提出这样的要求，而且有条件得以实施。今天"由花园入户"以及附有相当规模的"敞廊"甚至"敞厅"的设计方案，变成了"新卖点"。同时把"卫生间"摆在敞廊方向并且安装上按摩浴缸，变成了豪华的标志（图11）。为住宅提供空中花园以及同起居室相通的敞厅，是为满足人们向往同大自然亲密接触的愿望，也只有在热带地区才能真正实现这些愿望（图12，图13）。

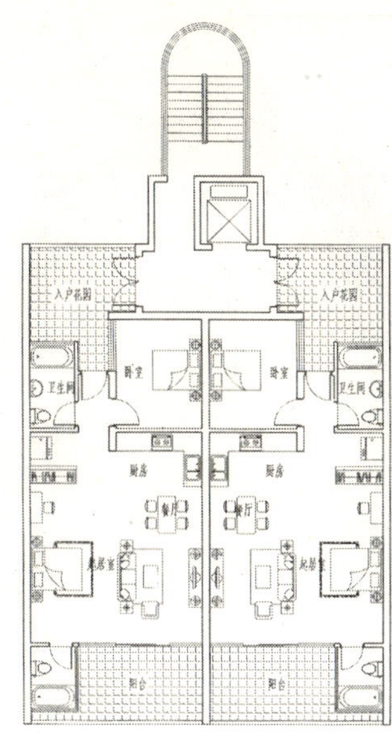

图11　三亚市一处海滨住宅突出入户花园及阳台冲凉房的设计方案，边冲凉边看海

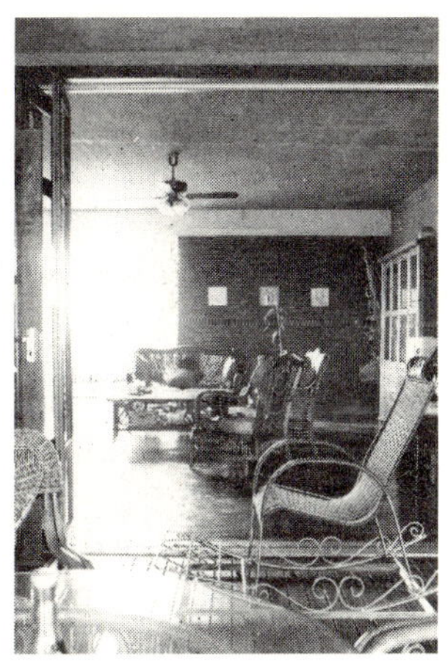
图12　海口市一处建成的入户花园及敞厅的住宅，图为由敞厅望客厅

图13　前述住宅，由客厅望敞厅

当然在海南设计住宅的敞廊、敞厅以及入户花园还有许多特殊的技术问题需要得到妥善解决，这也是地域特点所决定的，最突出的问题就是对"台风"的防护。在海南人们希望敞廊或敞厅能做到内外通畅，客厅与它们之间设一道门槛来防风雨，会感到有损"一气呵成"的贯通感，而且一般的门槛也难予抵挡台风时雨水的侵入。事实上台风条件下对雨水最好不是采用"阻挡"来消除危机，而是应采用"收纳"的办法来解决。在海南设有敞厅而又希望内外地坪齐平的最好办法是先将敞廊下的钢筋混凝土地面下降十几厘米，然后再在其上铺以架空留缝的木条地坪（有专门产品），令其与室内在同一标高上连接。这样处理在台风来临时雨水先被集中于架空的木格地坪下而排除，其上就不会有存水被风吹入室内了。

近些年我们力求以新的观念引入国外"乡镇住宅"（Townhouse）的模式，并以"汤豪斯"来称谓，殊不知在海南大小城市的商业街早在近百年前就采用了这种有效对应热带气候的小开间大进深联立式的建筑模式了。在那里每个单位的开间在六米左右，进深在十五米左右，层数在2～3层，中间留一个采光井并相应配置联络上下的楼梯。这种模式在热带地区采光通风良好，防热辐射极佳。这就是在海南城乡给予建筑适应地域气候特点而采用得极为普遍的模式。只不过我们没有早些从历史遗存中加以总结和提练，直到不久的昨天房地产商大炒"汤豪斯"的时候，我们本土的建筑师才恍然大悟。

热带海南岛的自然特色中常常使用的一个词汇是"雨量充沛"，但是殊不知由于日照时数多，太阳辐射量大，结果造成蒸发量大于降雨量。在海南岛的南部地区更为明显的属于干旱缺水地区，因此历史上这里的人们是多么注意积存雨水而备生产和生活使用。从三亚市郊一处准备划入修建地段的现状图上可以清楚看到（图14），在大约三百米长的一块坡地上对应坡上的冲沟一连串建造了大小"水库"五六个，可以说坡上雨水的地表径流没有被随便放逐大海，而是精心地加以蓄存和利用。后来城市规划确立了新的道路系统，并将这里变成了拟开发用地，先期平整土地时，因为城市有了自来水和雨水系统，因此用地内的水库一律填平，显然其坡上的雨水只能流经城市雨水管网排除了之。令人欣慰的是这块用地的实施性规划中注意到了热带三亚地区干旱缺水的地域特征，在规划中将原来为此地"水库"注水的水源加以引用，将雨水跨越城市道路随时贮存于用地西北角的地下蓄水池，再经小区地表的景观水系顺势将雨水引渡到用地的东南角，同时小区的生活洗浴水系统送到中水处理设备，然后再将中水北送，到达小区北端高层建筑的屋顶中水蓄水池，供小区千户居民再次利用（图15）。这一实施性规划的内容就表

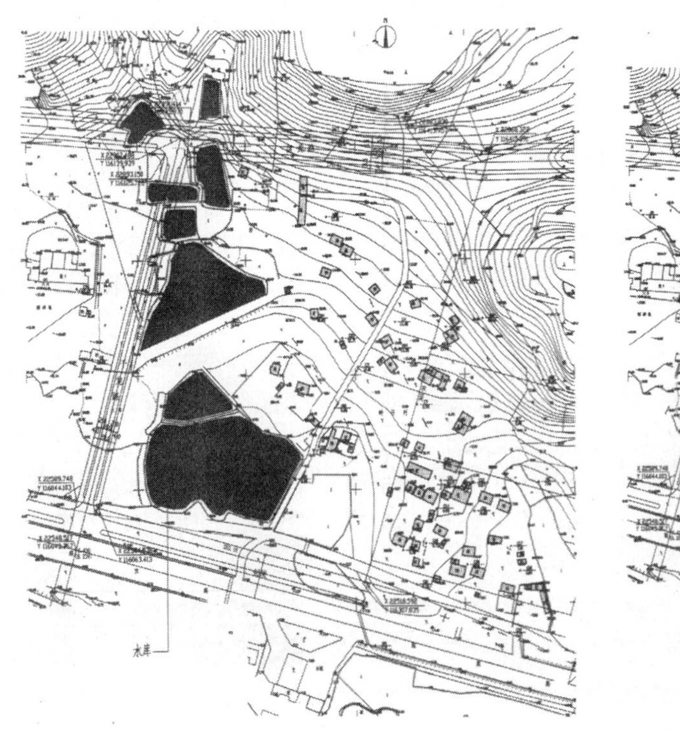

图14　三亚市郊一幅土地，开发前大小"水库"罗列原状图

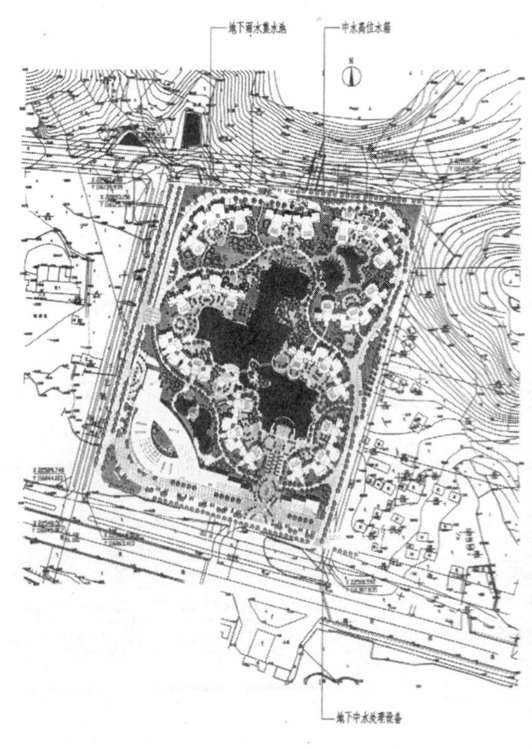

图15　已平整土地，规划者表现出对雨水集存与利用的重视

现了规划设计者对地域特征的尊重。

在海南中南部山区的"七仙岭"脚下有一处温泉富集区，甚至有些温泉水长年从山石的裂隙中间向下流淌，热气蒸腾，温泉水流入小河，令河水半边热半边凉，景观异常诱人。七仙岭温泉山庄以一种宜人的尺度将整个度假村容于山坳中，并将自流的温泉水加以利用，修建一处露天温泉泳池（图16，图17），泉水常年自然流淌，自注自溢，泳池建成数年不曾清池，池底池壁却保持着完全清洁不腻。这说明我们在从事某一个地方某一个项目的设计时，对现状条件不仅要了解，而且还要对具有地域特征的要素进行发掘和把握，从而有可能创造出与众不同的结果。

图16　保亭七仙岭温泉山庄地处温泉水地表涌流区

图17　七仙岭温泉山庄建成的自注自溢的温泉泳池

建筑地域性的深层影响来自地方的自然条件

海南岛建筑所受自然条件影响，最重要的就是"热带气候"和"海岛地理"。

海南岛是中国南海大陆架上的大岛，它以穹窿地貌呈现，即中部高四周低，山地占25.4%，丘陵占13.3%，台地占32.6%，平原及阶地占28.7%。因此海南岛的建筑，特别是有一定规模的项目，只要精心设计，大部分都会有地形利用的问题，单体建筑大多会有前后错层，群体建筑会有多变的竖向关系，精明的建筑师都会巧妙地加以利用。

海南岛在我国的气候分区中划分为热带气候区，年平均气温在22～24℃，冬暖夏热，海南岛的建筑如能同热带生态环境和谐统一，应该是其最突出的地域特征。我们从海南的住宅建筑设计实践中已经看到了人们对于融于自然的深情追求，在公共建筑的设计实践中更强烈地表现出对热带建筑那种开放、轻松以及生态化空间的热衷。近几年海南岛的酒店建筑借助它们可以占据最有利的地段，并能获得最雄厚的投资，以及在技术经济指标上的宽松和对人性化的追求，可以看得到它们最充分地表现了热带建筑的许多独特的风采。

20世纪末三亚凯莱度假酒店，可以说开创了海南酒店建筑的大堂不设中央空调并令空间半开敞化的先河，大堂所有的门窗均不装玻璃而是以百页代替，且在平时全部敞开，大堂及酒吧和咖啡厅仅有几支吊扇徐徐旋转，真正享受的却是自然的海风。21世纪初在三亚的三亚湾西南尽头建成的海航度假酒店则更进一步表现了热带酒店建筑空间轻松畅快的

图18　三亚市的海航度假酒店在采用半开敞手法中又突出内天井的通透贯穿

图19　三亚海航度假酒店面海一侧采用两层架空的敞廊

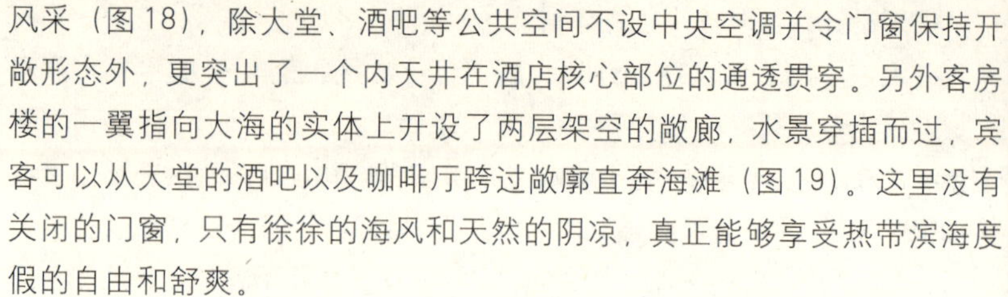

风采（图18），除大堂、酒吧等公共空间不设中央空调并令门窗保持开敞形态外，更突出了一个内天井在酒店核心部位的通透贯穿。另外客房楼的一翼指向大海的实体上开设了两层架空的敞廊，水景穿插而过，宾客可以从大堂的酒吧以及咖啡厅跨过敞廊直奔海滩（图19）。这里没有关闭的门窗，只有徐徐的海风和天然的阴凉，真正能够享受热带滨海度假的自由和舒爽。

2002年落成的三亚喜来登度假酒店更加把热带建筑地域特征推向一个新的境地。高大空敞的大堂仍然不设空调（图20），咖啡厅同大堂一气呵成，完全保持着开敞的状态（酒店的大堂是否需要如此之大，暂不在此讨论），公共走道也极宽敞，且直接敞向大海，它的外侧又附加了观海敞廊（图21），把热带酒店的氛围表现得淋漓尽致，令人真正享受到无限的宽松与自在。

2004年落成的三亚红树林酒店可以说是一改酒店大堂半开敞而变成全开敞的首例。可以说只有热带海南的酒店才能有这样的模式。客人来到酒店，眼前的门廊、过厅以及设有总台的大堂被一览无遗，除了结构柱子之外，前后无墙无门无窗（图22），与其相邻的酒吧和咖啡厅也尽情开放（图23）。在海南身处海滨的人们一般都会有一种“有影就有凉”的体验，海南的太阳辐射很强，但只要你来到树阴下，或者撑起一把太阳伞，你就会感受到海风抚面凉意沁身。因此海南地处海滨的酒店大堂采用尽量开敞的设计手法，它宽松得无拘无束，让人尽享炎炎夏日的清凉以及浩瀚大海的清风，人们不再依赖于中央空调，让人置身于大自然并获得生态的享受。这就是海南岛建筑独特的地域特征，它不涉及建筑风格、式样和流派，它只需要建筑师的精心设计，需要开发商的理解和支持，因为它涉及到技术经济以及经营和效益的平衡。

图20　三亚喜来登度假酒店半开敞的大堂与酒吧

图21　三亚喜来登度假酒店在公共走廊外侧的敞廊

上述这些颇具热带特色的酒店建筑由于它们多半是修建在海滨的阶地上，因此怎样在地形上做文章也是它们的一个课题。值得肯定的是它们都能精心于竖向上的处理，采用不同的手法将用地的高差作到了巧妙的利用。海南地域的自然条件，除热带气候以及穹窿地形的特点之外，对于台风及大雨，虽然也是客观存在的，但是在应对技术上好像还没有什么值得称道的具有地域特色的成就。当今的酒店建筑应对台风的“地域特征”好像只有外设沙袋封堵，内加人工清扫，所有开敞式大堂的酒店似乎无一例外在台风发生时如此手忙脚乱。20世纪末最早推出半开敞大堂的凯来酒店，为防止百页窗漂进的雨水，在室内窗下设了专门的排水槽，这一点很令内地来参观的建筑师赞叹其设计的精心，后来各酒店越来越开敞，但却不见更多的防止台风和雨水的新措施出现，这应称作我们建筑师面对“地域性特征”所应付出的努力上的不足吧。

张拉膜结构它的轻薄以及可覆盖宽大的空间和可开敞的通透性，对于海南的冬暖夏热的气候而言，可以说是再实用不过了。在海南最早应用张拉膜结构的实例，当属亚龙湾广场上艺术造型的组膜了。它虽然如同雕塑一样应用在那里，但它给人精神的振奋，无疑是它在海南的实际建筑上应用开了先河。直接以张拉膜结构作为正式的房屋，且规模比较大的要算博鳌亚洲论坛的会场了。接着就是在三亚为世界选美大会而建的"美丽之冠"这座张拉膜结构的会场建筑（图24）。膜结构建筑的应用在海南可以不为冬季防寒费心思，但它们在抵御台风时却是一个弱者，据说2005年海南一次台风就将一座很有意义并很有影响的膜结构会场建筑摧毁了。这说明膜结构在应对海南地域条件方面还没有在技术上得到可靠的认证。建筑师同膜结构工程师不仅要研究好它的造型，还要研究好它的构造，要在抗台风方面有可靠计算和充分的技术措施。我们喜欢张拉膜结构的造型，我们希望它在热带海南有更多更好的表现，为海南地域建筑增色。

图22　三亚红树林度假酒店不设门窗全开敞的大堂

图23　三亚喜来登度假酒店与全开敞大堂相连的半开敞酒吧

图24　三亚为世界小姐选美而建的"美丽之冠"会场采用张拉膜结构

过去我们一谈到建筑地域性，似乎比较注重地方建筑风格以及式样或造型特色，或者对"乡土"以及"民俗"等内容思考很多。但实践中反映某一地域比较稳定的特点，还是那些受地方地理气候等因素影响而表现在形式上或技术手段上的东西比较具有地域特色，当然它的变化也会受到社会经济及文化发展的影响。而那些风格样式方面的变化却随时间的推移，可能会发生明显的改变，甚至可以有新生与消亡的变化。因此我们在设计中如果今天感到采用某些式样或某些符号来表现建筑地域性，似乎还能接受的话，但明天回过头来再看它，也许会感到"不耐看"，甚至乏味。而能关注地域永固的气候及地理条件，且能随时代变迁、社会经济发展在技术上去适应与去创造，我想会有意义得多，成就也会更多。

（本文全部插图均由海南华磊建筑设计咨询有限公司一所资料库提供）

白佐民，海南华磊建筑设计咨询有限公司总建筑师

重庆地域建筑及文化研究

赵万民　王纪武

文化是经济和技术进步的真正量度，即人的尺度；文化是科学和技术发展的方向，即以人为本。文化积淀，存留于城市和建筑中，融会在人们的生活中，对城市的建造、市民的观念和行为起着无形的影响，是城市和建筑之魂。❶建筑的地域性作为保持文化多样性的一个重要途径，在全球化和地域化两级互动的时代发展趋势下，已成为当前建筑学界深入研究的方向之一。

山城重庆位于中国西南、长江与嘉陵江交汇处，是长江上游的经济中心，国家级历史文化名城。重庆城市的诞生可上溯到3000年前的巴子国时期。作为商贸中心和水运口岸，重庆早在明代的赋税总额就居西南第一位。1889年对外开埠；1929年设市，重庆开始了城市现代化进程；1939年重庆成为抗日战争时期的临时首都；1949年解放后，一度是西南大行政区的首府；1960年代，重庆是当时"三线"建设的国家重点投资地区；1997年重庆成为我国第4个中央直辖市，担负起三峡库区移民迁建和西部大开发基地之一的重要职能。在上述的一系列历史机遇中，重庆城市及其文化得到了巨大发展。随着城市化事业的快速发展，重庆城市现代化建设日新月异，重庆地域建筑的发掘、保护、更新、发展，已经成为一个不可回避的，而且愈发重要的时代性的课题。

一、 重庆地域建筑发生、发展的自然与人文基础

建筑是人地互动过程中，人类能动性的创造。地域性作为建筑的基本属性之一，是人类聚落与建筑形态在漫长的发展演变过程中与地域自然及社会人文因素相互作用的结果。建筑地域性特征的形成主要受两个方面的影响：(1)自然条件，包括影响和决定人类生存状态的地理区位、气候、水源、地形等因素；(2)人文传统，包括人类历史发展过程中形成的文化、观念、习俗等精神财富和民族、宗教、家庭、制度等社会结构。人文传统的形成与发展，既有内源型的文化传承，也有外源型的文化传播。地域性建筑的探索，必须理清地域文化的来龙去脉；考察地域建筑生存、发展的自然生态环境。前者是建筑地域性的灵魂所系；后者则直接作用于地域建筑形态的构成。

❶ 摘自：吴良镛.国际建协《北京宪章》.北京：清华大学出版社，2002年，第209页.

1．重庆地域的历史文化本底

有人类学家认为，古巴文化是重庆地域文化的源头之一。在历史记载中，巴既作为种族名，又作为地名。在考古界较为认同的观点是：巴人最早聚居于鄂西南地区，后迁徙至川东地区，东有长江接于楚越，南有乌江通至黔中，北有嘉陵江、渠江抵汉中，西可溯江达于蜀地。[1]（图1）自然生态环境、社会发展水平、历史文化传统等因素对巴人建筑形态的形成与发展影响重大。沟壑交错、山环水绕的自然生态环境，以族群为基础的生产、生活方式，使巴地的聚居形态与建筑空间都与江河、山势密切相关，形成了神秘的山地文化特质。巴地的聚落中，位于长江与支流交汇地带的占大多数，水路运输是维系聚落间交往的主要方式。一般聚落都是聚集在一个相对稳定的地域聚居点，这些聚居点能容纳一定数量的人口，提供不必外出的环境容量资源，同时又能与外界其他聚居点保持一定的间距与联系。

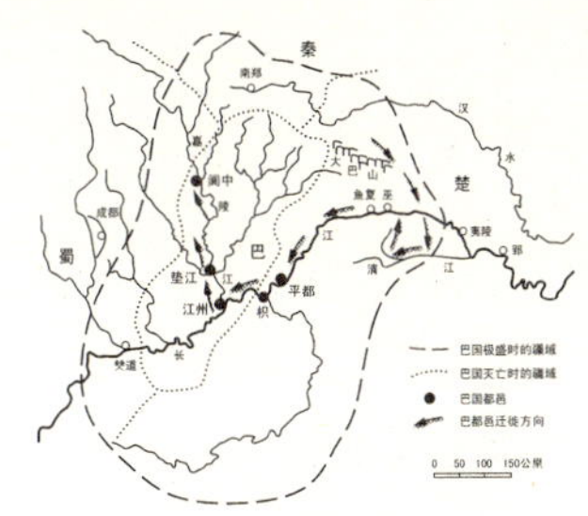

图1　古代巴族迁徙图示

重庆地域先民在地域生态环境的制约下，其聚落空间发展与文化交流表现出沿江河的轴向线型格局特征。随着社会的进步，增长轴上的某些条件适宜的聚居点，就有了萌发成为城镇的可能，从而形成线状多中心的地域聚居格局（图2）。进一步发展，则可形成主次依托、联系紧密的网状结构，从而衍生出不同于平原地区的山地聚居网络格局。这一点，在江州（重庆古称）及现代重庆的区域聚居格局中都表现得特别突出。巴地聚落城垣营建择地形，相水势，于坡陡水急之处，以山为城，以江为池，建立都城。从考古发掘的商周时期巴人聚居点遗址的平面形制分析，单个聚居点的形态有带状的，也有团状的，甚至还有线状的，表现出“因天才，就地利”的聚居形态特征。

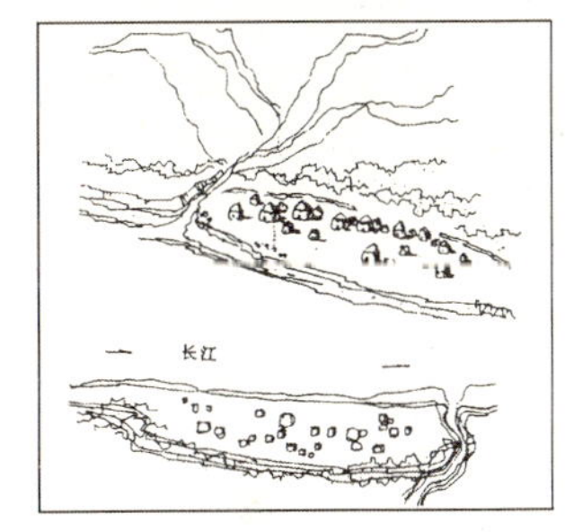

图2　重庆地区早期聚居单元布局示意图

2．重庆的自然生态本底与地域传统建筑

重庆位于我国西南内陆山地区域，其山地地貌面积约占60%，丘陵地貌约占30%。城市坐落在长江、嘉陵江汇合处，地貌结构比较复杂，众多山脉连绵起伏，以长江干流为轴线，自西向东横贯全境（图3）。由于城市依山而筑，自然格局，人谓“山城”，冬春多云雾，又称“雾都”。重庆历史文化久远，巴山夜雨，润物无声，滋养了这方土地上的传统人居环境的历史发展。[2]

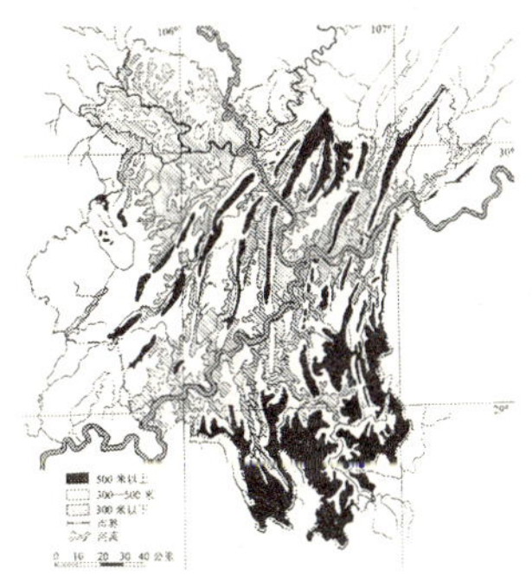
图3　重庆地势图

（1）气候、环境与地域传统建筑形态

重庆地区湿度大、多雨，夏季闷热、潮湿，所以传统聚居单元多修建于临风易排水的坡地上。与高低起伏的地形相结合，建筑常采用吊脚和架空处理，建筑物高架于地面之上，轻盈通透，对通风防潮十分有利。坡屋顶的形态利于排水，出檐的方式也能起到良好的防日晒效果（图4）。

图4　重庆吊脚楼形态示意

[1] 参见：童恩正　著．古代的巴蜀．重庆：重庆出版社，2004年4月，第9～13页．

[2] 古人谓重庆“片叶沉浮巴子国，两江襟带浮图关”。据史载，在2万多年前的旧石器时代，重庆长江与嘉陵江的河谷台地上就有人类居住；距今4、5千年的新石器时代，两江沿岸已形成较稠密的原始村落。《山海经》等古籍中有文字可考的巴族历史可追溯到3000多年前。自古巴国在此地立都建城后，城市的演变与发展一直延绵不断。

图5　重庆地域传统聚居形态示意

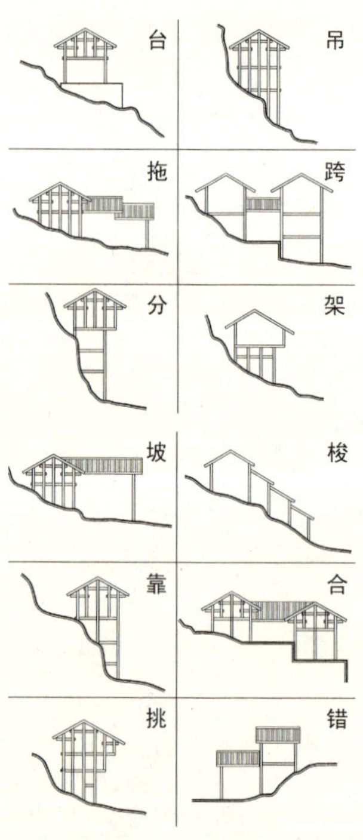

图6　重庆传统地域建筑构建类型示意

重庆民居多聚居在沿江两岸，吊脚和架空的建筑形态可以使建筑在常年洪水位之上，不至被水淹没，而又能有效地利用岸线。对结合地形、利用环境和满足人民生活接近水面的生活习性，是一种十分巧妙、科学的建筑方法。

（2）地形、地貌与地域传统建筑形态

重庆地域建筑的最大特点就是在山环水绕、高低起伏的自然环境中生存与发展。山地地形的肌理变化赋予建筑形态独特的感染力（图5）。由于重庆地区河流众多，水路成为主要交通通道。故传统聚落多临江而建。临江聚落除了具有一般山地场镇起伏错落的特色外，又多出了江河行舟这样的视点，给传统聚落的审美增添了另一特色。

在地形与建筑空间形态上，"借天不借地，天平地不平"的手法，在重庆地域传统建筑的发展过程中，得到了广泛的应用与发展。"借天不借地"即指在起伏地形上建造房屋尽量少接地，减少对地面的依赖，力求向上发展，开拓上部空间。如吊脚、架空等建筑方式。所谓"天平地不平"即指房屋的底面力求随倾斜的地形变化，构成不同的地面标高，形成错层、掉层、附崖等建筑形式。为了克服地形高差等原因，建筑的实体形态与空间形态都会随地形产生相应的变化，山体常作为建筑建构的组成部分，而建筑又与山体结合形成丰富的空间形态（图6）。由此可见，与平原地区比较，重庆地域传统建筑更加注重在三维空间中的拓展与组合，以使建筑空间和三维地形构成有机的镶合关系。

（3）材料、构造与地域建筑形态

构筑方式是建筑形态特征形成的重要因素。重庆地域传统建筑构筑的方式主要有三种：穿斗结构、砖柱夹壁结构、捆绑结构。

穿斗结构由于其灵活性以及建筑材料的易得性，使之成为重庆地区普遍使用的结构方式；

砖柱夹壁(即竹编抹灰墙)结构是近代发展起来的一种结构形式，从穿斗结构的基础上演变而来，其做法是以砖柱代替木柱，而其他部分仍为原结构系统；

捆绑结构是用竹木材料扎结作房屋构架的临时性建筑。[1]其建筑方式灵活自由，对地形适应能力极大，故可建在河岸陡坡悬台等地段，也可以形成多层楼房(图7)。

这三种方式在长期使用中逐渐成为重庆地域传统建筑的符号特征之一，且由于竹木等材料的运用，使建筑更呈现出一种轻巧灵活的形态特征。

图7　重庆地域建筑构筑方式示意

二、重庆地域传统建筑类型及其特征

1．基本建筑类型

重庆地域传统建筑的形态、技术以及材料的使用，与其生存的山地生态环境关系密切。在寻求建筑空间与三维的山地地形有机镶合的过程中，形成了缓坡型和陡坡型两种基本建筑模式。

(1) 缓坡型——受地形高差的限制相对较小。平面布局表现为小开间大进深的长方形。建筑进深不定，与地形相结合，一般有三跨进深。若用地纵深较大，常用的建筑手法是通过设置中心天井或抱厅来保证内部空间的采光和通风。建筑以两层为主，有的局部形成三层阁楼，沿街二层空间往往采用出挑或设置阳台的方式来获取更多的使用空间。在使用功能上，面对城市主要商业街道的建筑，以"底商上居"的模式较多。这类建筑以开间为单元，通过垂直划分功能的方式来保证居住空间的私密性。若商业街道两侧有较平坦的用地，往往从临街店铺一侧开辟出一条小巷与纵深的小天井连接。二层居住空间由天井进入，从而更好地保证了建筑空间的私密性。若居住建筑面对生活街道，则以"底厅上居"的模式较多，底层面临街道部分是半公共的会客、起居空间，二层为居住空间。为加强私密性，临街的客厅一般不像商铺那样完全开敞，而是只开中门，同时为了获取更多的使用空间，除二层的出挑外，往往还将洗涤、晾晒、炉灶等生活空间外移到街道两侧，使街道成为室内空间的延伸(图8)。

(2) 陡坡型——传统重庆聚落的兴起，多以码头为起点，逐渐在其周围形成聚居区，并最终扩大成为城市中心的商业街和公共活动中心。重庆地域城镇临江区域往往地势险要，不适宜建筑的修建，然而在以商业和航运而发展起来的沿江城镇中，其常住居民所从事的职业多与水运有直接关系或间接的联系。因此在地势险要和高度聚集的调试过程中，一种以木结构为主体，通过砌筑台

---

[1] 最早是建在沿河边为水运工人服务的一些季节性用房，洪水一来就进行拆迁。后来发展成为沿河住宅的一种结构形式。

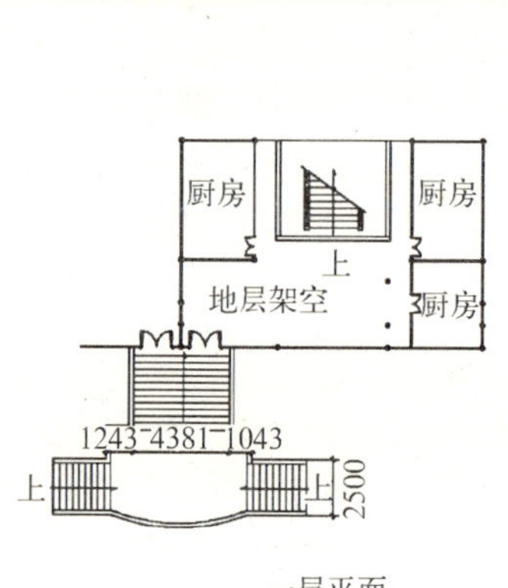

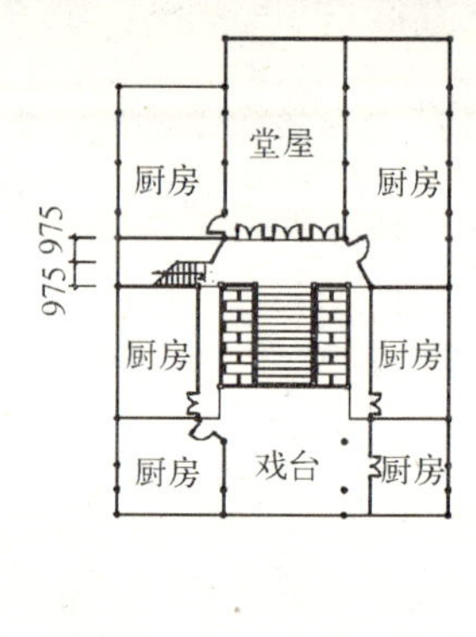

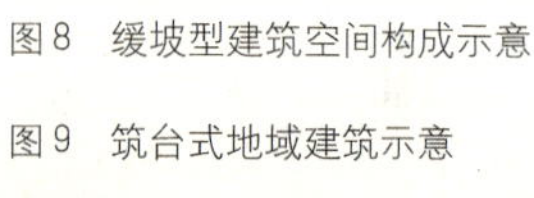

图8　缓坡型建筑空间构成示意

图9　筑台式地域建筑示意

地和架空来适应、改造地形的建筑方式得以形成。陡坡型建筑利用自然山体作为支撑进行建造，根据地形坡度的不同，可分为筑台、附岩等形式。

筑台式：当用地坡度在30°左右时，一般是在顺坡度方向通过局部挖填形成二级台地，甚至三级台地，并在台地上修筑2层或3层的建筑。上下层空间之间的联系，一般通过内部直接联系，当用地较局促或底层建筑较小时，常巧妙地利用室外踏步实现垂直方向的联系（图9）。

附岩式(吊脚楼民居)：这类建筑一般处于用地狭窄、地势高差变化大的地段。当用地较陡时，通过挖填来拓展建筑空间已不可行，为此建筑不得不附着在陡峭的岩体上，依靠岩体的支撑形成2～4层的建筑空间。一般来说，建筑的主要入口在底层，建筑以道路为起点向上建造的类型称为上爬式。上爬式建筑的不同楼层面积随着坡度变化由下而上逐步增加，并通过层层出挑等手段进一步扩大空间，形成上大下小的建筑形态。由于背靠岩体，基础稳定，而自身的结构材料重量较轻，故在获得较大的使用面积的同时，并没有结构上的安全问题。建筑的出入口在顶层，建筑以道路为起点向下跌落的建筑类型可称为下落式，是吊脚楼建筑中特征最突出的一类(图10)。这类建筑常处于坡度几乎垂直的陡坎上，建筑底部通过高低不同的柱子支撑而架空，架空层部分不作为建筑空间使用，可作为储存空间。在临江地段，为适应江水的涨落，架空部分完全不用。吊脚楼建筑是重庆地区独有的民居形式，是干阑式民居在高度聚集的需求下在陡峭的坡地上适应演变的结果。

图10　附岩式地域建筑示意

2. 建筑材料与技术措施

重庆地区的传统建筑，受地域文化、经济条件、建造技术和地理条件的影响，按照建筑建造和支承材料的不同，也形成了几种不同的建筑类型。其中，木结构占有较大比例，在近代又发展出砖木结构形式，在某些特定的地区，还有以竹、石材、泥土为主要结构的民居，但数量不多。不同建造材料的使用形成了不同的结构类型，也形成了不同的建筑风格。

(1) 木结构：作为最常用的建筑材料，木结构在整个巴蜀地区覆盖面最广，技术也最成熟。穿斗式木结构一直是重庆传统建筑的主要结构类型。自清以后，在商业程度较高、聚居密度较大的传统城镇中，为了获得较大的开间跨度和防火的需要，以砖作为防火山墙或填充墙，以木构架来支撑楼板和屋顶的做法较为多见。以上两种建筑结构形式，其内部空间的分隔，仍以轻质、价廉，在当地可广泛获得的自然材料为主。如重庆地区传统建筑在山

图11　木结构建筑示意

墙和内外隔墙上采用的竹蓖墙，就是以竹编为衬，外抹泥灰而成的，具有轻巧、易移动、维护简单等优点（图11）。

（2）砖木和石木结构：在20世纪初期以后，随着技术进步和新功能的出现，对建筑楼层和跨度的要求不断提高，于是出现了以砖墙为承重墙和内外分隔墙，以木材作为楼板和屋顶支撑的大、中型商业建筑，如银行、办公楼等。这类建筑在结构稳定性、防火防腐、延长使用寿命等方面都有了较大的进步。

（3）竹木捆绑结构：在聚集密度较大的城区，为节约建筑投入，多采用以竹木为主材的捆绑技术。这种技术方式具有施工速度快、造价低廉等优点。由于对施工技术要求不高，较适合于城市居民的自建住房，但其耐久性及防火性均较差，对房屋的高度和宽度也有很大限制，且要依靠稳定的岩体支撑。因此是一种临时性的建筑技术形式，随着城市建设的发展，此类建筑已较少见。

3．建筑的内外空间组织及细节处理

重庆传统建筑因功能、体量以及在城市空间中的地位的不同，其内外空间形态也有较大差异。一般建筑虽然仍追求轴线和突出中心，体现出一定的礼制概念，但与传统的官式建筑相比，在内外空间的界定方式上，在建筑立面形式的处理上以及在建筑细节的处理上，都比较自由灵活。具体表现在空间形式上，主要有以下特点：

（1）城市公共空间的开放与利用

与"内向开敞、外向封闭、内外分隔明确"的官式建筑及公共性建筑模式不同，重庆地域传统建筑对城市公共空间的利用更为重视，特别是在商业发达的城镇中心区域，商业的需求、对外交往的增加、用地的紧促，都迫使建筑必须通过借用城市公共空间来扩大内部使用面积。重庆地区夏季炎热、冬季冷湿的气候特征，使人们的户外活动时间增加，促进了建筑外部活动空间的增加。

（2）适应地域气候的内部空间组织方式

在重庆地区，典型的南方潮湿气候、明显的山地特征，促成了重庆地区传统建筑立面空透、内部空间流动性大等特征。为了保证建筑内部空间的流通，重庆地区的传统建筑多采用大出檐、大进深的形式。重庆地区夏季风速较小，仅靠风力很难形成室内空气对流，大出檐、大进深的构筑方式使室内外的温差加大，形成热压差，热空气不断上升，带动了室内空气流动，提高了在湿热环境下建筑空间的舒适性（图12）。

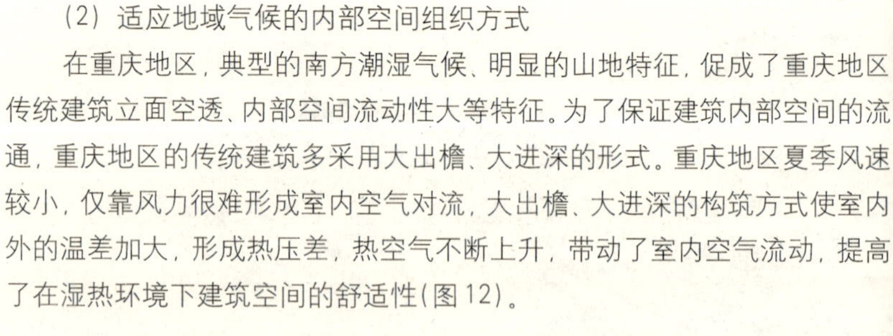

采光通风点
人流动线
空气流通
视线交流

图12　适应地域气候的内部空间组织方式示意

（3）多样化的内外空间过渡方式

为了协调私密的内部空间与公共的外部空间之间的关系，重庆地域传统建筑一般通过三种方式来进行内外空间的过渡：1）垂直布置建筑功能空间。将客厅等相对开放的空间置于楼下，将卧室等较私密的空间置于楼上，而楼上的卧室可通过出挑阳台来形成活动区域，出挑的阳台形成的阴影区，造成建筑（室）内暗外明，从而减少在街道两侧相对布置住宅的对视干扰；2）通过加大屋顶出檐、抬高房屋基座等方式形成半私半公的“灰”空间；3）利用不同标高的台地或出挑，将对私密性要求不高的生活空间移到室外。既减少了对室内空间的不利影响，又为卧寝、起居等私密性活动提供了更多的内向空间。对于进深较大的传统建筑，则通过内部天井、过厅等形式来削弱内外及内部各私密空间之间的相互不良影响。

（4）注重细节上装饰与识别性

同一地域的传统建筑由于有成熟的建造体系和相同的文化传统，各建筑单体在结构形式、进深、开间尺寸、建筑材料等建筑的基本要素上非常相似。为了提高建筑之间的识别性，体现不同住家的审美情趣和愿望，传统建筑常在其细部处理上精雕细琢，特别是建筑主立面上的门扇、窗户、檐口、栏杆、基础等部位，往往是装饰的重点。重庆地区传统建筑的装饰构件以木雕为主，多以人物走兽、花鸟鱼虫为表现题材，形象生动、工艺精湛（图13）。

（5）巧妙利用周边环境条件

在内部空间的细节处理上，重庆地区各中心城区的传统建筑在拥挤的空间环境下，为充分利用空间，有许多独特的做法。如利用坡屋顶的局部上空部分形成阁楼、利用地形的不同标高形成多层次的入口和活动平台、以内外廊相结合的方式组织大体量建筑等。

（6）以院落为核心的内外空间处理手法

重庆地域传统建筑多以院落为核心来组织内外空间和协调内部空间的联系。处于建筑核心的院落承担着采光、通风、交通、内部居家休息等综合性的作用，而且为整个建筑群进一步的扩展提供条件。受地形限制，重庆地区院落空间在尽量保持中心轴线布局的前提下有三种变化：1）在保持中心轴线和院落递进关系的前提下，建筑群体的外轮廓随周围环境的制约而自由变化；2）建筑空间拓展时，增建部分的轴线会随着用地的不规则状态与原有中心轴线呈一定角度甚至垂直于原有轴线；3）整个建筑群体有较多院落进深时，为了适应地形，中心轴线会有多次转折。另外，在环境条件较好的地方，会形成“U”形开口的半开敞院落空间，以利于通风采光。

4. 公共性建筑和移民聚居建筑风格的多元文化特色

巴渝文化受历史上多次移民的影响，具有兼收并蓄、多元融合的文化特征，特别是明清时期的两次大规模移民，即所谓的“湖广填四川”，使巴渝文化与周围地区的文化交流范围更广、影响更深，并呈现出多元共存的独特风格。

图13 建筑细部装饰示意

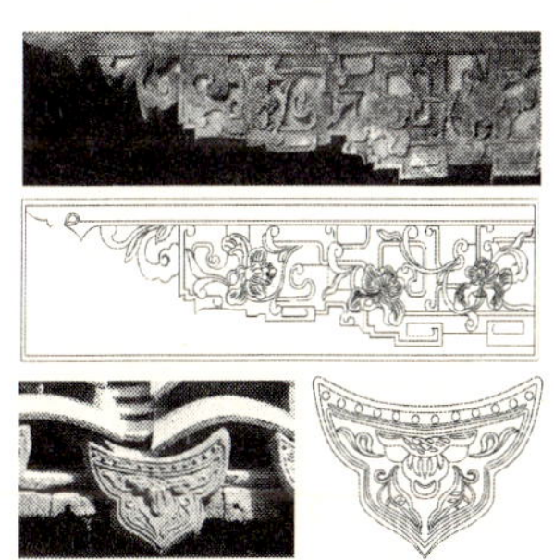

图14　重庆会馆建筑形态及细部示意

巴渝文化的多元共存性，表现在宗教上，就是儒、佛、道三教在重庆地区的影响不仅没有互相排斥，而且有合流的趋势，最典型的例子就是已被列入世界文化遗产的大足石刻，是一个佛、道、儒三教造像俱全的庞大石窟艺术造像群。传统的佛、道、儒宗教建筑具有明显的世俗化特征，犹如大型民用建筑一样，以院落为主要手段来组织内部空间，并通过入口门房、中心院落、大殿等主体建筑形成空间上的序列性。重庆地区庙宇建筑与平原地区的庙宇建筑不同之处在于：由于其内部空间常顺应山势逐步抬升，从而实现了空间序列的立体化。另外，受场地限制，空间的主轴线有时并不向纵深发展，而是在进入主山门后，呈与地形等高线平行的迂回横向发展。

会馆建筑是大规模移民与跨地域商业经济发展的产物，多以宫殿形制建造，处于城镇格局的重要节点上，并与牌坊、塔、亭、桥等构筑物一道，共同构成巴渝传统城镇的景观要素，形成以会馆建筑为中心，以大量民居建筑物为背景，依据地势形成多个景观点的城镇整体风貌（图14）。在重庆地区的传统城镇中，会馆建筑对于城镇公共空间形态的生成、发展、布局起着有寓意象征性的制约控制作用。

三、重庆地区传统建筑的总体布局特征

重庆地区传统城镇建筑的总体布局特征与巴渝传统城镇的生成发展演化过程有着密切联系。在重庆地区，传统的大中型城镇往往是依靠水运、交通、商业和行政军事需要等几个因素发展起来，由于特殊的山地环境条件，可供城市发展利用的平整用地较少，而且随着沿江地带因水运发达而繁荣。为缓和用地与需求的矛盾，传统的沿江城市（镇）除了逐步向后靠、向山坡上发展外，单体建筑的总体布局形成密集、紧凑的特征，并形成许多独特的空间形态。

1．顺应地形的街道空间格局

起伏的地势、紧张的用地，促使重庆地区传统街道在发展过程中，不得不充分地依靠和利用地形的自然形态来构筑，顺应地形的原则使得重庆地区的街道空间呈现出显著的山地特征。

（1）在商业贸易发达的巴渝传统城镇中，平行等高线的街道构成了城镇空间主体。沿等高线拓展的街道空间高差变化小，有利于人们使用运输工具和自由流动，并满足人流的集散和商业流通的要求。

（2）地形的曲折变化往往使顺应地形走向的街道没有明确的方向性。街道局部常出现改变方向的曲折空间，使人们很难一眼而窥街道的全貌，形成步移景异的空间效果（图15）。

（3）平行等高线布置主街道，必然使围合街道的建筑垂直等高线布置，并因此产生丰富多变的建筑空间。地形平缓的地方，建筑常以内庭院或天井与街道空间过渡。地形陡峭的地方，建筑往往通过退台、局部下跌、多层入口等方式，在狭窄的用地中获取更多的有效使用空间，而在一些地势险峻的临江城镇

中，街道往往一面是临江的悬崖，一面靠山，常形成半边街的形式(图16)。

(4) 两条平行的街道间往往存在有较大的高差，需要通过垂直的交通踏步来联系。在连续的踏步上，商业的空间氛围减弱，而休息居住的空间氛围增强，常以不同标高的休息平台形成多个小型的室外活动空间。但在以水运为主要功能的城镇中，连接码头与城镇中心的踏步会因大量的人流货流集聚，而形成城镇中垂直等高线的主街道，如云阳、西沱镇、万州、奉节的码头区。

2. 城市建筑整体风貌及轮廓多变的聚合效应

重庆地区繁华的传统聚居区，为了充分利用土地资源，提高建筑的密度，许多单体建筑往往以共同利用分隔山墙的方式进行组合。每一个单体面向公共空间有一至两个开间，在平面布局、建筑高度、建筑立面的划分甚至建筑的装饰上都非常相似。但依山而建的建筑群由于地形的变化而处于不同的标高层上，使整个城市空间立体化，体现出层层叠叠的组群形象。据《华阳国志・巴志》记载："郡治江洲……地势侧险，皆重屋累居，数有火害，又不相容。"这是对重庆地区城市形态最早的描述之一，充分说明了地形地貌对山地城市建筑格局的深刻影响。简洁的个体单元与丰富的群体效应，在重庆地区的传统聚居格局中，体现得非常突出。与平原地区的传统城镇相比，除了在水平面上群体内部空间的曲折丰富外，建筑群体在三维空间的立体发展使群体的整体外观面貌更有层次感和整体感，也更具可视性。由于地形的变化而带来建筑群体外观轮廓变化的偶然性，也是平原城镇的传统建筑群所不具备的(图17)。

3. 传统礼制观念和风水思想对建筑选址布局的影响

重庆地区是传统思想和风俗保留较完好的地区，传统的礼制观念对建筑的选址与布局有较大影响。只要条件允许，传统民居往往追求以院落为中心的建筑群体，而且建筑群落有明显的中轴对称和空间递进关系。为了体现长幼尊卑不同的次序，往往是主房居中南向，次要房前后左右陪衬。为了体现内外有别，往往是前堂后寝。另一方面，受风水堪舆思想的影响，重庆地区的传统建筑非常注重相地选址、建筑内外空间与自然环境的交融、建筑的借

图15　曲折的街道空间

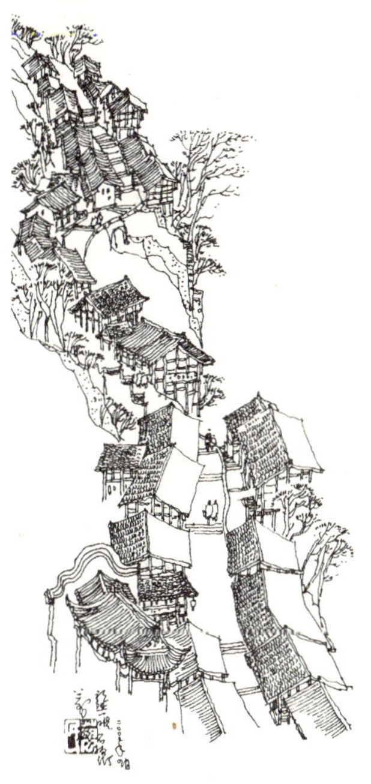

图16　平行等高线格局的聚居形态示意

图17　自由布局的聚居形态示意

景与背景(图18)。建筑周围是否具备保障生活的必要自然环境条件，如水源、防灾等方面的考虑，都是其选址的重要考察对象，并形成了一些基本的选址原则，如背靠如屏的山脉，左右有砂山围绕，前后有远山做呼应，建筑坐北朝南布局，正面有环绕的水体等。中国传统文化中，风水相地的许多原则实际上就是要求建筑适应自然、融于自然。因此典型的重庆地区的建筑都与其四周的自然环境有着非常密切相融的关系。

图18　重庆龙潭镇建筑形态示意

四、现代重庆建筑创作中的地域性研究

1. 现代建筑的地域性认识

重庆地域传统建筑以穿斗木构和竹木吊脚楼为主。20世纪30年代后，逐渐出现砖石结构的各类公建(如医院、教堂)和民宅。1930年代末期建成的川盐美丰银行开重庆现代钢筋混凝土建筑的先河。抗日战争中，重庆只能用简易的竹泥夹壁墙建筑来应对战争带来的频繁破坏。解放后，1953年建成的重庆人民大礼堂(张嘉德设计)是一个建筑奇迹，一个"北风南借"和"殿式俗用"的大胆佳作(图19)。改革开放的1980年代，随着经济发展和思想解放，新建筑逐步展现活力。重庆建筑在1990年代，特别是直辖以来，实现了历史性的飞跃。林立的高层建筑、大型的市政广场、众多的新型山地住区以及山城路桥将重庆装扮成一个充满魅力的现代山地都市。

重庆地区现代建筑与传统建筑相比，由于时代的不同，在使用功能、技术水平、建筑类型、人文地理等方面已经发生变化，从建筑总体布局到建筑空间细部直至建筑使用心理上都有巨大的不同。对传统建筑特征的借鉴与发展，首先必须建立在对其深刻理解以及对现实尊重的基础上，只有将继承与发展有机结合，才能使现代重庆建筑成为延续千年的巴渝文化的一个有机组成部分(图20)。

图19　重庆人民大礼堂

在影响地域建筑的诸多因素中，地形与气候是起决定性作用的两个基本物质要素。地形决定了建筑的整体构成、构筑方式、相关技术和室内外的交通策略。气候决定了建筑的总体布局、朝向、内部空间组合形式和屋顶样式。建筑对其所处地域自然属性的回应，是形成其地域性特征的重要内在动因，一旦脱离了地形、气候等基本的地域物质条件，建筑与其所处地域之间紧密相连的纽带就会被割断，成为超脱于物质背景之上的抽象概念，建筑自身的文化特质和地域识别特征将不复存在。

现代工业技术的进步正在逐步减少建筑对自然环境的依赖，在为建筑创作提供更强大的技术支持的同时，也割裂了建筑与场地之间的内在联系。这种通过物质技术手段将建筑空间与外部环境截然分开的建筑创作模式，抹杀了不同文化与物质形态下建筑所应具有的个性及场所惟一性，将建筑变成了一个纯粹的功能容器，忽略了建筑对于文化传承和地域识别的重要意义（图21）。1970年代末以来，西方建筑界已深刻认识到现代建筑发展的弊病及其主要建筑理论思想的局限性，开始重视建筑创造中的地域性表现以及建筑与地域社会、文化的关联性。在商业化的大城市中，通过先进的技术手段使建筑智能化，依靠灵敏复杂而又昂贵的传感系统使建筑对外界的环境变化及时作出反应，这种所谓的“高技术”建筑是当前许多西方建筑师所追求的方向。这一方面说明了在西方建筑界中仍存在根深蒂固的“技术决定论”思想，另一方面也说明“被动适应”的建筑创作思想仍需要进一步完善和验证。因此，因地制宜、以适宜技术为主的地域性创作，是重庆乃至中国地域建筑创作及发展的必然方向。

吴良镛教授指出：人居环境的灵魂在于它能够调动人们的心灵，在客观物质世界里创造更加深邃的精神世界❶。继承传统和开拓创新是当今世界文化发展总趋势的两方面。建筑创作的地域性趋势是在文化全球化与多元化共生的背景下产生的，生活方式的同一化、技术应用的标准化导致了不同文化类型的相互融合，同时也使不同类型文化追求差异性和特殊性的呼声越来越高。地域性作为建筑创作的基本原则之一，在现代建筑的发展过程中一直起着重要的作用，即使在现代建筑理论和原理普遍盛行的时期，建筑的地域性创作仍取得了较大的成就。然而，建筑的地域性并不意味着固步自封，不同时代的不同需求促进了生活和工作方式的改变，并因此对建筑创作提出了新

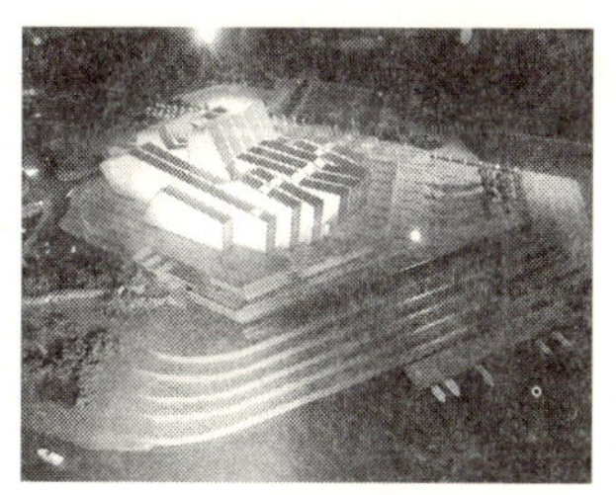

图21　重庆歌剧院建筑形态示意

图20　现代重庆地域城市风貌及山水格局示意

❶ 参见：吴良镛．人居环境科学的人文思考．城市发展研究，2003年第5期，第4～7页．

图22　现代重庆城市风貌及建筑形态示意

的问题，为建筑发展提供了前进的方向和动力。建筑师的责任就在于了解这种时代的需求，并将其充分地体现在建筑的创作过程中，同时保持建筑的历史文脉特征，为人们创造出既满足需求又富有认同感和归属感的建筑环境。

相对于个体的建筑而言，城市空间对延续城市文脉的作用更大。重庆地区许多城市的街道空间还是自然地形与建筑发展结合的产物，空间的随意性和偶然性构成了强烈的场所特征，成为巴渝城市与建筑的特征之一，同时山地地貌带来的城市景观的立体化，也是重庆地域城市意向的显著特征(图22)。

应该认识到，建筑地方文脉的保护与时代特征的体现并不矛盾，只有在保持建筑原有特色的基础上进行的创新才具有发展的活力(图23)。一个城市的自身特征越强烈，在其中生活的人们就越有认同感和归属感，城市的发展才会具有更多创新的基础和潜力。

2. 当前重庆地域建筑发展趋势分析

建筑的发展离不开其所处的物质与文化环境，也离不开其所处的时代背景和政治经济条件。当前重庆地域建筑所出现的众多现象，正是这些基本制约因素的综合反映。在这样的时代变革时期，建筑创作只有结合重庆地区的实际情况，对目前的建筑创作现象作深入而细致的分析，才能为将来的发展提供有益的参考经验。

建筑创作的多元化是目前世界建筑发展的基本方向之一，这是世界建筑在全球化、现代化趋势下对国际式的现代主义风格进行反思的结果，也是许多具有历史传统的国家抗拒文化同一性的结果。在我国，辽阔的国土、不同的地理气候特征和多样的文化类型已经在传统建筑中无意识地表现出多元化的格局。但现代生活的模式化、信息传播技术的普及以及大规模的人口流动，逐渐抹杀了地区之间的差异。我国许多城市的城市风貌在走向现代化的进程中，已经逐渐丧失了自己的特色，变得更加雷同和缺乏生机。近几年来，在世界建筑多元化思潮的带动下，在城市特色逐步消失的压力下，整个社会和建筑界才逐渐意识到地域特征的重要性和不可替代性，开始进行地方性建筑，并产生了一些优秀的作品。但大部分地方性建筑的创作都是停留在简化传统符号的做法上，希冀在传统文化与现代使用需求及时代精神之间建立起

图23　重庆地域建筑更新细部结构示意

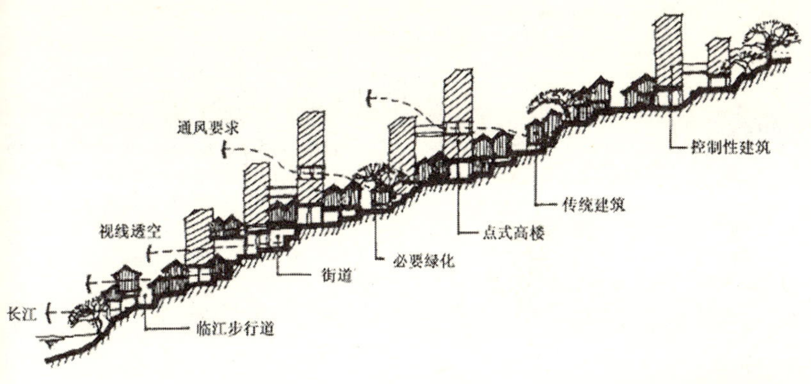

图24—1　结合地域生态环境的现代重庆建筑簇群空间构想示意

图24—2　结合地域文化的现代重庆传统建筑更新示意——重庆红涯洞

一个交结点，呈现出一种“地方特征拼接”现象。这种风气也深深影响着重庆地区的建筑创作，成为近几年来建筑创作的主要表现形式之一，但由于重庆特殊的地理环境和地域文化传统，使重庆地域建筑创作在受到更多制约的同时，也形成了自身较有特色的创作方向（图24）。

现代主义建筑注重实用、追求以较经济的手段获取更多使用价值的创作理念，与重庆地区讲究实效、不拘一格的建筑传统和自由开放的文化传统相一致，从而逐渐使现代主义建筑创作思想成为目前重庆地区建筑创作的主流，建筑师对功能推敲的重视程度远高于对建筑形式的追求，并因此产生了许多功能合理、形式朴素的现代主义风格的建筑。即使后现代主义、高技派等建筑思潮在全国范围内流行的时期，在重庆地区也没有出现多少与这些潮流同步的作品，纵观历年来重庆地区产生的优秀建筑作品，大部分都是形式简洁、功能特征明确的现代主义建筑（图25）。

图25　重庆现代建筑形态示意

重庆地区建筑创作的多元化与个性化体现在建筑类型方面，就是在新的使用需求下产生的新建筑功能和建筑空间形式。以大体量、复合式为特征的城市中心商业设施，以山地旅游为核心而逐步发展起来的休闲旅游度假建筑，以提高城市文化艺术水平为目标的大型观演设施（图26），以改善城市公共开放空间和整体景观为目标的城市广场建设和滨水空间设计等，都是在新的时代发展需求下产生的新课题。因此，通过引进合作吸收借鉴国外和东部

图26　重庆三峡博物馆

图27　重庆渝中半岛城市形象设计

发达城市的成功经验，成为目前重庆地区许多大型城市建设项目和公共设施设计任务的主要确定方式。重庆地区的建筑设计市场在1990年代中期就已经向全国乃至全世界开放，由此吸引了众多国内外的设计机构以设计竞赛投标、联合设计等多种方式进入重庆市场，在活跃建筑创作氛围的同时，也带来了先进的设计理念和设计管理模式（图27）。

重庆地区建筑创作的多元化与个性化体现在建筑风格方面，就是多种建筑表现形式的共存与地域特征表现的困惑。设计市场的开放必然带来更多带有其他地区文化特征的建筑造型风格和表现手段，激烈的设计竞争也促使广大建筑师不得不在设计中更加强调建筑形态的个性表现。在建筑密集的城市中心区，不同风格、不同体量、不同材料的高层建筑鳞次栉比，已经模糊了城市建筑风格的时间界限。对于在城市的中心区是否应限定建筑风格以及什么是当代重庆建筑的地域性风格，目前还存在较大的争论，缺乏一个统一的判断标准和权威性的理论论证。其中主要的原因是，在建筑与城市的发展初期，重庆地区就是一个多元文化汇合的区域，对各种类型的外来文化形式都有一定的包容，特别是近代以来，西方文化对本土文化产生了较大影响，两者之间从对立到交融，西方文化的许多特征逐渐成为本土文化的组成部分而被当地社会接受。在世界文化交流日趋频繁、互相借鉴的全球化背景下，对重庆地区建筑地域性风格的界定和判断，应有一个更加宽泛的概念，特别是许多建筑地域性的表现不是通过表面的形式显现出来的，因此应针对特定的对象和特定的建设环境作具体判断，任何一刀切的划分方式都是不切实际的，也缺乏科学的依据。

五、结语

巴渝文化经过几千年绵延不断的发展，无论从形式上还是在核心观念上，都发生了巨大的变化。然而，孕育巴渝文化的山水环境没有改变，巴渝文化因地制宜、不守陈规、勇于创新、多元融合、顽强务实的精髓也没有改变。几千年来的历史沉淀决定了巴渝文化鲜明的个性与特质。近几年来，随着西部大开发以及重庆直辖、三峡工程等重大决策的实施，整个西南地区的地域文化研究与探索也开始逐步受到重视。现代巴渝文化应接受历史的经验，充分利用当前的历史机遇，通过不断创新而取得更大的发展。重庆地区的现代建筑创作，作为文化表现的重要组成部分，也与其他艺术形式一样，面临着创新与继承的重大历史责任！

参考文献：

[1] 吴良镛 著．国际建协《北京宪章》——建筑学的未来（第一版）．北京：清华大学出版社，2002年．

[2] 陈正祥 著．中国文化地理．北京：三联书店出版，1983

[3] 赵万民 著．三峡工程与人居环境建设．北京：中国建筑工业出版社，1996

[4] 唐晓峰 著．人文地理随笔．北京：生活·读书·新知三联书店，2005

[5] 童恩正 著．古代的巴蜀．重庆：重庆出版社，2004

[6] 吴良镛．人居环境科学的人文思考．城市发展研究，2003(5)

[7] 赵万民．"巴"文化与三峡地域聚居形态．华中建筑，1997(3)

[8] 赵万民．"族群"文化内因与城市整体设计．建筑学报，1996(8)

[9] 黄红春．重庆山地民居形态与现代人居——浅析重庆山地民居的保护与更新．重庆建筑，2005(8)

[10] 李先逵．古代巴蜀建筑的文化品格．建筑学报，1995(3)

[11] 叶如棠．在历史街区保护（国际）研讨会上的讲话．建筑学报，1996(9)

[12] 李和平，严爱琼．论山地传统聚居环境的特色与保护．城市规划，2000(8)

[13] 卢峰．重庆地区建筑创作的地域性研究，重庆大学博士学位论文，2004年4月．

赵万民，重庆大学建筑城规学院副院长，教授，博士生导师

王纪武，重庆大学建筑城规学院博士

朴素　淡雅　飘逸——浅析川派建筑地域特色

庄裕光　唐明娟

四川历史悠久，地形复杂，民族众多。汉族居住区多为丘陵地带，且河网纵横，地面潮湿，致使建筑必须采用干阑式才能适应多变的地理环境，保证居住者的健康。据成都十二桥考古资料可见，距今3000年前，四川的干阑建筑已较为成熟。先秦时，穿斗结构的形式已基本定型。历史上的六次大移民，使四川境内的建筑，展现了多元文化的特色。史书上就有"川西北近秦俗，川东南有楚风"之说。四川是道教的发源地，"返璞归真"的道家理念，"朴实无华"的色彩追求，使清淡、雅致的中性色彩，成为城市的主色调，建筑的外观如此，人们的服饰也大致如此。汉族聚居地多为温带气候，"夏少酷暑，冬无严寒"。按百年统计数据，摄氏零度以下和40度以上很少出现。因此，传统建筑的外围护结构一般不做保暖隔热，从而形成了轻盈、飘逸的外形特征。当然，这是指占人口90%以上的汉族地区，少数民族地区因民族不同而各有特色，当是另外研究的课题。因此，本文以分析占人口绝大多数的汉族居住地区为主。

一、 地形多变、气候温和，"干阑"式是必由之路

四川为古蜀故地，历史悠久。据我国最早的地理文献《禹贡》记载：禹分九州时，为梁州。距今4000年前，已有聚落群。从三星堆到金沙遗址的重见天日，展现了古蜀国昔日的辉煌。十二桥干阑建筑遗址的发现，证明古蜀文明与中原文明是比翼齐飞，同为华夏文化不可分割的组成部分。

晋代成书的《华阳国志》云："蜀之为国，肇于人皇，与巴同囿。至黄帝，为其子昌意娶蜀山氏之女，生子高阳，是为帝喾。封支庶于蜀，世为侯伯，历夏、商、周。武王伐纣，蜀人与焉。"早期的国家是由部落联盟而逐步扩大，部落均有展示其特色的图腾，如发展壮大成为酋长或王侯，必以其图腾作国号。四川境内早期最大的部落酋长是从养蚕开始的，蚕虫就成为他们的图腾，以蚕虫为图形的象形文字，慢慢发展成为了"蜀"字，因此，"蜀"是四川最早的代称，且一直延续到现代。古蜀经历了蚕丛、鱼凫、柏灌、开明等王朝，早期一直在岷山山脉和岷江沿岸"逐水草而居"，过着"刀耕火

种、捕鱼守猎”的生活。至望帝杜宇时，在郫邑定居。已懂得季节变化，耕作要“不误农时”。传说杜宇死后化为杜鹃鸟，每年春回大地时，他会四处啼叫，唤醒人们春耕。杜宇的助手鳖灵，因治水有功受杜宇禅让而成为开明王朝的第一代君主，后世尊为丛帝。丛帝九世孙开明尚“夜梦郭移”，于是将国都由郫邑迁往平原腹地，“一年成聚，二年成邑，三年成都”。“成都”因此得名(此仅为成都城名来历的一种说法)。

秦惠王27年(公元前312年)，秦灭巴蜀，改置蜀郡。秦昭襄王后期(大约在公元前276年)，李冰任蜀郡守时开始治水，完成了浩瀚的都江堰水利工程，不仅杜绝了水患，还给蜀中百姓奠定了“天府之国”的基础。司马迁《史记·河渠书》云：“蜀守李冰凿离堆，辟沫水之害；穿二江成都之中。此渠皆可行舟，有余则用溉浸，百姓享其利。”其实蜀国的治水，早在丛帝鳖灵前就已开始，因治水有功，鳖灵才得以成为望帝的继承人而成为丛帝。也就是说，在开明王朝前期，蜀境内的许多沼泽地带，已逐步变为滩涂或平原。使蜀国的建筑，完成了从“巢居”过渡为“干阑”，为最终形成独特的“穿斗结构”奠定了基础。这从三星堆和成都十二桥考古现场所展现的建筑遗迹，可为证明(图1，图2)。

图1　三星堆建筑遗址

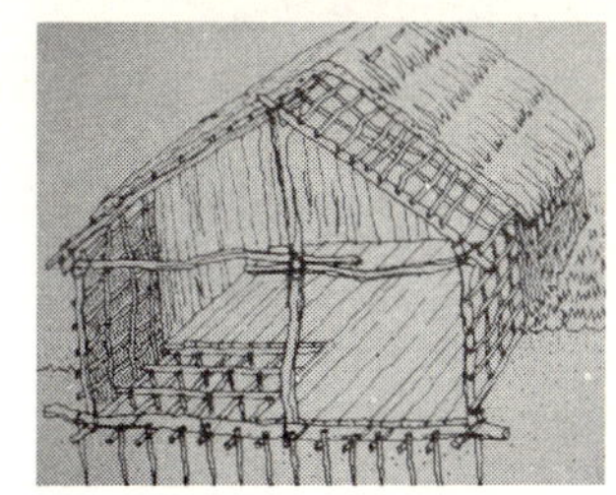

图2　十二桥干阑建筑复原

二、 宗法礼仪、道家风范，使川派建筑形成淡雅、飘逸之风

汉之立国，四川作出过巨大贡献。“纪信舍命救刘邦”的故事，在川中地区世代相传。刘邦登基后，为感纪信救命之恩，特将纪信的故乡赐名为安汉县。安汉在今四川南充市所辖地域，那里宽阔的广场和挺拔的安汉阁(图3)，向游人诉说着那段悲壮的故事。既是出于对四川的感恩，也是由于战事的需要，刘邦立国后，很重视四川的发展。汉武帝元鼎二年(公元前115年)，蜀郡首府成都，经济繁荣，城市建设恢弘，“大城九门，小城九门”，故有“金城十八郭”之称。其繁荣的工商业，尤以蜀锦名扬海内外。在全国城市排列中，与洛阳、邯郸、临淄、宛城并称全国“五大都会”。张骞出使西域，在境外看到了四川出产的生活用品与工艺品，证明南丝绸之路确实存在，它是以成都为起点通向西域诸国的一条外贸通道，四川的经济之所以发达，与此国际通道大有关系。朝廷为加强对丝绸和军供生产的管理，专门在大城南郊设锦官城和车官城，成都因此有“锦城”之别称。

古语云：衣食足、礼仪兴。蜀郡的经济繁荣，人们不愁吃穿。蜀郡太守文翁建石室，兴学堂，力求提高蜀中乡里的文化水平。《寰宇记》云：“石室，司马相如教授于此，从者数千人。”地理志云：“文翁倡其教，相如为之师”。《蜀事补亡》云：“君不见西汉文翁为蜀守，蜀学不居齐鲁后。诸生竟欲保翁名，石室刊磨贵难朽。”文翁石室之名，可与孔孟之乡媲美。文翁不仅在地方办学，还派学子赴京都或外地交流。蜀郡的文学大师司马相如、杨雄、王褒等，不仅声名冠蜀中，他们创作的赋体文，被公认为“汉赋”开先河之

图3　南充安汉阁

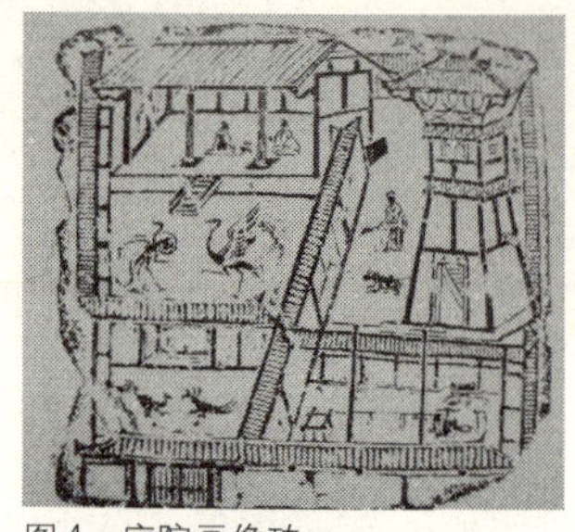
图4　庭院画像砖

图5　岩墓内景一

图6　檐口节点

图7　青华路街景一

作，震动京城文坛，列为国学必修之精品。大批学者赴外交流，带回中原地区的先进文化，缩小了蜀郡和中原的距离。诞生于中原地区的廊院式和四合院建筑，也伴随文人学士的交流，在蜀地出现。成都出土的东汉画像砖，不仅有四合院的完整形象，连主人在堂屋席地而坐款待宾客，两只孔雀在庭园中嬉戏，仆人在后院粮仓附近清扫，小鸡小狗在院内漫步都展现得清清楚楚（图4）。四川彭山江口镇和乐山麻浩出土的岩墓，以实在的空间布局，展现了汉代住宅的真实面貌（图5）。

东汉时期，宦官专权，民不聊生，宗教乘机发展。道教的发源地在四川大邑鹤鸣山，早期的峨眉山、青城山都是道教宫观的治所。兼之道家还流传有一段神化故事：老子李聃（道家学说创始人），当年路过函谷关时留下《道德经》五千言，并告关尹喜，二千年后到成都青羊肆寻吾。因此成都青羊宫，被认定为道教发祥的重要基地。道家讲求"道法自然、反璞归真"，喜玄（黑）色而忌艳丽。道家服饰，基本上是黑、白、灰，道教宫观建筑，大都采用接近民居的造型，色彩多选用白墙、黛瓦、夹壁、石柱，木构件喜本色或用褐色，只在很特殊的部位，略施金色，朴素、淡雅，与气势煊赫的官式建筑、色彩富丽的佛教建筑、造型奇特的伊斯兰宗教建筑形成鲜明的对比。时至今日，道教宫观仍然保持黑、白、灰的基本色调。其结构体系始终保持穿斗木结构的"小式建筑"做法，一般不用斗栱。四川境内的许多国保级古建筑，如武侯祠、杜甫草堂、望江楼、升庵桂湖，以及著名的宗教建筑新都宝光寺、成都文殊院、青羊宫、峨眉山报国寺、伏虎寺等古建筑群，大都采用民居风格的"小式建筑"做法：穿斗木结构，檐下不施斗栱，夹壁粉墙，青灰素瓦。除木构件以桐油防腐或以黑褐色铈面外，基本不用彩画。由于檐下不施斗栱，又要保证雨水不浸湿墙体，深远的挑檐就必须加斜撑（四川叫撑弓），将出檐的重量传递给檐柱。比较考究的建筑，还在撑弓前的童柱下端作雕花垂柱，在垂柱间用照面枋，接头处加雀替支承，从而形成川派建筑檐部装修的特色（图6）。特别值得一提的是，青城山上的休息亭廊，大都修建在观景最佳的部位，亭廊建筑本身，全部采用天然树枝和藤蔓编织而成，体现了对"道法自然"的追求。步入其中，使人有云登仙境之感。

道家喜玄色忌艳丽的色彩理念，对四川建筑色彩的影响极大。三年前，笔者在做成都少城主干道长顺街风貌整治设计时，在混乱的建筑色彩中，经反复推敲，确定以中灰为主色调，复合灰为间色，取得了较好的效果，社会反映较好。成都市建设主管部门，在经过反复征求社会各界意见后，最近在媒体上宣布：成都市城市建筑的主色调应该是"复合灰"，反对把卫生间常用的彩色瓷片用于外装修，不主张在建筑外表面滥施色彩！今年刚完成的浣花历史文化区青华路风貌整治，就是按此精神进行的，不仅本地居民反映良好，因它是游览杜甫草堂的必经之地，外来游客，也都给予肯定的评价（图7、图8）。

中原地区的廊院式和四合院建筑传入蜀地后，蜀中人结合地形地貌和气候特征，创造了适合环境的“拐尺形”(L形)、“三和头”(U形)、和纵横发展的“田”字形平面。建筑多喜坐北朝南，如因道路走向限制，入口不能从南向进入时，也要将建筑的主要厅堂朝南或朝东，以争取主要房间冬季能获得最多的日照。主入口一般不朝西，因为风水理论认为，西方位是“白虎”，有煞气，对人不利。按科学的解释，面西夏季西晒严重，且风向不佳(夏季的季节主导风多为南风)，黄昏后屋顶和墙壁开始散热，室内温度比室外还高，如通风不畅，室内无法停留，晚间难以入睡。借“白虎有煞”告戒人们建筑应避免朝西，是古人处理环境的成功经验，至今仍为大家所采用。四合院的布置，严格按“尊卑有序、内外有别”的宗法观念处理，长者居上房，晚辈住两厢。如系几世同堂的大家族合住，则按辈份围绕以最高长辈为中轴的院落纵横发展，形成有多个天井的建筑群。在四川，天井数量的多少，往往被视为财富和社会地位高低的象征。成都大邑安仁镇的刘式庄园，江安县的夕佳山民居建筑群，都有数十个天井纵横相连，极为壮观(图9)。

图8　青华路街景二

三、六次移民，兼收并蓄，川派建筑的造型和色彩有所变化

四川气候温和，土地肥沃，是农业生产的理想环境，也是宜于居住的良好空间。由于战乱和灾害，历史上，有六次大规模的移民入川。既补充了四川的劳动力，又输入了影响建筑发展的诸多因素。

第一次较大规模的移民，是在秦灭巴蜀之后。秦移万家入蜀，目的是发展蜀地经济，巩固西南边疆，为统一全国提供军需。此次移民主要来自中原，估计约四五万人。其中，不乏盐铁业的殷实商贾，卓文君的祖辈，就是在这次移民潮中入川的。此次移民入川，对蜀地的手工业和商业的发展，起了推动作用。

第二次是从西晋末年开始，全国性的北方人口南迁。临近四川的陕西、甘肃回民，越秦岭入蜀，使四川北部地区，成为回民的聚居地。回民大都信奉伊斯兰教，人口集聚，教堂林立。明末清初，阿拉伯麦加城派来一位大师阿卜董拉希，他选定阆中城东北蟠龙山为伊斯兰教葛德勒教派的圣地，于是在山下建伊斯兰教堂巴巴寺。他把阆中视为第二故乡，在阆中定居，并遗言死后把墓地也留在阆中，表现出他对中国的爱心。巴巴寺因建筑造型奇特，砖雕精美，兼之大师的黑色石棺还保存在大殿中等原因，它已被政府公布为重点文物保护单位。巴巴寺的建筑风貌，特别是它精湛的砖雕，获得人们的交口称赞(图10，图11)，并成为工匠们仿效的样板。

第三次在北宋初年，陕甘移民又一次大量南迁入川。不仅川北地区回民继续增加，川西、川南也也开始有回民聚居。回民喜爱的牛羊肉的生活习俗，在社会慢慢传开。清真寺日渐增多，使灰蒙蒙的民居群落中，点缀了一些异彩。

第四次在元末明初，以湖北为主的南方移民进入四川。前三次移民，都

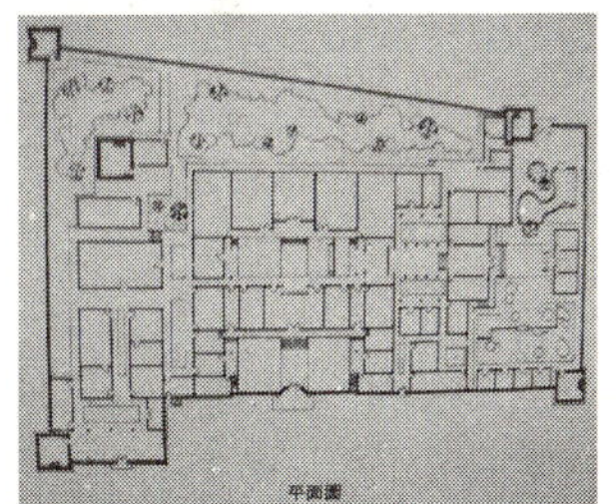

图9　夕佳山多天井院落

图10　阆中巴巴寺一

图11　阆中巴巴寺二

图12　李庄老区

是从北往南移，此次虽然仍有人从陕甘南移，但已不占主流。以湖北为主的大量移民入川，又带来了一些荆楚文化的影响，川剧的形成，就吸收了汉剧（湖北地方剧）的音韵和曲调。川菜的调料，也因有了江西豆豉和湖南辣椒而色、香、味俱佳。“川西北近秦俗，川东南有楚风”的社会习俗逐步形成。

第五次是明末清初，由于战争和灾荒，四川人口锐减。城市破败，田园荒芜，号称天府心脏的成都府，居然野兽横行，纵横百里少人烟，四川首府不得不迁往阆中。此次移民影响深远，俗称“湖广填四川”，移民人数百万以上。不少移民是同乡、同村一起迁徙，到达四川后，仍然保持着原籍的生活习惯和语言，形成了若干具有特殊民族风情的“客家村”。2005年10月，在成都客家人集中的东郊洛带镇，就举办了“世界客家人恳亲大会”。来自世界各国的客家人，欢聚一堂，共叙亲情，为第二故乡的建设出谋献策。“客家人”是有其特定内涵的称呼。客家人有严格家训：宁失家中田，不失祖宗言！因此，他们至今仍保持入川前的乡音，民间俗称“土广东话”。这些数百年前的湖广乡音，今天的湖广人已听不懂。居住在成都“东山”（东郊龙泉山）和“北山”（北郊凤凰山）的客家人，对外，他们可说一口流利的四川话或普通话，但遇见他们的邻里亲朋或回到家里，他们一定是说客家话。所以，他们不仅传承了祖先留下的生活习俗和居住习惯，还保存了“客家话”这一笔非物质文化遗产。

第六次大移民产生于近现代。抗日战争前期，江苏、浙江等省和京、津、沪、宁等地的学校、工厂、机关、科研院所疏散入川，人员达700万之巨。四川人节衣缩食，接纳了陷于苦难的同胞，为中华民族保护了精英。四川宜宾李庄镇自身人口不多，生活供应也并不富裕。可是，当他们听说同济大学等教学和研究院所在流亡途中遇到困难时，他们发出电报：“同大迁川，李庄欢迎。一切需要，地方供应。” 李庄人以宽大的胸怀，接纳了同济大学、中央研究院、中国营造学社等教学和科研精英，保护了一批享誉国际的科技人才。梁思成、林徽因、刘致平、莫宗江、陈明达、卢绳、叶仲玑、罗哲文、王世襄等日后在国内外建筑界声名显赫的建筑学家，都是在李庄极其困难的条件下，坚持调查研究，为我国的建筑史学，留下了宝贵的财富（图12～图14）。抗战胜利后，有相当一部分人对四川有了感情，定居下来，为战后的恢复重建效力。新中国成立后，“三线建设”时期，大批具有先进生产能力的科研院所和工厂，在四川建立分支机构。科技人才大量支援四川，使四川拥有的科技实力，在全国名列前矛。卫星上天、飞船返航，都有四川的贡献。

图13　李庄旋螺殿

图14　李庄营造学社旧址

六次大的移民，不仅带来了各地的生活习俗，也带来了各地的生产技术和文化。移民居住的房屋，大都仿原来驻地的习惯建造。为联络乡情，各省的移民，都建造了原籍宗族习惯的会馆或公所。会馆林立，已成为移民居住地的一大特色。广东会馆多为“南华宫”，江西会馆多起名“万寿宫”，陕西取名“西秦会馆”，山西人则常将会馆取名为“关帝庙”，而福建人却将他们聚会地亲切的呼之为"闽馆"，真是百花齐放，美不胜收(图15、图16)。成都郊区的黄龙溪古镇和宜宾市的李庄镇，历史上都曾有"九宫十八庙"之说。在那里，福建人喜爱的木镶板墙，广东人常用的砖雕，江西人惯用瓷片装修，沿江城市常用的封火墙，使古镇成为丰富多彩的建筑博览馆。这些由移民带来的建筑技术，在交流中逐步融和，使四川的商店建筑多姿多彩，突破了四川本土建筑色彩较单一的格调(图17、图18)。

图15　洛带广东会馆

图16　禹王宫

图17　洛带街景

图18　沿河吊脚楼

四、石文化，对四川建筑影响深远

石文化在四川有着漫长的发展过程，大石文化的痕迹，至今尚在。立巨石作祭天的标志，立巨石作王侯的墓碑，立巨石作重要建筑或庭院的入口标识，数千年来，一直为蜀人所喜好(图19)。就从成都市现存的地名，可知石文化对四川历史发展的深刻影响。翻开成都地图，天涯石、支机石、五块石、石人坝、石笋街之类和大石文化有关的街名、地名，随处可见。与石有关的地名，都有一段充满着浪漫色彩的故事，至今仍为人们津津乐道。石材的利用，在巴蜀地区，有着悠久的历史。距今3000多年前的殷商时期，铁器尚未出现，三星堆里的大型精美玉器，是如何加工的？至今是个迷。岩墓在四川屡见不鲜。战国时期的岩墓和东汉岩墓保存的建筑信息最有价值。乐山的麻浩岩墓、彭山江口岩墓、三台萋江岩墓等，都以再现墓主人生前的生活状况为蓝本，保存有明显的庭院建筑痕迹，让我们看到了东汉时期一些家庭的微缩景观。岩墓中用于祭祀的明器(冥器)，既反映了当时的建筑工艺，也表示墓主人对建造高楼的向往(图20、图21)。建于重要建筑入口或陵墓前的"阙"，应该是大石文化的继承和发展。它是用石材建于地面，且有年代可考的汉代建筑，是研究汉代历史最可靠的史书。民族英雄岳飞在《满江红》中高歌的"待重头收失旧山河，朝天阙"的阙，就是皇宫入口的意思。据说国内现存汉阙30余座，其中，绝大多数都在四川。保存最完整的是雅安高颐阙和芦山樊敏阙。从高颐阙上，我们可看到中国传统建筑的"三段式"——台基、墙身、屋顶，在汉代已经形成，屋檐下的斗栱，屋面的拆水和屋脊造

图19　五次治水纪念柱

图20　东汉干阑

图 21　东汉楼阁

图 22　雅安高颐阙

型也相当成熟。展现了汉代建筑敦厚朴实的风格(图22)。四川的摩岩石刻起于南北朝，现存的摩岩，以唐宋时期较多。规模恢弘的安岳石刻，雕工精湛的广元千佛岩石刻和乐山、阆中、荣县等多个大佛及周边的石刻，不仅反映了当时工匠的高超技艺，也客观地展示了当时的市井风情和建筑物的外形特色。

建于五代的前蜀皇帝王建的陵墓——永陵，是迄今发现的惟一一座建于地面的帝王陵。由于成都地区古代为沼泽地，因而地下水位很高。北方地区的帝王陵都深埋地下，既寓“入土为安”，又为防止盗墓，因此，一般棺郭都埋入地下十多米甚至数十米。而成都地区，挖地三尺即可见水。在抽水技术还未掌握前，要在地下十多米的地段建造陵墓，是根本不可能的。因此，当时确定“因地制宜”将墓室建于地面以上，是十分正确的决策。地面建陵与地面建造房屋差不多，王建墓的建造者，采用了肋拱构造，解决了墓室的拱顶承重和侧墙防土压的技术难题，为后世无梁建筑的建造积累了经验(图23)。

明王朝十分注重对四川的统治，四川的蜀王府，是同期王府之最。成都市内的许多老地名，如皇城坝、皇城清真寺、三桥(类似天安门前金水桥)、红照壁、东华门、西华门、后宰门、东御河、西御河、东御街、西御街等，都是因处于蜀王府周边而得名。蜀王府与北京明皇宫一样，都是居于城市中心，宫城外有萧墙、御河，城市布局也与北京相似，故成都有“小北京”之称(图24)。明朝帝王十分重视陵墓的建造，北京郊外的明十三陵，海内外知名度极高，成都东郊的明十王陵，却因地面建筑毁于兵燹而知者甚微。明十陵因建于东山高阜，地势高朗，地下水位较低，所以效法北方帝王陵深埋地下。明十陵不仅规模宏伟，制作精美，还有阵列庞大的兵马俑，只不过尺度比秦俑要小得多。陵墓全部用优质石料建成，房屋的造型均仿木质结构，雕刻精湛，是研究明代建筑最完整的模型(图25)。明代还有一个怪现象，执掌大权的太监死后，大都能获得厚葬待遇。成都郊外发现了不少太监墓，规模都相当可观。特别是在红牌楼发现的成排太监墓，排列规整，均为石构，雕

图 23　王建墓内景

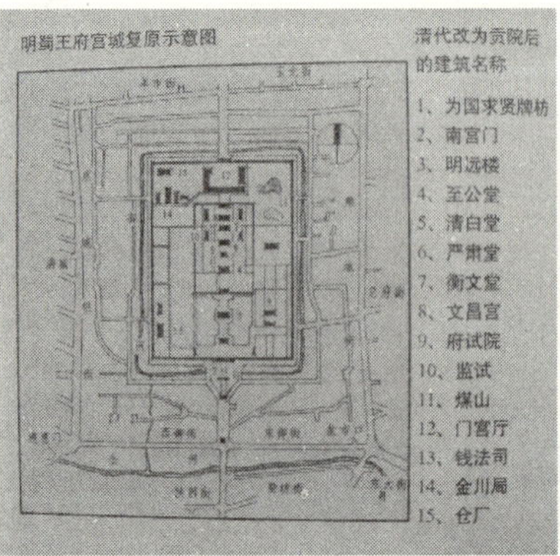

图 24　明蜀王府宫城

图 25　明蜀陵内景

刻栩栩如生，俨如地下宫殿，令人叹为观止（图26）。"北有十三陵，南有明十陵"，恢弘的古墓群和精美的石刻艺术，受到史学界和艺术界的广泛关注。

图26　明代太监墓

四川地区因气候温润常年空气湿度较高，冬春季多在70%左右，夏秋季有时高达90%以上，建筑的木构件极易腐朽。因此，寺庙宫观、衙署会馆之类的公共建筑，大都采用石料做柱，以抗潮湿。成都市内的文殊院、大慈寺、青羊宫，新都宝光寺，新繁龙藏寺等大型寺院，主要殿堂的檐柱，高12米左右，都是用整根石料雕琢而成，几何尺寸相当准确，制作和施工工艺，令人叫绝（图27）。即使不用整根石材作柱，也要用石雕抬高木柱底面，以防止地面湿气浸蚀木柱，延长木柱的使用寿命。石柱础的造型和雕刻文饰可反映不同时代不同功能建筑的特性，因此，历史学家常常通过对柱础的研究，可判断出该建筑的建造年代及其使用功能。四川古建筑，在这方面的表现，特别明显（图28）。

四川人性格诙谐，语言调侃，两千年前说唱俑的神态，至今还能引人捧腹（图29）。画像石留下的生动图像，让我们看到了两千年前的生产和生活情形。雅安芦山县的石辟邪群和王晖石棺上的玄武（龟蛇交媾）雕刻，展现了墓主人对伴侣的眷恋。郭沫若为此著文，称它对爱情的刻划，比法国雕塑大师罗丹震惊世界的巨作"吻"，要早两千多年。四川雕塑师人才辈出，他们的作品，与建筑相得益彰，成为完善建筑文化内涵不可分割的整体。城市科学研究会和公共环境艺术协会，发挥了多学科通力合作的组织作用。

图27　夕殊院整石柱

五、继承创新，功能发展，形式在变

综上所述，我们对四川的传统建筑，有了一个基本的轮廓：（1）因地形复杂，气候潮湿，为保证使用人的健康，建筑的底层必须和自然地面保持一定的距离，所以蜀地早期的建筑，大都采用干阑式，并逐渐演变成以穿斗木构架作承重的结构体系。（2）受道家"反璞归真、回归自然"的影响，建筑色彩喜清淡、忌艳丽，灰色成为建筑的主色调。（3）四川汉族聚居区，夏无酷暑，冬少严寒，墙壁不需保温，屋顶不需隔热，致使建筑的外形轻盈飘逸。（4）四川古为沼泽地区，地下水位高，地面潮湿，木柱难以耐久。为延长柱子使用寿命，大型建筑一般均用石柱或在木柱下部加石磉蹬。（5）四川春秋多雨，为使雨水排水顺畅，檐口滴水不损伤墙面，要求屋檐长度要超过台明宽度。因此，"坡度平缓（一般采用四分水，约为26度34分），拆水明显，悬山屋顶，挑檐深远"，是四川传统建筑的显著特征（图30）。

图28　唐代柱础

为了继承历史特色，成都市建设主管部门，发出通知：要求新建的多层建筑，应该采用坡屋顶；并逐步对已建成的多层"方盒子建筑"，实施"平改坡"，既可打破"千城一面"的刻板形象，又可解决平屋顶漏雨和不隔热的弊病。从20世纪90年代后期开始，不仅多层住宅普遍采用坡屋顶，就是一些多层公共建筑，也采用坡顶屋面，力求展现一点地域特色。

近几年，受市场经济的诱惑，城市开始了新一轮的大拆大建，传统街区

图29　说唱俑

图 30

图 31

面临巨大的威胁。几个划定保护区的协调空间愈来愈小，城市的建筑风貌，再次受到社会各界的关注。去年，位于武侯祠旁“锦里”的建成，人们有机会进入充满人性化的空间，重温传统街区亲切的人文尺度(图31)“锦里”开发的成功，引起社会的诸多反响，一些已往羡慕欧陆风的开发商，也想涉足传统街区的建设。“锦里热”成为今秋以来的建设潮。

锦里是汉代成都城南里坊的泛称，并无特定的区位。因此，新建的锦里，是设计师们根据历史资料在建筑、规划、历史、民俗等多学科专家七次研讨会的基础上，反复推敲创作出来的。它不是特定历史建筑的恢复，是设计构思的体现。有人问：这算不算制造假古董？参与议论者众说纷纭，莫衷一是。笔者认为，建筑创作既是完成有使用价值的作品，又要赋予作品以文化内涵。“意在笔先”，首先应考虑的是如何满足作品的使用要求，在此前提下，再考虑作品的外部造型与环境是否协调。锦里位于国家级文保单位武侯祠的建设控制区，它是武侯祠开展旅游的服务系统，是武侯祠的辅助建筑。它以“锦里”命名，说明它是居住街坊中的临街小店。弄清自己的身份和地位，创作就有了方向。在此特定的地段，采用现代建筑的设计手法，显然是行不通的。惟有小体量、小空间、高度不超过武侯祠的民居风格建筑，才能当好这个配角。由于构思恰当，尺度掌握较好，基本达到了预期的效果。我们认为，建筑创作首先应清楚“为什么创作”？然后是思考“怎样创作”。对成果的好坏，只要满足使用功能，不违背国家政策，自己就应充满信心。关于仿古建筑的创作，笔者认为，除个别特殊建筑，如梁思成先生所作扬州鉴真纪念堂，必须严格按唐代形制设计建造而外，一般新建的仿古建筑，都只能求其神似而已，满足内部空间的使用要求，才是建造房屋的根本目的。张锦秋院士在陕西创作的新唐风建筑，为我们树立了榜样。传统的继承和革新，是历史的必由之路，建筑创作不能割断历史，历史建筑的适时翻新或重建，古今中外屡见不鲜。重建时根据社会的发展，加入一些新元素，使之有别于过去的建筑，这正是历史信息的延续，历史学家就是要研究不同时期信息的差异，作出断代的判断。把加入了一些新元素的仿古建筑称之为“假古董”，是看法的偏颇。20世纪20年代，年轻的吕彦直建筑师，以中国传统理念为指导做出的中山陵方案，在评比中力压群芳夺取首奖，在当时，那不就是一个“假古董”吗？时隔不到百年，今天它被国人引为骄傲，建筑界称之为典范之作。当年的“假古董”今天变成了国宝。难道我们今天被某些人贬称的“假古董”，若干年后不又是历史遗存，成为那时的真古董了吗？今年，笔者在调查研究的基础上，设计了一批具有川西传统民居风貌的街区，由于此街区位于历史文化名城划定的保护地段内，为传承街区的肌理，我以20世纪七八十年代的航拍照片为依据，作了总平面规划(图32)。个体建筑则在实测、临摹优秀建筑的基础上，作整合设计。外形尽可能恢复传统，内部空间则尽可能满足现代生活的要求(图33)。材质和施工工艺方面有所革新，减

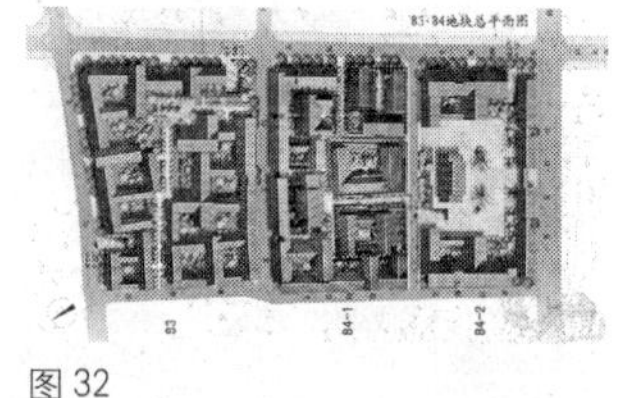
图 32

图 33

少现场湿作业，增加外围护结构的保温、隔热效果，既加快了施工进度，又为将来的使用者节省能源，受到业主和主管部门的好评。对外开放时，也听到过"这是制造假古董"之类的议论。但社会的评价是公正的，专家和媒体都认为，这是继承四川民居优秀传统的有益探索，是传统街区建设可以借鉴的经验。

六、多元并存，推陈出新，新风貌在探索中

改革开放以后，由于全国甚至全球的交流增多，开发商为项目的定位和建筑风格可以跑遍欧美。建筑师的信息量扩大，外来文化也开始进入建筑创作领域。地道川派建筑的阵地已日减缩小。徽派民居、江南园林、皇家气派、欧陆风格，因业主的喜好，建筑师不得不按业主的要求进行设计。有的建筑师为了迎合业主的需要，在立面上加几根不成比例的西洋柱式，就号称"欧式建筑"，在屋顶树几个空架，就宣称是"最时髦"的"后现代"。上海新天地，北京南池子，杭州清河坊和成都市的锦里，都在如何继承传统文脉方面进行了探索。仁者见仁，智者言智，评论褒贬皆有。笔者认为，这应该是一种好现象，大家各抒己见，总比人云亦云或万马齐喑要好得多。

自我国加入WTO以后，欧美和澳大利亚诸国的设计机构，纷纷进入四川。一些政府投资的大型工程，如省会成都市中心的天府广场，就先后委托美国和法国的设计师作规划。成都市政府南迁工程，是在国家大剧院工程在全国闹得沸沸扬扬之时，确定由法国机场建筑设计师安德鲁担纲设计的。几幢政府大楼，各顶一片大树叶，据说是体现生态，让四川人大开眼界。由文轩集团开发的一座大楼，位于中心广场附近，为显示与众不同，花大价请外国设计师作外装，命名"城市之心"(图34)。心脏地区都被外来文化渗透，看来传统文化的地盘，有岌岌可危之势。不过四川历史上就是多元文化汇聚之区，兼收并蓄是川人的特色。本土建筑师也在"与时俱进"，近年设计和建造的新建筑，在形体上块面加强，增加雕塑感，但细部处理仍坚持传统。不仅在屋顶檐部、门窗构图和棂花纹样及主要出入口等部位采用传统做法(图35)；一些高层建筑，也力图在适当部位增加一些屋檐装饰，或将结构外露构件组织成有传统韵味的图案(图36)使之与外来文化有所区别。我们在近年的创作中，也力图在继承传统文脉方面作些尝试。总之，传统文化与外来文化在建筑创作中多元并存，各种建筑流派都有表演的舞台。适者生存，不适者终被淘汰，是非还是让历史去检验，功过最好让后人去评说吧。当代人看自己，总难客观。

图34

图35

图36

庄裕光，四川省古典建筑园林设计院总建筑师 教授

唐明媚，成都理工大学讲师 建筑师

富有民族和地域特色的贵州建筑

罗德启

在我国的文明发展史中，贵州有其独特的历史、文化，其中富有地域特色和民族风格的建筑文化，是其重要的组成部分。至今尚有不少留下的历史建筑，成为人们据以深入研究贵州历史发展的宝贵文物史料。

（一）

根据贵州特点，古代建筑设计有所创新发展的成功实例并不少见。建于公元14世纪的镇远青龙洞建筑群，依崖傍洞，贴壁临空，依山就势，布局合理。建于明万历十八年（1594年）的平坝天台山五龙寺，沿山势灵活布局，修建数十间楼、台、殿、堂，屋脊相连，阁檐交替，甚至伸出崖沿，悬空而建，极富山区建筑特色，给人以"匠心独运、巧夺天工"之感。现黔东南苗族、侗族自治州境内的侗家鼓楼、花桥，被赞誉为"建筑艺术的精华，民族文化的瑰宝，传统建筑园地里的奇葩"，无愧是贵州建筑的杰作。

鸦片战争后，外国传教活动进入贵州，通过建教堂、学校，带来西方建筑的影响，西方建筑设计理论与方法随之相继传入。贵阳北天主堂、遵义天主堂经堂等，属中西结合的建筑物。

1. 镇远青龙洞建筑群

青龙洞建筑群的总体布局颇为奥妙，妙在它与周围环境、地形地貌的巧妙结合。靠山临水，依崖傍洞，拥岩挹翠，贴壁凌空，五步一楼，十步一阁，曲径通连，回廊如带。纵横排列错落有致，空间组合层次分明。

建筑单体和群体布置因地制宜，建筑合组分群，分中有合，合中有分，分合统一。建筑物的各高程或各层面之间，往往以石阶、梯磴、过廊、曲径、花栏、石拱桥等上下衔接，相互连通（图1）。

图1　镇远青龙洞

建筑纵、横向空间层次丰富，比例尺度亲切宜人，而且藏露适中，疏密有度，有的该露则尽其所露，有的该藏则尽其所藏。

青龙洞建筑群作为一种历史文化载体和一种建筑文化现象，其内涵十分丰富多彩。建筑群中，有重檐庑殿顶、重檐（或单檐）歇山顶、重檐（或单檐）六角（或八角）攒尖顶、高封火墙四合院等造型，这显然是传统的中原建筑形制影响的结果。但这些建筑往往又根据这里的独特地势，采用吊脚楼干阑式等结构造型，这显然又受黔东南苗村侗寨干阑式民居的影响。

青龙洞建筑群的石雕装饰除石额、楹联之外，使用最多的还有柱础。柱础多为四方形底座、八方形础身、圆鼓形础头的“三截式”石雕柱础，其上精刻浮雕图案。其中有些是借鉴了苗族、侗族的挑花、刺绣和铜鼓花纹的构图手法。它们既有汉族常用的喜庆吉祥主题，又有表现少数民族崇拜自然、崇拜图腾的历史文化内涵。

图2 天台山五龙寺

2. 平坝天台山五龙寺

始建于明万历十八年(1590年)的五龙寺位于平坝县城西南13公里的天台山上。东面为缓坡，有石径通山顶，其余三面峭壁悬立，五龙寺即建于山巅，依山势灵活布局，高低错落，形成几个台地。自山足仰观山寺，险峻雄奇(图2)。

五龙寺原为道观，由山麓沿登山石级上第一道山门，有横匾“黔南第一山”，为乾隆十三年(1748年)书刻。第二道山门为寺的大山门，系石砌圆拱门，两侧楹联“云从天出天然奇峰天生就”、“月照台前台中胜景台上观”为阳刻楷书。门额横匾“印宗禅林”为阴刻楷书，围以八仙过海图案。二山门有“清静禅院”、“五龙寺”阳刻横匾。过二山门经曲折石径入第一进四合院。正面为大殿，屋脊塑有五条巨龙，五龙寺由此得名。前廊明间两檐柱下，有一对立狮石柱础，下为石须弥座，造型独特。两厢配殿亦为单檐硬山青瓦顶石木结构，对面倒座，歇山卷棚式屋面。四座殿宇围成封闭空间，石板铺砌庭院。

大殿后为3层3重檐木结构玉皇阁，歇山青瓦顶，底层建于两岩间，仅建明间；中层左侧为岩，建明间、右次间和梢间；上层于岩上建左次间、梢间。主楼高过两侧屋顶，形成上宽下窄的整体建筑，既表现构思巧妙，又极富明代建筑风格。各殿檐口均有轩棚，出檐挑枋端部有金瓜垂柱，额枋、雀替木雕花饰精美。山顶最高处为望月台，登台远眺，如临天宇。

此外尚有钟楼、藏经楼、僧房、客堂等大小建筑，合计40余间。在山巅有限面积上，依山就势，巧用地形，或横穿岩壁，或悬空岩沿，布局紧凑，三块平台，两进天井，曲折安砌400余级石阶、围栏，疏密有致，虚实相间。

五龙寺建筑就地取材，主体结构均用石、木。墙体、台基、地坪及部分屋面，均为当地盛产的石料，构成一组与山石浑然一体的石头建筑群，极富地方特色。

3. 侗族民居及鼓楼

贵州民居的建筑造型因地而异，妙在以多变和建筑处理手法去适应各种不同的外部地形环境，在节约用地面积的同时，使外部空间形态产生了高低错落的层次变化。

侗居往往采用架空、悬挑、叠架错层等处理手法，以开拓视野、改善环

图3　从江侗寨

图4　石头寨

境和视觉境界，干阑侗居和谐的横向比例、轻盈的悬虚造型、活泼的非对称构图，以及通过开间的增减和竖向富有弹性的变化，形成不同的外部形态。

侗居的屋顶形式有两坡悬山顶、歇山顶，也有少量的四坡顶。悬山屋顶是最简单而又最古老的屋顶形式，在做法上又有悬山屋顶加山面偏厦、悬山屋顶横向叠错、悬山屋顶前部梯厦（开口屋）等不同形式（图3）。屋面材料至今仍有用杉树皮代瓦的例子，也有杉树皮与小青瓦、杉树皮与茅草混用的情况。此外，架空的居住面是不同屋面的错位形式、山墙偏厦的拼联组合、半开敞廊道的竖向栏杆以及出挑、外露的猪嘴形或象鼻形枋头、雕刻精细的莲花状垂柱等构成了侗居外部的鲜明特征。

侗族鼓楼鲜为人知，虽长久隐于深山老林，但其高雅古风犹存，它那如塔似阁的造型，在我国建筑类型中，独树一帜，是我国民族文化及地域建筑的瑰宝。

贵州的侗族鼓楼主要集中于黎平、从江、榕江三县，据不完全统计存有三百多座，现存的多层鼓楼有180余座。

侗族喜聚居，几座鼓楼代表几个大族姓，也有几姓共建的，但常分姓而建，故大寨中鼓楼往往不止一个，如从江高增有三楼鼎立，黎平肇兴更有五楼林立。

侗寨本身因山就势而建，因水临溪而筑，构成多层次立体空间布局，在密集的民居建筑群中，仍辟出有限的空地建鼓楼，形成构图中心，如出水芙蓉亭亭玉立在吊脚楼群之上，宝塔式的造型拔地高耸，俯视全寨，更加丰富了总体轮廓，使人看到鼓楼就意味着进入侗乡。侗族鼓楼造型独特，已成为侗寨的标志。

增冲鼓楼位于从江县城西北50公里的增冲寨中，清康熙十一年（1672年）秋建造，为宝塔式杉木结构，13层檐，高约25米。建筑工艺精湛，结构严谨，呈八角形，飞檐翘角，楼内四柱穿斗，直达第十一层，高12米，中间四柱成正方形。楼内分4层走廊，有木梯旋回而上，直至顶层。十二、十三两层为八角形楼冠，楼冠为攒尖顶式，八面斗栱结构，八角飞翘，雄伟壮观。每层盖以青瓦，檐间塑以龙凤花鸟，彩绘各种图案，造型优美耀目。

4．安顺屯堡民居

地处“黔之腹、滇之喉”的古代安顺，历遭兵燹，四乡纷纷扰扰。安顺的先民们为了避于战乱，“或修屯于山，或砌墙于洞”。故而以“家自为塾，户自为堡，倘贼突犯，各执坚以御之”的屯堡民居应运而生。

位于黔滇古驿道上原为军事要塞的云山屯，布局与构造处处展现出战争防御的特征。这些曾饱经战乱而又保存完整的安顺屯堡民居，多以石头营造（图4），或依山处险，或平地建碉，明显具有防御功能，单体顺应地形起伏建造在极为陡缓的山地上，形式不拘一格，或平行排列，或三合院、四合院布局，宅院之间互不相通。为通风、防盗和保持安静居住环境需要，正屋及厢房前后留有天井，又在院落角落处砌筑既能作射击又能作瞭望的高厚碉堡作保护，形成了这一独特的建筑形式。

本寨的石头民居保存完好，且按华夏建筑文化传统营造，布局严谨，主次有序，结构坚固，紧凑舒适。屯堡民居外观，具有石头建筑自然成趣的粗犷、朴野之美；外部的石头屋面、石头墙，石头铺地、石头的巷，这些以石料营造的防御式民居虽然主要是为了适应当时特殊的环境要求，但仍能做到装饰和结构相结合，具有从院外看朴素宁静、在院内看空间丰富多变的屯堡建筑文化个性与特色。屯堡建筑合院内部雕饰精美，额枋、门窗及铺砌精致的地墁、水漏，形式典雅、清秀。宅院八字朝门的吊瓜门楼雕刻有精致的垂花门罩，充分展现出石、木材料组合的和谐。石头的院墙、石头的街巷以及那些石板铺成鱼鳞状的屋顶，似乎全都在诉说那些久远的历史和别致的与众不同。

5．织金财神庙

财神庙位于织金县城，始建于清代初年，现存建筑为乾隆四十八年(1783年)重建。

织金财神庙无论构造或造型均较独特，主体为木结构4层阁楼建筑，穿斗式屋架，四重檐歇山青瓦顶屋面，总高14.5米。从第二层起四面逐层内收，整个阁楼呈元宝状。十八个翼角用子角梁起翘，翘角平缓，伸出1.1米，极富明代建筑风格。子角梁用木雕撑拱支撑于檐柱上，梁下系有风铃，清风徐来，风铃叮咣作响，另有一番情趣。整座建筑造型奇特、屋顶多变，在国内实属罕见。

图5　织金财神庙

1957年扩建北门大街时该建筑底层左侧三根檐柱及翼角被拆除，破坏了该建筑的完整性。又因年久失修，多处朽坏，濒临倾圮。于是，1991年对其进行了全面修复，将整个建筑在不落架的情况下整体后移3.12米，恢复被拆除的檐柱及翼角，使其重放光彩(图5)。

6．贵阳北天主堂

贵阳北天主堂位于贵阳城东北和平路，奉圣若瑟为主保，原称"圣若瑟堂"，因其同贵阳市城南六洞桥"圣类思教堂"南北遥遥相对，故惯称"北天主堂"(图6)。

贵阳北天主堂占地面积约8000m²，是贵州省天主教的中心，也是全省最大的教堂，由上北堂和下北堂两部分组成。上北堂包括大教堂、大院、两旁房屋各一幢。其中一幢为本堂神父住室，另一幢为在北堂工作的修女住室。下北堂为贵阳教区主教府，有小教堂一座、主教住室一幢、神父住宅二幢、教区神职人员招待所大楼一幢以及花园一座。

图6　天主教堂

大教堂呈长方形平面布局，坐东朝西，大堂为典型的巴西利卡式。外墙以细錾条石为基，上采用当地青砖和地方工艺砌筑空斗墙体，开设细长尖券窄窗，表现出哥特式教堂风格的特点，但中式窗扇做法又强调出地方性。屋顶为西式屋架与中国传统屋面做法相结合，组合屋架生硬地拼凑出三跨尖券拱，也表现出受哥特式教堂风格的影响。正面为典型的中国传统的马头墙式七架三间牌楼造型，十字架顶高2.4m。墙面作精致的山水花鸟泥塑彩雕，中部实墙面上开设有3个彩色玻璃圆窗，明显仿西方教堂的玫瑰窗。使得大堂室内的空间弥漫在色彩变幻的光影之中。正面3个入口均为尖券门洞，条石门框，门上有横额，两侧刻楹联，具有浓郁的地方色彩。

教堂后部是一座5层四重檐六角攒尖顶中国传统楼阁建筑形制的钟楼。钟楼尖顶上建有十字架，钟楼内装一座以大铁悬锤代发条的走时钟和两口合金铸的报时大吊钟，东、西两面装有瓷面钟表盘，高度足有一层楼，周围数里内都可辨认此钟时间，成为城北市民的标准钟。

相对于作为“文化移植”产物的中国近代建筑历史中的洋风建筑而言，贵阳北天主堂体现了中国传统建筑在近代的发展和延续，并主动吸纳了外来建筑文化和技术——是“文化承继”的产物，具有一定的代表性、且具有重大的历史文化价值。

（二）

民国年间，贵州模仿国外建筑设计者逐渐增多，20世纪30年代开始出现受西方建筑思潮和技艺影响的中西合璧或仿西式建筑。“西学为用、中学为体”的洋务运动，为引进西方近代科学技术奠定了基础，贵州建筑也自发地吸取西方建筑成就，砖石结构取代木结构，柱廊、壁柱、柱间设弧券的采用，一些具有现代特征的建筑被各有产阶层或失意下野的政客修建入宅闲居而出现。首先是一批贵州军政要人，先后按照西方庄园、别墅、府邸的建筑风格，或委托国外或雇国内设计人员按自己意愿设计修建私邸。如贵阳王伯群故居、王家烈以及遵义柏辉章等的宅邸，既有罗马式建筑风格，又保持中国民居特色，均属中西结合类型。

1．贵阳王伯群故居

位于贵阳市护国路，为时任国民党中执委、国民政府委员、交通部长兼交通大学、大厦大学校长王伯群的故居。主楼始建于民国5年，为五开间券廊式两层砖木结构，矩形平面，坐东北向西南，西南角有3层圆形古堡式塔楼联体。正房四周有拱券回廊环绕，廊柱为矩形砖柱，支承砖拱券，顶层为圆弧拱，底层有圆弧、马蹄形及多心拱。各层柱顶均为仿科林斯式灰塑卷叶花饰柱头，下为方形石柱础。柱廊四周由车花木栏杆围护，二层上部为上人平屋面，四周有灰塑宝瓶空花栏杆代女儿墙。屋面为四坡歇山青瓦顶，南北两侧有壁炉烟囱伸出瓦顶，装饰线脚优美；东西两面各开老虎窗一个。该建筑建于贵阳东南部最高点，凭栏四望，贵阳万家景色，尽收眼底(图7)。

图7　王伯群故居

古堡式圆形塔楼为3层，用弧形磨砖砌清水外墙，青砖白缝，与主楼内槽砖墙同。

王伯群故居主楼外形及装饰，带有浓郁的古罗马建筑风格，又具有中国民居的格局，整体立面造型丰富，装饰华丽，做工精巧，是民国初年贵州最时髦的古典西式建筑。

2．贵阳虎峰别墅

位于贵阳市中山东路，原为国民党二十五军军长、贵州省主席王家烈的私邸，始建于20世纪30年代初王家烈主政贵州时期。主楼为五开间3层券廊式砖木结构楼房，属19世纪末叶近代西方建筑传入东南亚及国内广东一带沿海地区后，为适应炎热气候而发展起来的建筑形式（图8）。

图8　虎峰别墅

主楼平面为矩形，坐北向南，各层均有外廊环绕，民间称“走马转阁楼”。檐柱为矩形砖柱，上承连续拱券，拱券属哥特式双心圆弧拱，曲线柔美。屋顶为小青瓦四坡歇山屋面，南向屋面有两个老虎窗，北向仅明间有一老虎窗。

虎峰别野建筑尺度较大，室内净空高4米多，形成建筑的高大体量，在当年各官僚私邸中首屈一指，但造型及细部装修，则次于贵阳王伯群故居。因建于贵阳城东高地，可俯瞰原贵阳全景，在建筑选址上可与王伯群故居相媲美。

3．柏辉章官邸（遵义会议会址）

20世纪30年代建造的遵义柏辉章官邸在红军长征时期曾作为遵义会议会址。举世闻名的遵义会议会址，位于遵义老城子尹路一侧，这条路原叫枇杷桥，后为纪念清代遵义著名诗人、学者郑珍（字子尹），命名子尹路。“会址”原为贵州军阀二十五军第二师师长柏辉章的私邸。1935年1月15日至17日，中共中央在此召开政治局扩大会议（即遵义会议），现在这座楼房大门的屋檐下，悬挂着一块精致的匾额，黑底金字，上书“遵义会议会址”，是毛泽东1964年所题。

主楼平面五开间，坐北向南，立面为近代券廊式建筑，与贵阳虎峰别墅相似。

图9　遵义会址

主楼上下两层均有外廊环绕，青砖白缝圆形檐柱，上托连续砖砌拱券，承受楼廊及檐口屋面荷载，柱顶为仿科林斯式卷叶花形柱头。楼层柱间为车花木栏杆，底层为敞廊。内槽为青砖白缝承重墙，屋面为青瓦歇山顶，四面出檐，自由落水。在堂屋上部的屋面有老虎窗，是顶层阁楼间的采光通风口。室内外装修均较华丽，在当年遵义城属首屈一指的豪华“洋房”（图9）。

（三）

贵州解放，标志着各类建筑工程蓬勃发展新时代的到来。从国民经济三年恢复到第十个五年计划的实施，尤其是实行改革开放以后，省内各地陆续建成一批工业与民用建筑项目，使城乡面貌显著改变。

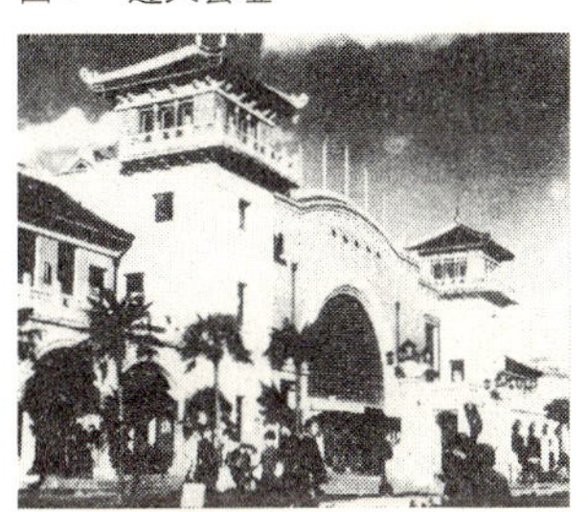

图10　旧客车站

20世纪年代前期设计的贵阳汽车站（图10）和贵阳货运站、贵州日报社大楼、人民出版社办公楼等，在借鉴传统建筑艺术方面作了新的尝试，是民族建筑形式探求中的作品。基本特征为三段式，层顶铺设琉璃瓦，檐口相应做装饰件，屋顶装饰部件有明显的地区特点。建筑雄伟壮观，形象活泼，表达新政权建立之后的“民族自豪感”。

1954年，全国开展批判建筑设计中的“形式主义”、“复古主义”，贯彻“适用、经济、在可能条件下注意美观”的方针，贵州建筑设计人员的创作思想和方法有所变化。1955—1960年间，设计建成的有贵州省博物馆、贵阳邮电大楼、磊庄机场候机楼、贵阳金桥饭店以及贵阳花溪宾馆等建筑。其中贵阳邮电大楼是20世纪60年代有代表性的最高建筑。主楼9层为装配式钢筋混凝土框架结构，两翼6层为砖混结构，是贵州现代建筑冲破技术关口的初潮时期的作品。

20世纪60年代因经济困难，设计人员创作思想被束缚，设计中出现片面追求节约、忽视使用功能、不顾标准质量、不再讲求美观等现象。兴起一时的“干打垒”工程，遍及贵州全省。期间修建的“毛泽东思想万岁展览馆”显现有“文化革命”的痕迹，属于政策象征性时期作品。借助向日葵、镰刀斧头、红五星等表达一定政治含义，是“文革”时期典型的政治建筑，立面使人联想到北京人民大会堂（图11，现为贵州国际经济技术贸易中心）。

（四）

20世纪80年代至21世纪初，随着改革开放和国民经济发展的大好形势，贵州城市与建筑有了较快的发展。高层、大跨度建筑的发展，使城市空间轮廓有新的变化，酒店建筑是贵州民用建筑最先引进的建筑类型，同时，设计界对地方文脉探索也开始起步。在遵循现代建筑原则基础上，建筑设计有所创新，表现了建筑师在对时代精神和地域特色方面进行探索的成果；体现现代建筑发展过程和建筑技术的发展；玻璃幕墙结构在公共建筑开始运用。

尤其体现在对地域传统文脉和环境意识的觉醒，反映建筑创作注意在精神层面上的追求。对贵州乡土现代建筑的探索从模仿逐渐发展到把握总体环境，

图11　贵州国际经济技术贸易中心

探索乡土与现代的融汇。其特点是：适应南方气候特点的开敞自由式布局，外观造型突出地方民居传统语汇，注重与自然环境相互渗透，具有鲜明的地域特性。

1．贵州饭店

贵州饭店是西南地区建造最早的一幢30层以上的高楼，总高为106.4米，属三星级酒店。占地2174平方米，规模为800床位，包括有豪华套房、标准客房以及群楼的大堂、商场、中西餐厅、多功能厅、健身娱乐设施和露天泳池，在29层有观光酒吧，车库及辅助用房和设备用房设在地下层。建筑呈圆弧形平面，造型柔和而富于变化。

由于建筑场区地质复杂，在地下水水位较高，流量、流速较大的情况下，地基基础设计解决了沉降差和偏斜的问题，因此而荣获工程勘察设计国家金质奖。

贵州饭店的建筑立面以白色面砖外墙并与顶部两层玻璃幕墙形成虚实对比，给人以稳定的效果（图12）。

图12　贵州饭店

2．贵阳龙洞堡机场航站楼

贵阳龙洞堡机场位于海拔1130米的丘陵地貌上，场区挖填平整面积180万平方米，削平大小山头11座，平均削平高度80余米，最高削平120米，填平谷地5处，最大填方高度54米，填挖土石方工程量达4000万立方米，是我国机场建筑史上罕见的山地空港实例（图13）。

贵阳龙洞堡机场航站楼一期工程采用短指廊二层式平面空间布局，建筑总高18米，建筑南北长约210米，东西长约209米，总建筑面积为3.5万平方米。

这座与城市联系快捷方便、设施设备完善先进、建设投资相对较少的山地民用机场，采用短指廊二层式的平面布局，功能分区合理，流线短捷通畅，充分体现空港建筑效率第一的原则。

航站楼结构采用大柱网，给旅客提供了一个开放、通透的大空间候机环境，体现现代空港功能空间的连续性、流通性和导向性以及宽敞、通透的空间建筑特征。

进出港通道及国内、国际候机厅各空间分隔，采用无框全玻屏风，上绘有立体喷砂的贵州民族风情图案，以遵义会议会址和黄果树瀑布为特色题材

图13　龙洞堡机场

图14　织金洞

图15　贵州省老年干部活动服务中心

的大幅壁画，以传统民风、民俗及地域景观为题材的彩绘玻璃装饰，体现了贵州地方文脉和民族特色。

3．织金洞接待厅

1989年建成的织金洞接待厅位于贵州西北彝族聚居区，这座设置在溶洞洞口部位的接待厅，是为了满足旅游者游览购票、等候、编组和接待休息等使用功能的旅游建筑(图14)。接待厅建在洞口，背负大山，前有圆廊围成圆形广场，广场中央有水池。建筑平面呈扇形，利用地形高差，依山就势。建筑构思以"石魂"为主题，保留一组石头作为室内主景，并因石制宜，为建筑室内环境增加幽、美、静的空间意境，同时又达到自然简朴、粗犷别致的空间效果。顺其自然形成错落有致的各层平台，空间十分丰富。

接待厅依山就势，造型简朴自然，平淡天真、粗犷而别致。特别重视与自然的结合，屋顶覆土植草，廊檐以粗砺石支承，毛石为墙；厅内保留大量自然山石，配以瀑布跌水，溪水穿流，益增"幽"、"美"、"静"的意境。长坡屋顶则是当地彝族民居的特征。

接待厅正中立彝族图腾柱，用粗石镌刻彝族先民对中华民族作出的贡献——十月历法，以彝文刻七十二宿星名，柱面正中是彝族守护神资格阿洛神像。室内墙面饰以红黑相间的方格，用土红粗麻布和炭黑实木镶嵌而成，具有当地彝族民居乡土特色。

4．贵州省老干部活动中心

1986年建成的贵州省老干部活动中心，建筑占地4.68万平方米，由老年大学、各类康乐文娱活动设施、会议室、餐厅、商店及招待所等服务设施组成，还有游泳池、网球场、门球场等室外活动场地。这里除作为市民的休息娱乐场所外，还可以举办中小型展览，召开各种会议和接待宾客。

建筑总体布局采取山地庭园布置手法，依山就势、高低错落、建筑之间以曲折的连廊相接，以水面为核心，四周建筑环水布置，亭台、水榭伸入水中，台旁有人工瀑布，岸边堆土成丘，配置花木、竹林、草地，具有清流石壁、堂前清波、绿水青山的诗情画意和山地庭园的独特风格(图15)。

建筑外立面采用平缓的坡屋面及抽象变异的幕结构屋顶，吸收山地民居中的吊脚楼、悬梁、吊柱、歇山、重檐等细部手法，给人以浓郁的地方气息。

5．贵阳海关大楼

图16　海关大楼

贵阳海关大楼设置有传统的海关大钟塔，塔楼装置有8.5米直径的四面大钟，钟面中心标高为25米，上端仿贵州侗寨鼓楼顶部造型，内设电声喇叭，能以清脆悦耳的声响报时。主入口是一高十多米的拱形大门屏墙，上夹悬挑7米左右的拱形采光雨篷，个性鲜明，新颖别致，主楼顶层为半圆形窗，与拱形大门的主旋律相协调(图16)。

6．北京人大会堂贵州厅

贵州厅虽是一个室内设计项目，然而体现贵州建筑的地域特色特别鲜明，构思立意为“迷人的山国”，并由“奇丽的岩溶风光”、“光辉的革命史迹”、“浓郁的民族风情”、“灿烂的高原明珠”等题材内容集中反映地方特色。设计采取“装饰基本单元+典型特色题材”的构成方式，体现构思创意。“装饰基本单元”分别以呈山形符号的木雕墙裙，民俗风情的汉白玉浮雕和山地民居吊脚楼为题材的变形符号，组合成一组，体现世居在贵州的各族人民创造的奇迹（图17）。

图17　人民大会堂贵州馆

会议厅墙面围合材料，以汉白玉硬质材为基底，以本色亚光漆硬质木材制作“基本单元”，通过变形组合和重复使用，构成室内空间主旋律，取得整体统一感和韵律感。

7．黔东南州体育场

黔东南州体育场是黔东南苗族、侗族自治州可容纳2万观众的乙等田径比赛场地。工程位于凯里市用地呈一梯形的地段，设计特色在于建筑的立面、造型吸收侗族建筑的特点，于看台后部设计有一圈回廊，形似侗族的鼓楼风雨桥。主入口采取中国牌坊的造型，并结合鼓楼多重檐造型，层层后退。建筑就地取材，细部采用苗、侗民族的垂花吊柱等细部构件装饰。建筑外观极富当地苗、侗民族地域特色，584米长的走廊，是当今最长的风雨廊，为此，已申报吉尼斯记录（图18）。

8．贵阳金阳新区市级行政中心

金阳新区市级行政中心，用地北高南低，面向南侧大道，其核心办公区按部门性质规划为四幢独立建筑，围绕中央花园广场作四方四合的均衡布置。

办公楼围绕花园式景观中轴对称布置四角，前两幢与南侧斜面花园契合，后两幢以高敞的景观长廊相连（图19）。

整个行政中心的主轴是一条花园景轴而非建筑中轴，其核心以四方四合的形态构成了真正意义上的花园式行政区，体现庄重、方正意象的同时，更多地表达了亲和、开放、沟通、恬静、优美的花园行政社区的新理念。

建筑组群明洁四合、均衡变化，整个行政中心建筑组群，嵌合于中央花园广场四方布置的同时，各自单体也采取类似四合院形式，形体方正简洁，相互呼应，庄重大气，中庭空间与外部景观空间渗透融通，具有明显的中国传统建筑空间意象。

图18　黔东南州体育场

图19　贵州市行政中心

图20　远眺二号楼

图21　贵州省图书馆

图22　贵州省民族文化宫

9．贵州花溪迎宾馆

花溪迎宾馆位于贵阳西南的花溪风景名胜区，工程总体设计功能分区明确，平面布局合理，体现了尊重环境的设计理念和因山就势的山地特色。建筑根据不同高程，采取吊层、错层、局部架空、地上地下结合等手法，达到降低高度、减小体量、丰富空间层次、节省土石方量的目的，并使环境植被最大程度得到保留。在环境设计中突出“水花之美”，营造“花”与“溪”的景观意境，“借景”于自然，“融入”于环境，突出了地域文化和时代精神融合的建筑空间，构成了建筑文化的地域特色，设计中突出对绿色建筑技术产品的应用，体现节能、环保、智能化的建筑特色。在室内设计中注重民族民间传统文化的体现，映衬地方文脉和民族特色，建筑造型表现出地方民居的神韵。建筑立面以不同的构思外形，显现标志性、识别性，体现了新地域主义建筑风格(图20)。

10．贵州省图书馆

贵州省图书馆在贵阳市中心，北临干道设主入口，西为报告厅入口，东有儿童阅览室。裙房四层以下为各类公共场所，第四层有屋顶花园，第五层为专家阅览和办公，以上耸出塔楼至17层，均为书库。

裙房方整如墩，借鉴贵州山地民居的干阑形象，在石砌基座上支承梁柱和大片实墙，下虚上实。实墙也有利于屏蔽街道噪声，中部略突，以丰富立面。突出梁头，点示传统民居木构架的韵味。墩上挺然高耸的塔楼，形象隐喻一本打开的书。

外墙大面积应用多种民族文字及龟甲、石版、竹简、帛书和纸书等各类书籍形式，以贵州诸民族传统图案为浮雕，做淡蓝色镶边，寓意各族文化的共同繁荣。整体色调以贵州各族人民喜爱的青、蓝为基调，冰清玉洁。以多种内外装饰手段，极力造就清纯灵秀、自然朴实的气质，涵蕴地域文化氛围(图21)。

11．贵州省民族文化宫

位于贵阳市人民广场东区，总占地面积为13176平方米。主楼为24+1层的塔式高层建筑，两旁配楼对称设置，主楼、配楼、塑像共同强调了广场主轴线的重心所在。平面呈三叉型，立面在三叉体的三个面中，每个面的轮廓都构成为“山”字形，突出体现贵州高原的地方特点。构思上，还汲取了贵州侗寨鼓楼轮廓曲线的神韵，借鉴贵州苗寨吊脚楼的建筑特点和众多山地建筑的处理手法。三叉的端部檐廊逐层内收，以形成依崖建筑的个性特色。塔顶作六角重檐观光亭，以便俯瞰城区新貌。

活泼的体型和现代建材与结构、设施的综合运用，体现其时代感，手法、细部、色彩等诸多方面，追求“贵州、民族、文化”的显现，突出地方特征，强调丰富而又浓厚的贵州味、民族味和文化味，体现山地民族建筑的特色(图22)。

罗德启，贵州省建筑设计研究院总建筑师，研究员

神奇的自然环境与多元的民族文化交融共生
——云南建筑的地区、民族特色

陈谋德

建筑是地区的建筑，具有地区性——与地区的自然和人文环境相适应的属性。建筑是民族的建筑，具有民族性——与民族的历史文化和习俗相契合的属性。建筑是时代的建筑，具有时代性——与时代的经济、科技水平和人们的需要同步的属性。各地区各民族曾在不同的自然生态环境和社会文化环境中创造出各具特色的地区、民族建筑。而当前生态环境遭到破坏，城市和建筑特色丧失，造成千篇一律的平庸景象。

"建筑文化的民族性、地方性与时代性、世界性的对立统一，是个性与共性、多元化与一元化、地方民族化与全球一体化的关系，互为条件，缺一不可"。[①]要与时俱进，时代性、世界性是矛盾的主要方面，但又不应排斥、取消地方性、民族性，因为国家和民族还将长期存在，"文化首先是……地方性、民族性的……它关系到一个民族和国家的生存理由和命运"。[②]"因此，'地域性'、'民族性'和'国际性'建筑文化将互融共生，高技术、适宜技术与传统技术将各显其能"。[③]"全球化和多元化是一体之两面"。"现代建筑的地区化，乡土建筑的现代化，殊途同归，推动世界与地区的进步与丰富多彩"。[④]

虽然地区性与民族性难以严格区分，但也不能混淆。有56个民族的中国既有多元一体的中华民族的共性，又有各民族的个性。云南这样有26个民族的省份，更不能忽视各少数民族的个性，建筑也是一样。傣族"竹楼"，彝族"土掌房"，汉族"一颗印"，白族、纳西族"三坊一照壁"等，都成了各民族地区甚至云南高原古建筑特征的突出代表。地区性是有层次的，对世界而言，是中国建筑特色的个性和在国内的共性；对全国而言，是云南建筑特征的个性和在云南省内的共性；一个地州市也是如此。从云南看，建筑的民族特征比地区特征更为显著，民族性可跨地区。当然，也有地区特征突出而使各民族建筑趋同的，如元江干热地带的彝族"土掌房"，杂居的汉族、傣族也一样用，地区性也是可跨民族的。

一、传统建筑　特色鲜明

云南传统建筑的特征，是神奇的自然环境与多元的民族文化交融，形成

图1　西双版纳傣族"竹楼"

图2　新平大开门某彝族"土掌房"村寨

图3　元阳哈尼族"蘑菇房"

图4　泸沽湖畔纳西族摩梭人"木楞房"

图5　滇池畔某村寨"一颗印"民居

人与自然和谐共处、形态多样、特色浓郁的建筑和村寨。

1．神奇瑰丽的自然环境培育出适应环境、丰富多彩的建筑类型——一个乡土建筑的博物馆。

云南位于我国西南边疆低纬度的高原上，西北高东南低，南北高差6千余米，山地占总面积的84%。由于纬度增加与海拔升高一致，兼有寒温热三带气候，相当从长春到海南岛的温差，并是立体气候的特点。海拔2500米以上的高寒山区如德钦长冬无夏、春秋较短；海拔1300米以下的坝子如景洪终年如夏、一雨成秋；海拔1500～2000米的昆明、大理等大部分地区，"天气常如二三月，花枝不断四时春"，雨量充沛，干湿分明，雨季在5～10月，降雨占全年85%。大部地区降雨量在1000毫米以上，全年达2700毫米，少的如元江上游、德钦、中甸仅500～700毫米。年日照1000～2800小时，太阳能资源丰富，无霜期长，植物繁茂，尤其土、石、木、竹、草、藤等建材充足，为建房就地取材提供了便利条件。

这里的各族居民适应自然环境，创造出在滇西、滇南湿热地区的傣族"竹楼"(图1)，和壮、布朗、基诺、佤、哈尼、拉祜、景颇、德昂等族各不雷同的干阑建筑；滇西北干冷地区藏族"碉房"、井干式"木楞房"；滇中干热地区彝族"土掌房"(图2)、哈尼族"蘑菇房"(图3)。怒江峡谷出现傈僳族适应地形、不平基地、减少土方、防止水土流失的干阑式"千脚落地"房；山上怒族加上防寒功能的干阑式"木楞房"。高山林区的普米、纳西、彝、白族也建"木楞房"(图4)。温暖地区昆明汉族、彝族的"一颗印"(图5)，大理白族，丽江纳西族的"三坊一照壁"、"四合五天井"等四合院，创造了一种避风、向阳与北京大四合院、皖南狭窄天井不同的庭院自然环境，而其他类型民居就完全与大自然融合在一起了。云南传统民居类型丰富，宛如一个乡土建筑的博物馆。

2．发展极不平衡的社会经济，造就出由低到高的建筑构造和营建技术——一部活的"建筑发展史"。

云南有26个民族，少数民族1360多万人，占总人口的23%～33%，早在汉武帝设郡县前，当地民族已创造了古代文明，约在4000年前就有羌、越、濮三大族群活动，后来分化为各语族、语系的少数民族，明代大规模汉族移民居住在滇池洱海地区。到1949年末，汉、回、白、彝、纳西、壮族等民族发展较快，为半殖民地半封建社会，其他民族发展缓慢，是一部"活"的社会发展史：主要处于原始社会的有独龙、怒、傈僳、景颇、佤、基诺、布朗等族；主要处于封建农奴制社会的有藏族；主要处于封建领主经济的有傣族等；主要处于封建地主经济的有阿昌族等。1952年起实行土改和直接向社会主义过渡的政策，才使少数民族地区跨越了几个社会发展阶段。

由于不同的社会形态和经济技术水平，建筑构造由低到高宛如一部活的"建筑发展史"。原始社会从穴居、巢居到简易窝棚；氏族公社伴生的干阑式大房子（长屋）如独龙族母系氏族公社的“坎木妈”、父系家庭公社的“坎木爸”和基诺族的长屋。农村公社末期私有制产生，一夫一妻制小家庭独立，出现只有两三个房间的干阑或井干式等住房，是个体经济伴生的居住形式。以后的各类民居以及四合院重院，则是封建领主、封建地主经济伴生的居住形式了。至于泸沽湖畔普米族、纳西族摩梭人至今仍实行“阿注”走访婚的院落式大房子，则是倒退到母系家庭制的产物。

从建筑构造与技术看，从竹、藤、树技捆绑结构、竹结构、竹木结构到木结构、土木结构、石木结构、土砖木结构等，多用竹木构架承重。20世纪初也有了砖木结构和砖木、钢筋混凝土混合结构的建筑。20世纪40年代有钢筋混凝土结构和钢结构。此外还有砖结构，石结构的塔、牌坊、桥梁和钢、铁索桥等。这些由低到高的建筑结构和技术不是随时间发展，而是在云南这一空间中同时并存，从而构成一部活的“建筑发展史”。

3. 民族杂居的多元文化，孕育出异彩纷呈、特色浓郁的建筑造型和风格——一个各民族建筑的百花园。

云南各民族“大杂居，小聚居”形成多元一体的民族文化，由于处在汉文化、青藏文化、东南亚文化圈的边缘和交会点，其特征是多元性、边缘性、乡土性和封闭性[⑤]。建筑文化也是如此，各族民居自然环境社会形态相近，由于民族文化、宗教信仰、风俗习惯不同也风格各异，显出民族性、多元性。同属湿热地区的干阑建筑，景颇族是长脊短檐悬山顶倒梯形屋面，利于山面入口防雨（图6），而佤族却是“极少见的”椭圆形平面[⑥]和屋顶（图7）。汉族“一颗印”，紧凑、适用、朴素，大方；白族“三坊一照壁”院廊宽敞、装修绚丽（图8）；纳西族四合院平面灵活、造型飘逸（图9），也完全不同。

寺庙宫观建筑虽受中原文化影响，大体“悉马汉同”，也有地方民族特色和乡土性、边缘性。总平面布局依山就势，不拘泥中轴对称，如筇竹寺大门入口在侧面。有的庭院改为水庭，如昆明园通寺、大理观音阁，水中亭阁以桥与岸相接。大理有15座密檐塔檐为偶数，与中原奇数不同，因“偶数属阴，是云南密教和巫教崇拜女神女性的表现”[⑦]。建塔为礼佛也为风水，《金石萃编》载：“三塔其一塔……十六级……顶有金鹏。世传龙敬塔而畏鹏，大理故龙泽，故为此镇之。”[⑧]大理地区大乘佛教寺庙和本主庙屋面凹曲翼角如飞，高屋脊镂空花、鳌鱼吻、饰宝瓶，既减少荷载风压，又轻盈通透富女性气质。斗栱“用材比例纤弱”，有的变成装饰构件，形成地方民族特色。丽江藏传佛教盛行，现存清初建的五大喇嘛寺为重檐歇山顶，透空高屋脊、鳌鱼吻；山面延伸出一段悬山顶，屋脊用象鼻子；有的正中升起3层亭阁，用藏式宝顶金端，造型独特，是纳西族融合汉、藏、白族建筑文化的结果。

傣族全民信奉南传上座部佛教（小乘佛教），佛寺俗称“缅寺”，由佛殿、经堂、僧舍、佛塔组成。佛塔秀丽直刺蓝天，佛殿平面矩形、坐西向东纵向布置，由东端山面进入，与内地横向布置迥异。寺庙建筑屋顶上部为悬山，

图6　盈江铜壁关小寨景颇族长脊短檐民居

图7　沧源佤族某寨椭圆形民居

图8　大理喜洲白族“三坊一照壁”民居鸟瞰

图9　丽江古城七一街关门口纳西族民居

双坡陡峭凹曲，下部为四坡顶，并横向分成3～5段，高差20～30厘米，向中间递升，有利通风，使硕大屋顶增加层次，建筑风格庄重秀丽，极具魅力(图10)。

图10　景洪橄榄坝曼苏满佛寺

二、乡土建筑　须现代化

1．云南的乡土建筑可以说是原生态建筑，但须现代化。要因地制宜，适应环境，就地取材便于建造。以"尽可能少的能源使用及尽可能少的环境破坏，为使用者带来尽可能多的效用"。干热干冷地区用夯土墙、土坯墙、石墙、土平顶隔热保暖；湿热地区用竹、木墙、竹、木楼板，草或瓦顶，落地窗，自然通风采光；林区用"木楞房"防寒。温暖地区四合院朝南、东、东南，便于采光、"烤太阳"；木构架承重，土墙、卵石墙、条石勒脚、局部砖墙、瓦顶。山地不平基或用分台，减少土石方量和防止水土流失。所用材料易于拆卸回收循环使用，或降解还原，对环境破坏很少，"都可以称之为绿色建材"。⑨传统建筑与自然和谐共处，经济适用，延续至今。

图11　白族建筑风格的大理天主堂

主要问题是占地偏多，使用标准低，卫生条件差，有的人畜共居、无卫生间；有的无窗、无厨房，用火塘烧饭、取暖、照明，烟熏火燎，通风采光差；有的无上下水、竹木结构草顶易失火等。近年傣族新建民居除用传统干阑式木结构外，有的改用砖柱甚至钢筋混凝土结构，增加厨房卫生间和水电设备，既继承了传统，又适应现代生活。而基诺族改建砖木结构平房，昆明富裕农民多建2～4层砖混结构小楼，虽可满足生活需要，却丧失了乡土特色，平庸，突兀。

2．文化交流与融合促进了乡土建筑的发展。

在民族杂居地区，一般是强势文化占主导地位，影响周围其他民族。建筑文化也一样，但是在本民族的建筑文化中吸收其他民族强势文化而发展的，一般仍保持着本民族的个性特征。白族"四合五天井"民居，受汉族"一颗印"影响，扩大院落、走廊，增加四个小天井，注重装饰而具白族建筑特色。大理白族建筑文化不仅影响滇西和丽江纳西族民居，在巍山的清真寺已非阿拉伯式，除坐西向东外，建筑风格完全白族化了；建于1925年的大理天主堂也一样，毫无欧洲教堂形态，仅用了螺旋形石柱等建筑元素(图11)。

图12　昆明龙云故居"乾楼"

1902年法国在昆明设领事馆，1910年滇越铁路修通，法国建筑影响增加。陆军讲武堂(1909年)、云南大学会泽院(1923年)、龙云故居"乾楼"(1942年)的西洋古典风格均是外来文化影响的典型代表(图12)。20世纪40年代国内著名建筑师、营造厂来昆，也带来西方现代建筑文化与技术，如1942年李惠伯设计的卢汉西山别墅，华盖事务所设计的南屏电影院(图13)，也有仿古的抗战胜利纪念堂(1946年)。总之，在外来文化影响下，促进了云南传统乡土建筑走向现代化。

图13　昆明南屏电影院

三、当代建筑多元共存

1949年12月9日云南和平解放，1950年3月24日云南省人民政府成立，恢复发展生产。从1953年第一个五年计划起，建设项目日增，由于当时经济条件限制和缺乏钢筋水泥，建筑多为低层砖木、混合结构，使用标准亦低。1958年"大跃进"中片面节约，用18公分墙承重等简易结构。1965年"设计革命"搞"干打垒"，批"洋、怪、飞"；住宅合用卫生间，集中供水，一直不考虑抗震，留下工程隐患。1980年后大多拆除重建，造成很大浪费。"文革"中批"封资修，"又使设计思想混乱。1979年改革开放以后，城乡建设迅猛增长，思想解放，百家争鸣，建筑创作百花齐放，出现了一批富有地方民族特色和时代感强的现代建筑，并呈多元共存的可喜局面。

1. 边陲古风，同中有异——重建的古建筑与仿古建筑"悉与汉同"，又有所不同。

为了维护历史文化名城特色，在原址按有关资料图像科学地重建已毁古建筑，不能一概视为"假古董"，实际上"真古董"也是多次毁后重建的，关键是否是有科学依据的精品。昆明的标志"金马""碧鸡"两坊和"忠爱"坊，也是几毁几建后于1999年重现辉煌的，很受群众欢迎。是昆明城建"十大亮点"之一。斗栱做法，边柱改抱鼓石为砖盘墙，均为地方特色(图14)。但重建必须有依据，切不可粗制滥造，昆明东西寺塔步行街上易地重建的古建筑"近日楼"，就是没有科学依据的"假古董"。为了适应旅游需要建仿古建筑也需精品。云南民族村获昆明城建"十大亮点"之一称号，白、傣族等村获省优秀设计二等奖；北京中华民族园纳西、白族等村获省优一等、建设部优三等奖(图15)。富有审美、民族文化与旅游价值，成为著名景区，取得很好的社会、环境、经济效益。昆明白族村三塔背山面水，无北京民族园周围高楼干扰，环境幽静，几可乱真。

2. 乡土风韵，特色浓郁——乡土建筑现代化。

可"推动世界与地区的进步与丰富多彩"。泸西阿庐古洞景区(1993年)借鉴当地民居体现乡土韵味，入口广场标志，"求其高以增识别性……使其高挺而有古韵"[10](图16)。获省优及优秀特色建筑二等奖。石林餐厅(1985)位于石林湖畔，体型前后凹凸高低错落，毛石墙外，挑出花池栏板，独特别致，乡土味浓(图17)。获省优一等部优二等奖。昆明金碧商城(1999)位于市中心金碧广场南，由地下商场、地上街巷与低层7万平米坡顶商场组成，具有传统街区风貌，而功能、结构均已现代化(图18)。

图14　昆明"金马"、"碧鸡"牌坊

图15　北京中华民族园纳西族村

图16　泸西阿庐古洞景区入口广场标志

图17　石林餐厅

图18　昆明金碧商城西侧鸟瞰

图19　景洪竹楼宾馆

图 20　景洪机场航站楼

图 21　大理州博物馆内庭院

图 22　"七彩云南"购物中心，左工艺品馆，右蝴蝶馆

3．民族风格，异彩纷呈——现代建筑民族化。

"每一个民族都有自己的传统"，"想否定传统就等于否定这个民族"⑪。鲁迅 1934 年说："这幅木刻，我看是好的，很可见中国的特色"。⑫贝聿铭讲："对建筑艺术创作来说，更为重要的则是找到正确的民族化道路，使建筑具有民族形式与风格"。"新的形式……正是要从中国自己的传统建筑格局里产生"⑬。

景洪竹楼宾馆（1984 年）是不足 500 平方米的内部小宾馆，临湖秋水而建。继承傣族"竹楼"又有所创新，底层局部开敞为客厅，椰林掩映，碧波荡漾，极富傣家干阑"竹楼"风韵，获省优一等、部优表扬奖，并收入《中国现代建筑史》、《20世纪中国建筑》等书（图19）。景洪机场航站楼（1990年）流程清晰，造型借鉴傣族佛寺屋顶提炼创新，傣族风格浓郁又有时代气息，入选国际建协 20 届大会展览（图 20）。

洱海之滨的大理州博物馆（1986 年），平面以白族民居"四合五天井"为展览单元，内虚外实组织采光通风，以廊相连，流线流畅灵活，群体主次分明，庭院竹木青幽。三层珍宝馆屋脊空灵，均富白族建筑特色，获省优二等奖，并录入有关书中（图 21）。大理州政府办公楼会议中心（2003 年）近 2.8 万平米，平坡顶结合，白族风格显著。昆明"七彩云南"蝴蝶馆（图 22），大观旅游文化长廊，西华园内建筑都是白族建筑风格。

4．中国特色寓于地区——现代建筑地区化（一）

一般寓于特殊，建筑的中国特色寓于地区建筑之中，鲁迅说过："有地方色彩的，倒容易成为世界的"。⑫现代建筑地区化要为地区自然和人文环境相契合，对传统建筑应抽象继承以创新为主。这种富有中国特色和时代感的现代建筑，是几代建筑师追求的目标，已取得不少成果。

获国家优秀设计铜奖、部优二等、省优一等奖、中国建筑学会提名奖的云南省博物馆（1996 年），总建筑面积 28700 平方米。总图以用地对角线为主轴，面对城市人流方向，便于空间序列展开。为了"体现云南地方文化……办法是找各民族的共性，创博物馆自己的个性"。⑭借鉴昆明民居三合院和白族民居"三坊一照壁"平面为展厅单元，以廊相连，围成庭院，便于自然采光通风，自由参观，并适应夏秋多雨的特点。立面轮廓"用穿斗梁柱木构架形式加以提炼简化作为建筑造型母题"；⑭主入口顶部参照云南出土文物小铜房和景颇族民居长脊短檐屋顶，做石雕小坡檐；大片石墙粗犷古朴，造型独特，极富地方、民族特色和中国特色（图 23）。

图 23　云南民族博物馆

获国优铜奖、部优二等，省优一等奖的 99 昆明世博会中国馆，面积 1.8 万平方米，位于南临广场的 10 米高坡上，展厅以方形为母题，东西各 4 个以廊与主展厅相连，围成 3 个庭院和环形展线，可连续或择馆参观。建筑群高低错落，提炼盝顶并将上部镂空成构架，既完善了造型，又无大屋顶

的沉重感，气势磅礴、清新典雅，表现出泱泱中华大国的气派和时代精神，是现代建筑地区化、"新而中"的佳作（图24）。获省优一等部优表扬奖的锦华大酒店（1992年）"在现代建筑上大胆运用民族传统雕饰，赋予建筑以地方特色"⑮（图25）。楚雄彝族自治州博物馆，位于城南20米高差坡上，展厅围绕庭园顺坡布置，以爬山廊相连，有彝族"土掌房"村寨韵味。

5．时代风格，隐喻特色——现代建筑地区化（二）

时代感强以创新为主的现代建筑，隐喻地方特色，显出某些地域特征。获部优二等奖、省优一等奖的昆明国际贸易中心（1993年）面积9.3万平方米。底层架空布置车库设备用房，展厅平面呈"鱼骨式"，可整体或部分展出。入口南墙为宽81米，高20.4米，中间开口45米的钢网架无框钢化玻璃墙，上覆玻璃小坡檐，两翼从支柱层挑出，隐喻干阑建筑。"明敞豁朗的巨大空间，显示了这座城市开放的气度和现代化的步伐"⑯（图26）。昆明市体育馆（1994年）9300平方米，结合地形采用三角形平面，切除三角为出入口，并设屋顶网架支柱。"一反体育建筑表现力度的常规，以其轻盈的现代结构和建筑造型，使人联想到云南民居优美屋面"。⑯翼角飞翘，极富升腾的动感（图27）。昆明新火车站（2005年）出境旅客由高架路上2层，入口底层架空，与主楼间设两个庭园，便于通风采光和旅客进站前休息，有自动梯上楼。主楼立面用凹曲的玻璃幕墙，隐喻傣族干阑式"竹楼"，时代感强又有地方特色（图28）。昆明人民中路东向对景上的某高层南向大楼，横看成岭侧成峰，顶部逐层收小，极富中国宝塔意象且视野开阔（图29）。

6．时代感强，个性突出——现代建筑个性化

现代建筑常采用高新技术、设备，建筑师按照不同的场所和功能等要求创作出个性鲜明的建筑。云南省农垦局招待所（1976年）主楼地上11层、地下2层，是云南省第一幢装配式钢筋混凝土框架剪力墙高层建筑，并"肩膀朝街"，大面南向布置，获70年代省优奖。昆明汽车客运站（1983年）日发车150～180辆。候车大厅、发车棚平面呈半圆形放射状，旅客直达门位候车，流程短而清晰。造型简洁明快，钟塔高耸，有交通建筑个性，获省优奖，并收入《大百科全书、规划·建筑·园林卷》。

昆明世博园是昆明城建"十大亮点"之一。获省优二等部优三等奖的大温室，圆形平面，屋面外墙用充惰性气体的中空玻璃，高紫外线透光率玻璃及表面结露处理，预应力轻钢结构，用钢量少，新颖轻巧，还采用空气温湿度等自控系统满足寒温热三馆需要。获省优奖的国际馆、科技馆、人与自然馆均适应自然环境，平面造型不同而各具特色。获省优一等奖的名花园温室（2001年）结合地形用自由曲线平面、轻钢、钢索穹顶和膜结构，表现出轻盈、灵活、通透、飘逸的特色。

佳华酒店（2000年）面积11.5万平方米，37层，地下3层，客房554间，设施完善，适用方便，全玻璃幕墙，晶莹靓丽，极富时代感，获昆明城建"十大亮点"称号（图30）。

图24　昆明世博会中国馆

图25　昆明锦华大酒店

图26　昆明国际贸易中心

图27　昆明市体育馆

图28　昆明火车站

图 29　昆明人民中路某高层建筑

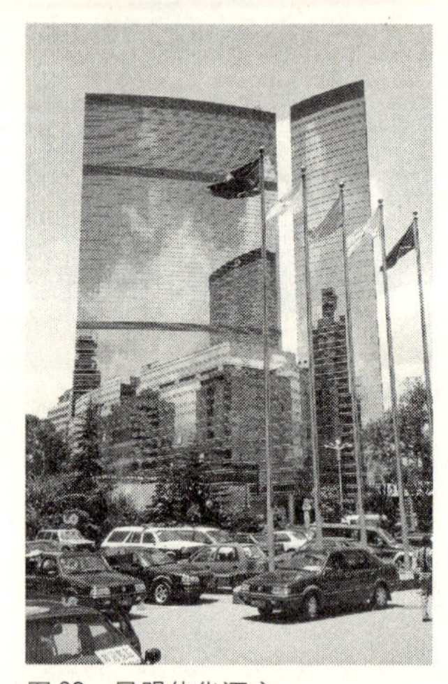
图 30　昆明佳华酒店

四、问题不少　亟待改进

半个多世纪以来，云南传统建筑已逐步现代化。从低层多层到高层、大跨度建筑，使用新技术、新结构、新材料、新设备；普遍的抗震、防火设计，以及智能控制系统和节能、节材、节水、节地设计。太阳能热水器的广泛应用，屋顶绿化，中水利用，普遍的自然采光通风，节约了能源，改善了环境；利用坡地建设，节约良田好地，有利于可持续发展。现代建筑地区化、民族化也取得初步成果，使现代建筑具有地方民族特色，创造出宜居环境，提高了设计水平，不少优秀设计项目受到国家、省、部的表彰奖励和专家与群众的好评。但仍存在生态环境被破坏与特色危机等不少严重问题。

1．大规模的拆迁风破坏了历史名城风貌、生态环境与可持续发展。

昆明这座历史文化名城在旧城改造中，原有街区包括曾规划保护的历史街区大观街等，几乎都拆光新建高楼了。现仅剩文明街区，许多建国后新建不应拆的建筑也拆了。如省图书馆(1974年)近万平方米，主楼4层，书库6～8层，功能合理，风格清新，扩建时不利用，仅用了26年就被夷为平地。昆明市中心的百货大楼(1959年)是钢筋混凝土框架结构，两次扩建共1.4万平方米，4～5层，2005年10月初也突然被拆除。这不仅造成资源和财富的极大浪费，不符合构建节约型和谐社会的要求，也脱离了可持续发展的轨道，破坏了城市生态环境及市民的归属感、认同感。建水县拆沿街应保护的真古董而建假古董，就更荒唐了。

2．追求全球化，无视地区化，崇洋风、欧陆风、洋名风盛行，出现城市、建筑特色危机。

平庸地仿“国际风格”、方盒子流行，毫无特色。崇洋的欧陆风不仅出现在昆明有的高层建筑或裙房及住宅小区，也充斥在有些中小城市的大街上。甚至将原来的现代建筑改造成欧陆风；如昆明饭店高层新楼；有中国特色的南楼也被改造成“假洋古董”——“欧陆式”。住宅小区还刮起洋名风，如“凯旋巴黎”、“香榭丽舍”、“滇池名古屋”、“挪威森林”等，临街的“创意英国”，成了地名，使人不知身在故土还是异国他乡，说明崇洋风日炽，已病入膏肓。

3．全社会对建筑创作缺乏正确共识。

首先是“长官”随意拍板，甚至在标本上写明要“欧陆式”；老板、业主追求豪华、广告效应。为了拿到任务，设计单位投其所好；设计人员惟“上帝”是从。建筑师的文化素质、专业水平不一；创作主体性、职业道德、社会责任感，均有待进一步提高。全社会都要回归建筑本体，认真执行党和政府的方针政策。

由于大量平庸建筑形成的特色危机和“崇洋风”、“欧陆风”等逆流，全社会都必须普及建筑科技知识，认真执行建立节约型和谐社会和可持续发展等方针政策，提高“长官”、业主、城市主管部门的决策水平和群众的欣赏水平，提高设计单位和建筑师的责任感与“创作理论”水平⑰。现代化不是“西化”，“中国应该有自己的现代化道路……所谓自己的，就是民族性的”“国际化”、“全球化”与“地区化”、“多元化”互为条件，不能相互否定。应坚持双向交流、中西互补、洋为中用、以我为主、多元并存、交融共生。将乡土建筑现代化，现代建筑地区化，为创作可持续发展的，具有时代性、地方性、民族性和中国特色的现代建筑而不懈努力，以促进我国和世界建筑百花园的繁荣昌盛。

（图片除注明者外，均作者所摄）

注释：

① 陈谋德.论建筑文化中民族性地方性与时代性世界性的对立统一.见:高介华编.建筑与文化论集，第五卷，湖北科学技术出版社，2002

② 石俊人.现代性的伦理话语.黑龙江人民出版社，2002，357页.（转引自建筑师.109期75页）

③ 曾坚、邹德侬、张玉坤.开创21世纪建筑与文化新纪元.国际建协第20届世界建筑师大会编，面向21世纪的建筑学，1999.43页.

④ 国际建协.北京宪章.建筑学报，1999(6)

⑤、⑧ 张文勋.滇文化与民族审美.云南大学出版社.1992.3～7页、413页.

⑥ [日] 原广司.世界聚落的教示100.中国建筑工业出版社.2003.(82页、“椭圆形平面的住宅是极少见的”)

⑦ 王海涛.南诏佛教文化的源与流.

⑨ 周若祁等.绿色建筑，中国计划出版社，1999.179页.

⑩ 顾奇伟、阿庐古洞洞外景区建筑(编委会:云南优秀特色建筑设计选.云南民族出版社.2003.244页)

⑪ 庞朴、文化的民族性与时代性.中国和平出版社，1988.152页.

⑫ 鲁迅书信集(上卷)人民文学出版社，1976.460页.

⑬ 王天锡、贝聿铭.中国建筑工业出版社，1990.253～255页.

⑭ 殷作尧、继承传统　立意创新——云南民族博物馆设计构思.(云南优秀特色建筑.云南民族出版社.2003.229页).

⑮、⑯ 崔世昌.现代建筑与民族文化.天津大学出版社，2000.49页～50页.

⑰ 张钦楠.特色取胜——建筑理论的探讨.机械工业出版社，2005.前言.

陈谋德，原云南省建筑设计院

传承之间——西藏建筑的地域特色

王世东

图 1

在雪域高原蓝天白云的映衬之下，耸立着一座座具有鲜明民族气息和地域特色的藏式建筑。作为自然环境与人文环境的聚合体，它们朴实无华地传达着人与自然和谐共生的默契。同时，古朴而热烈地展示着世世代代休养生息在这片土地上的人们所特有的生产生活方式、宗教信仰、审美情趣和价值取向。

一、传——西藏传统建筑的地域特色

图 2

西藏传统建筑源远流长，其内涵博大精深。每每徜徉其间：震憾、陶醉、好奇、求索、疑惑接踵而至。试图阐述与勾勒却常常交织于漠然与关注、简明与深邃、古老与常新之中，欲说而无言。

（一）多样而统一的地域建筑

西藏地处祖国的西南边陲，120万平方公里的土地平均海拔在4000米以上，素有"世界屋脊"和"地球第三极"之称。这里气候特殊、地形复杂、生态环境丰富多彩：有高山峻岭、雪地草原、平原谷地，其间河流纵横，高原湖泊星罗棋布，而"十里不同天"、"一天有四季"的谚语概括了雪域高原沿西北到东南海拔落差4000多米的垂直气候带。生活在这里的人们与自然共同创造了前藏文化、后藏文化、雅砻文化、古格文化、茶马古道文化。

图 3

独特的自然环境与丰富的人文环境造就了西藏传统建筑地域特色的多样性。在民居建筑中拉萨、山南、日喀则等前后藏地区，因盛产石材又处河谷农业区，故多以不同风格的藏式碉房为代表(图 1)；在藏东南林芝地区因处林区且多雨，带有碉房气质的干阑式木屋便呈现而出(图 2)；而藏北羌塘草原上则星星点点散落着用牛毛或布织成的牧帐(图 3)；藏西深处的阿里地区以窑洞和土坯房的粗犷古朴传达着人与自然无言的默契(图 4)。与此同时，宗山建筑(图 5)、宫殿建筑(图 6)、寺庙建筑(图 7)、庄园建筑(图 8)也不断展现在我们的眼前，讲述着一个个历史的脉动……

图 4

面对如此的丰富多彩，却始终让我们感受到一种雪域的气息，那便是藏传佛教引领下的建筑文脉以一贯之的结果，缤纷而不杂乱，多样而统一。

（二）藏传佛教引领下的建筑文脉

从4500年前“卡若”遗址的考古发掘中，我们发现西藏传统建筑的历史可以追溯到新石器早期，可谓历史悠久。自公元7世纪佛教传入西藏以来，经历一千多年的洗礼，融合了西藏原始宗教“苯教”，并通过“政教合一”社会制度磨炼形成的藏传佛教已渗透到了西藏的政治、经济、文化、科技、教育和习俗之中，指导着人们的生产生活方式，成为雪域人文精神的根基和历史发展的脉络。

回顾历史上流传的关于西藏社会与城市形态的“天梯说”、“女魔说”到佛教教义阐述的时空观“来世说”和“中心论”，均有力地证明了藏传佛教文化是西藏传统建筑文化的理论支撑。这一点我们可以从西藏城镇聚落的原始形态和建筑的空间组织中感受一二：拉萨古城的城市脉络由环绕大昭寺觉康主殿供奉的释迦牟尼佛像的内转经道（朗廓），围绕大昭寺的中转经道（八廓），以及环绕八廓街、铁山（加布日）、红山（玛布日）的外转经道（林廓）组成的三道环形转经朝拜路构成（图9）。而桑耶寺的建筑布局与形象则是将佛教理想世界的空间模型“曼陀罗”直接物化的呈现（图10）。正因为西藏经历了“政教合一”的社会制度，形成了全民信教的社会氛围，才使西藏传统建筑的文脉保持了高度的连贯性和纯粹性，展现给我们的地域特色才如此强烈而震憾心灵。

（三）乡土性与原始生态价值观

乡土性是人与自然在特定地域层面上最直接最现实的关系表达，传统建筑的乡土性正是通过建筑表达了人与自然环境在特定历史阶段中和谐共生的特性。碉房是西藏传统建筑的代表（图11），主要分布在拉萨、日喀则、山南等地区。由于该区域气候干燥少雨、日照强烈而持久、日夜温差大并且盛产石材，故碉房主要表现为石砌平顶房，多为“凹”字形平面带院落，开窗南大北小，立面粗犷质朴。一般民居屋顶可晒粮草，院落内布置厨房、卫生间、库房、牲畜房，其屋面搁置干柴；而林芝地区的木屋（图12），则因地处潮湿多雨的林区，屋顶为坡屋面并设通风夹层，底部或首层墙体多为石材，上部或楼层墙体则多采用木墙，有效解决了防潮防火和材料经济性等客观现实问题。

从以上实例可以看出，西藏传统建筑的乡土性也表现在对地理气候的适应性、地方建材的创造性运用以及与生产生活方式的协调性等方面。与众不同的是，这些乡土性在西藏深受西藏原始苯教“泛神论”的影响，具有了一定的神秘感和万物皆有灵的原始生态价值观，她呈现给我们的是一种自然和谐、充满生命力的原生态美。

（四）严明的等级制与宗教风水意识

“政教合一”的社会制度，催生出西藏传统建筑从选址、形制、高度、色彩和装饰上具有严明的等级制。如：以布达拉宫（图13）和江孜宗山（图14）

图5

图6

图7

图8

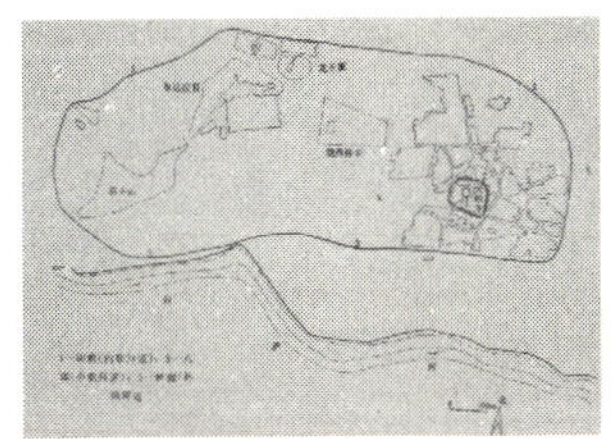
图9

图10

图11

图12

图13

图14

为代表的西藏宫殿、宗山建筑高踞盘卧于高山之上，既达到军事防御的需要，又表现出统治者或神佛至高无上的地位和君临天下的气势。而色彩与装饰的等级性表现在黄色、红色多用于寺庙，白色、黑色多用于民居；法轮、圣鹿、经幢等装饰只能用于寺庙(图15)，等级较高的建筑才能设置金顶。

早在1300年前，吐蕃王松赞干布为巩固政权兴盛吐蕃而迁都拉萨，并迎娶大唐文成公主，与此同时大力弘扬佛教。文成公主揭示雪域高原地形似仰卧的罗刹魔女，潜伏着巨大的隐患。为镇魔驱邪主张在罗刹魔女的左右臂、胯、肘、膝、手掌、脚掌修建12座寺庙，并在罗刹魔女的心脏处驮土填湖修建大昭寺以镇之(图16)。从而确立了拉萨古城及区域性城镇布局的原始形态。相信从这一美丽的传说中，我们可以感受到由于宗教的深刻影响，风水意识贯穿于区域规划、城市形态、建筑选址、设计与施工、装饰与构造乃至生产生活的各个环节之中。

（五）粗犷质朴而不乏精致华美的建筑风格

雪域高原苍茫广袤的自然环境与独特的人文环境造就了西藏传统建筑原生态的地域个性和充满宗教理念的人文气息。表现在建筑风格上便是那粗犷的毛石、质朴的夯土、绒毛般质地的“边玛墙”；还有那精致华美的装饰构件与简洁沉稳的梯形空间在对比中的和谐统一；以及由绚丽的色彩、飘动的五色经幡、清脆的佛铃与沉重的花岗石、庄重而富有韵律的神秘空间体量一道构成的热烈而祥和的场所氛围。

（六）独特的结构体系与空间发展形态

西藏传统建筑所具有的独特结构体系，源于自然物质形态和传统文脉所赋予的精神内涵，是生产生活实际的需要和有限资源以及相对脆弱的生态环境综合造就而成的。其结构体系既不同于汉地古建筑木结构体系，也有别于西方古建筑的石结构体系，而是由石(土)墙与木梁柱共同承重的内框架承重体系。由此，“柱”便成为西藏传统建筑重要的模数与度量手段。汉地古建以“间”为单位，构成单体建筑进而形成庭院，再由庭院的组合构成建筑组群。而西藏传统建筑以“柱”和“四壁”构成“柱间”，以“柱间”为基本结构单元来扩展成为单体建筑和建筑组群。

在空间的组织和群体组合方面也有别于汉地古建筑通过轴线和廊道等手段来加以组织和“软接”，西藏传统建筑是通过“柱间”形成的每一个单体建筑，以特定的空间为核心，顺应地势或已建现状进行难度较大的“硬接”。这种看似在总体空间布局中缺乏清晰轴线和空间序列，显示出一定随意性的方式却能将建筑组群组织得浑然天成，并且似乎具备一种自我成长的基因。确令我们为之叹服！这一点在布达拉宫和大昭寺的建设之中表现得尤为突出(图17)。

（七）多元文化与兼收并蓄

雪域高原北与新疆、青海毗邻，东及东南部与四川、云南相连，南面与西部同缅甸、印度、不丹、锡金和尼泊尔等国接壤，从而处于中亚文化、中原文化和印度文化的相互作用和交融之中。

从公元7世纪吐蕃王松赞干布通过与尼婆罗、唐朝的联姻，佛教从印度、尼泊尔和汉地传入西藏，随之商贸、科技、文化各方面的交流渗透到了雪域社会的各个角落，促进了西藏历史上多元文化的大融合。反映到建筑上便产生了具有典型佛教空间模型的桑耶寺总体布局和融合了尼泊尔、汉地和藏域三种不同文化为一体的乌孜大殿(图18)。经过长期的建筑实践，在自发应用和有意吸收的基础上，创造出了适合西藏地域特性的建筑文化和具有鲜明民族风格的建筑形式。如：汉地的歇山顶结合印度、尼泊尔文化的输入和藏传佛教的消化吸收最终演化成为了藏式金顶(图19)。而对汉地梁、柱、拱的创造性组合变异成为代表藏式传统的典型构件(图20)。

图15

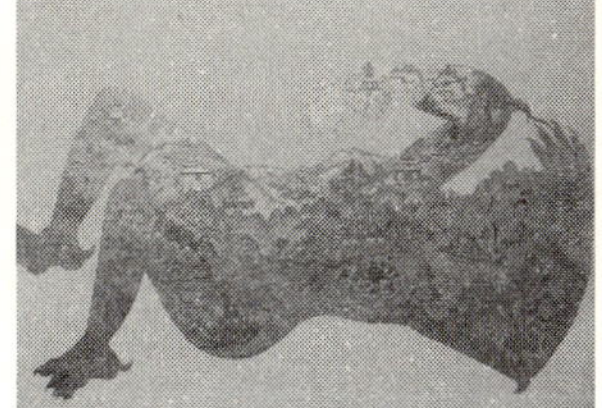
图16

二、承——西藏传统建筑地域特色的继承

地域特色是西藏传统建筑文化的重要组成部分，是雪域高原物质文明与精神文明的结晶。其博大精深的文化特质可以使我们站在新时代的层面上重新加以审视，并给予我们众多的启示和感悟。

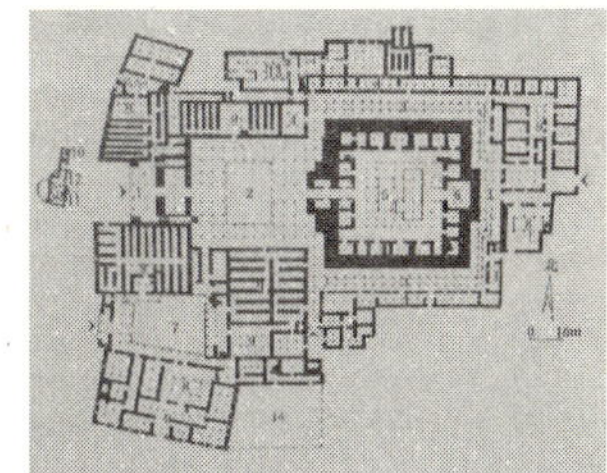
图17

(一) "一方水土养一方人"

建筑的地域特色源于建筑与特定地域环境融为一体的和谐，正如现代建筑大师赖特所言："建筑应犹如大地中生长一般"。从建筑的初始状态而言，人类建造自身的蔽护所本身就是应对外界自然环境的本能反映。人们在特定的地理环境中选择背风、向阳、有水源的建造地点，并形成城镇聚落的原始空间形态；从气候的规律性变化中确定建筑的布局、开合、构造、措施；对特有的自然资源加以创造性的利用和发挥。由此可知，雪域特定的地理气候和自然资源是西藏传统建筑充满特色的物质基础和依托所在。当然，随着工业化和信息时代的发展，通过现代化科学技术的力量，我们对自然的依赖似乎越来越少，而改造自然的能力却越来越强，但人与自然之间的本源关系始终不可改变。漠视环境的建设性破坏已造成了气候恶化、能源匮乏、生态危机的恶果。

图20

针对生态脆弱、生存环境相对艰苦的西藏而言，更应在城市规划和建筑设计上充分关注和研究地域环境特性，从传统建筑文化中继承和发展与"自然和谐共生"、"一方水土养一方人"的价值理念。结合现代科技充分利用特有的地域自然资源，大力发展节能建筑、生态建筑，在更高的层面上将西藏

图18

图19

图21

图 22

建筑的地域特色体现出来。

（二）源远流长与可持续发展

建筑既是为人们生产生活提供服务的物质空间，又是特定民族在认识和改造自然过程中创造的精神作品。文化是建筑的灵魂，文脉是城市形态和建筑空间的脉络。当我们将时代的要求注入其源远流长的生命因子之中时，将激发出可持续发展的活力。正因如此，西藏传统建筑才展现出如此鲜明而丰富的地域特色和蓬勃生机。

从西藏传统建筑独特的发展历程而言，脱离了藏域特有的文化，忽视其由历史沉淀而来的社会生产生活方式、宗教信仰、价值取向以及审美情趣，西藏的城市和建筑将失去生存之根，区域社会经济各方面的发展将因缺乏核心资源而丧失可持续发展的原动力。

"建筑不能仅仅具有美学韵味或技术价值，它应该诠释我们时代的生活方式，应该帮助社会表达共同的精神风貌"。面对经济全球化冲击下的文化趋同性，为了民族的发展和文化的延续，我们有责任积极投身于对民族文化、宗教、伦理、习俗、社会结构和生产生活方式的研究之中，将影响和构成西藏传统建筑特色性的因素提炼出来，把握西藏传统建筑形式与内容的内在属性。从而指导创作实践，实现人们精神领域的"生态平衡"。

（三）特色与创新

西藏传统建筑的地域特色不仅仅植根于特定的地理气候环境之中，更得益于多元文化的交流与吸收。这从公元7世纪松赞干布时期引入佛教，并经过消化吸收转化为具有浓郁特色的藏传佛教，从而促使西藏社会各个领域前所末有的发展中得到明证。与外部政治、经济、文化各方面的交流，将促进地域建筑文化把握时代发展的脉搏。通过注入代表先进文化和时代精神的价值理念、科学技术、现代文明成果，将推动地域建筑的自我更新。

惟有创新，才有特色，地域文化及其物化的地域建筑是动态发展的。随着时代的发展将赋予新的地域特色内涵，不能简单将建筑的地域特色理解为纯而不变的"古代文物"，从而使我们自负重压，固步自封，而不能前行。丘吉尔说："人缔造建筑，建筑缔造人"。是的，人与建筑应该永远是动态的、对话的和发展创新的。

三、传承之间——在继承和弘扬地域特色中的思考

处在信息时代的西藏，伴随着西部大开发和跨越式发展，城市化进程日新月异，现代经济与科学技术的一体化使雪域高原在时间与空间上与外界的阻隔和差异正悄然消解。而现化文明正渗透和改变着人们固有的传统价值观、宗教信仰、生产生活方式和审美情趣。建筑作为历史的延续、时代的写照、生活的容器，必然迫使我们面临如何认识传统、如何对待文化以及怎样继承发扬地域特色这一现实而紧迫的问题。

（一）特色资源与建筑创作

建筑设计从来就不是一项单纯的艺术创作过程，它是一项集社会政治、经济、科技、文化、艺术为一体的系统工程，建筑设计人员是这项系统工程的集成者、代言人和艺术总监。对地域建筑特色的传承工作必须贯穿于城市经营与建筑营造的全过程，需要社会各个利益主体的参与，必须将建筑艺术创作和文化传承与社会经济发展建立内在的供需机制上。

正如柯布西耶所言"建筑师必须认识建筑和经济的关系"，此语从宏观的层面加以理解颇有深意。当特色成为一种资源，成为推动社会、政治、经济发展的一种可持续发展的资源时，特色还会消失吗？

（二）建筑的本质和"与时俱进"

建筑的本质源于人生存生活的需要。正如伍重所言："建筑不只是建筑师的作品，更重要的是生活其中的居者的愿望和要求"，继承传统，发扬特色，其基本的出发点和最终目的也是基于此。这一点将有助于我们处理好保护与发展的关系；处理好民族特色与时代要求的关系；处理好长远利益与短期利益的关系；更有益于我们在西藏建筑的传承之间始终保持"与时俱进"的创作品质。

（三）"条条大路通罗马"

如何传承西藏传统建筑的特色，从政府相关部门到专业机构以及广大的专业人员进行了卓有成效的工作。从名城保护、历史街区的规划到古建的抢救性整理研究都取得了一定的成果。与此同时，对西藏现代建筑地域特色的继承和发展也进行了有益的探索。

在围绕世界文化遗产大昭寺的拉萨老城区维修改造工程中，切实改善了老城区的水电、环卫、道路等生活设施，消除了危房、消防等安全隐患。同时，从内部结构与装饰到外部形式与风格均保持了传统风貌。随着拉萨市经济、社会和文化的发展，布达拉宫周边地区的环境整治规划以及八廓街地区的保护规划也将展开。而西藏博物馆（图21）西藏自治区政府会议中心（图22）、宇拓路商业街改造（图23）、布达拉宫广场改扩建（图24）、珠海西藏大厦（图25）等项目传达着建筑师在地域建筑特色创作中的多方面探索。

图23

图24

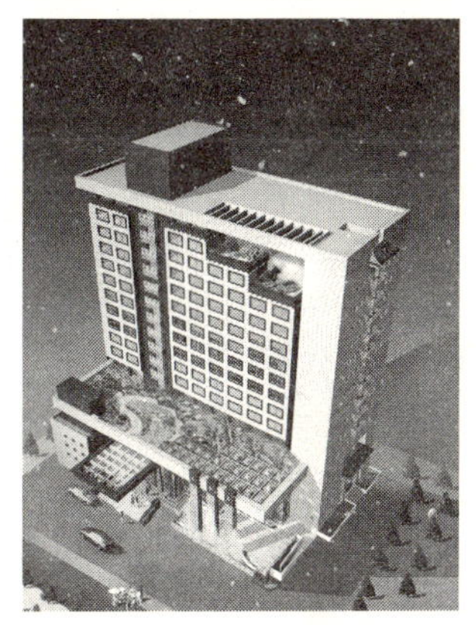

图25

"条条大路通罗马"，相信只要社会各个层面，达成了"越是民族的，就越是世界的"、"特色就是资源，就是发展"的社会发展和文化价值理念，将社会的各项资源集中于这一点上，那么为此目标的各种探索和实践将是有意义的。

21世纪的建筑时代，对于地域建筑而言面临众多的现实危机和发展困境。同时，新时代所蕴含的新内涵、新要求使地域建筑又充满新机遇和新发展。俄国伟大作家、戏剧家果戈里说："建筑是伟大时代的年表，当一切行动和歌声都停止的时候，只有建筑还屹立在那里，用它自己的语言叙述着伟大的时代"。为此，我们将艰辛而乐此不疲地探索和实践在地域建筑的传承之间。

王世东（又名：益西单增），西藏建筑设计研究院副院长，副总建筑师

长安建筑五千年

张锦秋

一

西安是中国古代建筑荟萃的地区之一。在史前时期，它是中国黄河流域仰韶文化和龙山文化建筑的代表之地。在古代历史早期至中期的西周、秦、西汉、隋、唐几个朝代，它是全国的政治中心，其都城规划、建设和各类建筑，无疑最具有典型的代表意义。唐末以后，中国古代的政治中心东移，西安为西北重地，在中国古代历史后期，特别是明代建筑，仍是古代建筑遗产中极有价值的一部分。

1954年，考古工作者在西安浐河东岸的半坡村发现一处仰韶文化遗址，发掘结果考证为距今6000年的民族聚落。总面积约五万平方米，临河高地是居住区，已发现密集排列的住房四五十座，布局颇有条理。这个居住区的中心部分，有一座12.5米×14米近于方形的大房子，可能是氏族的公共活动场所。居住区的周围有一条深宽各5～6米的壕沟，估计为防卫之用。居住区内和沟外分布

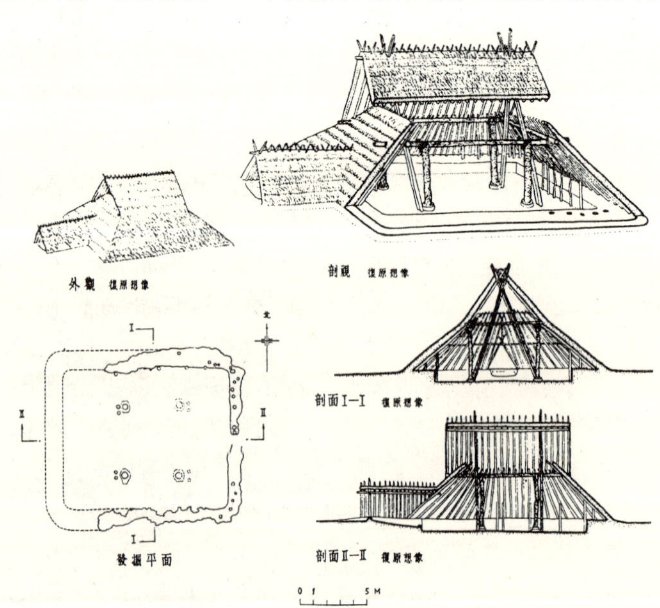

图1　西安市半坡村原始社会大方形房屋复原图

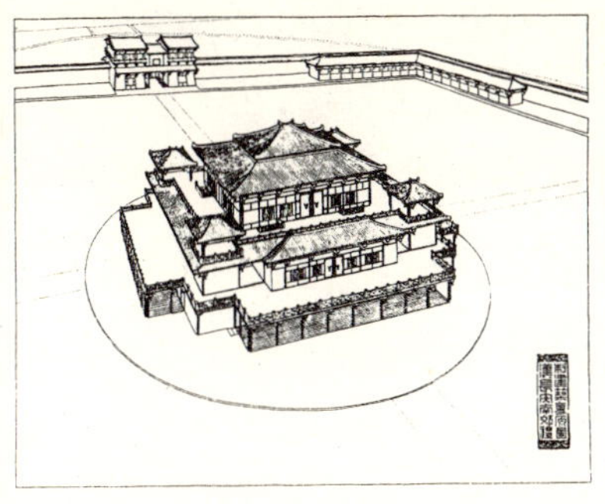

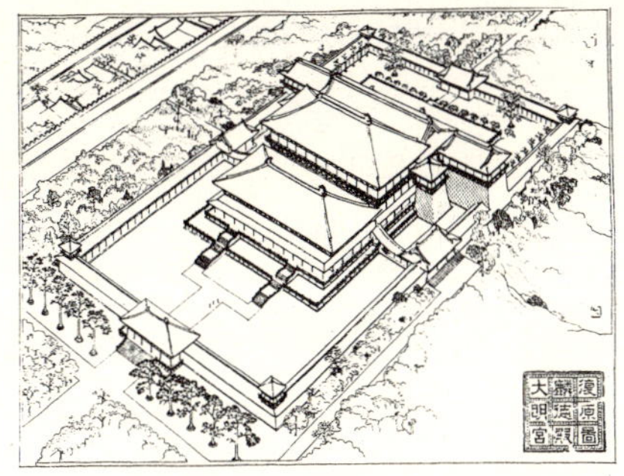

图2(上左)　汉长安南郊礼制建筑中心建筑复原图

图3(上右)　唐大明宫麟德殿复原图

注：图1—3引自《中国古代建筑史》(中国建筑工业出版社)其他照片均由成社提供。

着窖穴，是氏族的公共仓库。居住区沟外东边是制陶的窑场，西边是公共墓地，其总体布局体现了一定的规范意图。半坡类型丰富的住房，是土木混合结构的主要渊源。要知道，我国沿用几千年的传统建筑，都是以木结构为主要特征的。方形的大房子是最早出现的公共建筑，最让建筑家感兴趣的是它那四面坡的屋顶和前堂后室的布局。这就像人类的基因一样，被一代接一代的华夏宫室繁衍下来。因此，半坡遗址堪称华夏建筑之萌芽。

自公元前1134年周文王建丰京，前1132年周武王建镐京，到公元前770年周平王东迁，西周以丰镐为都350余年，建立了中国历史上最大的奴隶制王国，掀起了有史以来第一次城市建设高潮。从文献记载和考古成果看，有周一代，在城市规划方面，第一次提出了王城模式，这种"方九里、旁三门"的基本形态，规范了后世中国三千年的都城建设；第一次发现了完整的"四合院"建筑，"前堂后室，四面围合"，是中国古代建筑平面组合的基本形态；规模宏大的"四阿宫室"，是中国古代殿堂建筑的基本形态；以灵囿、灵台、灵沼为代表的，以自然风景为特色的园林营造，是后世中国自然园林的基本形态。单就城市、建筑、园林三大基本形态的出现而言，已经使我们看到了华夏建筑体系之端倪。而规划、建筑、园林在此同时出现，更表明了中国古代人居环境一体化的实践活动，可以上到三千年前，这是我国古代建筑上的重要优秀传统之一，从而越来越引起世界建筑界的广泛兴趣。在那次城建高潮中，还出现了两本指导后世中国古代城市规划和建筑营造的理论巨著——《周易》和《周礼》，前者是古人解释天、地、人关系的哲学，后者是规划和建筑营建的规范。它表明中国古代建筑发展在周朝已经进入到初步成型阶段，在华夏营建的千年交响之中，从周到秦，到汉、唐，一脉相承，始终延续着这一主旋律演进。华夏意匠，源头于斯。

公元前221年，秦始皇以武力併灭六国，建立了中央集权的统一多民族的封建帝国，咸阳即为秦王朝首都。《三辅黄图》里记载咸阳"谓水贯都，以象天汉，横桥南渡，以法牵牛"说的是咸阳的布局很有点浪漫主义色彩。李商隐的诗："咸阳宫阙郁嵯峨，六国楼台艳绮罗。自是当时天帝醉，不关秦地有山河。"说的是城市形象，它的建筑、绿化与中间的河流融为一体，交相辉映。杜牧的《阿房宫赋》"……二川溶溶，流入宫墙，五步一楼，十步

图4　西安明代西门箭楼城楼与瓮城

图5　西安明代钟楼

图6　西安唐代小雁塔

图7　西安唐代大雁塔

图8　西安黄楼

图9　西安老火车站

图10　张学良公馆

图11　杨虎成公馆

图12　西安人民大厦

一阁，廊腰缦回，檐牙高啄，各抱地势，勾心斗角……长桥卧波，未云何龙？复道行空，不霁何虹”的名句之中，联想帝都宫殿之雄姿。20世纪50年代以来，秦始皇陵兵马俑坑的发现，以及从咸阳到西安泾渭交汇之间渭河两岸广阔地域的考古发掘，发现了不少秦代宫殿基址及文化遗存，证明了中国建筑史中最大的宫殿、最大的陵墓、最大的桥梁和最大的城市交通网络出现于秦咸阳，绝非文学之夸张。阿房宫表南山以为阙，秦始皇陵卧于骊山之怀，这种建筑与山水的共生共存关系铭刻在西安大地，给后代建筑师以无限的遐思。虽然考古工作者经过多年的钻探、发掘，但至今尚未找到咸阳城址，从而推测咸阳是一座有宫城而无城廓的沿着渭河组团布局的山水城市。

汉长安与秦咸阳不同的是，它的城墙经过两千年风风雨雨却保留至今。传至今日的汉代物质文化资料较秦更为丰富，这些有形的遗产如果对应文献，绘制成复原图则更为接近真实。比如在今西安西郊大土门村发现的公元4年所建“明堂辟雍”遗址复原的方案虽有两家考证复原之图，但从形象上看，还都是流行于战国到西汉的高台建筑，它是以高大的夯土台为基础和核心，木构架紧密依附夯土台而形成土木混合的结构体系。此时重要的宫殿台榭多采用这种形式。1975年发掘的秦咸阳宫1号殿址、而后考证的西汉长安未央宫前殿基址，均属此列。这个时期建筑类型十分丰富：城、市、关、坞、院落、庄园、楼和阙，都可从汉墓中发现的明器造型，以及画像石的造像中得到启示。其中最富特色的就属阙和楼两类。我国古代高规格的建筑物，在大门外之两侧设阙。《白虎通义》说：“门为有阙者何？阙者，所以饰门，别尊卑也。”为了区别等级，汉阙又有单阙、二出阙、三出阙之分。传至今日的四川雅安高颐阙是一座二出阙，是为诸侯所用。汉代宫殿所建之阙如汉武帝建章宫之风阙，《史记·孝武本纪》说它“高二十余丈”，也确实称得上是“朱阙岩岩、嵯峨概云”了。另一类建筑就是已经失传的井幹楼。《汉书·郊祀志》说：“立神明台井幹楼高五十丈”约合65米，井幹楼积木而高，其形成四角或八角，造型极为简洁，如果流传至今，与现在的塔式建筑或有一比。不过东汉之后高耸的井幹楼多为雷击火焚，而后则由低于它的构架式楼阁建筑取而代之。

隋唐时代，是西安古代营建的高潮，这个时期是中国封建社会发展的高峰，也是中国古代建筑发展成熟的时期。隋唐建筑在继承两汉以来的成就基础上，吸收、融化了外来建筑的影响，形成一个完整的建筑体系。长安是隋唐两代的首都，也是经济和文化中心，是丝绸之路的起点。它的规模宏大、规划严整，是当时世界上最大的都市。公元634年开始建造的大明宫位于长安城外东北的龙首原上，居高临下，俯瞰全城。含元殿是大明宫的正殿，利用龙首山做殿基，殿宽11间，殿前有长达75米的龙尾道，左右有翔鸾、栖凤两阁，以曲廊与大殿相连，这个“Π”形平面的巨大建筑群雄踞高岗，表现了中国封建社会鼎盛时期雄浑的建筑风格。大明宫另一组华丽的宫殿——麟德殿，是唐朝皇帝饮宴群臣、观看杂技、乐舞和做佛事的场所。坐落在大明宫西北的高地上，它是由前、中、后三座殿阁所组成，面宽11间，进深17间，面积等于明清太和殿的三倍。大殿居中，围廊环绕、楼亭衬托，其组合方法可见于敦煌唐代壁画之中，在一定程度上反映了唐朝大型建筑的组合状况。隋唐长安以里坊组织居住区，里坊平面小者近于方形，稍大者为长方形，面积为400～900亩。里坊周围由高大的夯土墙包围，中辟十字街，坊内建有府第、寺院、民居和若干商店。唐代住宅没有实物遗留下来，从文献所述和古画旁证，以四合院为主，府第用回廊组成庭院，宅旁或院后掘池造山为私家园林；民宅多为平面狭长之四合院，还有木篱茅屋的简单三合院。佛教建筑是隋唐时代建筑活动中一个重要方面，寺院平面布局是以殿堂门廊等组成的庭院为单元的组群式，大寺多至十数院，且以2、3层楼阁为全寺中心。佛寺中另一个主要部分是塔，它的挺拔高耸的姿态，对佛寺组群和城市轮廓面貌都起着一定的作用。隋唐两代许多木塔都不复存在，根据发挖的遗址可看出西安青龙寺塔、扶风法门寺塔均为方形木构塔，现在保存的砖塔，就外形来说，大致可分为楼阁式塔、密檐塔和单层塔三个类型。塔的平面，除极少数的例外，全部都是正方形。西安现存的唐塔有大雁塔、小雁塔、兴教寺玄奘塔和香积寺塔等。

唐末唐昭宗于天佑元年(904年)东迁洛阳后，长安从此结束了作为国都的历史。历史的长河浩瀚无情，多少名城消失在其汹涌的波涛之下。称都二千年，威镇四海的长安不复存在。从此这个城市名不见经传，直到460年后朱元璋把次子朱樉分封为秦王，驻守于此，这里才成为一个西北重镇。

二

作为西北重镇，至今保存完好的有明西安城墙、城楼和钟、鼓楼。明西安府城保留了唐长安皇城的西墙和南墙，于明洪武三年至十一年(1370—1378年)向东、北扩建而成，周长13.74公里，四面各设一门。全城的报时建筑——鼓楼，建于明洪武十三年(1380年)。钟楼建于洪武十七年(1384年)，原址在鼓楼以西，相距半里，万历十年(1582年)移至鼓楼以东四街交汇中心。钟楼与四座城门相对，使西安城的规划格局更为完整。西安的城墙、城楼、钟楼、鼓楼大体仍保持明代建筑特征，某些细部还沿用了宋、元建筑

图13　西安邮政大楼

图14　西安人民剧院

图15　临潼华清池九龙汤

图16　西安凯悦饭店

图17　陕西历史博物馆

图18　西安唐华宾馆

图 19　大唐芙蓉园

的常见做法，这也是地方建筑的一个特色，风格不像都城北京那样纯正规整。但由于西安是明太祖次子秦王坐镇之地，西安城楼和城垣的尺度规格高于内地一般府城，十分雄伟壮观。西安府城之中规模较大的建筑群，除秦王府已全部焚毁无从了解，保留至今的还有文庙(碑林)、城隍庙和若干清真寺，其中化觉巷清真寺为我国内地规模最大之清真寺院。它按照伊斯兰教义面向麦加布局，呈东西向。采用汉制的多进四合院、传统建筑形式和园林化处理。但在色彩和细部处理上又明显尊从伊斯兰教义。礼拜殿屋顶用宝蓝色琉璃瓦，建筑装饰均以伊斯兰文字和植物纹样构成。全寺极具民族文化融合之特色。

从1911年至今，西安建筑发展进入了近现代时期。1949年以前，西安的城市建设局限在明清西安府城之内，城市规模13.2平方公里，人口39.6万人。随着辛亥革命的成功和陇海铁路通到西安，开始有外来形式的建筑兴建。首先是一座仿照南京国民政府主席办公楼的“黄楼”在城中心秦王府内建成。“黄楼”非楼，它是建在高台上的一排平房，西方古典形式，外墙黄色，灰瓦屋面。这种行政建筑与中央保持一致，尺度与省份相宜，是当时西部各省行政建筑之潮流。东北军进驻西安后兴建的张学良公馆是一座用灰砖砌筑的3层洋楼，其风格与他担任校长的东北大学建筑一脉相承。西京招待所和中国银行均请上海建筑设计事务所设计，运用了钢门窗、石料基座和贴面砖。中国银行造型是简洁的立方体，当时令人耳目一新。在这个时期西安建筑的主流仍然是采用当地传统风格的建筑：以“七贤庄”、“通济坊”为代表的新住宅小区，坡顶砖柱、白墙、四合院；杨虎成公馆是一座民族形式的2层楼、坡顶、灰砖墙、木栏杆；风格近乎于北京圆明园西洋楼的“亮宝楼”，也是灰砖、坡顶、泥塑砖雕花饰，它为展示西安出土文物之用，相当于最早的博物馆。这些建筑与古城风貌极为协调。1934年陇海铁路通至西安，西安火车站乃请德国建筑师设计。这是一座采用现代砖混结构、民族形式大屋顶的公共建筑，红柱红墙、琉璃瓦屋面、青绿彩画，内外一派古风。这座车站使用了50年，到1980年西安火车站扩建时拆除，至今许多老西安人还怀念着它。这座车站建筑难能可贵之处在于，选址在唐大明宫含元殿至大雁塔的南北中轴线上，一出车站，南山衬托下的大雁塔影遥遥在望。所以它是西安的现代公共建筑关注历史文脉的开先河之作。

图 20　临潼兵马俑博物馆一号展厅

图21　西安咸阳国际机场二期航站楼

图 22　西安国际展览中心

三

1949年，西安迎来了有史以来规模最大、速度最快的城市发展阶段。到

2005年城市规模已达350平方公里，城市人口约400万人。半个世纪以来，作为国家重点建设的工业基地之一，作为西部的中心城市之一和国内外旅游热点城市，新建筑的类型、规模以及设计修建水平，都有了长足的进步，同时也形成了自己的特色，并在20世纪50年代和80年代形成了两个高潮。

20世纪50年代西安全面推进工业化建设。东、西郊工业区的工厂和工人住宅，南郊文教区的大专院校和教工住宅，绝大部分是参照苏联图纸修建。由于贯彻"勤俭节约"的方针，住宅和校舍建筑以3层为主，灰砖墙、坡屋顶、周边式的布局，虽然失之于单调雷同，却也整齐朴素，与古代风貌也没有构成太大的反差。西安是我国大城市中惟一完整地保存了古城墙的城市。由于城墙的界定，在城里的各类新建筑都表现了对古城环境的尊重。钟楼北侧的人民剧院、南门附近的市委礼堂、北城门里的省建工局大楼均为民族风格。邮政大楼和电报大楼比较多地受到苏联建筑风格的影响，但前者采用了一点简化古典的手法，建筑中部顶层处理成亭廊的形式，与钟楼取得了较好的呼应关系。人民大厦是一组以西方古典为主体，配以中国古典建筑装饰的建筑群体。主从有序、比例相宜、细部精美，加之绿化喷泉的烘托，整体环境优雅大方，至今还作为西安的一座标志性建筑，代表了那个年代。在唐代遗址上修建的兴庆公园、华清池九龙汤和华清宾舍，设计吸取了敦煌壁画与唐诗的意韵，但营造未能超脱明清法式，这几组建筑绘画性强，园林化突出，始露探索唐风建筑之端倪。

图23　陕西省图书馆、美术馆

图24　陕西省邮电管网中心

20世纪80年代以来，西安进入了建国后第二个建设高潮。城市规划确定了"在保护古城风貌的基础上，建设现代化城市"的建设方针，建筑创作空前繁荣。通过实践探索，关于建筑风格的控制必须"新老分治"已逐渐形成共识。西安的古城墙得以保护下来，市中心钟鼓楼的核心地位也得到确认，老城内新建筑的高度基本得到控制(个别建筑尺度过于高大)，在唐文化历史地段进行了"唐风"建筑的实验。而旧城外围的新市区则修建了丰富多彩的现代建筑，展现了时代气息。

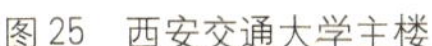
图25　西安交通大学主楼

在西安老城内有代表性的新建筑是：西安火车站、钟鼓楼广场、凯悦饭店、民生百货大楼等。毗邻西安城墙的西安火车站由主楼、售票厅、行包房、办公楼四部分组成。主楼为2层、候车室可容纳7000人。建筑造型真实反映了改革开放初期西安人对既要反映古城传统风貌，又要具有现代特色的认识。西安钟鼓楼广场是一项古迹保护与旧城更新的城市设计，包括：绿化广场、下沉式商业街、地下商城和商业楼。设计力求突出两座14世纪的古建筑形象，体现"晨钟暮鼓"这一传统主题，创造出立体混合的城市公共空间，为古城西安提供了一个接待国内外来宾的城市客厅。凯悦饭店位于旧城内繁华地段。这座现代化建筑吸收了古代高台建筑和城堡建筑的特点，在两层平台之上承托着两组并连的楼房，令凯悦饭店与西安古代建筑在形象上和精神上产生了联系，是在西安众多的外资旅游宾馆中较有创意的一个。20世纪

图26　群贤庄小区

90年代被誉为“西北商业第一楼”的民生百货大楼位于商业大街解放路上，是一座由商场、餐饮、娱乐、宾馆、写字楼组成的超大型商业综合体，建筑总面积50000平方米。该工程设计造型宏伟、布局合理、交通组织便利、商业气氛浓厚。骡马市商业步行街在钟鼓楼东侧的东大街上，是一条集购物、旅游、休闲、餐饮为一体的多功能街区，全长360米，是一个城市更新项目。内部串连着形态各异的商业空间，布置了三处反映骡马市历史的节点，如梨园会馆遗址、尚友社大舞台广场等，增加了城市文脉的可读性。

在文物古迹周围的现代建筑，本着“理解环境，保护环境、创造环境”的精神，有一些成功之作。位于大雁塔西侧1公里的陕西历史博物馆是国家级大型博物馆，是国家“七五”计划重点工程。这是一座唐风现代化建筑，其现代化反映在当20世纪80年代之际在国内首先突破了传统博物馆模式，而兼具研究、科普、会议、购物、餐饮、休息等作为文化活动中心的综合性功能构成。馆内设施均达到设计同期的国际水准。在建筑艺术上突出唐风，着意于传统与现代相结合，从而使其具有浓厚的民族传统、地方特色、又颇具时代气息，现已成为象征着陕西悠久历史和灿烂文化的标志性建筑。西安博物院位于小雁塔公园西南角。建筑构成体现“天圆地方”的传统理念。色彩、风格与小雁塔遥相呼应并“和而不同”，犹如一座现代化楼阁。圆形的玻璃大厅从庄重敦实的方形馆体中拔地而起，隐喻着新的历史萌生于厚重的历史积淀之中。唐华宾馆位于大雁塔东侧，是一座唐风庭院式园林建筑，运用传统空间意识和中国园林布局手法，与现代旅游功能和现代化设施相结合，提供了充满盛唐文化、历史情趣的旅游环境。大唐芙蓉园位于大雁塔东侧，是一个全方位展示盛唐风貌的大型皇家园林式文化主题公园。占地1000亩。全园景观分为十二个主题文化区。主要景点有紫云楼、仕女馆、御宴宫、芳林苑、凤鸣九天剧院、杏园、陆羽茶社、唐集市等丰富多彩的唐风建筑。大唐芙蓉园全面运用传统皇家园林造景经验，又充分满足大型现代主题公园的各种功能要求，景区相属，动静相宜，山水相辅，气势恢宏。

与唐大雁塔旅游区相对应的临潼旅游区，最著名的是秦始皇兵马俑博物馆，这是一个边发掘、边建设、边展示的场所。已经建成了一号、二号、三号遗址展厅和陈列厅以及配套的科研服务性建筑。一号展厅宽73.5米、长208.5米，采用钢桁架式三角落地拱，自然采光，视野开阔，空间效果极佳，其中展现出壮观的兵马俑队列震惊世界。其他各展厅建筑意在创造具有秦风的现代建筑，颇具特色。

在西安新市区的现代建筑代表作有：西安咸阳国际机场航站楼，1991年完成第一期21300平方米，2002年完成第二期80000平方米。第二期的建筑设计为复杂的工艺流程提供了一个巨大空间，似鲲鹏展翅般的屋面采用香蕉型相贯空间钢管桁架结构体系。外墙柱向外倾斜10°，增添了形体的升腾飘逸之感，构成航站楼的形象特征。位于西安南郊电视塔的西安国际展览中心可举办大型国际展览，提供1000个标准展位，平面布置简洁、交通流线明确，展馆造型舒展流畅，一气呵成，在西安南郊新区的入口处显示出新西安的腾飞和跃进。选址在该中心对面电视塔广场的自然博物馆，从环境的总体效果着眼，确定了“让建筑消失”、用“没有形式的建筑以突出高耸的电视塔”的设计理念，形成了开放的城市公共空间。科学馆内的穹幕影厅以透明的球体突出大地，表达了自然界日月同辉的永恒。整座建筑充分利用自然光独特的造型手段，形成了丰富奇妙的室内外空间，突出了自然博物馆特有的空间特色。陕西省图书馆、美术馆的建设基地高出城市道路4～5米，是现在不多的唐长安城内六道高地之一。为尊重历史地貌、创造有地方特色的环境，将图书馆置于高坡上、美术馆嵌于坡脚下，形成错落有致的总体布局。两馆设计具有现代化功能，在建筑艺术上古今中外兼收并蓄。这是一座现代建筑关照地势文脉的典型之作。金石大酒店位于二环路南侧，从城市设计出发，在整体气质上尊重了所处的城市环境，融入城市肌理，创作试图跳出风格和形式的束缚，外形简洁、拙朴，处理精致、到位。在林立的高楼中，位于高新技术开发区的省邮电网管中心以其简约纯净的建筑风格一压群芳。高36层、160m的中心主楼与四星级宾馆由一共享大厅裙楼相连。三部分室内空间跌荡起伏一气呵成。建筑体现出开放、亲和、典雅的气质。在南二环路上的陕西信息大厦总高191米，是一座超高层建筑，也是一栋5A级智能化的现代科技大厦，被称为“西北第一楼”。它将高尖端技术和大容量信息集中于大厦内，并与国际国内高速信息网络联网，创造形式新颖的开放式城市空间和文化建筑群。

新市区集中了西安所有的教育建筑和大量的新型住宅区。

教育建筑有：西安交通大学主楼、西安美术学院主楼、西安大学邮电学院、西北工业大学、西北政法学院、西安理工大学等新校区，还有陕西省妇女儿童活动中心和西安市图书馆。西安交通大学主楼位于交大校园南北中轴线上，是以各类大、中、小教室、实验室、研究室以及行政办公用房等现代化教学设施为主的教学综合体。这座朴实规整的高层建筑造型如碑，成为反映交大雄厚教学实力的标志性建筑。西安大学总体布局分区明确，有机组合，建筑造型统一协调又具有变化，创造了优美、宁静、富有生气的校园环境。西安邮电学院长安校区结合地形地势功能分区，经过中心广场及中心绿地正对图书馆及会议中心，沿斜向步行道错落布置实验楼及学生会议中心，校园空间个性强烈、特色鲜明。西安图书馆建在北部未央新城，周边高楼林立，建筑采取低平造型，朝西主立面是不开窗的大弧型墙面，底层一排通廊，简洁明快、富有个性，与周边高层强烈对比。建筑布局将大片场地保留在城市干道与建筑之间，不但形成了沿街广场有利于人流集散，也阻隔了车流的干扰。

住宅建筑是改革开放以来量大面广的重要方面，主要有：群贤庄小区、西安锦园小区、紫薇田园都市、西安锦园新世纪、西安锦都花园、唐园新苑、曲江皇家花园、枫叶新都市等。紫薇田园都市是为西安南郊科技产业园配套的文化生活设施，占地146.7公顷，建筑面积185万平方米，是当今西安最大的居住社区。该社区由十个小区组成，并配有学校、幼儿园、医院、商业、广场等服务设施。设计注重标准化、工业化、集约化、配套设施完善、居住标准规范，投资成本降低，人居亲和力增强。西安锦园小区在城市二环路内，占地9.53公顷，建筑面积24.5万平方米。小区住宅以小高层为主，小区配套设有会所、小学、超市、沿街商店，是陕西第一个高档住宅小区。群贤庄小区选址在原唐长安“群贤坊”故地，建筑面积7.6万平方米。住宅以多层为主，具有多种户型，总体布局综合考虑了日照、绿化、噪声、节能、安全等因素，采用中心花园、组团环绕，最大限度地为住户提供了舒适、卫生、文明、便捷的环境。在中国风格的绿色环境中建筑形象简洁雅致，创造了一个体现西安传统地方特色的现代化高档住宅小区，是西北惟一的3A级住宅小区。

纵览古都长安的建筑，大体上有如下三大特点：

1. 从城市选址布局到主要建筑的定点定向均与山川形势、自然环境取得有机联系，在规划上达到人工与自然和谐共生。

2. 凡标志性建筑均为主从有序的建筑群体，相互呼应，映衬成势。

3. 自然园林是长安人居环境不可或缺的有机组成，大自宫庭苑囿，小到寺观宅第概莫能外。

这些特点无疑随其都城的地位而影响到华夏大地。直至近现代，西安的建筑也还在不同程度、不同视角上继承和弘扬着这些优秀的传统。随着时代的演进，西安的历史古迹会保护、展示得更好，优秀的传统文化会得以复兴，现代文明会在更广阔的领域展现风采。

张锦秋，西北建筑设计研究院总建筑师

甘青地区多元共生的建筑文化特色

杨昌鸣

幅员辽阔的甘肃与青海地区位于我国西北内陆，其古代建筑由于地域文化的特点，在中国古代建筑史中具有非常重要的地位。

由于行政区划的历史变迁，本文所述“甘青地区”并不限于目前甘、青两省所辖地域。1884—1928年，“甘肃省”所辖地域包括现在的甘肃省全境、青海东部、宁夏全境以及内蒙古额济纳旗和阿拉善右旗（图1：1935年的甘肃省境），这一范围符合文化涵义上的“甘青地区”。

从自然地理气候特点来看，甘青地区可以分为三大区域：一是西北干旱区，二是青南高原，三是东部季风区。从历史文化来看，甘青地区的历史文化也是由来自内蒙古与新疆所在的西北干旱区的文化、来自青藏高原的文化与来自中国东部诸省市所在的东部季风区的中原汉文化的交汇融合而成的。这一地区的建筑文化也不可避免地打上了这种交汇融合的深刻印记。

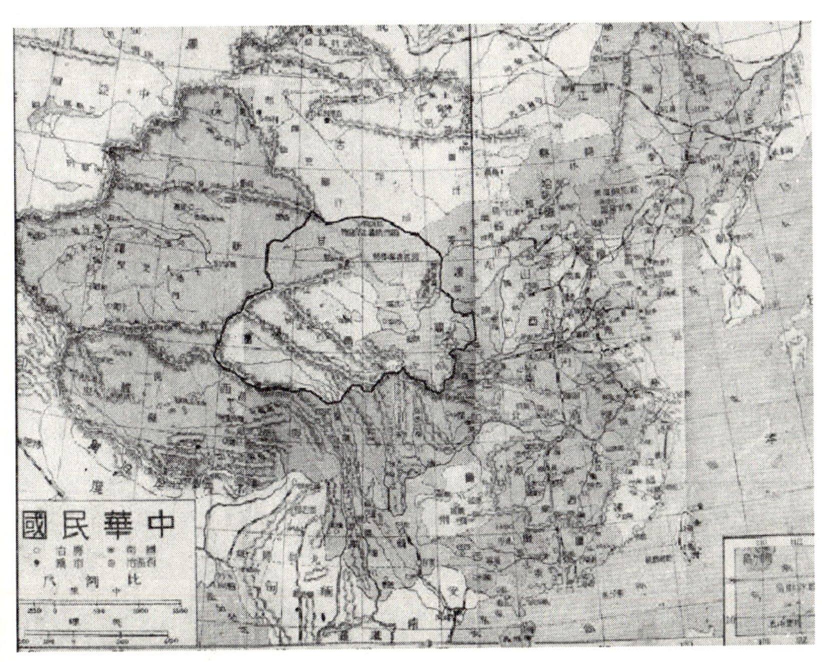

图1　1935年的甘肃省境

图2 甘青代表性建筑(摄影：吴葱)

甘青地区自古为黄河与长江文明的重要发祥地，且地处丝绸之路即中西文化交流的要道，佛教、早期的基督教聂斯托里派(景教)、中亚拜火教、伊斯兰教等，都是通过这一通道传入中原；另一方面，中原文化也由此向西藏、新疆等少数民族地区乃至印度、中亚直至西方进行传播。藏传佛教、汉地佛教、伊斯兰教等宗教在此汇聚。直到今天，甘青地区仍然保留了藏、回、汉、蒙古、土、裕固、撒拉、东乡、保安等多民族多元共生的文化，形成了独特的地域文化景观。因此，甘青地区在文化交流中具有举足轻重的作用。在多民族文化交汇融合的背景下，该地区建筑适应当地独特的地理、气候条件，发展形成藏传佛教建筑、石窟寺、伊斯兰教建筑、汉式建筑等多种不同类型，反映着多元融合的文化特质，在相应的建筑结构和构造技术以及选址、布局、形式、装饰和建筑审美等方面，形成了相对独立的体系，尤其在砖雕、木雕上有鲜明特色，建筑史上称为"甘青建筑"(图2：甘青代表性建筑，由上至下：武威文庙尊经阁、临夏城角老拱北、拉卜楞寺大经堂、塔尔寺某囊谦)。

事实上，甘青地区拥有闻名中外的敦煌莫高窟、塔尔寺、拉卜愣寺、炳灵寺、麦积山石窟、嘉峪关、瞿昙寺、隆务寺、鲁土司衙门、张掖大佛寺、武威文庙、贵德玉皇阁等数量众多的全国重点文物保护单位，涵盖石窟寺、汉式建筑、藏传佛教建筑、伊斯兰教建筑等诸多不同类型的建筑，均表现出与众不同的地域特色。

一、多民族文化的多元共生

(一)甘青地区传统建筑文化的构成

如前所述，由于甘青地区处于几大特色文化类型领域的交汇地带，建筑不可避免地反映着多元文化融合的过程。因此，甘青地区传统建筑艺术的主要特色就是多元共生，兼容并蓄。其中，成型较早、相对先进、成熟的地方汉族建筑艺术是多元化的根基，并由此而形成了不同民族建筑艺术相互融合的局面。汉族建筑艺术在赢得各民族普遍认同的同时也经历了"本土化"过程，即顺应不同宗教文化要求，不断将各族建筑特色融入其中，并自主地与各种地方建造工艺相结合，从而衍生出诸如汉藏结合式寺庙、中国式木结构伊斯兰教建筑等多种成熟的建筑体系，其自身也由此跨越了民族和宗教界限，升华为多元文化兼容并蓄的建筑艺术。同时，长期以杂糅为特征的试探性实践使甘青建筑艺术形成了开放的传统，至今保持着融合新鲜因素的潜力，其发展演进突出体现了中国古建筑灵活、变通、适应性强等特点。

甘青地区地域建筑文化的多元性特征，可以用一元为主、多元为辅来概括。与该区域三大民族文化相对应，这一地区的地域建筑也受到藏、汉、伊斯兰三种主要文化的共同影响。

甘青地区的藏文化是青藏高原文化的东延边缘部分，但青藏文化发展至此已难与西藏相提并论；该区域的穆斯林文化则是伊斯兰文化圈的东部边缘，自甘青及毗邻的宁陕部分地区，伊斯兰文化也已是东渐乏力；与之类似，甘青地区的汉文化是中原汉文化的西渐部分，在许多方面与中原汉文化产生了区别，相应地，建筑文化上的变异也不可避免地显现出来。

总之，在甘青地区，三种主要建筑文化都处于相互调适与整合的状态，只是藏文化无论在空间的广度还是影响的深度上都较其他两种建筑文化具有更为强势的地位而已。

（二）甘青地区传统建筑类型

与上述三种主要建筑文化相对应，甘青地区的传统建筑类型也大致可分为三类，即藏传佛教建筑、伊斯兰建筑及汉族建筑。民居与聚落等都在各自所处地域的强势文化背景影响下显现出相应的文化特征。

1．藏传佛教建筑

甘青地区藏传佛教寺院建筑组成与卫藏并无区别。以格鲁派寺院为例，一座大型的藏传佛教寺院就像一所功能齐全的综合性“宗教大学”，无论是生活起居、后勤管理，还是学习深造、诵经礼佛，都应有尽有。根据藏语称谓，按功能划分，一座藏传佛教寺院大致包括“措钦”、“扎仓”、“康村”、“拉康”（佛殿）、“拉让”、“辩经坛”等六部分。此外佛塔也是寺院中独立的宗教标志性建筑，有单塔或成组布置的塔林（图3：塔尔寺如来八塔）。一般不设塔殿，但也有在重要活佛或高僧圆寂后围绕灵塔逐渐发展成塔殿的，如塔尔寺宗喀巴塔殿即为一例。当然，这些组成部分并非每个寺院都会具备，规模较小的寺院中往往只具有其中的主要部分，单体建筑的规模亦因寺而异。

（1）选址

甘青地区区域内既有平坦的冲积平原和起伏不大的高山草甸，又有海拔落差很大的干湿河谷，山地特征极为明显。藏传佛教建筑有着深厚的山地文化特点，修建在山间、草原、平坝的众多寺院充分与环境相结合，普遍注重与山体、水源的关系，形成了三种主要的寺院选址模式：依山式、据山式和栖坝式。

图3　塔尔寺如来八塔（摄影：柏景）

甘青地区藏传佛教寺院的选址充分反映了本地区的环境特点以及藏传佛教文化的自然观；体现了藏传佛教寺院与当地社会的政治经济关系。同时，由于多元文化相互影响，藏文化以外的其他民族文化中有关自然观的传统思维对藏传佛教寺院的建设选址也会产生不同程度的影响，其中尤以汉文化传统风水观念影响最盛。

图4　甘肃拉卜楞寺（摄影：柏景）

拉卜楞寺位于甘肃省甘南藏族自治州夏河县城西，大夏河北岸（图4：拉卜楞寺）。寺院西北方山体似大象横卧，东南方山体松林苍翠，大夏河自西向东北蜿蜒而过，呈右旋海螺状[1]，是藏族人民心目中的吉祥圣地。据《拉卜楞寺志》记载，《噶当书》[2]中有多首描述拉卜楞寺周围山水的诗句，其中包含强烈的风水意味。

由于拉卜楞寺坐北朝南的方位特点，"大部分僧舍面朝对岸山右侧的三座小山包正中的一座，而这一小山包顶正好是昼夜时数相等之分的等分线。"[3]可见，拉卜楞寺对选址和风水环境的理解和处理相当精妙。

（2）寺院建筑群平面布局的演化

地理位置特殊的甘青地区由于同时受到多种文化的影响，使得它在藏传佛教由西藏向毗连地区传播的过程中，在许多方面都产生了相应的变化，形成了与西藏寺院不尽相同的格局，其中寺院建筑群的总体布局方式表现得尤其明显。

1）"曼陀罗式"布局基本消失

藏传佛教进入西藏周边地区之后，其文化内涵和表现方式在努力保持本源特征的同时，逐渐受到其他民族和宗教文化的渗透和影响。为了适应新的地理和文化环境，藏传佛教寺院的建造观念发生了诸多变化，其中首当其冲的便是寺院建筑布局的调适。曼陀罗式的建筑布局发生了变化，更多地转向与汉地寺院相结合的多院落自由组合的布局方式，不再强调完形秩序，一座寺院往往具有多个轴线系统，各系统根据地形条件自由组合。

尽管甘青地区藏传佛教寺院建筑的平面布局已经鲜有按照"曼陀罗"图式建造的理想形式，但绝大多数寺院的竖向构图却仍然遵循"曼陀罗"图式中突出主体的意象，寺院建筑群以占领高地或图形高大的"措钦"、"拉康"等主体建筑统领全局，近似于一个立体"坛城"的模型。

导致寺院平面布局难以保持理想化构图的重要原因之一就是寺院建设周期漫长和逐渐扩建。作为甘青地区最大的藏传佛教寺院之一，塔尔寺在总体布局上以大金瓦殿为中心，进而在其周围散点式地布置其他附属建筑群体，最终形成一个完整的寺院组群，基本上属于藏地寺院的"自由式"布局模式，这种格局的形成与塔尔寺的发展过程有着密切的关系。寺院各单体建筑分布于莲花山的一沟两面坡上，殿宇高低错落，交相辉映，气势壮观。环绕在绿墙金瓦、灿烂辉煌的主体建筑大金瓦殿周围的，有小金瓦殿（护法神殿）、大经堂、弥勒殿、释迦殿、依诂殿、文殊菩萨殿、祈年殿（花寺）、大拉让宫（吉祥宫）、四大经院（显宗经院、密宗经院、医明经院、十轮经院）和酥油花院、跳神舞院、活佛府邸、如来八塔、菩提塔、过门塔、时轮塔、僧

---

[1] 右旋海螺，又称法螺，藏语称"冬嘎也齐"。这种右旋海螺曾是古战场上的军号，佛教传入后，将其变成法螺，成为法会上吹奏的一种乐器，用来宣传佛教教义。佛经上说，佛祖释迦牟尼说法时声音洪亮，如同大海螺声一样响彻四方，故以此来代表法音，或称"妙音吉祥"。

[2] 《噶当书》——噶当派著名典籍《祖师问道录》和《弟子问道录》的综合。

[3] 同上，第129页。

舍等，它们共同构成了错落有致、布局严谨、风格独特、集汉藏建筑技术于一体的宏伟建筑群(图5：塔尔寺鸟瞰)。塔尔寺从最初的带有纪念性质的普通小庙发展成规模庞大的建筑群，并非有意识有步骤地特意安排，而是格鲁派势力由弱至强逐步壮大的客观反映。在漫长的岁月中，寺院因规模扩大而不断增建，其中的设计者和建造者，既有来自卫藏的高僧和工匠，亦有来自安多当地的僧俗，建设过程中亦曾经历了形形色色的历史变迁。可以想见，在这样的情形下，要按照藏传佛教理想的寺院模式进行建造已经非常困难。

2）主要布局类型

"措钦"建筑作为藏传佛教寺院最高一级的组织，是寺院的中心，有着其他建筑无以相比的地位和规模。随着地域的变化和时间的推移，在种种原因的综合影响下，寺院建筑在平面布局上保持理想和完整的宗教图式已经非常困难，但是理想宗教图式的中心构图内涵并未完全消失，取而代之的方式是依靠体量与规模都远超其他建筑的大殿——"措钦"大殿来控制整个寺院构图，围绕大殿，由近及远依次分布其他功能性建筑和僧众住宅。

藏传佛教寺院建筑中常见的所谓"金瓦殿"一般都是"措钦"建筑，当然也不排除某些重要"拉康"(佛殿)也使用金顶，这种情况下，就会存在多个"金瓦殿"，但通常"措钦"大殿体量最大(图6：青海黄南隆务寺)。

这种相对分散灵活、不刻意注重中轴线的对称关系、仅以高耸的主体建筑控制寺院建筑群的布局形式，是黄教大型寺院普遍采用的布局方式。

随着空间地域由西向东转移，"院落"这一中原地区最具特色的建筑组合方式对藏传佛教寺院的布局产生越来越多的渗透。在甘青地区，以多个独立院落"自由"组合形成整个寺院建筑群的布局模式便成为藏传佛教寺院平面布局的主要选择。各功能建筑形成单独的院落，各有独立的轴线秩序，众多院落围绕"措钦"大殿分布，或按一定秩序，或依地势自由布局，无论形成怎样的围合关系，都以不影响"措钦"在整个寺院群落中的突出地位为原则。

3)汉式对称型寺院布局

在甘青地区东部，受到汉式建筑模式的影响日益加深，逐渐出现对称型的院落式寺院布局模式。必须指出，汉地寺院的对称型与西藏寺院的对称型有着本质的区别。汉式寺院的对称型只强调单一方向的对称，形成左右对称的院落组织形态，其原型可追溯到中原地区汉代即开始出现的"伽蓝七堂"[1]模式；西藏地区如桑耶寺之对称型，其原型来自宗教图式，是一种对理想化的宗教宇宙观念的表达和模仿，强调的是双向甚至多向对称，即纵横两条轴线都要求对称。

图5　塔尔寺鸟瞰(摄影：柏景)

图6　青海黄南隆务寺(摄影：徐庭发)

[1] "伽蓝"为梵语，意谓僧园或僧院。"七堂"，专指寺院的主要建筑，也是汉地佛寺建筑平面布局的一种制度。七堂又应宗派不同而有所区别。禅宗七堂是指山门、佛殿、法堂、僧堂、厨库、浴室和西净(厕所)。

图7　青海乐都瞿昙寺鸟瞰(摄影：徐庭发)

图8　瞿昙寺山门(摄影：徐庭发)

图9　瞿昙寺御碑亭(摄影：徐庭发)

图10　瞿昙寺瞿昙殿(摄影：徐庭发)

图11　瞿昙寺隆国殿(摄影：徐庭发)

对称方式也呈现出一定的地域特征，由于藏区多山的地理特征，寺院建筑在一般情况下采用严谨的汉式对称布局困难很大，一般只在地势平缓的丘陵地带和平坝地区方采用此种模式。总体来说，可将本地区对称型寺院布局简单归纳为"松散对称型"、"基本对称型"和"完全对称型"三类。甘青地区寺院建筑总体布局由于受到汉地寺院建筑布局模式影响日盛，而且呈现出从西向东，对称型布局逐渐增多，与汉地布局形制也逐步接近的趋势。其中表现最为明显的当属青海瞿坛寺，平面布局已经完全汉化。

瞿昙寺位于青海省乐都县，是全国重点文物保护单位。原有建筑群围合在分为内外两城的土城中，外城为居民宅巷，内城为瞿昙寺和僧侣房舍。城墙以黄土夯筑，城门外尚建有瓮城，曲折通进，形势险固。城墙现仅见残垣断壁，所幸该寺的主体建筑群和位于其东北的僧舍、囊谦等仍基本完好保存(图7：瞿昙寺鸟瞰)。

寺院主体建筑的组群布局与汉地佛寺无异，沿着一条南向偏东的中轴线，坐北朝南地纵深展开，分为外院、内院和后院共三进院落。

外院匝以红色寺墙，前带砖雕八字影壁墙的山门位于中轴线南端，为全寺的入口；门前立幡杆一对，两翼随墙辟出垂花门各一座为东、西角门(图8：瞿昙寺山门)。院内偏北，东、西各有御碑亭一座，相对峙立(图9：瞿昙寺御碑亭)。

内院主轴线上有金刚殿居前，进入该门殿，其后序为瞿昙殿和宝光殿，是内院的主体建筑(图10：瞿昙寺瞿昙殿)。两主殿左右建有四座小配殿和四座喇嘛塔，又称香趣塔。最外侧，居东为小鼓楼和其下的三世殿；与之对称，西面建有小钟楼和护法殿。两者各以廊庑南接金刚殿两翼，围合成内院，并向后院延伸。和外院相比较，内院的建筑较为密集，鳞次栉比，空间层次丰富，却又略嫌拥塞。

后院在宝光殿迤北，地势高起，另成一区。循内院两侧小鼓楼和小钟楼北随地势上升的斜廊前行，可至后院。宽敞的庭院北面，居中有隆国殿为全寺建筑空间序列的结束，形制是一派皇家殿堂风貌，雍容大度，巍峨壮丽，冠于全寺(图11：瞿昙寺隆国殿)。其东、西，为造型端庄的大鼓楼和大钟楼相环护映托，并有隆国殿两翼抄手斜廊呈向上朝拱之势与之左右相属，更大大强化了隆国殿作为建筑组群重心的宏伟气势。

在寺院主体建筑群东部偏北，为活佛住所囊谦，两进院落。出于风水"朝山"即远方对景的考虑，垂花门式样的囊谦正门朝向为南偏西，与寺院主体建筑及整个囊谦其他建筑的中轴线扭转了约75°角。前院中路为大过厅，其前方，左右对称起建楼房。过厅两端尚各有一小楼院，称上转楼和下转楼。从垂花门、过厅到前后两院的配楼，尤其是寝居的小楼院，都有十分亲切的空间尺度感以及非常细腻的木雕和砖雕装修，在全寺庄重神圣而隆崇的梵天氛围中，创造了一个富于世俗气息的日常起居生活环境（图12：瞿昙寺囊谦）。

（3）建筑立面造型

甘青地区藏传佛教寺院建筑发源于西藏，西藏地区的寺院是在印度古代寺院的基础上，结合藏民族民居建筑的传统样式和建造方法，后来又融入汉地寺院建筑及官式建筑的一些做法而发展生成的。这一地区寺院建筑的立面造型也同样经历了一个发展演变的过程，而且比平面形制的发展演变轨迹更加易于感知。

图12 瞿昙寺囊谦（摄影：徐庭发）

寺院建筑造型在与卫藏地区具有诸多共同特征的同时，也发生了许多变化。由于甘青地区地处藏传佛教内层区域向次层区域过渡的地段，藏文化影响由西向东逐渐减弱而汉文化影响则逐渐增强。文化的融合与过渡主要反映在寺院主体建筑屋顶形式及外部装饰的变化上。典型的寺院建筑主要采取"碉房"建筑形态，在立面造型上运用两段式立面，在诸如佛殿等高等级的建筑上往往使用汉式的坡屋顶来完善立面而成为三段式的立面造型效果（图13：青海黄南吴屯下寺）。按照藏文化由西向东影响逐渐减小的规律，汉式建筑的影响越来越大，做法也越来越接近内地官式建筑。就坡屋顶在整个立面中的比例而言，呈现由西向东逐渐加大的趋势，越来越接近汉族地区的三段式立面处理手法。到了甘青地区东部，出现完全按照汉式做法建造的寺院，与这一地区和四川盆地的汉式建筑更加趋于一致。

图13 青海黄南吴屯下寺（摄影：徐庭发）

甘青地区藏传佛教寺院建筑立面除了继承西藏寺院惯用的装饰手法外，还大量吸收汉地及其他民族装饰手段和装饰题材，显示出更加丰富多彩的立面风格。尤其在甘、青、川三省交会之地区，分散聚居着众多穆斯林民众。河湟一带，穆斯林传统砖雕工艺是当地极富盛名的地方艺术，长期以来，被当地各民族建筑广泛吸收，藏传佛教寺院也不例外。甘青地区复杂的民族组成滋养了众多优秀的传统工艺。藏民族和藏传佛教以其博大的胸襟博采众长，大规模的寺院建设为藏式建筑艺术的发扬和进步提供了最好的土壤。

在甘青地区，寺院立面用色相对西藏地区更为自由，不同教派寺院用色虽有一些区别，但已不再严格，对美观的考虑已超出宗教规制法则，色彩主要在表示"地、水、火、风、空"世界形成之五大本原物质的"青、黄、赤、白、黑"五种颜色之间自由组合，绚丽多姿，不拘一格（图14：青海互助佑宁寺）。

（4）灵活多样的建筑构造做法

传统藏式建筑最重要的技术成就之一便是各类建筑部位富于民族地域特色的构造做法。无论是托木、边玛墙、屋顶还是藏式斗栱都形成了一套完整系统的制作方法。甘青地区寺院建筑在继承传统藏式做法的同时，推陈出新，结合各地地理气候特点及材料来源状况，摸索和创造出了许多新的工艺。

图14 青海互助佑宁寺（摄影：柏景）

1）墙体砌筑

本地的石墙砌筑所用石材，不似西藏地区大量使用块石的做法，常常将片石与块石结合使用或者完全用片石砌墙。这一地区在用片石砌筑墙体时，虽然石块砌筑方法与其他地区基本相同，但砌筑过程中一般将石墙横缝两头升高，中间稍低，加上墙体外侧的收分，使墙和四角重心略偏向室内，而室内的隔墙、各层梁枋和整体楼面的撑托相互依靠，以达到牢固安定的目的，这样也使建筑轮廓线形成了一定凹面及弧线，使外观体态柔和、美观，与川西高原其他地区的石材墙体有比较明显的差别。

到了湟源地区及黄河上游接近河西一带，青砖成为当地常用的墙体材料，在塔尔寺及瞿坛寺，都可以看到砖砌墙体以及砖雕装饰的实例，乃是受到湟源及河曲一带建筑习惯的影响。

2）边玛墙体

"边玛"墙作为藏传佛教寺院建筑极具标志性的构造元素，向来受到各地寺院的特别重视，即使在距离藏区遥远的内蒙及承德一带，当地的藏传佛教寺院仍旧保留"边玛墙"做法。有些地区在不能获取"边玛"材料的情况下，也会用区别墙体材料质感、加嵌边饰等方法模仿出"边玛墙"的效果来。

在甘青一带的许多地区，"边玛"材料难以获得的情况同样存在，寺院便会采用如上所述相同的方式做出"边玛墙"的效果；另一方面，在东部地区，超过一层的"边玛墙"做法非常普遍，而且常常在"边玛墙"顶部做挑檐，既丰富了外观，又对墙体起到很好的保护作用。

3）地面与平屋顶

同样，由于地方材料的变化和当地习惯的不同，甘青地区的寺院建筑地面与平屋顶做法用材多样。在湟水流域一带，使用青砖铺墁的地面也十分常见。平屋顶做法中，除"阿嘎土"及"黄泥"屋面外，也有使用石板铺墁的做法，俗称"踏板房"做法，多用于僧人住宅。

4）斗栱

斗栱技术来源于内地建筑，但对斗栱的应用却在藏传佛教寺院创立之始就开始了，发展至今，已经成为许多藏传佛教寺院建筑构件重要的组成部分。当其与传统藏式结构结合时，自然会衍生出许多新的做法乃至创新。在甘青地区的寺院建筑中，斗栱做法在继承传统做法的基础上，与当地其他民族的做法相结合，创造出了许多新做法、新形象。

在甘青地区的寺院建筑中，有使用斗栱和不使用斗栱两种情况。在湟源及黄河上游一带，木材是很难得的建筑材料，但斗栱的使用在寺院中却比比皆是。

图15　甘青藏传佛教室内装饰典型做法（摄影：柏景）

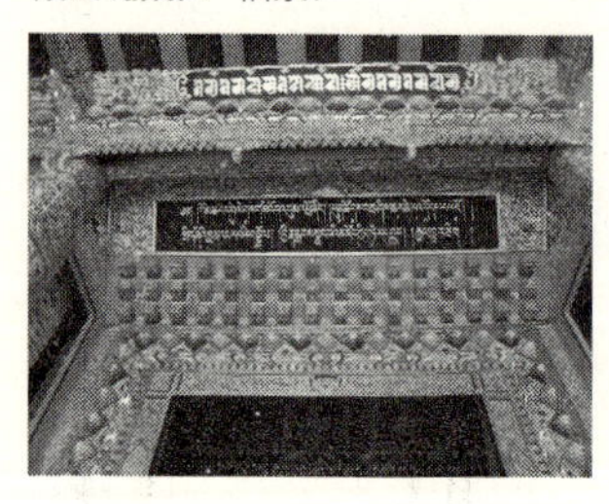

（5）甘青地区藏传佛教寺院建筑的装饰特色

甘青地区寺院的建筑装饰集藏式建筑装饰艺术之大成，又吸收了众多汉式及穆斯林风格的装饰做法，形成了独特的寺院建筑装饰文化。

1）一些装饰手法和题材，如自玛草装饰母题、梯形母题和布幔、女墙镏金装饰、金顶、柱式和雀替、室内壁画、室外墙面涂色等，进一步多元化（图15：甘青藏传佛教室内装饰典型做法）。

2）各种装饰手法和题材融会贯通，极大地丰富了建筑形象。

3）建筑装饰技术日益精湛，装饰图样纹理日益细致繁复。

4）民族间的文化交流，主要是汉藏文化交流，在建筑装饰中的反映更为直接，采用其他民族的装饰手法和题材也更多。

2. 伊斯兰教建筑

在甘青地区，信仰伊斯兰教的民族呈现出整体上大分散、小集中而局部大集中、小分散的特色，往往在乡村自成村落，在城镇自成街道，形成大小不等的聚居区，并与当地土生土长的藏、汉民族杂居，形成众多穆斯林聚居区，通常称之为穆斯林社区。

甘青地区作为多元文化特色突出的地区，其文化背景中十分重要的一点便是大量穆斯林社区的存在和伊斯兰教文化的融入和影响。反映在建筑文化上，便是以伊斯兰建筑为主的穆斯林民族建筑占有相当的比重，无论其数量和分布广泛程度都仅次于藏传佛教建筑。伊斯兰教建筑是穆斯林民族建筑的重要组成部分，代表了穆斯林建筑文化的最高成就。甘青地区伊斯兰教建筑结合当地地理环境与独特的文化背景，在保留许多传统伊斯兰教建筑特色的基础上，有了新的变化和发展。

在主要受穆斯林文化影响的地区，又存在两个被藏、汉佛教文化区完全包围的伊斯兰教文化中心，其北部便是以湟源及黄河上游地区为主的甘青穆斯林文化区，南部是甘南穆斯林聚居区。两个主要穆斯林文化中心区域分布了数量可观的以清真寺和拱北为主要建筑形态的伊斯兰教建筑，从中心地带向周边地区数量逐渐下降，建筑规模逐渐减小。另外，北部穆斯林中心的伊斯兰教建筑数量和规模都明显多于和大于南部中心。

伊斯兰教建筑皆位于各地区中心城镇，鲜有选择人少偏僻之地，并且选址多处在城镇主要出入口，常见的清真寺多以“东关”、“西关”、“南关”等为其寺院名称，便反映了这样的特点。

在甘青地区穆斯林住区社会结构中最重要的是教坊制，即以清真寺为中心包括周围聚居的穆斯林所形成的管理制度。共同的信仰使穆斯林聚居在一起，形成了一个同质区，整个地区的环境气氛完全依附在对伊斯兰教的信仰上，是对伊斯兰文化的具体体现。各教坊之间相对独立，无论规模大小，都是平等的，且互不隶属。

以“教坊”为社会组织单元，每个街坊拥有自己的清真寺，清真寺是教坊中最高大、最突出的建筑物，在整个居住空间中起支配用，组织和控制人们的社会行为，是人们日常交往的场所之一，同时也成为回民区特殊文化性质的标识。按教坊制布置，住宅密密匝匝地都围绕清真寺布局，教民的住宅形成一个个街坊，因而以清真寺为中心的教坊与街坊在空间上是重合的。这样的布局使住区具有较强的领域性和安全感，住区的生活气氛宁静而有秩序。

甘青地区伊斯兰教建筑的主要类型：

甘青地区的伊斯兰文化一直处于中国传统文化与藏文化的包围之中。在这种文化环境下，与新疆地区伊斯兰教建筑相比，它更多地夹带了中原内地汉族

图16　西宁东关清真大寺(摄影: 柏景)

图17　青海湟源县海马乡清真寺(摄影：柏景)

文化的色彩，而与东部地区比较，又显现出相当程度的藏式建筑文化的影响。

我国伊斯兰教建筑主要分为四类：即清真寺建筑、教经堂建筑、道堂建筑、陵墓建筑。独立的教经堂建筑主要存在于我国新疆，在内地经常作为清真寺中的一个功能部分设置。其余三类建筑在甘青地区均有所存。

(1) 清真寺建筑

甘青地区清真寺建筑与周边地区的大量清真寺相比，在寺院建置、朝向、布局、装饰等方面并无太多差异，均体现出明显的甘青地方做法。具体来看有以下突出特点：

1) 院落组织以单院为主，建筑平面进深相对西北地区东部较浅

甘青地区穆斯林受临夏回族教派影响深厚，每个教区或教坊统辖人数相对有限，因而清真寺占地规模较小，以单院为主。本区清真寺院落多采用汉式四合院形式，与东部地区以两个或两个以上院落并联的院落组织方式亦有区别，礼拜殿建筑内部空间规模相对不大；另一方面由于本区气候严寒，大部分地区高寒阴湿，伊斯兰教礼拜堂对建筑室内光照的要求使得该区清真寺进深不大，建筑处理上很少有西安、宁夏等地多个卷棚勾连组成超大进深内部空间的做法。

青海西宁地区的清真寺由于穆斯林集中，近来对阿拉伯传统样式的追求非常明显。而甘肃的清真寺，则受临夏地区影响最大，在建筑形象上更接近河州风格。

在青海省内规模最大、历史悠久、与西北地区著名的西安化觉寺、兰州桥门寺、新疆喀什艾提卡尔清真寺并称为西北四大清真寺的西宁东关清真大寺，是西宁市十多万穆斯林进行宗教活动的中心。东关清真大寺位于西宁市繁华的东关大街南侧的闹市区，呈现出典型的中国汉地建筑风格具有的恢宏气势和肃穆的氛围。

该寺建于明洪武年间(1368—1398年)，至今已有600余年的历史。寺院占地总面积为13602平方米，整体布局以前门、重门、大殿特殊的双重门次第而进，衬托出三门端正、持重，五门挺秀，宣礼塔拔地高耸，两厢楼屹立拱卫(图16　青海西宁东关清真大寺)。大殿更以凝重、庄严、端庄、古朴为特点，为寺院增添一种肃穆的气氛。立于大殿殿脊中央的三个镏金经筒和宣礼塔六角顶上安装的两个镏金经筒，又散发出些许藏传佛教影响的气息。

2) 独特的邦克楼(唤醒楼)形式

这一地区清真寺的邦克楼(又称唤醒楼)形式较为独特，建筑屋顶形式基本都为盔顶式，3~5层不等，各层皆开敞，每层之间以单跑或双跑楼梯相连。例如青海湟源县一回族村庄清真寺，就有只用两根圆木支撑上部结构的盔顶式唤醒楼，其结构技巧在于充分利用剪刀楼梯的斜撑作用，以楼梯代替竖向受力构件并同时起水平约束作用，结构技巧极高，反映出当地的民间建造技术水平的高超(图17：青海湟源县海马乡清真寺)。

(2) 伊斯兰教道堂(拱北)建筑

1) 道堂建筑的形成

道堂建筑是政教合一体制的机构所在地，也是我国伊斯兰教内部门宦制度发展的产物。道堂建筑的产生与西北地区穆斯林门宦制度的形成息息相关。明末清初，伊斯兰教的门宦制度在西北地区产生，穆斯林聚居区的组织形式也由早期较为松散的教坊制开始向组织更为严密的门宦教坊制转换，即：门宦的教主一般为世袭制，但也有例外情况，如西道堂门宦；在门宦的掌教下，管辖许多教坊，各教坊的教长由教主委任与直接管辖。可以说，门宦制度的产生使得教坊制更具有中国封建社会等级制度的特色，在道堂管辖下的教坊多以清真寺为单位，由掌教阿訇管理教务。道堂除做礼拜、讲经传道、学教义外，也是教主发号施令、聚集教民、扩大自己势力的所在地。由于甘青地区的道堂建筑中往往设有已逝教主的墓园——拱北，因而在当地便将道堂直接称做拱北。

2) 道堂建筑平面构成

道堂建筑由道堂、礼拜殿、男女学院、办公、客房、阿訇住宅、厨房、大食堂、大厨房、墓园拱北等多种不同功能的建筑组成，按照功能不同常常分为若干院落。

拱北墓园建筑多采用亭的形式，有圆形、方形、穹庐形、六角形、八角形等，在其设计施工上保留了中国古代建筑艺术中独具一格的殿宇式木质结构所能达到的翘角重檐的典雅造型，顶部多采用盔顶，给人以清幽典雅、古朴壮观之感，细部雕梁画栋，色彩鲜明，和谐美观；基座表面多示以砖雕或绿色琉璃饰面，做工异常精美。

(3) 伊斯兰教"乌玛大房子"建筑

甘南临潭西道堂的"大房子"，是甘肃回族伊斯兰门宦之一——"西道堂"，是以一种宗教公社的形式，组织临潭当地的一部分回族穆斯林群众集体生活的建筑，亦即将宗教与居住集于一体的建筑，这是甘肃穆斯林传统民居中最为独特的一种类型。它是伊斯兰教早期"乌玛"制度在中国近代建立并付诸实践的历史性建筑，"乌玛"制度是伊斯兰教创始人穆罕默德创立的一种政教合一的政体组织。西道堂自称是"东方乌玛"，建立了一个共同生产、共同生活的集体经济体制的宗教公社团体。

历史上西道堂的大房子曾有十三处之多，它们实际上是西道堂设在临潭县的十三个小乡庄。每幢大房子既是一个相对独立的经济生产单位，又是一个相对独立的集体生活单位。西道堂已建成类似的大房子十座，其中最早的大房子始建于民国5年(1916年)。

孕路田村的大房子位于临潭县古战乡以西约一公里处，大约在民国33年(1944年)始建。这所大房子坐北朝南依山而建，平面布局与藏式民居"庄窠"极为相近。院内房屋背靠高大、厚重的院墙，面向院内环绕院墙布置形成一个四四方方的"回"字形布局。大房子的上房为五开间再加上左右两端

图 18　张掖大佛寺(摄影：吴葱)

头位于四方形角部的、被东西厢房挡住的两开间共七开间。这种做法被当地人称作“明五暗七”，大房子的东西厢房也为七开间，上房和厢房均为2层楼房。从整体格局来看，正房规格最高，房屋高度也最高。其次是东西厢房，靠南墙下房的位置上只设计了作为交通、联系的连廊，没有设房屋，高度也只有1层，但南墙仍砌得比连廊高出近1层。在连廊的平屋顶上形成一个开敞的平台。大房子的大门设在南墙正中，穿过门洞，还有一道八角形二门，此门平时不开一般进入大门后向东或向西通过偏门进入内院，也可以穿过连廊到东南角或西南角的木楼梯直达二层。大房子建筑的外部不施以装饰，充分利用生土材料以及建筑形体上的起伏变化达到艺术效果。整个建筑犹如一座城堡，雄浑威严、端庄沉稳、棱角分明。建筑院内檐廊与室内的情况却完全不同于外部，其精华集中在室内和檐廊的装修与色彩上。

3．佛教建筑

在甘青地区，佛教寺院建筑相对来说较少，规模也不大，但依然表现出强烈的地域特色。相对而言，与之关系密切的石窟寺在这一地区则多有分布，且具极高价值，如敦煌石窟、麦积山石窟、炳灵寺石窟等等，此处不再详述。

张掖大佛寺是甘青地区佛教建筑的代表作之一。大佛寺位于张掖市西南部，以拥有亚洲最大的室内卧佛而闻名于世。卧佛为身长约35米的释迦牟尼涅槃像，故又名“卧佛寺”，为张掖一大胜景，1996年被国务院公布为全国重点文物保护单位。寺院内现存古建筑20余座，占地3万余平方米。该寺也为全国现存惟一的西夏党项族佛教大寺院，是当时陇西最著名的佛教寺院，鼎盛时期僧众最多时达一万多人。

大佛寺创建于西夏永安元年(1098年)，距今近900多年。寺院规模宏大，是由牌楼、山门、大佛殿、万圣殿、藏经殿、配殿、僧舍和佛塔组成的完整建筑群，并有双眼井、木爪树、金塔六角亭鼎等景观(图18：张掖大佛寺)。元、明时期，大佛寺的影响远及欧亚。意大利著名旅行家马可·波罗曾留居甘州游览名胜，在他的《马可·波罗游记》里，对大佛寺规模宏大的建筑、精美的卧佛塑像大加赞赏，推崇备至。

大佛殿为全寺主体建筑，坐东面西，为两层楼结构，重檐歇山顶，高20.2米，宽48.3米，进深24.5米。面阔九间，进深七间，总面积1370平方米。四周木构廊庑。殿檐下额枋上雕有龙、虎、狮、象等，雕刻细腻，栩栩如生。正门两侧各嵌着用50块方砖拼成的浅浮雕两幅，每幅4.6米见方，刻工精细，富丽浑厚，是砖雕艺术的精品。殿内彩塑现存31尊，居于正中位置的释迦牟尼涅槃像，身长35米，肩宽7.5米，佛手指中可睡一人，是亚洲现存最大的泥塑卧佛。大殿四壁和二层板壁上绘有壁书，约530平方米，内容有佛、菩萨、弟子、诸天神将、佛经故事及《西游记》人物等。

大佛殿后面是藏经殿，内藏明正统十年(1445年)英宗朱祁镇敕书颁赐给大佛寺的一部佛经，系明正统五年官版印刷，经籍名目繁多，集佛教经典之大成，共计350种，685函3584卷。

大佛寺中轴线尽端为一喇嘛塔，原名弥陀千佛塔，通高33.37米，由塔座、塔身和塔刹三部分组成。

4. 道教及文庙建筑

道教及文庙建筑在甘青地区曾广有分布，但保留下来者不多，有代表性的有青海北禅寺、兰州白云观、贵德玉皇阁、武威文庙等。

图19　青海北禅寺（土楼观）（摄影：柏景）

图20　兰州白云观（摄影：柏景）

（1）西宁北禅寺

即西宁北山土楼观，始建于汉魏时期，已有2000多年的历史，是目前青海惟一的道教活动中心（图19：青海西宁北禅寺）。

北禅寺共有洞窟99个，有单洞、套洞，当地人称"九窟十八洞"，洞窟自上而下，由西向东分4层排列，洞内有壁画和雕塑。据记载，佛教盛行于鄯州，曾作佛于土楼断岩，藻井绘画，在佛阁楼宇和九窟十八洞内，描绘藻井图案和魏晋时期的佛教艺术壁画，记载和阐释着历史传说、神话、佛事、佛教领袖等内容。绘画生动，风格独特，虽历经千年风尘，至今仍是清晰可见。东部群洞中为藏传佛教壁画，北禅寺被誉为"西平莫高窟"，是中国第二大悬空寺。被列为国家重点保护文物，也是我国"丝绸之路"南线古代文化的宝贵遗产。

（2）兰州白云观

兰州白云观位于兰州市滨河中路南侧，东邻中山桥，又叫吕祖庙，清道光十六年（公元1837年）由陕甘总督瑚松鹅捐奉修建。道光十九年（1839年），白云观正式列入祀典，成为清代兰州地区规模宏大、建筑完整的道教十方丛林。因奉祀八仙之一的吕洞宾，故又名吕祖庙。现存山门采用砖砌无梁殿的结构形式，上有砖雕重檐斗栱，下开左、中、右三个拱形大门，气势雄伟。山门额雕"升云得路"四字，门楣所悬"白云观"木匾系邓宝珊所题（图20：兰州白云观）。建筑群由东西望河楼，戏楼以及前、中、后院等一组三进院落构成主轴线，两侧有云水堂、钟鼓楼、道院等，后殿有花园八仙阁、潇洒轩、鹤鹿亭、来仙亭、聚仙亭、群仙楼等建筑，显现出浓郁的道教风格。

（3）武威文庙

武威文庙位于甘肃省武威市区东南，始建于明正统4年（公元1439年），是一组造型雄伟的建筑群。

武威文庙坐北向南，总面积为1500多平方米，是甘肃境内规模最大、保存较好的祭祀孔子之地。庙内松柏参天，清幽恬静，东西两组古建筑巍然屹立。

东为文昌祠，前有山门，后有崇圣祠，中为二门戏楼，左右有牛公祠、刘公祠。庙内苍松古柏掩映，碑石林立，著名的如刻有回鹘文（即古代维吾尔族文）的高昌王世勋碑，刻有回纥文的西宁王忻都公神碑和西夏碑，尤以

图 21　武威文庙（摄影：吴葱）

图 22　贵德玉皇阁（摄影：吴葱）

西夏碑为最珍贵，是全国重点保护文物之一。

西为大成殿（图 21：武威文庙），前有泮池、状元桥，后有尊经阁，中有棂星门、戟门，左右有名宦、乡贤祠。大成殿面阔三间、进深三间，重檐歇山顶，脊皆以缠枝莲纹砖砌筑，正脊中设桥形小珠，屋面覆琉璃筒板瓦。檐下为五铺作双抄双平昂，柱头、补间铺作华丽，隔扇、裙板等皆有简单雕饰。

（4）贵德玉皇阁

玉皇阁是将道教宫观与文庙合二为一的建筑群，也是儒道合一、不同信仰和平共处的一种具体体现。玉皇阁初名万寿观，始建于明万历二十年，清道光十一年增修，同治六年毁于兵燹，民国二年重修，现为国家重点文物保护单位。它前有文庙，东有关岳庙，西有城隍庙，整个建筑布局紧凑，中心突出，合起来凸现出它的宏大气魄和精巧华丽（图 22：青海贵德玉皇阁）。

玉皇阁古建筑群坐落在县城北大街北端，第一道门是文庙前的棂星门。这是一座庑殿顶牌楼，三开间，中间宽而两边间略窄。文庙前院内有泮池，建有一座装有雕花护栏的拱桥，即泮桥。

文庙的主体建筑大成殿建造在约一米高的砖包土台上，面阔三间，进深二间。大成殿左右是名宦乡贤祠，左祠里保存着文物，祠前廊下有“字功碑记铭”一块，并依次陈列着 1940 年坠落于贵德的陨石和清乾隆、嘉庆、光绪年间铸造的四口巨型铁锅。右祠陈列着木车轮、石磨、碌碡等贵德旧日的农具。

大成殿东侧是憩园，园内厅台楼阁，曲径回廊，花木生香。

文庙的后院，则是道家的万寿观。万寿观内供奉道教最高代表玉皇大帝之神位、三清上真神像及雷祖、玄武、文昌诸神位。建筑群由山门、过庭、两庑、三清殿、玉皇阁组成。内庭收藏古碑刻，以“题归德创建玉皇阁万寿观碑记”为最宝贵。

（5）嘉峪关

嘉峪关是举世闻名的万里长城西端险要关隘，也是长城保存最完整的一座雄关，1961 年被国家公布为第一批全国重点文物保护单位。关城建于明洪武五年（1372 年），至今已有 600 余年，总占地约 3.35 万平方米。

嘉峪关城雄踞祁连山与黑山之间，地势险要，扼守咽喉。关城由外城、内城、瓮城、罗城、城壕等部分组成，三重城廓，多道防线，形成重城并守之势，构成了一个壁垒森严的军事防御工程。

嘉峪关内城周长 640 米，面积 2.5 万平方米。城头垛口林立，砖垛墙高 1.7 米。东西城垣开门，门上有明正德元年（公元 1506 年）修建的东西二楼：东为“光化楼”，西为“柔远楼”，均系单檐歇山顶、周有回廊的 3 层木结构建筑，总高 17 米。东、西门外均有土筑瓮城围护，瓮城与内城同制辟门向南，门上各有一座阁楼。西瓮城外罗城凸出，中辟门向西，为关城正门，门额刻“嘉峪关”三个大字。明弘治 8 年（公元 1495 年）于罗城上修建嘉峪关楼，与东、西二楼形制相同，同处一条中轴线上。清同治末年左宗棠驻节肃州时，曾修整关墙和关楼，并亲笔题"天下第一雄关"的匾额，高悬关楼。南北两端城头各有一座箭楼，为警戒哨所。关城四隅各有一座角楼，南、北墙居中各有一座敌楼，城内有游击将军府、宫井。关城城墙四周有了望孔、灯槽、射击孔等防御设施。罗城两端连接南、北、东三面土筑围墙，形成外城，周长1263米。外城广场有文昌阁、戏楼、关帝庙、墩台等，外城又与南北延伸的长城连接。

（三）甘青地区传统建筑工艺

甘青地区处于几大特色文化类型领域的交汇地带，建筑不可避免地反映着多元文化融合的过程。因此，甘青地区传统建筑文化的主要特色就是多元共生，兼容并蓄。其中，成型较早、相对先进、成熟的地方汉族工艺是多元化的根基，形成不同民族工匠分工协作的局面。汉族工艺在赢得认同的同时也经历了"本土化"过程，即顺应不同宗教文化要求，不断将各族特色工艺融入其中，并自主地与各种地方建造工艺相结合，从而衍生出诸如汉藏结合式寺庙、中国式木结构伊斯兰教建筑等多种成熟的工艺体系，其自身也由此跨越了民族和宗教界限，升华为多元文化兼容并蓄的建筑工艺。同时，长期以杂糅为特征的试探性实践使甘青建筑工艺形成了开放的传统，至今保持着融合新鲜因素的潜力，其发展演进突出体现了中国古建筑灵活、变通、适应性强等特点。

明清以来直到近世，甘青地区发展出两大较为成熟的工艺体系。其一是秦州建筑工艺，它不同于明清北方官式做法但与明代以前北方汉地大木作工艺一脉相承。"秦州"为甘肃省天水地区的古称，其工艺所体现的渭河流域的秦地建筑文化从属于黄河建筑文化圈❶，在甘青范围内，陇中、陇东、陇南、河西走廊等汉族文化主导地区都主要受其影响（图23：甘青常见建筑构造做法举例，由左至右为秦州"三抬头"角梁构件组示意图、河州工艺的角梁示意图及椽花示意图）。

其二是以地方汉族大木作工艺为基础、融合了多民族建筑技术和审美理念的河州建筑工艺。"河州"为甘肃省临夏回族自治州的古称，河州建筑工艺的核心仍为汉族传统的抬梁式大木作建筑工艺，在这方面，河州工艺较之秦州工艺，本土化特色更为突出，当是在秦州工艺的发展趋势方向上继续本土化的结果。

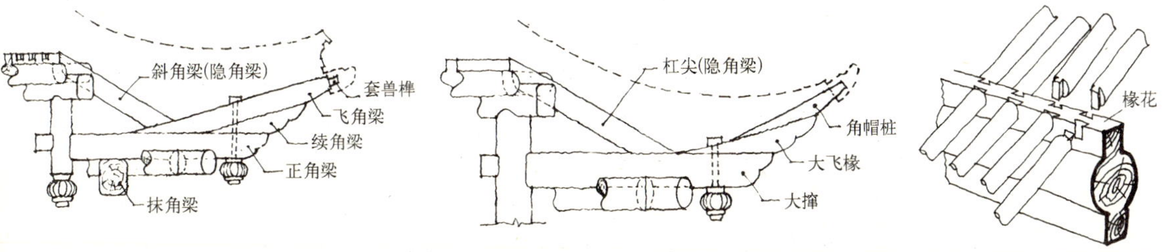

图23　甘青常见建筑构造做法举例（制图：吴葱、唐栩）

❶ 关于中国古代建筑谱系分布参见朱光亚教授（2002）的研究。

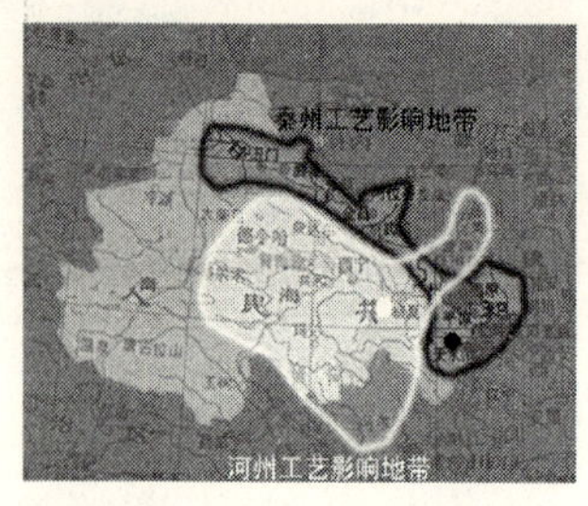

图24　秦州、河州工艺影响地带（制图：吴葱、唐栩）

由于河州传统建筑在文化属性上类型多样，因此结合藏、回等民族的传统建筑文化发展出一些带有明显折衷意味的建筑形式，如木结构汉藏结合式的藏传佛教建筑，以及广泛用于伊斯兰教建筑的盔顶式楼阁等。而最具特色的是河州工艺在工匠的民族与工种的构成关系和工程合作方式上有着交叉型特征，大多数建筑均系不同民族的各行工匠发挥各自优势合作完成，这也是其工艺传统中融入多元因素的直接原因。河州工艺形成于多民族长期杂居的河湟地区，以临夏回族自治州为中心，其影响辐射甘肃兰州、青海西宁、青海海东、宁夏中部、川甘青安多藏族聚居地区的全部以及康马藏族聚居地区的一部分，甚至远及新疆、四川中部和我国东部的一些回汉杂居地区带（图24：秦州、河州工艺影响地带）。

二、多民族文化的继承与发展

相对于内地其他省市而言，甘肃、青海两省地处"西部地区"，由于受到经济条件的约束，城乡建筑发展速度不是太快，除了大量性的民用建筑之外，具有代表性的公共建筑并不太多。近年来，国家"西部大开发"的政策使得甘青地区获得了难得的发展机遇，在经济不断发展的同时，城市建设日新月异，也涌现出一批有特色、有追求的设计作品。这些作品从各个不同的侧面对多民族文化的继承与发展进行了有益的探索。总体来看，这种探索大致经历了以下几个阶段。

（一）曲折的探索历程

与我国建筑界的整体情况相一致，甘青地区的建筑工作者也经历了一个漫长而曲折的探索过程。政治运动的冲击和特定历史时期的烙印不可避免地会反映到建筑上来，因此在这一地区，我们可以看到不同年代留存下来的许多毫无特色的建筑物。改革开放后，这种情况逐渐有所好转，激发了建筑师的创作热情。但是，由于对所谓的现代化的片面理解，盲目抄袭国外建筑的风气也在这一地区蔓延开来，而且持续的时间也相当长。曾经在国内其他地区蔓延的玻璃幕墙、欧陆风等也对甘青地区的建筑设计思想产生了一定的影响，出现了一些没有地域和民族特色、放之各地皆可的建筑作品。即便是在最近建成的青海某大学校园的教学楼上，也能看到KPF式的大帽檐，民族和历史文化特色荡然无存。

（二）地域特色的追求

经过不断地反思，甘青地区的建筑师逐渐将设计构思的灵感与地域文化的特色融合起来，从而为地域特色的追求找到了取之不尽的源泉，敦煌航站楼可谓这种探索的早期代表之一。甘肃省建筑设计研究院刘纯翰总建筑师在设计敦煌航站楼（该设计获得国家优秀设计银质奖）时，将深受中西方文化交流影响的敦煌莫高窟艺术和分布在西亚、中亚直到我国河西广大沙漠地区的坎儿井、土堡式院落建筑、内天井民居以及中国古代建筑遗存——长城、驿站、城堡等所展现出来的灿烂的古代文明、鲜明的民族格调和地域特色及建筑智慧，作为创作思路的直接启迪，最终产生出设计的灵感。建筑师通过土黄、粉白、厚墙、方堡、天井、龛洞等特定地域的民族的地方建筑词汇，来表现大西北建筑地方格调的灵和魂。正如刘纯翰先生所说，设计遵循"甘肃建筑师应该走一条西北人的创作道路"的创作思想，探求"中国当代西北建筑特有的地方格调和地方特色"，通过自己的创作实践，验证了土生土长的地方建筑，只要赋予时代的活力，也是能够创新的(图 25：敦煌航站楼)。

图 25　敦煌航站楼

(图片提供：甘肃省建筑设计研究院)

图 26　兰州中川机场

(图片提供：甘肃省建筑设计研究院)

其他如由青海省建筑勘察设计研究院设计的小岛语言研修中心、青海会议中心等等，也在这一方面有所尝试。

(三)现代技术与民族文化内涵的融合

由东南大学钟训正院士等设计的甘肃省画院，是将现代建筑技术与民族文化内涵相融合的一种尝试。设计者意识到，画院的建筑造型艺术应当考虑将中国传统建筑的优秀部分结合的问题，但他们在设计中对戏曲传统的方式并不只是形似，而是更多地从内涵上去体现。他们认为，无论东西南北、古今中外的方法，只要适合的就可以"拿来"。在具体处理方面，采用了坡度平缓的屋面，使与当地传统建筑相协调。在实墙上的粗犷洞口配以窗罩细部，使建筑物粗中有细，淳厚而不笨拙，充分表现出西北地区的建筑特色。

甘肃省建筑设计研究院设计的中川机场航站楼，则跳出了在外形上表现地域特色的限制，结合交通类建筑的自身特点和现代建筑结构及材料的特性，力图从空间组合与气氛营造方面展现西北建筑的特色，也取得了一定的效果(图 26：兰州中川机场航站楼)。

(四)意境的追求

来自日本的建筑师设计的敦煌莫高窟文物研究保存·展览中心的设计，反映了来自外国的建筑师所带来的异文化的挑战。不同的文化观念和建筑的表现引发了人们更深层次的思考。日本建筑师对环境与文物的研究与保存倾注了细小如微的关注，吸取西北窑洞的自然构成手法与现代空调设备有机地结合，为文物建立最适宜的研究和保存条件，以及从客观实际出发、从地域风土文脉出发、从文化意义出发来进行设计，都对我们有一定的启示意义。

应当指出，随着经济建设的飞速发展，在甘青地区的建筑设计中也出现了一些偏离设计基本目标的不好苗头，这种情况需要引起高度的重视。希望在今后的设计实践中，能够在甘青地区看到越来越多的具有鲜明特色的建筑精品。

(致谢：本文部分内容引用自吴葱、唐栩的论文《甘青传统建筑研究综述》、吴葱的硕士论文《青海乐都瞿昙寺建筑研究》、柏景的博士论文《甘青川滇藏区建筑文化研究》以及相关文物保护单位的文字介绍，并承甘肃省建筑设计研究院提供部分图片，谨此一并致谢。)

参考文献：

1．刘纯翰．现时·现实·脚踏实地的路．建筑学报，1983(7)

2．王文卿执笔．传统与现代建筑文化互补的尝试．建筑学报，1991(8)

3．张在元．大漠孤城．建筑学报，1995(10)

4．冯绳武．甘肃地理概论．兰州：甘肃教育出版社，1989

5．吴葱，唐栩．甘青地区传统建筑研究综述．第三届国际东亚建筑研讨会论文集，南京，2002

6．唐栩．甘青地区传统建筑工艺特色初探．[学位论文]．天津：天津大学建筑学院．2004

7．吴葱．青海乐都瞿昙寺建筑研究．[学位论文]．天津：天津大学建筑学系．1994

8．柏景．甘青川滇藏区建筑文化研究．[学位论文]．天津：天津大学建筑学院．2006

9．萧默．敦煌建筑研究．北京：文物出版社，1989

10．张驭寰、杜仙洲．青海乐都瞿昙寺调查报告．文物，1964(5)

11．朱光亚．中国古代建筑区划与谱系研究初探．见：陆元鼎，潘安主编．中国传统民居营造与技术．广州：华南理工大学出版社，2002

杨昌鸣，天津大学建筑设计研究院总建筑师

宁夏回族现代建筑风格

李志辉

不同的民族都有自己特定的生活习俗和居住方式，它折射出一个民族或地区的文化特色，建筑风格的塑造与民族文化和地域风情有着密不可分的关系。在社会经济和科学技术高速发展的今天，在文化思潮相互渗透的多元格局下，汲取借鉴民族建筑文化的精华，继承发扬民族建筑的思想和营造法式，让优秀的民族文化在城市建设中不断得到弘扬，不仅能展示城市的地域特色，丰富城市建筑的表现语境，还能避免城市之间的尾随克隆而导致特色的共同丧失。

一、我国伊斯兰建筑的地域性及民族性差异

建筑作为一种空间形态，满足着人们各种复杂多样的活动要求；同时，作为一种形象，又表现着诸民族各自的文化特征。不同的民族有不同的宗教文化、伦理道德和观念意识形态，这些不同点都会在建筑中反映出来。

我国伊斯兰文化是回族、维吾尔族等十个民族世代相传所共有的一种大众文化，其民族性尤为明显。在这些民族中，宗教信仰与民族感情、文化习俗融为一体，伊斯兰的思维方式、价值观念、道德规范转化成民族的生活方式；伊斯兰文化正是以这些民族为载体，在与本土文化长期的相互结合、相互影响中，逐渐演变为我国伊斯兰文化。

我国的伊斯兰文化既有"质"的规定性，又有类别的划分。由于我国各族穆斯林分布地区广阔，社会文化背景和自然生态环境不同，各民族的来源和形成以及接受伊斯兰教信仰的时间、途径也不一样，其内部呈现多种形态和特色。因此，我国伊斯兰文化大致分为两大系统，即内地伊斯兰文化和新疆伊斯兰文化。它们之间既有共性又有个性，如果说内地伊斯兰文化深受汉族传统文化的熏陶，那么新疆伊斯兰文化则与突厥文化有着密切的联系，日常生活行为仍保留了原突厥文化的某些遗风。伊斯兰文化在不同地区传播和发展的过程中，形成了明显的差异性特征，这些差异也直接反映在建筑中。伊斯兰建筑风格集中体现在清真寺建筑上，建筑形式、结构构造及艺术风格千姿百态、丰富多彩，这些都是伊斯兰建筑的精华。

1. 内地清真寺建筑风格

图1　福建泉州清净寺(始建于公元1009年)

图2　广东广州怀圣寺(始建于公元12世纪)

图3　陕西西安化觉寺(始建于公元1392年)

我国内地伊斯兰文化，是通过它的载体——回族、东乡族、撒拉族和保安族穆斯林，长期的信仰和社会生活实践积累起来的。这些民族大部分都分布在内地，受汉族文化的影响较深，许多方面表现出和我国儒家文化相结合的特点。

(1) 回族建筑的异国情调　回族建筑风格的形成经历了不同的发展时期，从伊斯兰教传入我国，回族先民通过"丝绸之路"和"香料之路"来到我国，沟通了中西文化交流。他们多集居于都城长安、洛阳及东南沿海的广州、泉州、杭州及扬州等地，依照伊斯兰教义建造了我国早期的清真寺建筑。这些建筑都颇具异国情调，建筑平面布局不强调对称，礼拜殿、大门及宣礼塔等建筑都是砖石砌筑，多用拱券或穹隆顶，建筑内部多以植物及阿拉伯文组成装饰纹样。这个时期我国的伊斯兰建筑具有浓厚的阿拉伯风格，是外来文化的嫁接移植，还没有形成独特的中国伊斯兰建筑风格。例如，泉州清净寺(图1)，基本上保留了石砌尖拱造型，穹顶、龛窗、装饰图案都与阿拉伯建筑相似。

(2) 中西混合式的清真寺　伊斯兰建筑中国化的初步形成始于元朝，那时移入我国的回民已逐步成为中华大地上一个新的民族。他们以大分散、小集中的聚居形式，在乡村自成村落，在城市自成街区，以共同的心理状态、风格习惯、宗教信仰，推动了回族的形成和发展。这个时期我国的伊斯兰建筑，其规模和数量远远超过前一个时期，建筑从布局到外观造型，开始吸取我国传统建筑平面布局以及木结构建筑体系，引用纵轴式院落形制组织各种单体建筑，出现了从阿拉伯式建筑向中国建筑的过渡形式或中西混合形式的清真寺。例如，广州怀圣寺(图2)，寺院西南隅有一座圆形光塔为仿阿拉伯建筑形式，而礼拜殿等主要建筑则完全是我国传统建筑形式，体现出两种建筑形式相互融合的趋向。

(3) 内地的伊斯兰建筑　从明朝到清朝的五百年间，伊斯兰教在我国得到很大发展，伊斯兰建筑也进入了发展的高潮时期。讲经堂、道堂、拱北等建筑大量兴建，形成了以木结构为主体的我国内地伊斯兰建筑体系——总平面布局多以大殿主导的纵轴式院落，大殿及主要配殿均为起脊式建筑，并以庭院为单元向纵深及横向延展，组成庞大的院落组群；其单体建筑也突破了我国古代建筑的局限，创造出许多组合复杂、气势雄伟的礼拜大殿，极大地丰富了我国古代建筑的平面组织和外观处理手法，在技术与艺术方面取得了突出的成就。例如，西安化觉寺(图3)、北京牛街清真寺(图4)、宁夏同心清真大寺(图5)和永宁纳家户清真寺(图6)等。

我国回族穆斯林运用自己的智慧，在长期的民族融合中结合生活实践，以其特定的文化环境为背景，形成特有的我国伊斯兰建筑风格。这种建筑风格，一方面是明清时期伊斯兰教与传统儒家理学思想相结合的物化形式；另一方面也与其他伊斯兰地区的清真寺建筑相区别。

图4　北京牛街清真寺(始建于公元996年)

图5　宁夏同心清真大寺

图6　宁夏永宁纳家户清真寺(始建于公元1524年)

2．新疆清真寺建筑风格

新疆伊斯兰文化是以维吾尔族、哈萨克族、柯尔柯孜族、乌孜别克族、塔塔尔族和塔吉克族为载体，通过这些民族穆斯林的信仰和社会生活实践，并融汇、吸收了古代我国西北边疆突厥文化成分而累积发展起来的。它与受汉族文化影响而发展起来的内地伊斯兰文化有明显的区别。新疆伊斯兰文化的民族特色和地域特色十分显著，也自成体系。

(1) 新疆伊斯兰的建筑风格　新疆伊斯兰建筑融阿拉伯和维吾尔族建筑风格于一体，按照当地的传统并结合当地的气候、材料和建造技术，清真寺形制多呈穹窿圆拱廊柱结构，与内地清真寺殿宇式的重檐起脊勾连搭结构形成鲜明对照。圆形拱顶和高耸的尖塔，绿色或蓝色的廊柱、藻井图案和三面回廊，是阿拉伯伊斯兰清真寺建筑常用的形制，它已成为我国新疆伊斯兰建筑共同流行的风格。例如，喀什阿巴霍加墓祠(图7)、吐鲁番额敏塔礼拜寺(图8)和喀什艾迪卡尔清真寺(图9)等。

(2) 新疆的回族清真寺　同在新疆地区，回族建筑与伊斯兰建筑也有差异，即回族清真寺仍采用殿宇式风格，与该地区流行的阿拉伯建筑风格形成鲜明的对比。例如，伊宁回族大寺(图10)，寺门三间三层，最上一层是六

图7　新疆喀什阿巴霍加墓祠(始建于公元17世纪)

图8　新疆叶鲁番额敏塔礼拜寺(始建于公元1778年)

图9　新疆喀什艾迪卡尔清真寺(始建于公元1798年)

图10　新疆伊宁回族大寺(始建于公元1760年)

角形宣礼楼，大门两侧有垂花门，门旁的砖雕极为精美。

(3) 新疆清真寺和内地清真寺的不同风格　在我国，同是信奉伊斯兰教的回族和维吾尔族，却形成了两种截然不同的建筑风格。新疆清真寺采用阿拉伯式砖石结构，圆形穹顶和高塔形邦克楼；内地清真寺则采用我国传统砖木结构，圆拱形穹顶不见了，代之以几座屋顶相并勾连搭式的殿堂，细高的邦克楼改变成多层楼阁。两者之所以在伊斯兰建筑文化的发展中，走上了两条不同的发展道路，建立了两个不同的伊斯兰建筑体系，原因在于维吾尔族生活的区域远离中原内地非伊斯兰教的地区，使维吾尔族面对外来的阿拉伯伊斯兰建筑文化，可以从容地设置出一个独立、单纯的建筑文化体系，可以在更大程度上保留伊斯兰建筑传统的风格特色；与此相反，回族由于分布在我国各地，每时每刻都潜移默化地受着非伊斯兰教民族文化的耳濡目染，于是对阿拉伯伊斯兰建筑传统进行了一些自然的非伊斯兰文化的加工和改造，从而形成了自己独具一格的伊斯兰建筑文化体系。

二、我国回族建筑风格的表现形式

1. 回族清真寺建筑

我国内地清真寺建筑是由许多功能不同的单体建筑组成的建筑群，主要包括礼拜大殿、后窑殿、大门、宣礼塔(邦克楼)、墓祠、经堂、讲堂、水房、阿訇或教主的办公室和住宅等。清真寺的建筑风格及构造形式有着自身的营造体系。

(1) 总体布局　我国内地清真寺的总体布局不像其他宗教建筑有比较固定的格局，而是比较灵活自由——每座寺院的礼拜大殿是全寺中规模最大、最雄伟壮观的建筑，寺院的其他建筑都是以礼拜大殿为中心，围绕礼拜大殿进行布局。另外，清真寺的建筑沿用了我国古代建筑的对称原则，有明显的主轴线，在礼拜大殿前庭院两侧布置办公室、讲堂等铺助建筑；沿主轴线向前延伸，分别布置大门、二门、邦克楼等建筑，形成多重庭院的纵深布局；水房、住宅等附属建筑，多在主轴线两侧另组小型庭院；寺院朝向，因必须背向麦加，礼拜大殿全部坐西朝东，而清真寺院主轴线都是东西方向，构成西向为尊的庭院形制。

由于历史的原因和地区的不同，庭院的布局形式也有差异，如早期南方地区的清真寺多采用廊院式，与阿拉伯地区的伊斯兰建筑有相同之处；而绝大多数的清真寺都采用四合院式布局，也有两合院、三合院等，不过是四合院的派生形制或不完整的四合院而已。

(2) 空间处理　伊斯兰教建筑如同我国其他类型传统建筑一样，建筑组群对外采用封闭式围合；在封闭的建筑群中，庭院及天井空间占有重要地位，而且是建筑组群中不可缺少的组成部分；各种单体建筑也赋予庭院不同的功能要求和审美内涵。

在此方面，内地清真寺建筑积累了丰富的空间组织经验，创造了许多有层次的空间序列和舒适美观的空间环境——清真寺建筑普遍采用柱廊和多排廊柱形式，利用空廊作为庭院、天井、敞厅与各种室内空间的过渡，使室内外空间既有分隔又有联系，既解决了通风采光问题，又获得了精巧通灵、幽静雅致的园林气息。

（3）屋顶造型　以木结构体系为主要特征的我国传统建筑，不像西方古代单体建筑那样，可以不受限制地形成丰富多彩的外观造型。我国古代建筑的艺术价值，不仅对单体建筑的造型运用各种构图规律和处理手法，形成美丽和谐的外观，而且更着重于建筑组群的艺术组合。而我国伊斯兰教建筑中，礼拜大殿外观造型的艺术处理，突破了我国古代建筑模式，创造了多种形体的组合方式，形成了我国伊斯兰建筑特有的艺术风貌，极大地丰富和发展了我国传统建筑的屋顶造型，建筑构造因其功能要求变化多端，即起脊式、卷棚式、单檐、重檐、硬山、悬山、歇山、庑殿、乃至屋脊上加建楼亭等形式，构成了极为丰富的立体轮廓线，与阿拉伯伊斯兰建筑所常用的穹顶有明显区别。

（4）符号特征　符号应用于建筑是一种建筑语言，它代表着某种含义，传达着某种信息，通过符号可使建筑增加记忆性和识别性。

我国回族建筑采用的符号是"拱券"，是从伊斯兰建筑中的新月、穹顶、门窗造型中提炼演变而来的。"拱券"作为建筑符号，虽然不是回族建筑所独有，但它却是我国回族建筑普遍具备的一个特征。

传统的伊斯兰建筑拱券的形式多种多样，千姿百态，常用的形式有弧形拱、半圆拱、等边拱、尖拱、马蹄形拱、复叶形拱等；它与建筑有机结合，可以起到锦上添花、画龙点睛的效果。

拱券在我国回族建筑中，大到建筑造型，小到细部装饰，广泛应用于建筑的各个部分，已经突破了单纯的符号意义，成为我国回族单体建筑的主要构成要素和主要特色。

（5）细部装饰　在伊斯兰建筑装饰中，装饰纹样占有特殊的地位，扮演着极为重要的角色。伊斯兰建筑的装饰图案，按其形成分为平面式、透空式、雕琢式等数种，按其构图又具有抽象性、延展性、连续性及反复性等特点。

装饰纹样图组成分为几何图形、植物花纹和阿拉伯文字三大类，不用人物、动物等具象性图案，这是伊斯兰建筑装饰中最突出的特点之一。伊斯兰建筑装饰图案的题材和内容，依据伊斯兰教教义给予了明确的界定，而有别于其他宗教建筑。

1）几何图形，大量采用多角式、格子式、锯齿式和回环式等构图，常以密集性、连续性的花纹组成整体的图案。

2）植物花纹，以卷草和各种花卉为主，由中心向外扩展的平面构图，组成同向或逆向的连续带状或抽象简化的程式化的图案，纯自然状态的纹样很少使用。

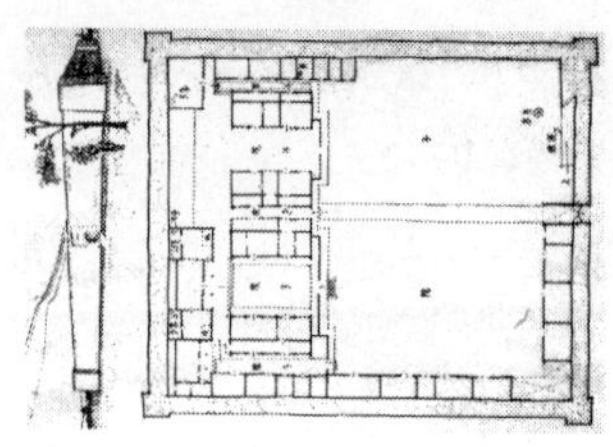
图11　宁夏吴忠马家寨子民居

3）文字纹样，大量采用各种书体的阿拉伯文字，作为装饰题材组成图案，用于悬挂的匾额和对联上。

上述各种装饰图案或单独使用，或拼装组合，都力求将装饰布置得密密层层，不留空白，形成整片的艺术效果，这是伊斯兰教装饰艺术中的又一特点。

我国伊斯兰建筑装饰纹样，既有世界伊斯兰建筑装饰的共同风格，又与我国传统的建筑装饰相结合，形成了具有我国传统风格的伊斯兰装饰纹样。

（6）色彩运用　色彩是建筑外观形象的一个重要特征，不同的地区或民族对色彩有不同的感受。回族、维吾尔族等少数民族都是信奉伊斯兰教的民族，由于居住地区的自然环境、建筑材料、风俗习惯、思想意识等影响，在建筑物、构筑物上也形成了少数民族喜爱、熟悉、习惯的建筑色彩，体现出伊斯兰建筑的民族性格。

我国回族建筑对色彩的运用比较广泛，建筑的不同部位常采用不同的颜色，如墙面背景色多用白色或浅黄色，檐部多用蓝、绿、黄等色，门楣和柱子多用红色等。

2．回族民居建筑

我国回族清真寺建筑风格在建筑领域取得的成就，为我国丰富的建筑历史文化书写了灿烂辉煌的一页。虽然从表面上看，回族民居没有北京四合院、广东骑楼、安徽徽派居民和福建客家土楼那样具有显著的文化特征，也没有桂黔滇干阑式、四川吊脚楼及西南、西北碉楼等个性鲜明的民居形式，但这并不意味着我国的回族民居没有自己的艺术风格。

（1）围寺而居　回族先民自唐代来到我国，他们在传播阿拉伯、波斯文化的同时，也把阿拉伯、波斯的民居建筑文化一并带入了我国。随后，定居我国的回族先民将这些异域民族的民居建筑文化与我国传统的民居建筑文化相结合，经过千余年的变迁，形成了带有汉族及其他民族传统的民居建筑术风格。其中，回族大分散、小集中“围寺而居”的居住模式和与其他民族杂居的生活方式，使回族民居建筑呈现出与当地民居建筑融为一体的特点。另外，回族民居建筑平面布局、立面造型、空间序列、建筑装饰等，在满足一定实用性要求的同时，也在一定程度上反映出它独特的艺术风格。

（2）“大分散、小集中”的居住特点　由于回族“大分散、小集中”的居住特点，不同区域的回族民居也呈现出不同的建筑形式。在我国西北地区，传统回族社区的民居建筑大都是土坯结构或砖木结构的平房，还有窑洞式、上栋下宇式等。上栋下宇式构造类型，又分为屯顶形、一面坡形、两流水形等，是我国西北地区回族最为普遍的民居形式。宁夏川区回族民居多是屯顶建筑，有的形成寨子。例如，吴忠马家寨子（图11），与南部山区的民居建筑形成较大差异。回族民居大致由主导空间和从属空间组成，主导空间（卧室、客厅）往往处于民居（院落）的主要位置，视觉上较为明显；从属空间（厨房、厕所、仓库、畜圈）往往处于民居（院落）的次要位置，视觉上较为隐蔽。回族家庭的室内陈设多带有阿拉伯文字或图案装饰，体现出鲜明的民族特色。例如，西吉县城关某"高房式"住宅是宁夏山区民的典型实例（图12）。

（3）各种建筑装饰　各种拼花、镶嵌、雕刻在回族民居装饰中被大量应用，几何图案、植物花纹和阿拉伯草书体及变形体，大量地装饰于墙体、梁柱、门窗框、顶棚等处，与民居建筑浑然一体，反映出伊斯兰文化对回族民居装饰风格的深刻影响。

图12　宁夏西吉高房式民居

由于历史原因，我国回族居住的地方大多是偏僻落后、经济贫困的地区。回族民居的建筑特征、造型风格、结构类型、空间布局、装饰以及建筑材料等方面，与我国沿海发达地区汉族和其他民族民居的建筑水平相差甚远。但是，随着社会经济发展水平的提高，回族民居的建造水平也将步入一个特色鲜明的发展时期。

图13　某火车站局部立面

三、回族建筑风格的时代性探索

随着经济的发展，社会结构以及文化形态的变化必然引起建筑的发展变化。在现代化的进程中，建筑的民族性和地域性日渐消退，时代性更加突出。不容忽视的是，在迎合时代建筑的同时，保留建筑的民族性和地域性特征，弘扬民族和地方特色具有重要意义。

1．对传统回族建筑风格的传承

传统建筑是建筑发展规律的历史性纪录，是一个民族或地区极为珍贵的物质和精神财富。

（1）总体布局　回族建筑风格具有我国传统建筑与伊斯兰建筑相融合的特点，总体布局多为庭院式，这种主次分明、灵活自由的庭院布局，可以适应不同的环境条件，满足多种功能组合，有利于形成丰富多变、舒适宜人的建筑空间，同时也可以适应现代建筑材料的性能。

图14　某办公楼局部立面

（2）外立面　我国回族建筑的外立面，表现语汇极为丰富，手法也多种多样——用连续的尖拱形折面装饰，在每组拱中间的竖向墙板上，粘贴彩色马赛克，并点缀新颖别致的图案浮雕（图13）；在每间竖向带形窗上，嵌入白色尖拱造型（图14）；采用不同宽度的线条，以尖拱为基本元素，分层次布满整个立面（图15），无不体现出浓郁的伊斯兰建筑气息。

（3）入口　建筑入口是伊斯兰建筑的重点突出部位，如某伊斯兰建筑入口有前后两排共八根柱，采用伞形柱头，相邻两柱的柱角线在顶端交会形成立体感很强的尖拱形轮廓；入口雨篷由前排柱支撑，在后排柱之间装饰着大面积花格，其建筑技术与艺术得到比较完善的结合（图16）。

（4）柱廊　柱廊是伊斯兰建筑的常用形式。和一般庭院式布局相比较，回族建筑多采用柱廊作为室内外空间的过渡与连通，并具有改善环境、遮阳避雨、通风采光的作用。例如，某伊斯兰建筑柱廊采用与前例相同的处

图15　某展览馆局部立面

图16　某伊斯兰建筑入口

理手法，由于柱子摆放的方向不同，因而产生不同的三维效果——实体的柱和柱头与纤细、通透的装饰花格形成对比，在光影作用下，柱廊的空间感极强（图17）。

（5）窗口　伊斯兰建筑的窗口、柱间和门头也是经常进行装饰的部位，要做到尺度大小适宜，材料运用得当，色彩搭配协调，就能取得令人满意的效果，使其更加具有伊斯兰建筑的艺术性（图18、图19）。

（6）拱卷和细部装饰　伊斯兰建筑形式的一个基本特点是各种拱券的广泛应用和大面积的细部装饰，这是回族建筑的标志性语汇。拱券大量用于

图17　某伊斯兰建筑柱廊

图18　某建筑窗口装饰

图19　某建筑柱间装饰

柱间连接和门窗洞口。拱券与装饰巧妙配合，并有机地运用到建筑之中，显现出回族建筑独特的形象和诱人的魅力。传统的细部装饰材料和做法有拼砖、琉璃、彩画、雕刻(木雕、砖雕、石雕)、石膏花饰等；现代装饰图案多采用木、混凝土、石膏及铸铁、铝合金、不锈钢等材料。

2. 借鉴国外伊斯兰建筑的发展经验

我国回族建筑是我国传统建筑与伊斯兰建筑相融合的产物；伊斯兰文化又是我国回族文化的原创文化。目前，世界伊斯兰建筑的平面布局、空间处理、外观造型及细部装饰等方面都有新的创造和发展。因此，借鉴国外伊斯兰建筑的经验，提高我国回族建筑的设计和建设水平是很有必要的。

3. 回族建筑的发展根本在于创新

宁夏作为我国惟一的回族自治区，自20世纪80年代以来，建筑师们对首府银川的城市建筑，追本溯源地作了一些回族建筑风格的研究与尝试，取得了较好的社会效果。

(1) 火车站　银川火车站外观新颖、简洁，具有交通建筑个性；在高耸的钟塔上，银白色的尖顶中部镶嵌着一颗“塞上明珠”，突出了该建筑的地方特色；站房两翼以尖拱形折板装饰墙面，并在墙面上点缀别致的图案浮雕，体现了银川这座历史文化名城的风采(图20)。

图20　银川火车站(张光壁设计)

图21　宁夏展览馆(李志辉设计)

(2) 展览馆　宁夏展览馆的外观造型，体现了展览建筑的功能特点：一层展厅以展出实物为主，采用侧窗采光；二层展厅以展出图片为主，采用顶窗采光，形成较强的虚实对比。一层柱面为白色石材，二层墙面贴石绿色面砖，又形成了较强的色彩对比；一层尖拱形窗与伞形柱结合成整体，展示了伊斯兰建筑风格，且白色和绿色均为我国回族所喜爱的色彩(图21)。

(3) 绿洲饭店　银川绿洲饭店的二层、九层及十一层顶部挑檐，形成三条绿色的彩带；檐板按开间分段，每段檐板底边呈尖拱形；檐板之间由黑色凹槽分隔，并由一块白色立方体连接，在白色墙面的衬托下，显得格外清新典雅，既表现出我国回族喜白爱绿的特点，又展示了浓郁的伊斯兰建筑风格(图22)。

图22　银川绿洲饭店(李志辉设计)

(4) 人民会堂　宁夏人民会堂采用集中式布局，平面内方外圆、方圆结合，立面为三段式；檐部下方的玻璃幕墙上，连续镶嵌着拱形装饰板，装饰板平面呈现弧形外凸，颇有立体感；建筑顶部半球体造型富有现代气息，走近会堂仰视，弧形建筑外墙将半球体遮挡，露出一轮“新月”，当夜幕降临时，按照灯将半球体照亮，宛如一轮明月高悬，汇同拱形光带和广场上的各种灯光，形成众星捧月之势(图23)。

图23　宁夏人民会堂(李志辉设计)

四、结语

总之，宁夏回族现代建筑风格还处在探索阶段，借鉴我国传统的建筑精华与国外经验，扬长避短，融会贯通，走创新特色之路是弘扬民族建筑文化的根本途径。作为人类文明的重要组成部分，民族建筑的发展应避免重形式而漠视历史文脉的倾向；重形式而漠视历史文脉的后果，将会在建筑上割断民族传统，抄袭拼凑，追风逐流，把有历史积淀的建筑作为哗众取宠的商业噱头，结果将会产生缺乏品位、缺乏文化内涵的建筑。因此，尊重民族历史文脉，保留和挖掘我国回族建筑文化，借鉴世界伊斯兰建设的精华，努力探索本民族、本地区的传统建筑艺术特色，推动宁夏回族现代建筑风格的发展，是各级决策者和建筑师义不容辞的责任。

参考文献：

[1] 马宗宝.多元一体格局中的回汉民族关系.银川：宁夏人民出版社，2002
[2] 邱玉兰.于振生.中国伊斯兰教建筑.北京：中国建筑工业出版社，1992
[3] 马平，赖存理.中国伊斯兰民居文化.银川：宁夏人民出版社，1995

李志辉，宁夏建筑设计研究院总建筑师

新疆地域建筑的过去与现在

王小东

新疆地处欧亚大陆中心，中国古代统称西域，是丝绸之路的必经之地。由于它特殊的地理位置，独有的自然环境，民族的变迁，历史政治军事的变革，宗教信仰，多种文化交汇等诸方面的影响，使其地域建筑与城市发展呈现出十分明显的特色。

新疆的古代人种与民族有古欧罗巴人、塞人、土火罗人、匈奴、月氏、乌揭、汉、羌等，基本属蒙古人与欧罗巴人种的混合种。在语言上有印欧语系、阿尔泰语系与汉藏语系。从民族迁徙上看，上面提到的民族由东向西；而希腊人、阿拉伯人、亚利安人、粟特人则由西向东。其中匈奴人的西迁引起了欧洲的民族大迁徙，导致了西罗马帝国的灭亡。后来，突厥人、回纥人、蒙古人都生活在这块土地上。有关今天新疆的主体民族——维吾尔族的记载，最早见于公元4世纪《魏书·高车传》中的"袁纥"即是，后来曾被称为"回纥"，之后又改为"回鹘"。9世纪以后和蒙古人、汉人和其他民族融合，叶儿羌汗国之后维吾尔族成为新疆民族中人数最多的民族。

除了维吾尔族外，在新疆还有汉、哈萨克、回、克尔克孜、塔吉克、锡伯、俄罗斯、乌孜别克、达斡尔、蒙古等民族。因此新疆是多民族居住的地方，不同的民族与生活习性是建筑生成的主因。总体上说新疆的民族最早由游牧民族演化而来，过着居无定所的生活。但其中的一些古代民族和汉族人后来以绿洲农业经济为主，这样就比较早地建成了城镇，如史载西域三十六国即是。其建筑类型则以农业、商业及行政管理建筑为主。如尼雅遗址、米兰古城、楼兰古城等属于此类。其布局是自由的，建筑材料也比较简单，仅土木而已。另外新疆北部、中部的草原民族，留下的建筑遗迹不多，但其墓葬、石雕等至今依稀可见。

民族的生活习性是几千年来生存竞争中获得的优势，它们顽固地表现在对建筑空间的需求之中，也包括了色彩、图案、线条、工具造型等，这些对建筑创作都有启迪作用。在当今传统建筑的形式被逐渐淡化的时候，它们则是新建筑创作的又一沃土。例如新疆少数民族的建筑中对于室内空间的庭院及蓝绿色的偏爱，对建筑等级、对称等要素的忽略，满足本原需求的建筑空

1. 汉代的尼雅遗址，被认为是古精绝国，内有居住建筑、佛塔等。建筑结构特点是木构架、篱笆墙

2. 楼兰古城是西汉时楼兰国的国都，是丝绸之路的重镇，公元4世纪末荒废。古城面积达10万平方米，有城墙、城门、官署、民居、佛塔等，建筑结构构造体系和尼雅相似

3. 米兰古城亦属汉代，其中有庙依稀可见，保存的比较好的窣堵坡，为土穹隆结构或大跨度空间

4．草原上的艾木尔太公墓更像喇嘛教建筑

5．古代民族的器皿、饰物等，也能从另一侧面反映当时人们的崇拜与喜爱

8．库车居民中的敞廊，是维吾尔族喜爱的建筑空间

6．喀什民居中的空间与道路犹如迷宫，此为喀什东湖旁的高台民居

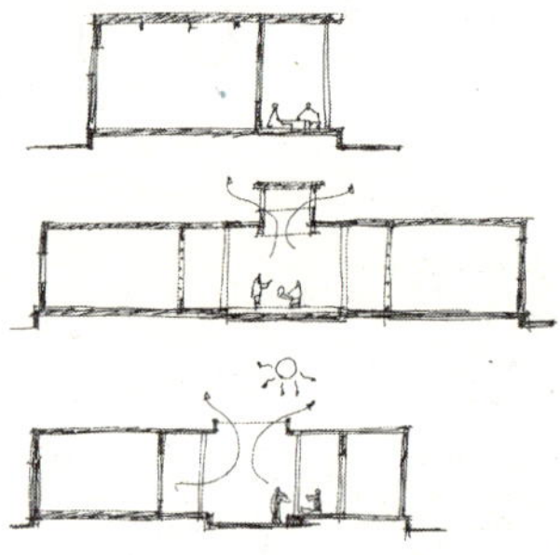

9．庇夏依旺(上)、阿依旺(中)、阿克塞乃(下)，喀什和田一带民居中解决通风、纳凉的几种形式

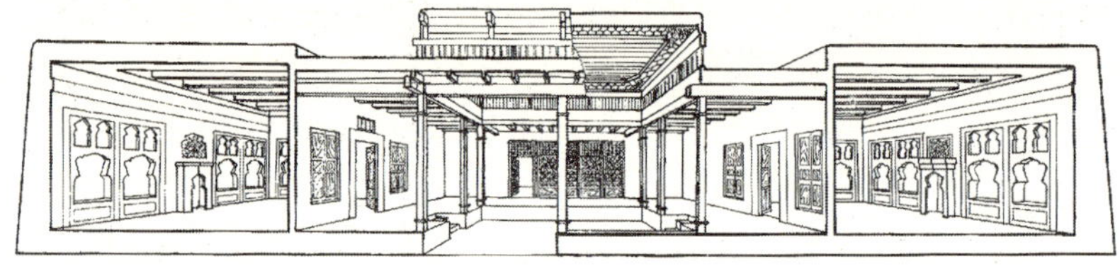

7．一座和田民居的剖面，可见其内部的特征

10．吐鲁番地区土峪沟民居，至今保存着独特的风格

11．喀什黎明巷22号鸟瞰图，充分表现了高密度的特征

间功能最直接的呈现，建筑布局完全因地制宜，很少形式构图等，正是民族习俗、心态、审美观、价值观的体现。以民居为例，和田外墙厚实而内部通透、喀什自由多变、库车大气、吐鲁番对拱结构的熟练掌握等皆和民族的变迁有很大关系。还有如图腾、骏马、天鹅、雄鹰的意念也会和建筑空间联系在一起，只是不易察觉而已。

新疆地貌由准噶尔、塔里木两大盆地及周围的阿尔泰山、天山、昆仑山构成。高山、沙漠、绿洲，严寒、少雨、强蒸发对建筑的形成往往是强制性的。如水源就是决定性的因素，在缺水的沙漠和戈壁中，城市的形态随河流湖泊的变迁而兴衰，例如新疆历史上很多古城的消失，与水源有很大关系。

新疆城市的集中点大都处于干热性的气候地带。如哈密、吐鲁番、库车、喀什、和田等地区，建筑的布局和构造就要适应气候特点：即厚墙、小窗、高密度、内部庭院小气候的调节等都是。由于昼夜、阳光直射处和阴凉处温差大，所以新疆民居中的屋顶、庭院几乎成为人们的生活中心，为此创造了很多利于隔热、通风的空间、半空间、外部空间等。如南疆有庇夏依旺（带顶宽外廊、可供起居和夏夜睡眠）、阿克塞乃（类似中原民居中的庭院，中央或部分屋顶开敞）、阿依旺（即为带天窗顶的内庭院）等，再辅以水渠、果园，就是非常优美、舒适的生活空间。

中亚伊朗、阿富汗的民居对隔热通风的需求一样，但解决的方式不同。例如伊朗高密度民居中的通风塔则是另外的一种形态。

至于建筑材料和结构体系，古代新疆主要用生土、土坯、烘培砖、木材、芦苇和草等。建筑装饰材料也还是生土、石膏、陶砖、木雕、彩画等。可以构成空间的结构原型基本上是墙柱、梁和墙、拱顶、圆顶。对大空间的需求则由多柱式大厅构成。由于少雨干旱，平屋顶给多柱式大厅的形成提供了方便，使得它和中原汉族大屋顶建筑大空间的构成相比则容易得多。库车大寺是9开间，进深11间，96根柱子，哈密王陵清真寺有上百根木柱就是实例。喀什阿巴霍加墓室直径为16米，顶高为24米，是新疆古建筑中最大的无柱空间。

在新疆北部草原一带，还有一种叠涩式的石砌空间，现遗存已很少。在吐鲁番的交河故城，用减土法（利用原生土挖坑或洞）和墙、柱、拱结合起来的空间构成法在新疆也流行。

新疆曾流行过多种宗教，公元10世纪以前，以佛教为主，同时有摩尼教、袄教、景教等。直到公元10世纪末，喀喇汉王朝的萨吐克、波格拉汉在南疆宣布伊斯兰教为国教后，喀什曾成为喀喇汉王朝的东都，伊斯兰教在南疆开始盛行。公元14世纪中叶，东察合台汗帖木儿王朝的吐虎鲁·帖木儿成为北疆地区第一个信奉伊斯兰教的蒙古汗，以后伊斯兰教逐渐成为新疆最主要的宗教。

宗教流行与信仰的更迭必然会反映在建筑与城市的领域。佛教的传入使得大量的石窟，寺庙等出现。如喀什三仙洞、莫卧儿佛塔、库车克孜尔石窟、库木吐拉石窟、吐鲁番伯孜克里克石窟等。佛塔、佛寺从晋、南北朝开始以后逐渐以于阗、龟兹、高昌等为中心大量建造。于阗几乎家家有佛塔，僧人多达数万，至今还有众多的佛塔、伽蓝、窣堵坡等遗址。至于龟兹（今库车），据《晋书·龟兹传》记载："其城三重，中有佛塔，庙寺千所"，现存者有苏巴什昭怙厘寺等。高昌古城、交河故城、北庭古城中的佛塔、佛寺都是城中最显要的建筑，如不大的交河故城中，今日遗迹可辨的佛寺（塔）就有50多座，昔日辉煌可见一斑。

伊斯兰教是在希腊文化、中原文化和佛教文化的浑厚基础上传入新疆的，所以对新疆建筑的影响主要表现与宗教活动有密切关系的建筑类型、建筑装饰的改变上。如清真寺、陵墓、经学院等大量出现，随之而来的新的建筑装饰也很快融入新疆的建筑之中。

伊斯兰教传入新疆早期源于以巴格达为中心的阿巴斯王朝，但大规模的传

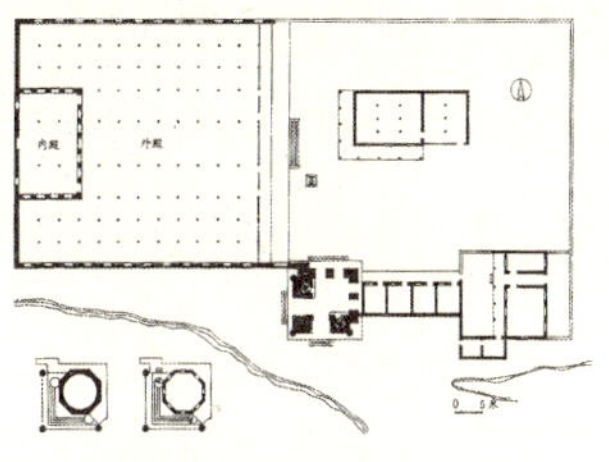
12．从库车大寺平面中，可以看出伊斯兰式的多柱式大厅的布局

13．位于库车与拜城之间的克孜尔石窟，是我国现存最早的石窟之一，始建于西汉，其洞窟形制、壁画等都有独特之处，被称为龟兹风格

14．位于吐鲁番的伯孜克里克石窟属唐代回鹘时期

15．汉朝开始建造的高昌郡，唐时几代高昌国均设都于此。周长5公里，唐玄奘曾在此说法。城中宫殿、寺庙、佛塔、作坊、宅邸遍布，还有摩尼、景教寺院

16. 位于库车的苏巴什古城，被考证为唐僧在《大唐西域记》中提到的昭怙厘寺

17. 西汉开始在此屯兵的交河故城，至今保存的比较完好

18. 位于喀什的"突厥大词典"作者穆罕默德·喀什噶尔的陵墓，是喀喇汗王朝在新疆留下的最早建筑之一，现已毁，此为历史照片

19. 库车·莫纳然·额什丁麻扎，始建于宋末。图为其中的墓室，是新疆存留的最老的木构建筑

20. 位于霍尔果斯的吐虎鲁·帖木儿墓，是保存最好的伊斯兰古建筑之一，属典型的中亚风格

21. 喀什阿巴霍加墓是维吾尔伊斯兰建筑中规模最大的、装饰最为精美的建筑

22. 库车大寺全部用烘培砖砌成，宣礼塔高20米，庭院中的麻扎属明末修建

入则是在中亚的喀喇汉王朝之后。伊斯兰建筑的繁荣则在叶儿羌汗时代，可惜遗留下来的建筑不多，仅见于文字记载。现存的伊斯兰建筑大都建于清朝。

新疆早期的伊斯兰建筑有建于公元9世纪，后经叶儿羌汗时重修，位于喀什的阿尔斯兰汉墓，建于11世纪的《福乐智慧》一书的作者玉素甫·哈斯·哈基姆墓，《突厥大辞典》的作者喀什噶尔·穆罕默德墓，13世纪库车的伊斯兰传教者莫拉那·额什丁墓，东察合台汗国的吐虎鲁·帖木尔墓（公元1363年）都是典型的中亚风格，至今保存得比较完好。清朝遗存的重要建筑有喀什的阿巴霍加墓（始建于1640年），是新疆伊斯兰建筑的精品，规模宏大，装饰绚丽。喀什的艾提卡清真寺，其规模与建筑艺术水平驰名中亚。吐鲁番的额敏塔（建于1749年），浑然一体，与乌兹别克斯坦布哈拉的卡梁塔，希瓦的霍加塔齐名，库车大寺、莎车大寺都以其规模和建筑艺术水平而著称。

清真寺还影响着城市的布局。在穆斯林世界，社区的结构往往以清真寺辐射的半径来确定。今天的喀什，就有800余座清真寺。它们的功能是就近满足教民做礼拜的需求。至于大的会众清真寺（或称主麻日清真寺）则需要更大的空间与广场，能够容纳成千上万人做礼拜用，这种清真寺也往往是城市的中心。

伊斯兰教除了对建筑类型、城市布局上的影响外，也带来了它特有的符号与装饰手法。如尖拱、几何图案、带"穆克纳斯"的柱头，以及常用的墙面瓷饰等也极大地丰富了新疆本土建筑的内容。

特别要说明的是民族和宗教不能混为一谈，同一民族在不同的时期可以信奉不同的宗教，新疆的主体民族——维吾尔族就是这样。所以在探讨民族、宗教与建筑的关系时，可以明显地感到有几条不同的线索：即不同宗教的线索和原住民族几百年、几千年独立与宗教之外的线索。这几条线索有时重合，有时分离，但原住的民族主线从来未曾断过，尤其在居住建筑中更是如此，宗教的因素在民居中似乎很淡了。对新疆的几座著名佛教流传时期古城遗迹的考证可以发现，其建筑的结构、构造、布局和今天大漠深处的民居差别不大。今天人们往往把新疆的地域建筑仅仅理解为是伊斯兰建筑，实则很片面。

23. 喀什艾提卡尔清真寺在聚礼做礼拜的盛大场面

其实所谓伊斯兰建筑就是泛指能满足伊斯兰宗教活动内容的建筑空间，并没有固定的格式。例如伊犁的几个清真寺是中国亭阁式的大屋顶建筑，哈密王陵则是汉式木构八角攒尖顶和上圆下方的重檐屋顶，且带有蒙古建筑风格。笔者这些年来对伊斯兰建筑的研究中感慨最深的一点就是伊斯兰建筑因地制宜、善于借鉴、变化的特点，在新疆也是如此。

24. 吐鲁番的额敏塔是亚洲腹地著名的三塔之一

据《汉书·西域传》记载，当时新疆一带为许多城邦和小国，史称“三十六国”，其国名有些依然是今天的地名。如“若羌”、“楼兰”、“且末”、“皮山”、“莎车”、“于阗”、“焉耆”、“尉犁”等。西汉在张骞出使西域后，于公元前60年，建立了西域都户府，至此，西域列入汉朝版图，册封官吏，实行屯田，对西域实行了有效的统治，开通了丝绸之路。出于行政、军事和经济的需要，一大批新的城市、军事重镇、驿站等建造起来。至今犹存的如库车烽火台、交河故城、东汉和匈奴对峙的奇台疏勒城，还有汉代的金满城（今吉木萨尔）为车师后国王庭所在地，汉将耿营曾屯田于此，唐朝在此设北庭大都护府，元朝在此设别失八里帅府。如今的库车就是汉朝西域都护府所在地。清代的伊犁将军府，惠远古城更是驻军要地，并在其周围布置了惠宁、绥定、广仁、宁远、瞻德、拱宸、熙春、塔尔其等八座卫星城。从乾隆到光绪的150年间，市井繁荣，商贾云集。此外，唐代西突厥汉国的陪都位于伊犁附近的弓月域，一度是东察合台汗国的政治、军事、经济、文化中心。位于霍尔果寺附近的阿力麻里城、中亚喀喇汗王朝的东都喀什噶尔也是除中原帝国以外政权的政治、军事中心。由此可见在新疆广大的地域中，动荡更迭的政治军事因素对城市与建筑的发展影响极大。

25. 喀什阿巴霍加小礼拜殿，展现了伊斯兰建筑的装饰特点

文化的汇集与交流也是新疆地域文化中的一大特点。从现在可以考证的记载和遗迹知道：古希腊时，亚历山大帝曾占领了中亚大部分土地，并在此推行希腊化，罗马军团也曾到过新疆。公元前3世纪印度孔雀王朝阿育王派僧侣传教于四方，中亚佛教广传，并到了新疆的南沿，由此而传入中原。以后伊斯兰文明经中亚传入新疆，而中原文明又和上述文明融合。古代西域基本上凝聚了汉藏、印欧、阿尔泰、含闪世界上人口最多、文明程度最高的四

26. 吐鲁番伯孜克里克石窟中出土的唐代斗栱，栱长75厘米，高17厘米

27．塔克拉玛干沙漠深处克里亚河畔旁的人家，其居所的结构与构造和两千多年前几乎没有什么变化

31．新疆有为数不少的烽火台，这是位于库车的克孜尔尕哈烽火台，已经历了两千多年的历史

33．从楼兰出土的器物，可见其多元文化的影响

28．克孜尔石窟中有关当时建筑形象的描绘

32．惠远古城钟楼，是清政府驻军象征

34．20世纪50年代修建的乌鲁木齐人民剧场，到现在还是标志性建筑之一

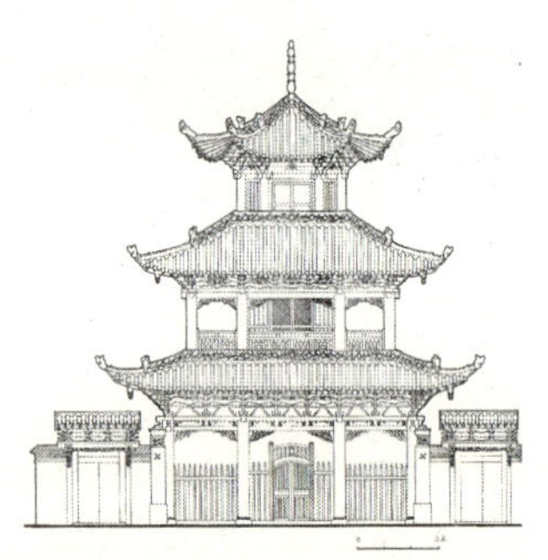
29．中原式建筑和清真寺的功能结合在一起的依宁回族清真寺

30．哈密王陵建筑群是多元风格的体现

大语系的主要民族。多元文化汇集，影响到了建筑、装饰、音乐、绘画、雕塑等各方面。例如楼兰古城中的建筑梁柱、雕刻、器具等，除了具有汉风楚韵的特色外，还有明显的西亚风、希腊风、印度风。克孜尔石窟、库木土拉石窟中建筑形象也是多种多样的"世界式"。希腊与佛教文化相结合的犍陀罗文化还影响到了中原大地，在吐鲁番出土的文物中有唐代的斗栱，汉式木构房屋的模型等。这些都证明了多种文化曾经在西域大舞台上活动过，这种交汇和融合，在人类文化史上少见。

新疆近几十年来，城市和建筑的迅速发展自不待言，但说起新的地域建筑，并不像古代那样有声有色。而且城市千篇一律的现象，和全国很多地方一样已非常流行。究其原因，是形成地域特色的环境有所改变，地域因素逐渐淡化；结构体系、建筑材料的全国化；对要不要创造出具有新疆地域特色的新建筑看法不一等。孰是孰非，一言难定。

但总体上说，好的能够体现民族地域特色的新建筑还是受社会欢迎的，但只是不多而已。新疆的建筑师也努力作了一些尝试。20世纪50年代在普遍流行的苏联式建筑潮流中，也有一些作品充分表现了民族地域特色。如新疆人民剧场、乌鲁木齐二道桥百货商店、人民电影院等。80年代又有一些建筑师开始探索新的出路。如乌鲁木齐民族医院、吐鲁番窑洞宾馆等。到1985年新疆自治区成立三十周年之际，一批具有新疆特色的建筑涌现出来，如新疆人民会堂、新疆迎宾馆、新疆科技馆、新疆友谊宾馆三号楼、昌吉工人文化宫等一批作品，得到了各方的好评。但随之而来的对符号的滥用，对"民族形式”代替一切的片面理解使建筑创作陷入困境。到了90年代，“龟兹宾馆”、“吐鲁番宾馆”等从民族、宗教、地域的深度进行了新的探索。然而随着90年代新的一轮建筑潮，我国城市建筑互相“克隆”，新疆也不能例外。“欧陆式”盛行时，新疆某市的建筑风格居然被官方定为“欧陆式”。这时，社会对民族、地域建筑的需求随着人们文化素质的提高和旅游业的发展又一次被提出来，并出现了一些作品。如乌鲁木齐二道桥民族风情一条街的规划，“空中花园”居住区的修建，开始注重城市整体的地域风貌。单体建筑如新疆国际大巴扎得到各界的一致好评，是一个经过认真创作的具有民族、地域特色的新建筑。新疆博物馆则以“西域”与“多元化交汇”为表现主题，即将修建的吐鲁番博物馆也突现出了该地区的地域特征。看来，更进一步的探索正在起步，较之20世纪80年代、90年代的探索具有更广阔的视野，但这个阶段要求建筑师有较高的素质，正确的价值观和高水平的鉴赏力；要求从民族地域的全方位中寻求和现代建筑需求的结合点。这些结合点有些是物质性的，而相当一部分是精神上的、情感上的需求。否则，仅从表面装饰上变来变去，势必又成了今天“欧陆式”新疆翻版。何况更重要的是新地域建筑并不是刻意表现传统，原创的同时又能和地域处处对话的新建筑，人们更愿意期待出现。

纵观新疆地域的古今时空的变化与差距的背景，可以发现过去的建筑环境已经有了很大的变化。新的建筑类型、新技术、新材料、新理念要求建筑师的目光不能停留在过去，而要着眼于当前。探讨古代地域建筑的产生与发展在于使建筑师知道当时当地的建筑与城市发生、发展、消亡的过程与因

35．新疆友谊宾馆三号楼

36．新疆科技馆

37．昌吉工人文化宫

38．新疆人民会堂曾荣获中国建筑学会建筑创作奖

41．吐鲁番宾馆新楼

39．新疆迎宾馆

40．龟兹宾馆

42．乌鲁木齐空中花园规划方案局部

44. 吐鲁番博物馆的设计方案

45. 新疆博物馆

46. 二道桥民族风情一条街规划局部街景

43. 新疆国际大巴扎

缘，提供建筑创作的意境和灵感。愈深入研究就会更深切地看到古代新疆建筑因地制宜、个性鲜明、勇于对外来文化的消化和吸收等方面在我们面前呈现出的一幅幅瑰丽多彩的画面。建筑创作中创新与原创作品的出现与繁荣，是在对过去、对传统作深刻了解后的再创造，需要一个非常艰辛的过程，而且有待于社会整体的建筑文化素质（包括建筑师的素质）提高，因此需要全社会的努力才行。

参考文献：

1. 张胜仪，王小东.. 中国民族建筑 第二卷 新疆篇. 江苏科技出版社，1998
2. 王小东. 新疆伊斯兰建筑的定位. 建筑学报，1994(3)
3. 本原民居.新疆建筑研究部设计院学刊，1998(4)
4. 中国新疆环游录.科学出版社，1995
5. 新疆博物馆论文集.新疆大学出版社，2005
6. 王治来.中亚史纲.湖南教育出版社，1986
7. 王治来.中亚简史.新疆人民出版社，2004
8. (俄)普加琴科瓦.列穆佩.中亚古代艺术.陈继周，李琪译.新疆美术摄影出版社，1994
9. 新疆社会科学院考古研究所.新疆考古三十年.新疆人民出版社，1983
10. 雪犁 主编. 丝绸之路辞典. 新疆人民出版社，1994
11. 《维吾尔族简史》编写组.维吾尔族简史.新疆人民出版社，1991

2006年3月于乌鲁木齐

王小东，新疆建筑设计研究院名誉院长

香港建筑源流

薛求理

香港在开埠之前，不过是南中国海上无数岛屿中的一个。细观珠江三角洲的沿海地形，想及英国远航船队从印度、新加坡往当时中国通商口岸广州的航线，你会发现，英国人选中香港作为中途落脚点、而使其成为今天的香港，好像是蛮偶然的。

第二次世界大战以后，各国各地区逐步摆脱殖民统治，普遍走上了发展的道路。在亚洲区的香港也不例外，1950年以后的香港建筑出现许多新气象，足以成篇成书；而1950年前的百年或更久以前，则可以用一些线索来描述其源流。本文以此结构为轴，简要论述香港各历史阶段中的突出建筑问题和建成作品，点到为止，不作铺开，为不熟悉香港建筑的读者整理一些提纲契领性的资料。关于香港城市建筑的文章书籍，虽不能说是汗牛充栋，但对于一个城市来说，也不能算少，文末参考文献可以为有兴趣继续研究香港建筑的朋友们提供一些信息和线索。

一、1950年前的几条发展线索

英国殖民者1841年踏足香港之时，仅香港岛已有7500居民，分布在赤柱、肖箕湾、黄泥涌、大浪等地[1]。而如今人们所指的"香港"还包括九龙、新界等，比香港岛大许多倍。这个世代广东渔民落脚栖息的场所，是岭南文化的地域性自然性延伸，在本土文化方面有相当的积累。

新界有岭南较为常见的围村和家族村落、祠堂等等。如今尚存的如元朗吉庆围、沙田曾大屋、邓氏祠堂、九龙城区的衙前围等。这些围村围屋以家族为单位，围合以防卫为主要功能，并由宗族管理，俨然一个小社区。岭南农村经济下的围村建筑在香港城市化后逐步式微(图1)。

(a)

(b)

图1　岭南建筑的延续
(a) 新界锦田吉庆围外墙　(b) 大家族的书屋

19世纪中期以后，英国殖民和统治者开始在香港开拓建设。由于政府的市政和聚落工程，市区由早期的"四环九约"向东西两头延伸。由于中环被划作政府和经济中心，这一区的建筑代表了此一时期的特征，如建于1849年的圣约翰座堂，由英国国教圣公会所建，三军司令部（Flagstaff House，今香港公园内的茶具博物馆），港督府(今礼宾府)，皇后像广场的高

（a）

（b）

图2 殖民式建筑

（a）西环街市 （b）半山住宅

图3 旧区唐楼处

等法院（今立法会大楼），位于薄扶林的香港大学主楼、尖沙嘴的英童学校、天文台、水警总部大楼、湾仔街市、西环街市等等。这些建筑多为英国人设计，大部分是从当时的标准图集中套用，适应于香港炎热的天气，因此被称为"殖民式"。英国人开办的设计事务所在19世纪末已开始在香港活动，如Palmer & Turner（巴马丹拿），Leigh & Orange（利安）等等。巴马丹拿1936年设计建成的香港汇丰银行，采用当时流行的装饰艺术主义风格，钢结构，外墙竖线条，铺上本地花岗石，室内顶部镶嵌意大利来的玻璃马赛克画。该银行一度被称为"从开罗到三藩市之间最先进的建筑物"[2]（图2）。

而在港英殖民的早期，华人聚居在港岛上环、北角，九龙的油麻地、大角嘴等地，唐楼成了劳动人民的栖身之所。所谓"唐楼"实际上是一排排的连排房屋，又深又窄，一条楼梯连接上层，多数无厕所，许多家庭拥挤一楼，72家房客比比皆是[3]。无电梯的唐楼可以高到11层，这类唐楼广州、澳门和东南亚都有。登峰造极者为九龙城寨，九龙城寨系大清政府的领地，港英政府迫于当年协定，百多年来不能踏足，使其成为一块混乱拥挤不堪、贫民盗贼杂处的藏污纳垢之所。1992年港英当局与中国政府达成协议，拆除了九龙寨城，它成了本土建筑的一个终结点（图3）。

二、二战后的发展

1. 公共屋村——让劳动人民安居乐业

香港是自由经济的社会，港府在管治的过程中，逐渐意识到安置百姓的重要性，从1950年中期以来政府开始在市区兴建徒置大厦，安置山边寮屋中的居民。1973年成立专职的房屋委员会，在新市镇发展自给自足的社区。早期的代表作品有港岛北角的北角村，港岛西端华富村。这些公屋的各单位面积不大（不超过50平方米），单位内廊连成院，邻里守望相助，下有商店、活动场地和小学校，条件虽然谈不上小康，但总算能使劳动人民安居，其乐融融。

1990年代，房屋委员会推出了"和谐式"公屋。H型的平面变成了Y型的平面，环境方面有了更大的改善。许多公共屋村选址在海旁河畔风景佳绝处，成了港府推行"社会主义"的一个表征。如1990年代建造的香港南端马湾公屋和青衣岛上的公屋。香港有50%多的居民住在公屋里，人民之安居对于社会之稳定起到了作用，也为资本家提供了稳定的、有再生产能力的劳动力（图4）。

2. 私人住房——摆脱唐楼式的私人建筑

香港的私人住房，如上文所述，早年是以唐楼为主。1960、1970年代，经济的发展孕育了一批专业而年轻的中产人士。大地产商于是在旧时的船坞、油站开发大型屋苑，最早是1970年代的美孚新村，1980年代初的太古城。之后，几大地产商，如长江、新鸿基、恒基、太古、信和、华懋等到处觅地造楼，使

(a)

(b)

(c)

(d)

图4　公共屋村

(a) 德福翻新公屋 (b) 沙角村，彭怒摄 (c) 乐富黄大仙村，彭怒摄 (d) 1990年代和谐式公屋

得大型屋苑遍地开花。私人开发的大型屋苑加上公共屋村为香港99%的人口提供了居所。大型屋村除聚集大小各种房型之外，还配备会所、泳池、店铺等等。许多屋村靠近地铁或铁路车站，因此也近大型商场，设施高档，交通便利。各时期的典型作品如位于红堪的黄埔花园、沙田第一城、港岛城市花园、置富花园(1980年代)、天水围嘉湖山庄、马鞍山的雅典居、将军澳的新城市广场、维景湾畔(1990年代)、擎天半岛、凯旋门（21世纪）等等。近年来香港岛和九龙半岛的住宅屋苑都向80层以上发展，这样的住宅高度在全世界大概也算数一数二。这些大型屋苑的开发、设计竭尽美轮美奂，全天候酒店式管理。其模式也影响到珠三角1990年代的开发，迅即传遍全中国(图5)。

3. 新市镇的开发

与公共屋村和私人楼宇迅猛发展相配套的是新市镇的发展。香港的市区1960年代已经不敷人口重负。1970年代，港府规划发展九龙半岛的两翼、观塘和荃湾。之后又在新界开发沙田、大埔、马鞍山，1990年代的将军澳、元朗、天水围和21世纪的东涌。在这些新开发的市镇，公园、公共空间、医疗、商业、基础教育设施齐全，居住环境明显改善。惟一的不足之处是，在那些几万、几十万人口的新市镇，未能提供足够的本地就业，致使几十万人每天都要往返港岛九龙上下班(图6)。

4. 走入世界建筑之林——明星建筑

(a)

(b)

(c)

(d)

图5　私人屋苑

(a) 德福花园平台 (b) 海逸豪园 (c) 72层高海茗轩 (d) 西九龙80层高君临天下、凯旋门

(a)

(b)

图6 新市镇
(a) 荃湾 (b) 东涌

1970年代后,香港经济起飞,香港成了全球经济中的重要节点城市。国际资本的积聚,产生了中环这样高质量的中央商务区和与之相对应的高档建筑,如1985年建成的汇丰银行总部,1988年建成的奔达中心,1989年落成的中国银行,之前之后建成的交易广场,会展中心,国际金融中心一、二期,香港机场等等。一些建筑由明星建筑师设计,如保罗·鲁道夫(Paul Rudolph),诺曼·福斯特(Norman Foster),西萨·佩里(Cesar Peli),特里·法雷尔(Terry Farrel),哈里·赛德勒(Harry Seidler),贝聿铭等等。汇丰银行一直被认为是高技术派和福斯特本人的里程碑作品,建成20年来其建筑技术和形式仍被人称许和敬佩。而中国银行则因其独特的造型和风水传说而让人瞩目(图7)。

香港本地的巴马丹拿事务所设计了中环和港岛的大部分商业建筑,如中环的交易广场、怡和大厦、太子广场和置地广场等等,该事务所的商业古典设计,典雅庄重、绮丽华贵,迎合了大公司的需要。另一大公司王欧阳设计了中环的恒生银行总部,金钟的太古广场和鲗鱼涌的太古坊、九龙旺角的朗豪坊,这些建筑较为适用、大方而效率高, 代表了典型的香港精神,讲求实际和实惠(图8)。

这些大型建筑的树立,改变了城市的天际线。建筑之间辅以桥廊,人车分流,形成了市中心和新市镇的独特风景,行人可以在桥廊安行千米,过闹市、穿商场行行停停而无车扰之患(图9)。

(a)

(b)

(c)

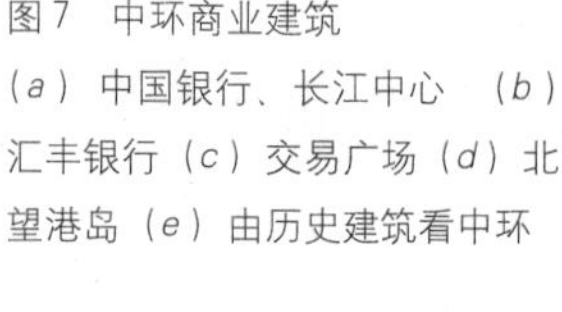

(d)

(e)

图7 中环商业建筑
(a) 中国银行、长江中心 (b) 汇丰银行 (c) 交易广场 (d) 北望港岛 (e) 由历史建筑看中环

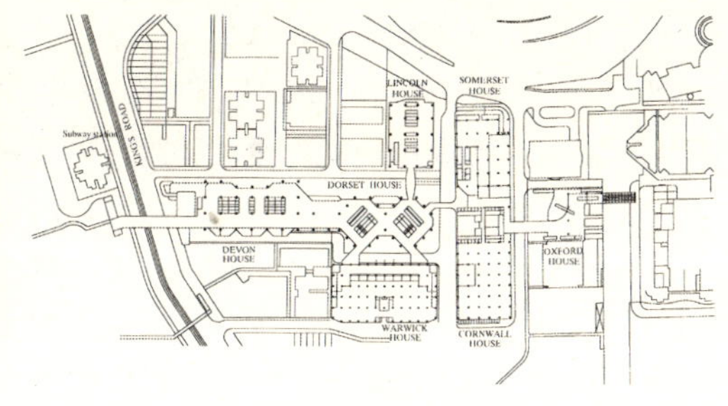

(a)　　(b)

(c)

图8　王欧阳建筑设计作品

(a)（b）太古坊由十几栋高层办公楼连接而成，五十几万平方米建筑面积，图为联廊内部

(c）旺角朗豪坊

5．本土意识

香港本土的寻根意识起自1970年代，人民逐渐安居乐业，社会中产阶层兴起，人们有了寻根的意愿、闲暇和乐趣。而本土建筑师也在这时期逐渐成熟。钟华楠、何弢先生是其中的代表。钟先生在1980年代设计了湾仔市政大厦和乐富屋村中的商场。市政大厦楼下为卖菜的街市，楼上为运动场和图书馆，适合于香港地小人多的现状。乐富的商场，中间是庭院，楼上是住宅，庭院前有新式牌楼，深受本地人民喜爱。何博士在1970年代倡议设立香港艺术中心，由他本人设计，楼梯环绕小小的中庭而上，不同的高度有不同的功能空间，如小剧场、画廊等，空间非常亲切。何博士大力倡导公共艺术和城市建筑的结合，并身体力行，在香港和内地享有盛誉(图10)。

下一代建筑师中的代表人物为严迅奇先生。严先生1976年毕业于香港大学。他的设计，深研了香港使用者的需要和功能人流等等，又具有简洁和现代的设计词汇，代表作品如弥敦道上的柏丽购物廊、中环的花旗银行、尖沙嘴半岛酒店加建、皇后大道西之荷李活华庭、香港大学研究生楼、北京道1号和其他一些商业建筑等等。他在柏林和香港展览会

(a)

(b)

图9　(a)（b）商业和住宅区桥廊处

(a)

(b)

图10　本土意识

(a）乐富街市与楼上公屋，彭怒摄

(b）何博士设计的五旬节教堂，李翔宁摄

设计的"竹亭"，利用了搭脚手架的竹，而又有很强的现代意味。所有这些建筑，对人流、建筑与周围环境的联系等等，都有独特和细腻的处理。严先生在香港和内地的建筑设计引起行内人和建筑学生越来越多的注意(图11)。

私人事务所在追逐利润的同时，有时不免会忽视或放弃建筑和环境的质量。而政府建筑师在设计香港的公共建筑时则可以比较专注于创造优良的环境。政府建筑署冯永基先生等是这方面代表。冯先生在2000年以来设计了政府卫生署教育展厅、香港湿地公园、西贡中心公园等等，除了现代的设计语言、质朴的材料之外，冯先生在湿地公园中，以附近罗浮山遍野的蚝壳砌割断墙，西贡中心公园的水池中以本地新闻的"报纸"(塑胶材料)折纸船，墙上爬着螃蟹，厕所上有鸭子横行，园中纸折式的钢板鸟弋在扑腾，他的设计充满了玩耍性和即兴发挥。其同事温灼均先生的设计，如粉岭联合墟公园、赤柱广场等，则对材料质感有更多的探讨(图12)。

严迅奇、冯永基及这一辈香港建筑师在设计和公共活动方面的参与，使得建筑活动和公众有了较多的接触和对话。一些设计在香港之外也开始受人注意。香港建筑师自1980年以来积极参与内地的建设，是海外进入内地建

(a)

(b)

(c)

(d)

图11　严迅奇设计作品

(a) 中环万国宝通银行 (b)(c) 香港大学研究生堂 (d) 北京道1号

(a)

(c)

(b)

图12　香港政府建筑署作品

(a) 湿地公园 (b) 西贡中心公园 (c) 赤柱广场

筑和室内设计的生力军。在沿海和内地城市开放的早期，香港建筑师的作品在数量上超越了其他国家的建筑师。

1997年以来的民主进程，使得公众参与成为香港大型公共工程的必要一环，西九龙工程、中环填海、启德机场改建等等和其他一系列城市美化工程，都经过大量公众咨询论证（图13）。公众参与的代价以金钱计，是百万、千万顾问和成本费用；以时间计，则是众说纷纭，众口难调，议而不决，决而不行。公共工程在香港实际上是进展和落实困难。

三、结论

本文简要罗列了160年来香港建筑发展的源流，由自发的建筑活动，殖民地时期的功用性建筑，到20世纪第二次世界大战后的住宅、商业建筑和公共设施，规模日益扩大，质量稳健提高，香港也由一个南中国海的渔村，一个殖民地时期无足轻重的港口，成为全球化网络中的重要一环。时代的发展、社会的需求和利润的追逐始终是建筑和城市发展的动力，而地少人多的突出矛盾成了建筑形态的制约因素和创造契机。香港背靠中国大陆，南望滔滔大洋，气候湿热温润，香港遗留的殖民地文化和中国南方文化在这片土地交融并存。所有这些，是香港过去发展的资源，也为香港建筑的开发和创新打下良好的基础。

随着生态和可持续发展观念的深入人心，和香港的民主化进程，香港建筑的发展会更为理性和更为使用者考虑，对社会和环境负责。与全国日新月异的大规模建设相比，香港的建筑量不大，但却走自己的路，为中国、亚洲和世界提供其高密度城市和现代化建设和管理的独到经验。

（杨前辈永生先生编辑十余本建筑百家系列图书，为中国建筑学术留下珍贵史料，谨向杨老致以崇高敬意，并深深感谢杨老二十年来对后学的提携。）

（a）

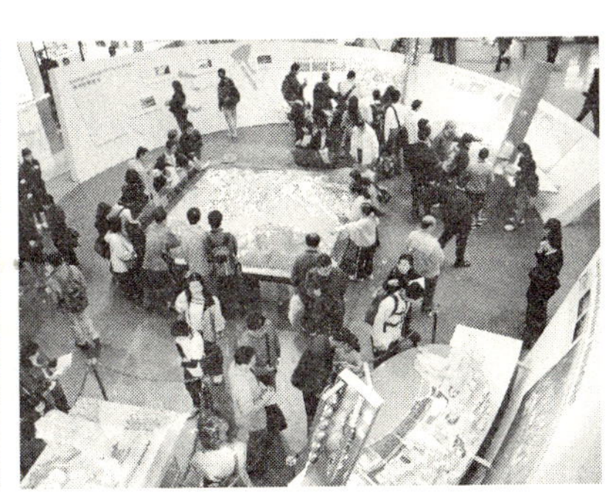

（b）

图13　重要地段公众咨询
（a）西九龙中心展览（b）太古地产关于环维港的研究

注释：

[1] 郑培凯.《脚踏实地，创新文化》序.见：香港城市大学中国文化中心编.考察香港一文化历史个案研究.香港三联书店，2004，pp.11–14

[2] 陈丽乔.经济的结晶一商业建筑.见：陈翠儿，蔡宏兴主编.空间之旅——香港建筑百年.香港三联书店，2005，pp.50–59

[3] 按照香港建筑条例的定义，"唐楼"（tenement house）是指多于一户住于一个居住单元中。香港《建筑物规例》，第123章。

参考文献：

1. 陈翠儿，蔡宏兴主编.空间之旅——香港建筑百年.香港三联书店，2005
2. 丁新豹，黄西锟.四环九约——博物馆藏历史图片精选.香港历史博物馆，199
3. 冯邦彦.香港地产业百年.香港三联书店，2001
4. 高添强 编著.香港今昔.香港三联书店，2005
5. 李磷.衙前围一都市里最后的村庄.香港城市大学中国文化中心编《考察香港一文化历史个案研究》，香港三联书店，2005，pp.179–193
6. 龙炳颐.香港古今建筑.香港三联书店，1991
7. 卢惠明、陈立天.香港城市规划导论.香港三联书店，1998
8. 彭华亮主编.香港建筑.中国建筑工业出版社，1990
9. 香港大学建筑系编.测绘图集.(上、下两卷，中英文对照)，香港贝思出版有限公司，1998
10. 薛求理.香港建筑的失望和希望.建筑师.总76期，1997年6月
11. 薛求理.思考建筑.香港贝思出版有限公司，2001
12. 张在元、刘少瑜.香港中环城市形象.香港贝思出版有限公司，1997
13. Girard，Greg and Ian Lambot.*City of Darkness：Life in the Kowloon Walled City*. Watermark，Hong Kong and London，1993
14. Lampugnani，Vittorio Magnago.*Hong Kong Architecture：the aesthetics of density*.Prestel，Munich and New York，1993
15. Lee Ho Yin and Lynne D. DiStefano. *A tale of two villages：the story of changing village life in the New Territories*.Oxford University Press，Hong Kong and New York，2002
16. Xue，Charlie Q. L.，Chapter 5，Hong Kong architecture：identities and prospects ——A discourse on tradition and creation，Division of Building Science and Technology (ed.)，*Building Design and Development in Hong Kong*，City University of Hong Kong Press，2003，pp75–98
17. Xue，Charlie Q. L.，*Building a Revolution：Chinese Architecture since 1980*. Hong Kong University Press，2006

18. Xue, Charlie Q. L. and Kevin K. K. Manuel. Chapter 8: The quest for better public space: a critical review of urban Hong Kong, Pu Miao (ed) *Public places of Asia Pacific countries: current issues and strategies*. Kluwer Academic Publishers, The Netherlands, 2001, pp171–190

薛求理博士，香港城市大学。中国建筑学会资深会员，
英国特许建造学会会员(CIOB),英国特许建筑技术学会会员(CIAT)

澳门建筑今昔

刘先觉

一、最早中西文化交流的桥头堡

澳门位于中国南海之滨，地处珠江口西岸，是由一个半岛和两个离岛组成，全境南北距离约11.9km，目前总面积为26.8km^2(图1)。虽然澳门只是一个弹丸之地，但是它在历史上却是一个非常重要的地区，既是西方文化最初传入中国的桥头堡，又是中葡文化交流与融合的纽带。

澳门在四百多年前开埠时，原属广东香山县，葡文名称为Macau，主要是指当时的澳门半岛部分。据说葡人最初登岸在妈阁庙附近，误以"妈阁"之音认为就是该处地名，一直沿用至今。当时这里只是一个荒僻的小港湾，从16世纪中叶开始，澳门历史发生了巨大的转折。

早在15世纪时，欧洲诸国中以葡萄牙与西班牙最为热心于航海事业。1498年，葡萄牙人瓦斯科·达·迦马(Vasco da Gama)远航东方，绕过好望角至印度加尔各答，恢复了欧亚的海上航线。1514年，葡萄牙人欧维士(Jorge Alvares)首航中国，他曾到达广东屯门，限于中国禁令未能入境，但将带来的货物售出，获利甚丰。此后便陆续有葡萄牙船来中国做临时交易。

值得注意的是，据清《澳门记略》云："嘉靖三十二年(1553年)，蕃舶托言舟触风涛，愿借濠镜地暴诸水渍贡物，海道副使汪柏许之。初仅茇舍，商人牟奸利者渐运瓴甓榱桷为屋，佛郎机遂得混入。高栋飞甍，栉比相望，久之遂专为所据。蕃人之入居澳，自汪柏始。"❶由此可见，自16世纪中叶起，葡萄牙人便入据澳门，开始了其殖民活动。

葡萄牙人定居澳门后，随着贸易的兴旺，华洋客商云集，澳门从一个简陋的舶口逐渐发展成为一个繁荣的港口城市和东西文化交流的中心(图2)。后来由于荷兰、德国、英国等新兴资本主义的兴起，以及在华势力扩大的影响，澳门这个曾经盛极一时的港城便逐渐衰退。

葡萄牙人在最初入据澳门时，只是在半岛中部和南部定居，后逐渐扩

❶ [清]印光任，张汝霖著.赵春晨点校.澳门记略.广州：广东高等教育出版社，1988，第19～20页.

图1　澳门地图

展到整个半岛和氹仔岛与路环岛。由于人口增涨迅速，居住用地有限，因此填海造地就成了澳门城市发展的一大特点。据统计，1910年的澳门半岛加氹仔与路环岛的总面积是10.94km²，而到2002年时已达到26.8km²，超过了原有面积的一倍。而且新增加的陆地都是平整的用地，使澳门的城市建设得到了有效的发展。目前，澳门半岛与氹仔岛已有三条大桥连通，氹仔岛与路环岛也已几乎连成一片，新机场也完全是填海筑成。可以说澳门是一个蚕食大海的城市。

澳门在19世纪80年代到20世纪上半叶期间，城市建设与建筑活动最为明显。城市新区的开发，新建筑类型的增加，新材料、新技术的应用，建筑风格的多元化，都是这一时期的主要特征。

图2 1835年的澳门城市景观

在世界范围内，这一阶段在建筑史中是以折中主义向现代主义过渡的时期，工业化的大生产促进了新技术、新材料的使用，但是新建的建筑往往被披上一层古典的外衣，现代主义还没有被确定为主流，古典和折中风格仍然是经常被采用的一种建筑形式，只是由于地区文化背景的不同，这种风格也呈现着不同的地域风格。澳门在世界建筑潮流的影响下，也在悄悄呈现着这样的变化，无论是中式建筑或西式建筑，都有着中西文化交流的痕迹，映射出中葡历经了300年交流与接触后的相互交融。这一时期的建筑风格大致可划分为两种类型：一种是以葡萄牙人为代表的古典式、折中式和殖民式建筑，它们以葡萄牙建筑的明丽色彩为主要风格，将澳门装扮成欧洲古典建筑的"博物馆"。另外一种是以占澳门多数人口的华人为代表的中式建筑，它包括有中式民居、中式庙宇或经过演化形成的一种中西混合的建筑，往往是中式风格和西式细部。

二、世界文化遗产的历史城区

2005年7月澳门城区已申报为世界文化遗产，这标志着澳门建筑文化遗产已具有世界的意义。澳门的建筑文化遗产主要集中在澳门半岛部分，它主要包括有宗教建筑、民用建筑与军事建筑等各个部分。

（一）近代居住建筑

居住建筑是澳门近代民用建筑中数量最多的一种类型，遍布澳门各地。居住建筑与人们日常生活密切相关，其发展之迅速、数量之多、类型之丰富都从一个侧面反映了澳门近代社会发展与构成的多元性。在建筑风格与建筑形式方面，中葡居住建筑亦呈现出不同特点，尤其是在大型豪宅中体现得更为明显。

图3 圣珊泽宫

1．圣珊泽宫（图3）

现为澳门特区政府礼宾府，原为澳门总督官邸，又称圣珊泽宫，建于1846年，位于澳门半岛西望洋山圣珊泽马路。圣珊泽为葡语译音，原意为洗衣妇水塘，由此可见当时建筑所处的环境。圣珊泽宫是一幢极富葡萄牙古典建筑色彩的两层高级别墅式建筑，对称布局，外墙为红色粉刷，窗框及墙面装饰线条采用白色粉刷，红白相间使整个建筑显得干净典雅。建筑外围有面积颇大的花园，优雅美丽。这座建筑物最初的业主是贝纳迪诺，后转售给赫伯特，1923年由澳门政府收购，曾用作博物馆，1937年巴波沙任总督时确定为澳督的官邸。1999年澳门回归后，该建筑主要为接待贵宾之用。

图4　郑家大屋

2．郑家大屋(图4)

原为中国近代实业家与思想家郑观应(1842—1922年)的祖屋。郑观应是中国近代早期资产阶级维新派代表人物之一，他早年经商，31岁成为腰缠万贯的富商，后对当时社会积弊深恶痛绝，著《盛世危言》一书，对当时和后世都产生巨大影响。郑家大屋由郑观应的父亲郑文瑞建造，约建于1881年，位于澳门半岛亚婆井前地龙头左巷。建筑占地约4000m^2，纵深达120多米，是一规模庞大的建筑群，主要由两组并列的四合院建筑组成。主体建筑为坡屋顶，多为两层，辅房多为一层，均为硬山建筑，有的还做成可上人的平屋顶。建筑外围高墙，主入口向东，有高大门楼。由于地形所限，建筑并非正南北向，虽为纵深布局，并没有采用中轴对称布局方式，而是错置为两组，按其与主入口的关系分为前后两个组群，两者通过角部咬接。前面组群采用中国合院形式，周围分别围有门楼、倒座、正房和附属用房等。中间为长条形开敞庭院，上铺石板主要用于通行，右侧遍植花木，为住宅花园。后面组群基本采用中轴对称布局方式。轴线上布置有两层正房，室内空间高大，屋顶采用传统中式木屋架，但支撑屋架的柱子却是带线脚的西式方柱，根据其规模和室内布局可知是本宅的主体建筑。整个建筑布局为中国传统的院落式，但在装饰与细部处理上都是中、西混合手法，充分反映了当时的社会时尚。郑家大屋是澳门最有代表性的一座中西混合式住宅，已被列为文物保护对象。

3．福隆新街民居(图5)

约建于清同治年间(1862—1874年)，是澳门传统民居风格的代表。整条街现有民居50幢左右，下层为商店，上层住家，每幢建筑面阔为3～5m，进深9m左右，地上2层，平面为长方形，建筑面积约60～90m^2，室内装饰简单。立面总高约8.6m，双坡硬山顶，墀头略有装饰，白色墙面，红油漆门窗是其特点。主体结构形式为砖木混合型，木楼板、木屋架、瓦屋顶，地域特色明显，红色的门窗给人印象深刻，建筑特点突出，目前已成为澳门旅游景点之一。

图5　福隆新街

（二）近代行政建筑

澳门自开埠以后，葡人蜂拥而至，人口日众，在这种情况下，明清两朝对澳门重视的程度日渐加强，对葡人进行防范约束，曾出现一些颇有特色的中式行政建筑，如朝廷召见澳葡官员的议事亭，粤海关澳门官部行台。但随

图6　市政厅大楼

图7　澳督府

着中国对澳门管制权的旁落，这些中式行政建筑逐渐被拆毁，目前遗留下来的主要是葡式行政建筑，比较典型的为市政厅大楼与澳督府。

1．市政厅大楼（图6）

现为澳门民政总署所在地，位于澳门半岛新马路。1783年，澳葡议事会向中国购买了该地段，并于1784年建成大楼。大楼由圣约瑟（Patricio de S. Jose´）神父设计。高两层，地基采用麻石，其他部分用砖石和石灰砌筑。1874年大楼遭到台风的破坏，1876年重修，主要变化在建筑的立面上。1940年再次加以维修，保留了葡萄牙国王约翰五世时代的建筑风格。现在的建筑立面为古典式，2层，横向分为三部分，中轴对称，中部三开间，两侧各四开间。门厅内墙裙上贴有南欧风格的装饰瓷砖，墙壁上方嵌着载有历史事件的石刻，它们原来分散在城市中不同的地点，后被集中在该建筑的门厅内。沿门厅向前，拾级而上，穿过拱形门洞是一方小小的天井，天井两侧有楼梯通向二楼。二楼中间，即门厅的上部为会议室，原为议员们开会和总督上任、卸任或其他重大事件演讲之用。沿天井继续向前行进，再穿过一拱形门洞就到了市政厅后的花园。花园中央的铺底图案原为地球形状，上面标有根据《托得西拉斯条约》确定的分割线，根据这一条约，葡萄牙与西班牙两国一个向东，一个向西，瓜分全球，最后在日本会合。此外，花园中还立有两尊人物胸像，其中一位为葡国著名诗人贾梅士。

2．澳督府

现为澳门特区政府总部，建于1849年，位于澳门半岛南湾大马路中段。建筑师为若瑟·多马斯·阿基奴。该建筑初期只是一座私人豪宅，原为余加利子爵的私人产业，后家族衰败，产业拍卖，1881年被政府投标购置，遂成为澳督府，后一直作为澳门的政治中心。建筑充满南欧特色，占地面积达4645m^2，建筑前后有庭院，侧面有花园，堪称当年澳门首屈一指的大型豪宅。该建筑立面为葡萄牙古典式，高两层，正面朝向南湾海面，对称布局，平面呈山字形。立面为粉红色粉刷，下为花岗岩墙基，山花、檐口等重点装饰部分为白色线脚，角部有隅石，入口处有门廊。二层回廊通畅，左右两翼做成露台，减轻了建筑的沉重感，也丰富了空间层次。廊柱、隅石均为花岗石造。花园平面考虑到后高前低的地势，正中布置花架，两旁对称布置水池和草地，增加纵深感。建筑室内现已按现代要求进行了改造，分别布置有中式风格和葡式风格二类。澳督府在回归前一直是澳门的政治中心，回归后，它仍然是澳门有特色的重要标志性建筑。

（三）近代公共建筑

澳门近代的公共建筑是随着澳门的开埠而逐渐发展起来的，它的特色尤为鲜明，类型丰富，是远东一带的先驱。这些新式的公共建筑不仅为澳门社会带来了生机，而且也成为西方新建筑文化最初传入中国地区的标志。例如仁慈堂、圣拉法艾尔医院、岗顶剧院、摩尔人兵营等建筑都具有重要的历史价值与建筑艺术价值。

1．仁慈堂(图8)

仁慈堂是澳门最早的慈善组织。该组织历史悠久，由葡国王后莲娜(D. Leonor)于1491年8月15日创办，为葡人在世界各地所设的慈善机构之一，原名"神甫慈善会"。

由于历史悠久，加之政府协助以及大量私人捐赠，仁慈堂物业很多，遍布澳门各区，其中最重要的就是仁慈堂大楼，它是澳门最美的西方古典建筑之一。仁慈堂底层原有一座美丽的小教堂，后面还有弃婴收容院，楼上还有档案室和博物馆。目前仁慈堂底层功能已有所改变，育婴院也不复存在，只是楼上的档案室与博物馆依旧开放。现在仁慈堂大楼位于议事亭前地，始建于18世纪，后于1905年重建，是一座两层的砖石建筑，宽22m，三角山花高16m。除花岗石基座外，整个建筑均粉刷成白色。正立面为古典风格的券柱式构图，中轴对称，共七开间。三角形山花内有浅浮雕装饰图案，色彩鲜明。立面柱子成对布置，柱身上还装饰有束结，颇有创新之意。柱子均立于基座之上。二层游廊栏板和顶层女儿墙做成镂空状，加上立面线条丰富，整座建筑显得很精致。

图8　仁慈堂

2．岗顶剧院(图9)

又称马蛟戏院，葡文名为伯多禄五世剧院，建于1860年，位于澳门半岛岗顶前地，是澳门最著名的新式剧院。19世纪中叶，欧洲热衷于豪华剧院的建造，效仿法国和意大利的歌剧院是当时的风尚。澳葡也追随这种时尚，集资修建了这座剧院，用以纪念葡王伯多禄五世的功绩，并以该国王之名命名，故称伯多禄五世剧院，后来又改称为马蛟戏院，俗称岗顶剧院。剧院建筑造型为希腊古典复兴风格，主体一层，外墙为绿色粉刷，饰有白色线脚。剧院正面为由宽15.7m的门廊，上有三角形山花。门廊共三开间，券洞宽约3m，8根爱奥尼倚柱成对布置，下有基座，柱高约6m。山花及柱子较为简洁，立面看起来雄伟庄重。檐部下面的主入口上写有葡文"Teatro Dom Pedro V"，即伯多禄五世剧院的意思。侧立面九开间，为连续券形窗，每窗宽2.45m，落地，整齐而有韵律。屋顶为红色两坡瓦屋顶，屋脊高12m，屋檐高7.5m。平面为长方形，长41.5m，宽22m，纵向布局。从入口门廊进入前厅，然后是圆形观众席，再后是舞台，两侧有化妆间。观众席两侧是可供休息的空间，左面布置有酒吧及餐厅，右面为长廊，设有直达楼座的楼梯。二楼观众席为月牙形，依靠楼下10根排列成弧形的柱子支撑着。岗顶剧院是葡人主要的休闲娱乐场所，昔日澳葡凡有庆典活动，皆在此举行。

图9　岗顶剧院

3．摩尔人兵营(图10)

现为港务局大楼，位于澳门半岛妈阁斜巷，由意大利建筑师卡苏索(Cassuto)设计，1874年建成，当时作为1873年到澳门的印度籍军人的营地。据记载，宽敞的营房通风条件很好，建筑建成后不久，澳门遭遇台风，建筑

图10　摩尔人兵营

被毁，此后大修，成为今天的样子。建筑位于西望洋山西南麓，多为一层，仅中部为二层高达6m多。建筑长67.5m，宽37m，建在花岗岩筑成的高台上。除东面背靠西望洋山外，建筑其他三面均有宽达4m的回廊环绕。回廊转角处高起，打破周边回廊单调的水平感。券廊在正立面开有19个具有印度色彩的尖拱券，各拱券之间的上部以三叶饰点缀，加上女儿墙上有节奏的雉堞式排列的尖形装饰，形成一种强烈的韵律感。建筑通体粉刷成黄色，饰以白色花纹，与粗糙的花岗岩台基在色彩、质感上形成强烈对比。1905年该建筑被改为澳门港务局所在地，除外观保持原样外，室内大部分已被改造。

4．东望洋山灯塔（图11）

随着海上运输的频繁，在澳门海域与港口的夜间日益需要有导航的灯塔，澳门东望洋山灯塔就是在这种情况下应运而生的。灯塔建于1864年，位于东望洋山的顶部，外观为3层，圆柱形，高约13.5m，外观顶部为红色筒瓦屋面。灯塔上部有2层瞭望塔，底部直径约7m，顶层收进，直径约2m。灯塔主体为砖筒结构，目前仍在夜间使用。该灯塔是中国及远东沿海最早的灯塔，具有重要的历史价值，也是澳门城市的重要标志。

（四）近代军事建筑

澳门位于南海的边陲，由于周围小岛在明清时期常有海盗出没以及后来西方海上殖民势力的进犯，使得葡澳当局不得不考虑防御设施，因此，澳门各处遍布的大小炮台便形成为其在近代建筑中较为独特的类型。今天这些炮台遗迹仍历历可见，其中最有代表性的实例是位于今天澳门市区中心的大炮台（图12）。

大炮台在大三巴牌坊的右侧，同其地理位置一样，它在整个澳门近代社会生活中也具有中心的意义。它不仅是保护者的象征，还是缅怀昔日政治军事权力职能的纪念碑。

图11　东望洋山灯塔

图12　大炮台

大炮台原名圣保禄炮台、中央炮台，始建于1617年，1626年建成，位于澳门半岛中部的大炮台山顶，高踞澳门市中心。1623年，首任澳督意识到炮台的战略价值，遂从耶稣会会士手中抢夺过来，将其改造成一个更坚固的堡垒，炮台从此成为澳督官邸。随着总督权力的增加，炮台相应成为澳门军事政治权力的中心，从1623年至19世纪中叶，历任总督均在此举行就职仪式。同时，大炮台也是澳门对外联系、举行正式仪式的场所。大炮台向来是军营所在地，驻军经常更换，并利用这里作为驻防地及军需品仓库等。1965年，大炮台用作军营的历史告终，同年，澳门气象台迁至该处，旧军营被拆除，1995年气象台迁出，大炮台被同时改造设计成澳门博物馆。大炮台占地面积约10000m²，呈四边形，上面有一个广场，每边为一百步，四角各形成尖形的小平台。在大平台四角以及平台东、西、南三边放置数门大炮，由于北面正对中国内地，所以当时没有建立堞墙。平台南侧放着一口铜钟，应该是作为当年发生战争报警之用。作为重要的防御中心，大炮台经过了数次修葺。今日大炮台上有大片空地，绿色如茵，古树参天，巨型钢炮，雄踞四周。大炮台四周景观优美，可俯瞰全澳景色，更可远眺珠江口及拱北一带的风光。

（五）妈阁庙(图13)

图13 妈阁庙

澳门是妈祖文化十分发达的地区之一，在弹丸之地的澳门辖区，现存八座妈祖庙，其中妈祖庙几乎就是澳门的象征。在澳门有一个家喻户晓的传说：妈阁庙是闽人最早的建筑，远在葡萄牙人到来之前就已经存在。据说当葡萄牙人首次驶进澳门海域时，看见澳门半岛港湾里有一座妈祖庙，问坐在妈祖庙前面的当地人，此处是何地？答曰：妈阁。于是，葡萄牙人就把澳门称为"Macau"。

根据历史记载，广东香山县在宋代就有福建的移民，其中来自妈祖故乡的仙游郑氏和莆田郑氏后来发展成为当地的望族，正是他们成为妈祖信仰的积极传播者。澳门当时作为香山县辖区，尤其妈祖又是海上保护神，受到妈祖文化的影响自然是在情理之中。

澳门最著名的妈祖庙位于澳门丰富西南部的妈阁街上，背山面海，依崖构筑。妈阁庙正名妈祖阁，主要由入口大门、牌坊和四个独立的大殿(正殿、弘仁殿、观音殿和正觉禅林)组成。四个大殿分别建于四个平台之中，建筑群四周建有围墙。该组建筑始建于明代，后历经重修，现状大体上保持着清代中晚期的风格。

入口的一组建筑包括庙门、牌坊和正殿，均用花岗岩建造。神龛是一个天然石窟，只稍加整饬，围以石壁石柱，加盖翠檐翠脊，宛如一座琼宫玉宇。大门之上楷体镏金："妈祖阁"，两旁楹联为"德周化宇，泽润生民"。进庙门，入牌坊便是一座小型正殿，初建于明神宗万历三十三年(1605年)，为澳门闽藉商人所建，1629年经历一次大修。现石殿门楣上刻字记载"明万历乙巳年，德字街商建"以及"崇祯己巳年，怀德二街重修"字样。殿内供奉天妃娘娘妈祖的塑像。

在正殿后面的半山腰上是弘仁殿，只有3m²大小。它以山上的岩石做后墙，以花岗石做屋顶及墙身，殿内供奉天后，两侧墙体的内壁上刻有天后的侍女及魔将浮雕。石质屋顶上也以绿色琉璃瓦和起翘的屋脊作装饰。

观音殿，位于妈阁庙建筑群的最高处，供奉观音，采用砖石砌筑，建筑造型为硬山式屋顶。入口门廊由两长方形柱子支撑，一对石狮镇守左右。前廊两侧采用西式手法，上部发拱券，券中有拱心石，是中西合璧的形式，建造年代在民国期间。

在入口轴线的右侧为"正觉禅林"，是由供奉天后的神殿及禅院组成。天后的神殿在前，里面供奉着妈祖神像。对面有一个内院，正对院墙有一个大圆洞，仅为观望之用。在圆洞外墙之上题有"万派朝宗"，两旁楹联为"春风静，秋水明，贡士波臣，知中国有圣人，伊母也力。海日红，江天碧，楼船艅艎，涉大川如平地，唯德之林。"神殿之门旁启，门楣上刻有"正觉禅

图14　大三巴牌坊

林”。天后神殿之后是观音殿，这种将妈祖与观音混合崇拜一直是澳门的地方特色。在澳门人看来，这种混合崇拜并不矛盾，更无所谓冲突。虽然观音来源于陆地，妈祖来源于大海，但是在许多人看来，妈祖是“海上观音”，不仅没有心理障碍，而且还使看似不同的两种信仰有机地结合在一起。天后神殿与禅院观音殿均为硬山式屋顶，两边侧墙顶部为“锅耳”山墙，外墙面涂鲜艳的红色粉刷，具有强烈的闽南特色。内院外的正立面，由左至右可分为五部分，中间高两侧渐低。墙身有泥塑装饰，上有屋檐及翘起的屋脊。“正觉禅林”由于在1988年遭受火灾被毁，后按原样进行了重建。

妈祖庙终年香烟缭绕，来朝拜与观光的人络绎不绝，它寄托着人们的美好愿望，也是澳门最有代表性的建筑之一。

（六）澳门的天主教堂

1565年在澳门出现了天主教第一所耶稣会会院，耶稣会士开始在中国人中间传教。最初澳门的天主教会隶属于马六甲教区，1576年1月23日澳门主教区成立，管辖日本、中国内地和越南等地的教务。天主教在澳门得到确立之后，先后建立了修院、教堂、学校、医院、仁慈堂等一系列社会服务机构，使教务得到了不断拓展，尤其是设立了华人教区使华人教徒迅速增加。1988年林家骏出任澳门第一位华人主教，使澳门天主教的历史掀开了新的一页。

澳门天主教的教务很多，在社会上的影响也很大，现在澳门的行政分区基本上就是按照教区来划分的。每一区有一座教区中心教堂，如望德堂区、风顺堂区、圣安多尼堂区等等。在众多的天主教堂中，最值得关注的历史文化遗产是大三巴牌坊、圣若瑟修院圣堂、玫瑰堂。

1．大三巴牌坊(图14)

位于大炮台山麓的大三巴牌坊，是原圣保禄教堂的前壁，已有四百多年的历史。教堂创建于1580年，重建于1602—1637年，亦名圣母升天教堂，1835年毁于大火，其仅存的前壁俗称大三巴牌坊，是目前澳门的重要标志性建筑。

教堂坐北朝南，前有宽20m的68级石阶。牌坊的正立面为意大利巴洛克风格，同时，还吸收了一些澳门本地的装饰图案，并由中国和日本的工匠进行建造。圣保禄教堂的设计者是耶稣会传教士卡尔洛·斯皮诺拉神父，他是一位数学家，为了工程设计的精确性，由数学家设计教堂往往是欧洲教会的传统习惯。教堂从1602年动工到1637年主体竣工，历时35年，在漫长的建造过程中，大部分工作都由嘉惠劳神父监督主持。

教堂正立面采用米黄色花岗石砌筑，共5层，高24m，宽23m。第一层是教堂的入口，有三座大门，采用长方形门洞，中央的正门略大，采用2—3—3—2的爱奥尼柱式布置进行分隔。正门上方有门楣，上有Mater Dei(天主之母)字样，两侧的两座门上雕有IHS，这是天主教耶稣会的标志。

第二层采用2—3—3—2的科林斯柱式进行分隔，形成了三个券洞和四个立着耶稣会圣徒的神龛。正中的左边是耶稣会创始人圣依纳爵·罗耀拉的雕像，相对称的另一边是东方传教使徒圣方济各·沙勿略的雕像，靠左边的石龛供奉着弗朗西丝科·德·波尔吉亚的雕像，右边则是路易斯·龚萨加的雕像。位于正中央的相互对称的科林斯柱式之间的嵌板上刻有棕榈树的浅浮雕。

第三层采用3—3的复合柱式，两侧各采用两根上有圆球的方尖碑形柱将下层的柱子延伸上来。正中为一圣龛，内有升天圣母，周围环以一圈菊花图案，表现了日本工匠对菊花圣洁的崇敬。石龛旁边有嵌板，上面刻着天使形象的浮雕。柱间的嵌板上也刻有浮雕，左边是一个生命之泉，右边则为一颗柏树。两端的嵌板上分别为帆船和"圣母踏龙头"浮雕。第三层的两个尽端各有一个狮子雕刻，骑在正面的墙体之上，是东方装饰在这一层的显著体现。同时，第三层两端的缩小墙面上则有大片涡卷来连接。左侧的涡卷中有魔鬼的形象，还有一个女性的胴体，一支对准心形物的箭。由上而下刻有一条中文字——"鬼是诱人为恶"。右边的涡卷内是一躯死神的浮雕，上面刻着中文字——"念死者无罪"。

第四层采用四根复合式柱，其基座简单、无装饰。中央为一圣龛，内为耶稣的圣像。柱间的嵌板上刻着两位天使，左边的天使捧着耶稣受难的十字架，右边的天使则捧着打耶稣的木棒。

第五层为一三角形的山花，最高处竖立着一个十字架，山花的正中为一只鸽子，周围围绕着太阳、月亮和星辰，代表由天主所创造的宇宙。

大三巴牌坊正面墙体的构图显示了一种对西方与东方文化的兼容并蓄，它已成为重要的世界文化遗产。

2. 圣若瑟修院圣堂(图15)

对教堂与历史性建筑感兴趣的旅游者来说，这座教堂是不能不去的地方，它具有着特殊的历史价值与艺术价值。圣若瑟修院圣堂是一座附属于修道院的小教堂，位于澳门半岛西南部隐蔽的三巴仔横街上。它曾经是天主教耶稣会传教士最早来华传教培训的基地，是一处重要的历史性建筑。教堂于1758年落成，建在一处高台上，门前有几十级石板阶梯，气势雄伟。1953年与1999年进行过两次大修。在第二次大修时因发现中央穹顶开裂，故将原砖石穹顶改为钢筋混凝土结构，形式仍依照旧制。

图15　圣若瑟修院圣堂

圣若瑟修院圣堂以华丽夸张的巴洛克风格称著。立面以米黄色粉面为主，线脚都为白色。教堂立面为三段式构图，两侧设有塔楼，内置铜钟，塔楼的屋顶为紫红色琉璃瓦顶，高19m。底部中央入口为厚重的暗红色大门，其上方为断裂的曲线形山花门楣，是典型的巴洛克风格。立面上柱式繁多，柱头和檐部均有多重装饰线脚，整个立面富有立体感和动态感。中央顶部山花呈不规则的曲线形式，其中部饰有曲线形浮雕图案，中央镶有IHS的耶稣

图16　玫瑰堂

会标志。

教堂室内是浓厚的巴洛克风格。平面为巴西利卡式布局，纵轴长22m，横轴长13m。中央穹顶下部采用帆拱结构，这是我国境内惟一仅存的带有帆拱结构的巴洛克建筑实例。

主祭坛是献给圣若瑟的。祭坛两边各有两根金叶缠绕的麻花柱，其柱头为复合式，金碧辉煌，非常壮观，柱头上以断裂的山花形式作为结束，这些都是欧洲巴洛克风格的典型手法，也是认识巴洛克风格的生动教材。

3．玫瑰堂（图16）

原名为圣道明堂，亦称玫瑰堂，位于板樟堂前地，是澳门最美丽的教堂，为市中心景观增色不少。教堂于1587年创建，原为木结构，故也称板樟堂。17世纪改为砖木结构，今日规模是1828年重建时奠定的。建筑面积约1300m^2，教堂正厅为一层，内有挑廊。平面呈巴西利卡式，有中厅和侧廊，两侧还有圣龛，后面为圣坛，室内吊平顶，圣坛装饰为典型的巴洛克风格，尤以麻花柱最为突出，其余部分装饰用古典线脚。教堂立面总高约24m，正面为3层，古典式构图，底层为爱奥尼柱式，二、三层为科林斯柱式，三层顶部为三角形山花。建筑外墙除基座为花岗石外，柱式与墙面均为黄色粉刷，白色线脚。屋顶形式为两坡屋顶、木屋架、瓦屋面。主体为砖木结构，夹层为木楼板。室内柱子为砖砌方柱，外加粉刷。教堂外观保持有欧洲文艺复兴式特点，外部浅黄色粉刷与白色线脚则表现了葡萄牙建筑特色。

三、新城区的现代化

澳门城市的现代化过程是从19世纪80年代起悄悄进行的，这种过渡到20世纪中期基本定型。真正西方现代建筑思潮在澳门的流行则是在20世纪中期以后。

由于澳门城市人口的急速增加，促使了城市建设的发展。正是在这种基础上，新的城区与公共屋宇计划便提到了日程上来。1927年在筷子基开发的公共低造价住房，30年代建设的巴波沙坊都是进行大规模现代城市建设的先兆。在第二次大战期间，澳门的城市建设经历了一个停滞期，直到20世纪50年代以后，澳门的城市才又得到了复兴，在半岛的南湾、外港码头外侧、黑沙环区以及氹仔与路环都有了大片填海区，为新城市的建设提供了有利条件。今天在半岛南湾、新码头一带以及氹仔新市区已呈现山一片宽阔的街道，整齐的街坊与现代风格的高楼大厦，它会使人联想起纽约与巴黎的街景，已与传统的澳门历史城区不可同日而语了。

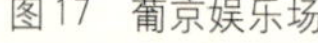
图17　葡京娱乐场

（一）现代娱乐场

澳门一直以博彩业著称，从20世纪以来，各种娱乐场更是兴旺发达。20世纪60年代建造的葡京娱乐场（图17）是最为有名的一处，它那鸟笼形的外观，传言与风水说有关，五光十色的霓虹灯已成为迷人的标志。近年来澳门又在半岛南湾与氹仔建造了几座新的娱乐场，其华丽程度均已在葡京娱乐场之上。

（二）中国银行大厦（图18）

澳门中国银行大厦是澳门目前最高的建筑，有36层，建筑面积达47936m²。建筑从1988年开始设计，于1992年落成，是香港巴马丹拿建筑师及工程师有限公司设计的作品。建筑外观为黄色，在夕阳西下时，通体金光璨烂，美不胜收，成为这一地区的重要标志性建筑。建筑外形以竖线条构图为主，辅以横线条装饰，使得整体造型雄伟壮丽，充分显示了中国银行的气派。

（三）威斯汀度假酒店及高尔夫乡村俱乐部（图19）

这是澳门一处豪华的酒店和度假村，位于路环岛风景绮丽的海滨。设计单位也是巴马丹拿建筑师及工程师有限公司，设计时间是1989年开始，直到1993年竣工。整组建筑群占地达767737m²，其中包括酒店、游泳池、娱乐场所、网球场、高尔夫球场，以及辅助用房等等。酒店主体建筑以山势设计成阶梯形，与自然环境有机地结合成一个整体，是一个非常有创意的作品。建筑内部庭院、水池与外部海水、山景融成一体，相互交映，形成了一曲人工与自然的交响乐，使得宾客不自觉地尽情陶醉其中，成为一处成功的佳作。

澳门自1999年12月20日回归祖国以来，不仅在文化历史方面继续有所成就，于2005年7月已成功地将历史城区申报为世界文化遗产；而且在经济方面也有了突破性发展，澳门的观光旅游业、休闲度假活动都呈现了强劲的势头，使得澳门的经济与城市建设正在飞速地向前发展。

图18　中国银行澳门分行大厦

图19　威斯汀度假酒店

主要参考文献：

1. 黄汉强，吴志良主编．澳门纵览．澳门：澳门基金会，1990
2. 刘先觉，陈泽成主编．澳门建筑文化遗产．南京：东南大学出版社，2005
3. 常燕主编．澳门现代建筑．北京：中国建筑工业出版社，1999
4. [清]印光任，张汝霖著．赵春晨点校．澳门记略．广州：广东高教出版社，1988
5. （澳门）文化杂志（中文版），1998（35），1998（36，37），1998（38），2000（40，41），2003（46）

刘先觉，东南大学建筑学院教授

台湾建筑古今谈

汉宝德

图1　赤嵌楼

台湾有记载的历史如果从明代算起不过五百年，早期的岁月在动乱中渡过，要从古建筑中去观察历史实在很不容易了。抛开扑朔迷离的原住民早期建筑不谈，就只有谈谈荷兰人在台殖民的遗迹。荷兰人虽对占领台湾的几年有详细的文献记录，可是留下来的东西实在有限。倒是西班牙人在淡水留下圣多明哥城堡，至今尚存。

在台南近海的安平区有一古迹为安平古堡，是荷兰时期所建的堡垒，只剩下台基，上部结构早已烟消灰灭，如今有几十年前建造的灯塔在上面。台南市有一座赤嵌楼（图1），是荷兰人所建的行政中心。原是由两个矩形台基连结起来，上面是荷兰式砖屋，称为红毛楼。自明郑赶走红毛以后，上部结构即改为中国式楼房。赤嵌楼是台南市的重要地标，已经多次改建，也非明郑时原貌了。当时堡、楼之间是隔海相望的。

郑成功领台之后，应该有一些建设。其中有史可按的是台南的孔庙（图2），陈永华为提倡文教所建，只是今天所见当然不是17世纪的原貌了。另一座据称始自明郑的建筑是大天后宫，据说当年是明宁靖王的王府。该庙院落很狭窄，很难想像王府会居住得如此局促。

有清一代，自康熙平定台湾，到光绪年间割让给日本，二百多年间，台湾大体上已全面开发。清政府对台湾的建设很消极，开始时不准移民来台，所以发展缓慢，建设有限。加上台湾建筑的材料与匠师都要自泉、漳二州运来，实在不易；而木造建筑经不起台风、地震与风雨侵袭，如不时加修葺，十数年即见颓像，数十年即倾圮。所以清初留到今天的建筑顶多只剩基址而已。乾隆年间，地方官为了让皇帝知道台湾建筑的盛况，呈了一本建筑图上去。对照这本图中建筑的名称，存在到今的，也不过台南孔庙、大天后宫、武庙等数座而已。建筑的规模，以孔庙为例，比今天要完整得多。除了大殿、两庑、后殿的院落外，有明伦堂、教谕署、文昌阁等院落。今天的孔庙只有明伦堂与文昌阁，附属建筑都没有了。

图2　台南孔庙

乾嘉之后，台湾虽经过些内乱，但渐渐安定，移民也增多。台湾中部，彰化、鹿港开始发达。道光初年可能是台湾重要传统建筑修建最认真的时期。照碑文所记，主要的建筑，包括台南孔庙、彰化孔庙、鹿港龙山寺(图3~6)等都是在道光十年前后所修建。不妨说，今天所留下来的重要木建筑，基本上是道光年间的构造与规模。这些建筑虽创建在前，却仅供参考，不足为凭了。

自新竹以北到淡水，亦即台北地区，是到光绪年间才进行建设的。台北孔庙与台北城，都是清末的造物，包括台北龙山寺在内。同光以后，民间经商甚成功，富商的宅第，如板桥林家，已颇有可观，宅园一部分留到今天。

台湾的闽南式建筑，自澎湖到台南，彰化而台北，有一发展的脉络。在建筑结构上，开始是比较粗糙的闽南式样，逐渐发展出台湾的特色。其闽南风格最主要的是红色砖瓦与木造制度。台湾的建筑，即使是重要的木造建筑，也是三开间，外加回廊。泉州开元寺那样的规模，在台湾是看不到的。鹿港龙山寺有很华丽的戏台，但大殿不过三间，台基低矮，结构很不成熟，要借支撑才能保持檐角不堕。碑文称以开元寺为本，实在看不出来。

台湾与大陆分离后的闽南式建筑发展，是向细致与装饰上下功夫。一方面是梁柱间的斗栱神龛化。不但斗栱的尺寸缩小，而且层次增加，再加雕凿上金，已完全成为装饰带。另一方面是屋顶成为视觉的重点，不但增加了屋顶的层数，在重檐上再加屋顶，正脊与垂脊上的装饰，原是用“剪粘”而成的神仙故事作为点缀。到后来，使用玻璃，拼成庞大的故事群，重重地压在屋顶上，建筑成为一个装饰品的支架了。越是香火鼎盛的庙宇，如南鲲鯓王爷庙(图7、图8)、北港朝天宫，这种情形越显著。前廊柱子的雕刻是近乎镂空的作品了，我们不妨称它为台湾式建筑。

日本占领台湾五十年，对台湾的视觉环境留下不可磨灭的痕迹，因为台湾的现代化是日本人所推动的。他们推动市街改造，也就是都市规划，把台湾各市镇原有的中世纪式的市街，开辟为可供车辆行驶的道路系统。这个政策改变了台湾市镇的面貌，闽南式的密集市镇改变为现代化的市镇。台湾的市街使用日本传承的西方语汇，沿街建造了整齐、美观、有骑楼的商店建筑。骑楼是英国在南洋殖民地因应当地气候所发明的建筑要素，用在亚热带的台湾也颇适当，因此形成台湾商店街的风格。到今天，尚可在湖口、三峡、台北迪化街等看到此类老街的风貌。

一方面开辟街道、改变市容，一方面建造一些重要的公共建筑。日本在明治维新后，学了很多西方规划与建筑的本领，在国内无法施展，因为不能随意改造原貌，却可以强制地展示在殖民地区。主要的理由是台湾比较落后，需要一些现代化设施。每一城市都需要火车站、市政厅、法院、银行及其他公用建筑。日人就其所能，在新辟市街的关键地位，建造了不少西式的建筑，使台湾的各重要城市都具有西方城市的架势。

这些建筑大多是西方学院派式样，是国际折中主义的作品。具有公共性的建筑，大多以文艺复兴式为基础，使用古典的柱廊的变体为造型的主调。

图3　鹿港龙山寺

图4　鹿港龙山寺

图5　鹿港龙山寺

图6　鹿港龙山寺

图7　南鲲鯓王爷庙

图8 南鲲鯓王爷庙

材料则用灰色的洗石子，仿真石块的感觉。比较重要的例子是台北市的原台湾省立博物馆，是正面六只多立克柱，上有铜皮圆顶的建筑，颇为可观。又如台北与台南的土地银行，原为日本劝业银行，均为面大街的柱廊，兼有骑楼之作用与庄严之外观，目前都被两市政府指定为古迹了。

公共部门的建筑凡是涉及办公之用的，日人喜欢用英国系统的折中主义建筑，外观用红砖与缘石，建成以红色为主调的西式建筑。原因之一可能是台湾地方传统建筑使用红砖，日人有意建造使地方人士感到亲切的式样。这样的建筑最重要的例子当然是总督府，即今天台湾地区领导人的办公地，其外观以高耸的尖塔为主，或者这是出自荷兰传统。当时采用此式样实令人费解，因为20世纪初欧洲已无尖塔建筑之新建。

其他如原"市政府"，今之"监察院"及"公卖局"、"铁路局"等办公厅舍，亦均为红砖加石缘的风格，设计都很严谨、可观，近年间均被"台北市政府"指定为古迹。

除此之外，日人留下了大批日式住宅及宗教建筑，对台湾形成深远的影响。日式住宅在台湾是地位的象征，日人撤离后，该等住宅多为国民政府官员所接收，在光复之后二十年内，政府官员及事业体雇员仍住日本人留下之住宅，民间富有之家尤其普遍。此情形直到20世纪60年代，城市国民住宅采用欧式后才改变。但日人的居住方式，如进门脱鞋的习惯一直保留至今，很多住宅中到今天仍保有和式房间。回味年轻时所希求的生活环境。此处应该一提的是，当时最高级的人士仍然是居住西式宅第的，辜家在台北与鹿港的宅第是很好的例子，总督官舍尤其富丽堂皇。

日人占领台湾后，纪念性建筑，尤其是有"国家"认同意义的建筑如祠庙，多采用神道教之建筑。日本佛教进入台湾，在台北建造了两座大庙，即东、西本愿寺，规模宏大，为当时台北市重要宗教建筑。其建筑之内外与构造均为日式。但因占领时间不长，未有更深远的影响。这些日式建筑，外貌与中国古建筑类似，常被建筑界人士视为唐式，而提议保存。但台北市之东、西本愿寺均因故拆除，只保留钟楼，以为年长市民之记忆。

日据时期，尚有些西方建筑是基督教会所建。基督教深入民间，在各地建造教堂，大多采用牧师故乡的风格，也有少数试图结合闽南式样者。长老教会的牧师热心公益，在南北各地开医院、建学校，后来与日人的西式建筑浑成一体，不可分辨。台湾人对日人西式建筑有亲切感与教会建筑有关。马偕博士设立于淡水之牛津学堂是此类建筑之著者，几被视为台湾本土文化之一部分。

清末西方势力高涨，英人挟军力在中国各地港口开埠通商，亦在台湾高雄、淡水等地设立领事馆，均为简单拱圈红砖建筑，保留至今。亦均指定为古迹，供民众参观。

以砖拱为语汇的西式建筑风格，也是日人在台所建高等学校的建筑风格。最著者为台湾大学的老校园中各院系的建筑与台南成功大学(原工学院)之各系馆建筑。光复之后，新校园拓展时，此一风格方为现代风格所取代。

"国民政府"来台之初期，百废待举，无暇于建设。五六十年代开始有小规模的建筑设计，影响不大。当时建筑制度尚未建立，建筑师若非日治时代已取得执照的少数建筑师，即由大陆追随"国民政府"来台的几位建筑师。其中基泰建筑工程司是在大陆即负有盛名者。不论是本省或大陆来台之建筑师，业务来源都是"政府"或公用事业机构，建筑的风格都是带些学院派味道的现代作品。当时最大的规划是中部南投县的中兴新村，是省政府疏散的所在地，这是台湾最早也是最落实的新市镇建设。

20世纪50年代末，现代建筑的风气渐开。成功大学建筑系教授金长铭醉心于新建筑，在课堂讲授之外，亦有些实务，渐对毕业生产生扩散性的影响。可是建筑系的学生在金教授的引介下，对王大闳先生崇拜有加。王先生有剑桥与哈佛的学历，为格罗皮乌斯的学生，私淑密斯·凡·德·罗，作品精练高雅，有古典风。作品不多，以住宅、公寓及政府办公厅舍为主，他的自宅等成为大家学习的对象。但他的作品为大家熟知的，是70年代初的国父纪念馆(图9)。

图9　国父纪念馆

现代建筑规模较大，至今仍存在的是台中东海大学的校舍。该校为大陆几个基督教大学联合董事会所设立，由贝聿铭主持，张肇康、陈其宽执行，是当时台湾建筑界的大事。秉持基督教大学的传统，东海大学的风格是东方的现代建筑。以合院为组成单元，清水混凝土与木架构瓦屋顶为材料，创造出特殊的风貌，但造价在当时是昂贵的。

可是最为世人所知的是东海大学的路思义教堂(图10)。该堂是陈其宽所操刀。由四片混凝土抛物双曲面版所组成，造型简洁而带有中国风味，表面为黄琉璃瓷砖，是受到公认的、有高度创意与美感的建筑。

图10　东海大学路思义教堂

在教堂之外，陈其宽在东海设计了一系列现代风作品，以白色墙壁为主要特色。陈先生为著名画家，受江南园林之潜在影响，绘画多描述中国式空间与器物，在建筑上也有江南情境的表现。60年代的台湾，经济并不充裕，他的简洁作风，可以反映当时的社会情况与美学上的需要。

图11　中正纪念堂

此时的"国民政府"，在台政局日渐安定，有长期偏安的打算，心理上需要一些象征性建筑，蒋介石及其夫人所喜欢的还是宫殿式样。圆山饭店是拆除日人的圆山神社所建的第一座宫殿建筑，以迎接外宾(90年代以后扩建为高楼)。但真正的"国家"象征，是阳明山的中山楼与大直的忠烈祠。前者是绿色瓦顶的会议厅，修泽兰设计，造型传统有创意，为"国民大会"所在地，可能是战后台湾最为人熟知的建筑之一。忠烈祠为完全传统的清式宫殿，黄瓦红柱，帝王味最浓。

这种宫殿建筑一直为国民政府所爱。"故宫博物院"为黄宝瑜先生设计，到80年代蒋介石去世后的中正纪念堂(图11)及"国家剧院"与"国家音乐

图12　科学教育馆

图13　澎湖青年活动中心

图14　澎湖青年活动中心

图15　洛韶山庄

图16　中研院民族研究所

厅”(杨卓成设计)，均属于此类。这两座建筑均曾征求图样，但参加比图的现代式样不为蒋家所喜，后来均采指定中国建筑风格的方式。

“故宫博物院”为中式之变体，明显的只是中式的屋顶。同样的观念呈现在卢毓骏先生设计的科学教育馆(图12)与阳明山中国文化大学校园上。这股风气迫使王大闳在设计国父纪念馆的时候，不得不用黄色面砖贴在混凝土做出起翘的屋顶上。可是这类建筑到中正文化中心就完成其时代任务，蒋氏王朝也终结了。

20世纪60年代，现代主义的建筑开始萌芽。张肇康在监造东海校园之余，设计了台大农业陈列馆，展现了密斯的简洁精练的矩形形式。到末期，成大校友高尔潘设计了淡水高尔夫俱乐部，则是受日本影响的混凝土结构形式，到了70年代，现代建筑开始盛行，汉宝德、陈迈相继返国开业，“救国团”在全省各地建造活动中心与学苑，对青年进行休闲性教育，从台中学苑及溪头青年活动中心开始，广受青年欢迎。汉宝德又设计了天祥、澎湖(图13、图14)等活动中心及洛韶山庄(图15)，陈迈设计了曾文活动中心等，是那个年代的主要作品。

20世纪80年代，台湾经济起飞，公共与民间建筑发达，高层建筑如雨后春笋般兴起。建筑师以李祖原为代表，他以后现代主义的高楼专长，设计高楼数十座，在北、高两市构成都市地标。同时，乡土主义抬头，汉宝德与李祖原都曾努力于台湾传统语汇的表现，以中研院民族研究所(图16)及大安国宅群为代表。

进入90年代，新生代的建筑师抬头，他们受国外前卫建筑的影响，各有表现的途径。承继现代主义、向高科技形态发展者为姚仁喜，在高层建筑与校园建筑上颇有表现，台北市的“大陆工程总部”与元智大学图书信息大楼都颇有表现力。设计莺歌陶瓷博物馆的简学义，与十三行博物馆的孙德明、九二一地震博物馆的丘文杰，掌握了前卫建筑的脉动，在空间上，在造型上，把台湾的建筑带进21世纪。

汉宝德，台湾世界宗教博物馆馆长